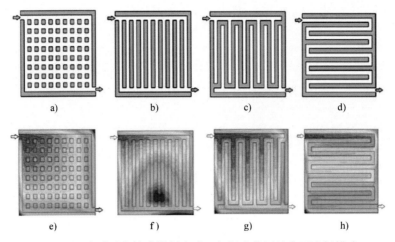

图 4.24　在质子交换膜燃料电池双极板中使用的主要流场模式

a) 销或栅型　b) 平行通道　c) 叉指　d) 蛇形通道　e) ~ h) 阴极气体
扩散层中的氧浓度每个流场模式（示意图）

注：红色，氧气浓度高；蓝色，氧气浓度低。

（资料来源：Heinzel，A，Mahlendorf，F and Jansen，C，2009，Bipolar plates，in Garche，J，Dyer，C，Moseley，P，Ogum，Z，Rand DAJ and Scrosati B（eds.），Encyclopedia of Electrochemical Power Sources，pp. 810-816.）

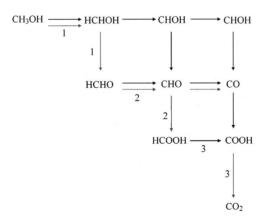

图 6.2　DMFC 阳极上甲醇氧化的逐步反应路径

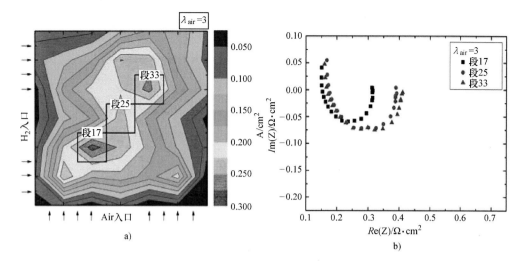

图 7.1 a) 电流密度分布和 b) 200℃下 PEMFC 选定电池段的电化学阻抗谱奈奎斯特图；
$\lambda=3$ 的阴极化学计量。

（资料来源：博格曼，A，库尔茨，T，格特森，D 和赫布林，C，2010 年，空间分辨阻抗谱在质子交换膜燃料电池高达 200℃，在：斯托尔滕，D 和格鲁贝，T.（编辑。）。第 18 届世界氢能大会，WHEC 2010，平行会议第 1 册：燃料电池基础／燃料基础设施，WHEC 会议录，5 月 16-21 日。）

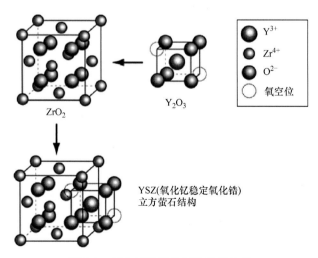

图 9.2 氧化钇稳定的氧化锆的结构

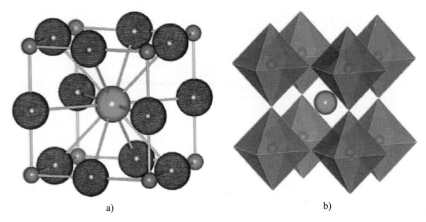

a)   b)

图 9.3 $LaGaO_3$ 的立方钙钛矿结构的两种表示

a）以 La 为中心的晶胞   b）角共享 GaO_6 八面体（中心的 Ga 由 6 个原子包围），La 的中心位于 12 个坐标位点。大红色球体 =O^{2-} 离子；浅绿色球体 =La^{3+} 离子；蓝色小球 =Ga^{3+}（资料来源：Ishihara 1994. Reproduced with permission of American Chemical Society）

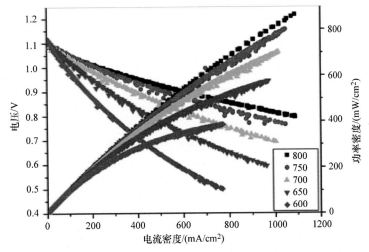

图 9.11   温度对西门子西屋电气公司管状燃料电池性能的影响

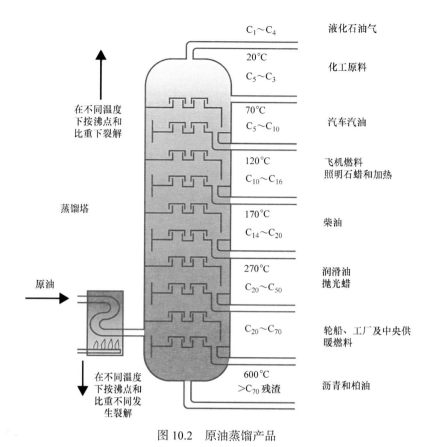

图 10.2　原油蒸馏产品

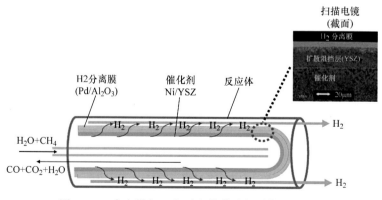

图 10.12　东京燃气正在开发的膜重整系统的概念图

汽车先进技术译丛　新能源汽车系列

燃料电池系统解析

原书第 3 版

〔澳〕
安德鲁·L. 迪克斯 （Andrew L. Dicks）
戴维·A. J. 兰德 （David A. J. Rand）
著

张新丰　张智明　译

机械工业出版社

本书是对燃料电池系统的全面解析，内容包括燃料电池基础知识，质子交换膜燃料电池、碱性燃料电池、直接液体燃料电池、磷酸燃料电池、熔融碳酸盐燃料电池、固体氧化物燃料电池等常见燃料电池系统的组成、原理、优缺点、开发中的关键点、商业化应用现状及前景，以及燃料电池的燃料、氢的储存、燃料电池的完整系统及未来。附录中也对燃料电池常见计算给出方程式。本书适合燃料电池系统研究开发人员阅读参考，也适合车辆工程等专业的师生阅读使用。

北京市版权局著作权合同登记　图字：01-2019-6060 号。

图书在版编目(CIP)数据

燃料电池系统解析：原书第 3 版/(澳) 安德鲁·L. 迪克斯 (Andrew L. Dicks)，(澳) 戴维·A. J. 兰德 (David A. J. Rand) 著；张新丰，张智明译.—北京：机械工业出版社，2021.5 (2023.1 重印)
(汽车先进技术译丛. 新能源汽车系列)
书名原文：Fuel Cell Systems Explained
ISBN 978-7-111-67712-3

Ⅰ.①燃… Ⅱ.①安… ②戴… ③张… ④张… Ⅲ.①燃料电池 Ⅳ.①TM911.4

中国版本图书馆 CIP 数据核字（2021）第 041696 号

机械工业出版社（北京市百万庄大街 22 号　邮政编码 100037）
策划编辑：孙　鹏　责任编辑：孙　鹏
责任校对：王　延　封面设计：鞠　杨
责任印制：单爱军
北京虎彩文化传播有限公司印刷
2023 年 1 月第 1 版第 2 次印刷
169mm×239mm·24 印张·4 插页·495 千字
标准书号：ISBN 978-7-111-67712-3
定价：180.00 元

电话服务　　　　　　　网络服务
客服电话：010-88361066　机　工　官　网：www.cmpbook.com
　　　　　010-88379833　机　工　官　博：weibo.com/cmp1952
　　　　　010-68326294　金　书　网：www.golden-book.com
封底无防伪标均为盗版　机工教育服务网：www.cmpedu.com

作译者简介

安德鲁·L. 迪克斯（Andrew L. Dicks），英国皇家化学会院士。他在英国接受教育，毕业于拉夫堡大学（Loughborough University），然后开始在英国天然气工业公司实验室工作。他的第一个研究项目专注于制气过程中的非均相催化剂，并于1981年获得博士学位。在20世纪80年代中期，BG任命安德鲁领导燃料电池的研究工作，该研究主要针对熔融碳酸盐和固体氧化物系统。该团队率先将过程建模应用于燃料电池系统，特别是那些具有内部重整功能的系统。这项工作在20世纪90年代得到了欧盟委员会的支持，涉及与欧洲和北美领先的燃料电池开发商的合作。1994年，安德鲁因其对高温系统的研究而被联合授予天然气工程师和经理学会协会的亨利·琼斯爵士勋章。

安德鲁·L. 迪克斯

他还对质子交换膜燃料电池非常感兴趣，并成为不列颠哥伦比亚省维多利亚大学的一个项目的主席，巴拉德动力系统公司是该项目的工业合作伙伴。2001年，他获得了澳大利亚昆士兰大学的高级研究奖学金，这使他对催化和纳米材料在燃料电池系统中的应用更为关注。自移居澳大利亚以来，他一直担任澳大利亚CSIRO的国家氢材料联盟理事和澳大利亚能源学会理事，致力于推广氢和燃料电池技术。现在，多个国家政府和资助机构就能源和清洁技术问题向他咨询。

戴维·A. J. 兰德（David A. J. Rand）博士，在剑桥大学接受教育，毕业后，他进行了低温燃料电池的研究。1969年，他加入了澳大利亚联邦科学与工业研究组织（Commonwealth Scientific and Industrial Research Organisation，CSIRO）在墨尔本的实验室，进一步研究燃料电池的机理，并进行了矿物选矿的电化学研究。他于20世纪70年代后期在该实验室成立了新型电池技术小组，并一直保持领导地位，直到2003年。美国先进铅酸技术协会（Battery Consortium）于1992年成

戴维·A. J. 兰德

立,他是最初的六位发起科学家之一,并于 1994 年担任经理。他是 UltraBattery™ 公司的联合创始人,该公司在混合动力汽车和可再生能源存储应用领域提供服务。作为首席研究科学家,他一直担任 CSIRO 的氢气和可再生能源科学顾问,直到 2008 年退休。他目前仍然是该组织的荣誉研究员,并担任首席能源科学家。此后他还担任世界太阳能挑战赛的首席能源科学家。他于 1991 年被英国皇家化学学会授予法拉第奖章,于 1996 年被保加利亚科学院授予联合国教科文组织加斯顿·普朗特奖章,并于 2006 年被澳大利亚皇家化学学院授予 R. H. 斯托克斯奖章。他于 1998 年当选为澳大利亚技术科学与工程学院院士。鉴于其为能源存储领域的科学和技术发展所做的贡献,他于 2013 年成为澳大利亚勋章的获得者。

张新丰

张新丰博士,本科及研究生均毕业于清华大学汽车工程系(现为车辆与运载学院),师从连小珉、李克强、杨殿阁等教授,博士论文《汽车智能电器系统》获得清华大学优秀博士论文二等奖,并获得"清华大学优秀博士毕业生"称号。2009 年于同济大学汽车学院任教,担任同济大学新能源汽车工程中心燃料电池系统部部长、汽车学院院长助理、燃料电池发动机动态匹配与性能测试实验室主任等职务,兼任清华大学汽车安全与节能国家重点实验室客座研究员。2013—2014 年,他在加拿大维多利亚大学、不列颠哥伦比亚大学等地访问,从事清洁能源研究;2018 年加入东风汽车集团技术中心,任副总工程师/部长级总监,并为东风汽车公司第一代金属电堆和系统开发、工业化做出了贡献,2020 年入选湖北武汉"黄鹤英才"领军人物。

他在工程研究和教学生涯前期专注于分布式控制系统、智能交通、车联网等领域的研究,加入同济大学之后从事燃料电池汽车相关研发十余年,参与及承担多项燃料电池汽车相关课题。以第一作者发表 SCI/EI 期刊论文 40 余篇,出版著作 5 部;长期担任《汽车安全与节能学报》、*Int. J of Hydrogen energy*、*Int. J of Energy research* 等期刊审稿人。他积极参与国家《节能与新能源汽车技术路线图》《燃料电池汽车设计》等编写工作。

张智明博士,同济大学汽车学院讲师,硕士生导师。

2005 年 3 月上海外国语大学出国留学人员培训部法语培训,同年 9 月国家公派赴法留学,从事燃料电池电堆基础理论和关键设计研究,获法国自然科学与工程博士学位,具备博士后研究经历。2011 年回国,在同济大学汽车学院/新能源汽车工程中心从事车用燃料电池电堆、空压机以及加湿器等设计开发工作。独立主持同济

张智明

大学青年优秀人才基金、留学归国人员科研启动基金、教育部博士点基金、同济大学基础研究能力提升计划、上海市自然科学基金和国家自然科学基金等。主要参与国家科技支撑项目、国家重大仪器设备项目以及国家重点研发计划，并与上汽集团、上汽大众、德国大众、博世等企业开展多项横向课题研究和协同创新项目。迄今为止在国内外学术期刊发表学术论文近30篇，授权发明专利10余项，出版《车用燃料电池系统建模、仿真与控制基础》和《电动汽车工程手册－燃料电池电动汽车设计》等学术专著。面向本科生讲授流体力学与液压传动、汽车理论和汽车设计等骨干课程。面向研究生讲授模态理论与试验（全英文）和车辆系统动力学（全英文）等专业课程。

前　言

自从第 1 版《燃料电池系统解析》出版以来，三个引人注目的推动因素支持了燃料电池技术的持续发展，即：

- 在能源不足的世界中需要维护能源安全。
- 减少车辆造成的城市空气污染的愿望。
- 通过减少人为排放的二氧化碳缓解气候变化。

燃料电池新材料的突破、燃料电池组性能的提高和使用寿命的延长，为燃料电池从燃料电池叉车到移动网络基站电源等领域中的商业化应用奠定了基础。一些国际汽车制造商已经开始应用电驱动系统，现在看到氢燃料电池可以补充过去几年中出现的电池技术的不足。

经过数十年的实验室发展，全球性的但仍然脆弱的燃料电池行业正在将首批产品推向市场。为了帮助那些不熟悉燃料电池电化学的人，本书第 1 章进行了扩展，对燃料电池及其相关术语进行了更详细的说明。在以下各章中，对第 2 版内容进行了更新，删除了与现代燃料电池系统不相关的材料，并介绍了最新的研究发现和技术进步。例如，现在有专门讨论燃料电池特性的部分，用于低温氢气和液体燃料系统的新材料以及系统商业化的回顾；保留介绍了有关燃料处理和氢存储的单独章节，以强调氢如何在未来的运输系统中以及在提供存储可再生能源的方式中变得越来越重要。

每章的目的都是鼓励读者更深入地探讨该主题。出于这个原因，当有必要证实或加强文中叙述内容时，在文中用脚注注明了引用来源。同时，为了激发更多的兴趣，在章节结尾处给出了一些阅读建议。

本书将继续为大学和技术学校的师生提供燃料电池系统原理、设计和实施的介绍和概述，并为选择进入燃料电池技术领域的研究人员充当入门读本。的确，希望所有读者——电气、电力、化学和汽车工程等行业的从业人员、研究人员以及学生，都能从本书获得启发，为行业发展做出贡献等。

Andrew L. Dicks，澳大利亚布里斯班
David A. J. Rand，澳大利亚墨尔本

目　录

第1章　燃料电池引言

1.1　研究历史

本书主要介绍了燃料电池及其构成的系统，旨在提供对燃料电池技术的理解——它是什么、如何工作及其应用。本质上，燃料电池可以定义为通过电化学反应过程直接将（氢气）燃料转换为电能的一种能量转换装置。在某些方面，其原理类似于常规电池，不同之处在于反应物存储在电池外部。因此，装置性能仅受燃料和氧化剂供给限制，而不受电池设计本身的限制。基于此，燃料电池的表征为输出功率（kW）而不是容量（kW·h）。

深入探讨该技术前，有必要知道燃料电池的电化学特性，燃料电池同时具有化学和电特性。因此，燃料电池的发展已经与物理化学的一个独特分支——电化学密不可分。

19世纪初，人们认识到可以通过在盐水溶液中放置两种不同的金属来制造"电化学电池"（现今通常称之为"电池"）。这一发现最初（1794年）由帕维亚大学（Pavia University）实验物理学教授亚历山德罗·伏打（Alessandro Volta，意大利物理学家，1745—1827），他设计了由铜板（或银、黄铜）和锌（或锡）交替制成的一堆圆盘，这些圆盘由浸泡在盐水中的粘贴板圆盘（或其他海绵物质）隔开。当用电线连接电池的顶部和底部时，历史上第一次稳定地产生了电流。伏打引入了"电流"和"电动势"这两个术语，后者用以揭示"电流"流动的物理现象。伏打在1800年3月20日给当时的英国皇家学会会长约瑟夫·班克斯（Joseph Banks，英国植物学家，1743—1820）的信中描述了他这一发现，将其称为"伏打电池"，这是第一个"原始"（非可充的）动力源，而不是"二次"（可充的）动力源。

曾在伦敦皇家学院工作的汉弗里·戴维爵士（Sir Humphry Davy，英国化学家，1778—1829），很快认识到伏打电池在金属-溶液界面通过发生化学反应及产生的电——氢在"正的"铜片上反应，而锌在"负的"铜片上损耗。实际上，正是基于电和化学的作用关系这一认识促使戴维爵士创造了"电化学"一词，由此衍生出了"电化学"这一学科。他当时就提醒"伏打的工作是整个欧洲实验人员的一记警钟"，预言很快得到了证实。

伏打将信件分为两部分发送给英国皇家学会，因为他预料到了交付时会出现的问题。那时，来自意大利的信件必须经过法国，而法国当时正与英国交战。在等待第二部分到达时，约瑟夫·班克斯向安东尼·卡莱尔（前伦敦外科医生）展示了前几页，安东尼·卡莱尔又在威廉·尼科尔森（资深业余科学家）的协助下于1800 年 4 月 30 日在英国建造出了第一个电堆。几乎同时，1800 年 5 月 2日，两位研究人员发现，电流经两条铂丝再通过稀盐溶液时，能够将水分解——一根导线上产生氢而另一根导线上产生氧。有关其发现的详细信息于同年 7 月由尼科尔森自己在杂志上发表。因此，在 1800 年 9 月沃尔塔的发现被公开之前，"分子分裂"的新技术就已被演示过了——该技术在1834 年由迈克尔·法拉第发现，其源自希腊语" lysis"，即分割。该过程的示意图如图 1.1a 所示。

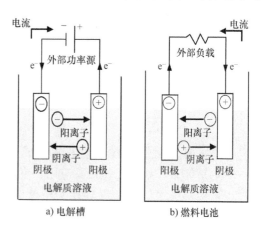

图 1.1　a) 电解槽和 b) 燃料电池使用的术语

　　确定"电解"电池中变化过程的机制并提供定量依据的任务被留给了戴维杰出的学生迈克尔·法拉第。此外，他还是当今仍在使用的术语（如法拉第常数）背后的权威。首先，法拉第在惠特洛克·尼古尔（他的私人医生和资深语言学家）的帮助下，他采用"电极"这个名词来描述发生电化学反应的固体物质，而"电解质"这个名词则描述了能够在两者之间提供导电介质的化合物（对于溶解的材料，将"电解质溶液"称为"电解质"从根本上来说是不正确的；尽管如此，后一种称呼也已成为惯例）。为区分电流进入以及离开电解池的电极（即电子的反向流动），法拉第寻求了剑桥大学三一学院的威廉·惠厄的协助。在 1834 年 4 月 24日的一封信中，他问惠厄："你能帮我设计两个不仅取决于电流方向正负的名字吗？"

　　换言之，他希望这些术语不受到之后为适应当前因为方向约定的更改而受到影响。最终，他们决定将正电极称为"阳极"，将负电极称为"阴极"，这是从希腊语" ano – dos"（"向上"）创造的，其代表了来自正极到负极的电子路径，"katho– dos"（"向下"）代表相反的方向。对于电解池，阳极是电流进入电解质的地方，阴极是电流离开电解质的地方。因此，正极随着电子的释放而维持氧化（或"阳极"）反应，而负极由于电子的吸收而发生还原（或"阴极"）反应。

　　同时，使用希腊中性现在分词"离子"（ion,"移动的东西"）来描述电解中的迁移粒子，获得了另外两个术语，即"阴离子（cation）"和"阳离子（anion)"。"阴离子"即带负电的物质，其向正极流动，与电流反向（或顺负电荷的流动方向）。"阳离子"即随电流（或逆负电荷的流动方向）流向阴极的带正电荷的物质。电解槽的运行如图 1.1a 所示。应当注意，"电解电池"的阳极 – 阴极术语适用于"充电电池"（二次系统）。

燃料电池的运行方式与电解电池相反，即燃料电池是自发产生电压的"原电池"（类似于"放电中的电池"）。电解池的阳极现在变为阴极，而阴极变为阳极；参见图 1.1b。然而，相对于电流而言，阴离子和阳离子的迁移方向没有改变，因此正极仍为正极，而负极仍为负极。因此，在燃料电池中，燃料总是在阳极（正极）处被氧化，并且氧化剂在阴极（负极）处被还原。

关于谁发现了燃料电池原理还有一些争论。在 1838 年 12 月的《伦敦和爱丁堡哲学杂志》和《科学杂志》第 XIV 卷第 1 期第 43 页上发表的一封信中，德国科学家 Christian Friedrich Schönbein 描述了他对分离流体的研究，该流体通过膜彼此隔开并通过铂丝连接到检流计上。在 14 个报告的实验中的第 10 个，一个隔离空间包含了稀硫酸，其中含有一些氢气，而另一个隔离空间则包含了稀硫酸，该稀硫酸暴露于空气中。Schönbein 因检测到了电流，并得出结论认为，这是"氢与氧（包含在水中的溶解）结合而成的"。然而，在威尔士律师和皇家学会的科学家威廉·罗伯特·格罗夫发表之后，这一发现在很大程度上被忽视了，参见图 1.2a。这封信的日期为 1838 年 12 月 14 日，出现在上述第 XIV 卷 2 月刊的第 127 页上，描述了他对使用的电极和电解质材料的评估。但这两封信的书写顺序是未知的，因为 Schönbein 并未完整注明日期——他给出了月份，但没有给出日期。实际上，格罗夫在 1839 年 1 月的信中添加了相关后记："我本来应该和其他金属一起进行这些实验，但是由于另外的一些实验忽略了，那些实验用了不同的解决方案——用隔膜隔

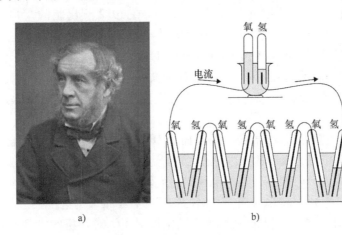

a)　　　　　　　　　　　　　b)

图 1.2　a）威廉·罗伯特·格罗夫（William Robert Grove，1811—1896）
　　　b）格罗夫（Grove）绘制的气态电池组的四个电池的草图（1842 年）

开并用铂金板连接。"在同一后记中，格罗夫继续推测，通过串联连接此类电池，可以产生足够的电压来分解水（通过电解）。

格罗夫进行了许多实验，证明了燃料电池的原理。1842 年，他意识到电极上的反应取决于气体反应物与液体层之间的接触面积。该液体层足够稀薄，足以使气体扩散到固体电极上（这一条件通常与如今"三相边界"或"三点结"的形成相关，即气体、电解质和电催化剂会同时接触）。当时，格罗夫是芬斯伯里伦敦研究所的实验化学教授，在同一封信中，他阐述了"气体电池"的发明。该设备使用了两个镀铂电极（以增加实际表面积），并且发现将 50 对这样的电极对半浸入稀硫酸溶液中时可使检流计顶端"偏转"，并且手相连的 5 个人可明显感觉到电击，并使木炭之间产生明亮的火花，可分解盐酸、碘化钾和酸化的水。图 1.2b 中复制了四个单元的原始草图。此外他还发现，26 个电池是电解水所需的最少数量。格罗夫确实实现了他在 1839 年后记中表达的愿望，他已经实现了"通过水的分解来分解水"所固有的美丽对称性。

上述装置被公认为第一个燃料电池，而格罗夫也被称为"燃料电池之父"。从历史上看，这个称呼并没有充分的理由。更准确地说，应该称 Schönbein 在 1838 年发现燃料电池效应，格罗夫在 1842 年发现了第一个可工作的燃料电池模型。令人高兴的是，这样的认证对两位科学家而言并不重要，他们成了密友。在将近 30 年的时间里，他们也常交流思想并经常互访。

有趣的是，许多后来的作者将"燃料电池"一词归于路德维希·蒙德和查尔斯·朗格在 1889 年对新型气体电池的描述。然而，值得注意的是，他们并没有提到"燃料电池"。还有人声称，威廉·雅克在用煤生产电力的实验报告中创造了这个名字，这种说法也同样成立。A. J. Allmand 在 1912 年出版的《应用电化学原理》中把"燃料电池"这个称呼归于 1894 年的诺贝尔奖获得者弗里德里希·威廉·奥斯特瓦尔德（Friedrich Wilhelm Ostwald）。

格罗夫在 1842 年低调总结了他的短篇论文："我脑中有很多其他观念，但是其已经占据了足够的空间所以必须留在当下解决，希望其他实验者会认为这个主题值得追求。"

然而，让·约瑟夫·埃蒂安·莱诺瓦于 1859 年发明了第一台商业上成功的内燃机。法拉第的电磁力发现也将发电过程从电化学方法转向了电磁方法。结果，在下半个世纪的大部分时间里，燃料电池的研究仅是源于科学好奇心。同时，随着电池技术的发展，电化学转化和能量存储的知识却有了很大的进步。

1894 年，让·弗里德里希·奥斯特瓦尔德提出了对热机的批判，指出其效率低下的缺点以及由化石燃料燃烧而非直接电化学氧化产生电力相关的污染问题。燃料电池本质上是一种热力学效率更高的设备，因为与将热量转换成机械能的发动机不同，该燃料电池不受卡诺循环规则的约束。该循环会导致热机的效率总是远低于100%，效率是由工作流体吸收热量的温度与排出热量的温度之间的差确定。在此基础上，奥斯特瓦尔德主张："解决所有最大的技术问题的路径必须通过电化学方法找到。如果我们有一个直接从煤和氧气中输送电力的电动元件……我们面临着一场技术革命，必须推倒蒸汽机的发明。想象一下我们工业场所将如何变化，……不再有烟，没有烟灰，没有蒸汽机，甚至没有火……因为现在只需要少数一些用电无法完成的过程需要火，而这些过程每天都会减少……在完成这项任务之前，终将耗费一些时间。"

遗憾的是，尽管奥斯特瓦尔德的预测被证明是正确的，21 世纪初也曾尝试开发将煤炭转化为电能的燃料电池。对昂贵的铂催化剂的需求及其在煤汽化过程中的一氧化碳中毒问题限制了电池的实用性和寿命。因此，人们研究这种"直接碳燃料电池"的兴趣也减少了。

20 世纪 30 年代，瑞士的 Emil Bauer 和 H. Preis 尝试使用固体氧化物燃料电池（SOFC）。考虑到当时固体氧化物的局限性（即导电性和化学稳定性差），G. H. J. Broers 和 J. A. A. Ketelaar 在 20 世纪 50 年代后期转向使用熔盐作为电解质。这项工作催生了熔融碳酸盐燃料电池（MCFC）。该碳酸盐燃料电池最终成为商业化生产中主要类型之一。

20 世纪燃料电池概念的复兴在很大程度上可以归因于英国人 F. T.（Tom）Bacon。他是一名专业工程师，并认同燃料电池相对于作为动力源的内燃机和蒸汽轮机具有许多潜在的优势。他对燃料电池的研究可追溯到 1932 年，他几乎没有任何支持。但是，他对开发实用的燃料电池表现出了极大的奉献精神。Bacon 在早期选择研究使用镍基电极的碱性电解质燃料电池（AFC），他认为铂系催化剂永远不会在商业上可行。另外，由于氧电极在碱性溶液中比在酸溶液中更容易可逆，这种电解质和电极的选择使得电池必须在中等温度（100～200℃）和高气压下运行。Bacon 限制自己只能使用纯氢气和氧气作为反应物。最终，他在 1959 年 8 月展示了第一个可行的燃料电池———种 40 单元电池系统，可以产生约 6kW 的功率，足以运行叉车、操作焊接机以及圆锯。

随着太空探索的到来，应用燃料电池的机会出现在了 20 世纪 60 年代初期。在美国，双子座计划（Project Gemini）在第五次任务期间首先使用燃料电池为航天器提供动力，而较早的四次飞行以及先前的"水星计划"所进行的飞行则都使用了电池。之所以进行这种技术转换是因为有效载荷质量是火箭发射卫星的关键参数，带有气体供应的燃料电池的重量要小于电池。此外，双子座计划的目标是发展先进太空旅行的技术——特别是考虑在下面阿波罗计划中的登月所需的舱外活动和轨道操纵（交会、对接等），月球飞行需要的动力源的时间要长于电池的可用时间。

通用电气公司生产的质子交换膜燃料电池（PEMFC）系统用于双子座飞行任务（两个模块，每个模块的最大功率约为 1kW），但在阿波罗项目中被循环 AFC 所取代，其电解质设计由 Bacon 率先提出并由普惠公司（后来的联合技术公司）

开发。两种系统均为由低温储罐中的氢气和氧气提供燃料。AFC 可以提供 1.5kW 的功率，在 18 次阿波罗飞行任务中，它的飞行性能都堪称典范。20 世纪 70 年代，国际燃料电池公司（联合技术公司的一个部门）为航天飞机轨道器生产了一种改进的 AFC，其功率是阿波罗版本的 8 倍，重量减轻了 18kg。该系统在航天飞机飞行时提供所有的电力以及饮用水。

太空计划成功利用燃料电池推动了 20 世纪 70 年代的研究，即开发可为地面应用产生高效率和低排放电力的系统。1974 年全球石油供应的中断进一步刺激了研究。随之而来的是有关燃料电池开发的各种国家倡议的出现。在美国，美国天然气协会的磷酸燃料电池（PAFC）技术促使了"市场机会通知"（NOMO）的倡议。这项活动也引起了美国研究人员对 MCFC 的兴趣，并在 20 世纪 80 年代中期在日本和欧洲建立了国家研究和开发计划。20 世纪 80 年代后期，加拿大先驱 Geoffrey Ballard 引起了人们对 PEMFC 的重新关注，他看到了该技术取代内燃机的潜力。从那时起，该系统一直是各种应用程序发展的主题，因此它在本书中占据了两章内容。

1.2　燃料电池基础知识

为了解氢和氧之间的反应如何产生电流以及电子在何处释放，有必要研究每个电极上发生的反应。对于不同类型的燃料电池，反应会有所不同，但是从基于酸性电解质的电池开始说明比较方便，不仅因为该系统由 Grove 使用，而且因为它是最简单且仍是商业应用中选择最多的系统。

在酸性燃料电池的阳极，氢被氧化，从而释放出电子并产生 H^+ 离子，如下所示：

$$2H_2 \rightarrow 4H^+ + 4e^- \tag{1.1}$$

该反应以热的形式释放能量。

在阴极处，氧气与从电极获取的电子发生反应，并与电解质中的 H^+ 离子发生反应，形成水，即：

$$O_2 + 4e^- + 4H^+ \rightarrow 2H_2O \tag{1.2}$$

因此，整个电池反应是：

$$2H_2 + O_2 \rightarrow 2H_2O + 热量 \tag{1.3}$$

显然，为了使两个电极反应连续进行，在负极产生的电子必须通过电路到达正极。另外，H^+ 离子必须通过电解质溶液——酸是一种带有游离 H^+ 离子的流体，故非常适合。某些聚合物和陶瓷材料也可以制成含有可移动的 H^+ 离子。这些材料通常称为"质子交换膜"，因为 H^+ 离子也称为质子。在第 4 章中将详细研究 PEMFC。

电池反应式（1.3）表明，如果要保持系统平衡，则每个氧分子将需要两个氢分子。工作原理如图 1.3 所示。

在带有碱性电解质（AFC）的燃料电池中，氢氧化的总体反应是相同的，但是每个电极的反应是不同的。在碱性溶液中，羟基（OH^-）离子是可利用且可移动的。这些离子在阳极与氢气反应释放出电子和能量（热量），并产生水：

$$2H_2 + 4OH^- \rightarrow 4H_2O + 4e^- \tag{1.4}$$

在阴极，氧气与从电极获取的电子发生反应，电解液中的水反应生成新的 OH^- 离子：

$$O_2 + 4e^- + 2H_2O \rightarrow 4OH^- \tag{1.5}$$

式（1.4）和式（1.5）表明，与酸性电解质一样，碱性电池所需氢是氧气的两倍。AFC 的工作原理如图 1.4 所示。

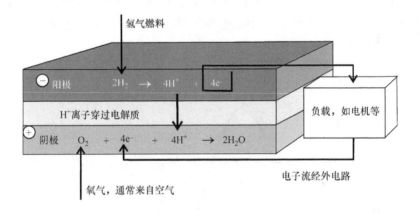

图 1.3　酸性电解质的燃料电池的电极反应和电荷流

注意，尽管负电子从阳极流向阴极，但"常规正电流"从阴极流向阳极。

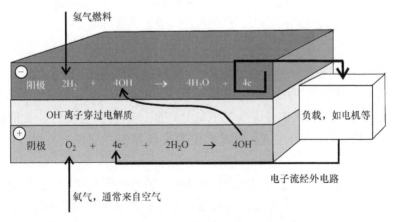

图 1.4　碱性电解质的燃料电池的电极反应和电荷流

碱性电解质的燃料电池的电极反应和电荷流，电子从负阳极流向正阴极。但"正电流"从阴极流向阳极还有许多其他类型的燃料电池，每种类型都以其电解质和在电极上发生的反应来区分。以下各章将详细介绍不同的系统。

1.3 电极反应速率

氢在负极上的氧化释放出化学能。然而，并不能因此认为反应是可以无条件进行的。相反，它具有大多数化学反应的"经典"能量形式，如图 1.5 所示。该示意图表示以下事实：必须使用一些能量来激发原子或分子以充分启动化学反应，即所谓的"活化能"。该能量可以是热、电磁辐射或电能的形式。活化能有助于反应物克服"能量壁垒"，一旦反应开始，一切就会继续。因此，如果原子或分子具有足够低的能量壁垒，否则反应将仅缓慢进行。除非采用非常高的温度，否则燃料电池的反应就是如此。

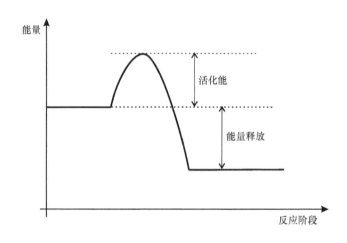

图 1.5　简单放热化学反应的经典能量图

解决慢速反应速率的三种主要方法是：①使用催化剂；②升高温度；③增加电极面积。尽管前两个可应用于任何化学反应，但电极面积对电化学电池具有特殊意义。电化学反应发生在气体分子（氢或氧）与固体电极和电解质（无论是固体还是液体）相遇的位置。发生这种情况的位置通常称为"三相边界/交界处"（相对）。

显然，任一电极反应进行的速率将与相应电极的面积成比例。实际上，电极面积是一个重要的问题，燃料电池的性能通常以每平方厘米的电流来表示。然而，几何面积（长×宽）不是唯一的度量。电极通常被制成高度多孔的形态，从而大大增加了电化学反应的"有效"表面积。如图 1.6 所示的现代燃料电池中的电极表面积可以比几何面积大 2 ~ 3 个数量级。电极可能还必须包含催化剂并在腐蚀性环境中承受高温；催化剂将在第 3 章中讨论。

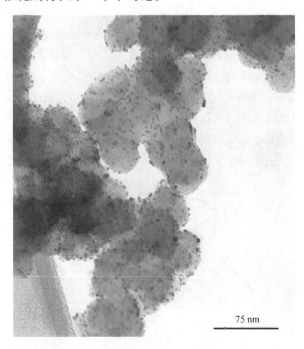

75 nm

图 1.6　燃料电池催化剂的透射电子显微镜图像（黑点是在碳载体上细分的催化剂颗粒，该结构显然具有大的表面积）

（资料来源：Courtesy of Johnson Matthey Plc）

1.4　电堆设计

燃料电池的工作电压较低（远低于 1V），因此习惯上通过串联连接电池以形成"堆"来将电压提高到所需的水平。燃料电池有许多不同的设计，但是在每种情况下，单位电池都有某些共同的组件。如下所示：

● 传导离子的电解质介质可以是包含液体电解质（酸、碱或熔融盐）的多孔固体，也可以是聚合物或陶瓷的固体薄膜。膜必须是电子绝缘体以及良好的离子导体，并且必须在强氧化和强还原条件下均稳定。

● 含电催化剂的燃料负电极（阳极）分散在导电材料上。制造电极时应使电催化剂、电解质和燃料在三相边界处同时接触。

● 带电催化剂的正电极（阴极）通过吸收外部电路中的电子来减少进入的氧（或空气）。

● 一种将单个电池连接在一起的方法：互联器（有时候也称为分离器）的设

计取决于单元所采用的几何形状。

● 密封件可以使气体分开，还可以防止液体电解质在电池之间渗漏，否则会引起部分短路。

电堆中还具有集电器。该集电器位于两端，并通过端板组件连接。

到目前为止，平板仍是燃料电池的首选几何形状，串联组装这种电池的一种方法是通过电池串将每个负极的边缘连接到下一个电池的正极，如图1.7所示（为简单起见，该图忽略了向电极供应气体的困难）。但是，这种方法的问题在于电子必须流过电极的表面到达边缘处的电流收集点。电极可能是很好的导体，但是如果每个电池仅在约0.7V的电压下工作，则即使很小的电压降也可能很明显。因此，除非电流非常低、电极必须是特别好的电子导体或电堆尺寸很小，否则不使用这种设计。

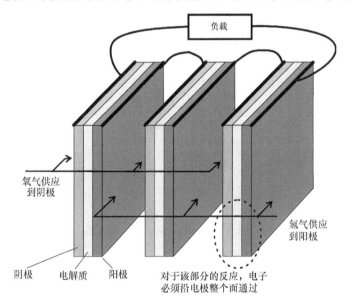

图1.7　简单串联三个平板燃料电池

当电解质是膜时，阴极-电解质-阳极单元通常称为膜电极组件（MEA）

平板燃料电池更好的互连方法是使用"双极板"。导电板可接触一个电池的正极表面和下一个电池的负极表面（因此称为"双极"）。同时，双极板是用作将氧送入相邻电池的负极并将燃料气体送入正极的装置。这是通过在板的两侧加工或模制通道而实现的，气体可以沿着该通道流动并且气体（例如，对于氢燃料而言是纯净的水）可以排出。目前已经提出了各种通道几何形状的设计，以最大限度地增加气体的获取和水的去除，例如，销型、串并联、蛇形、集成和交指式流场。考虑每种类型的燃料电池的布置时，后面的章节中会描述不同的类型。通道（也称为"流场"）的设计使双极板也称为流场板。双极板还必须不渗透气体，足够坚固，以承受电池组组装，并易于大量生产。它们由良好的电子导体制成，例如石墨或不锈钢。对于运输，低重量和小体积至关重要。将两个板连接到单个电池的方法如图 1.8 所示；各气体是正交供应的。

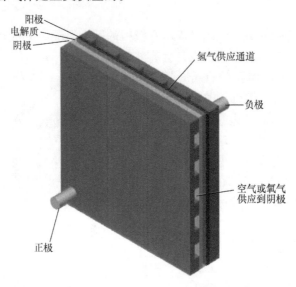

图 1.8　带有端板的单电池，用于从相邻电极的整个表面收集电流并向每个电极供应气体

串联连接多个电池时必须准备阳极 – 电解质 – 阴极组件，将它们与放置在每对电池之间的双极板一起堆叠。在图 1.9 所示的特定布置中，电堆有着用于在阳极上方供给氢的垂直通道和用于在阴极上方供给氧（或空气）的水平通道。这样形成的电流可有效地直接流过电池，而不是一个接一个地流过每个电极的表面。

此外，电极和电解质也可得到很好的支撑，整个结构被夹紧在一起，从而坚固耐用。尽管原

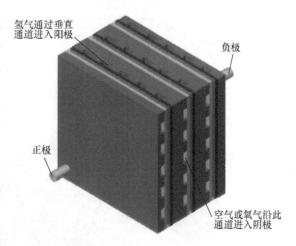

图 1.9　三单电池电堆，表明了双极板如何将一个电池的阳极连接到相邻电池的阴极

理上很简单，但双极板的设计对燃料电池的性能有重大影响。如果要优化电池之间的电连接，则接触点的面积应尽可能大，但这会减弱电极上的气体扩散流动。如果接触点必须很小，或经常接触，可能使板更复杂，制造更困难并且昂贵、易碎。理想情况下，双极板应尽可能薄，以使单个电池之间的电阻和尺寸尽可能小。另一方面，在这种情况下，附加通道必须穿过双极板来输送冷却液。下一节将讨论双极板的其他难题。

1.5 供气和冷却

图 1.9 中的简化布置仅仅用来表示双极板的基本原理。实际上，气体供应和防止泄漏的双重问题意味着实际的设计会有些复杂。

因为电极必须是多孔的（允许气体进入），所以它们可使气体通过其边缘泄漏。因此，边缘必须密封。可以通过使电解液室略微大于一或两个电极，并在每个电极周围安装垫圈来实现，如图 1.10 所示。这样就可以将组件组装成一个堆，然后使用外部歧管将燃料和氧气供应到电极，如图 1.11 所示。通过这种布置，氢气仅在垂直通过燃料电池堆进入时才与阳极接触。同样，水平通过电池堆的氧气（或空气）应仅与阴极接触，当然也不应与阳极边缘接触。因此，实际上对于图 1.9 所示的基本设计而言并非如此。

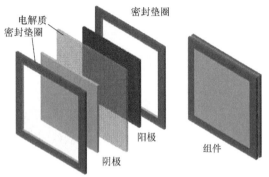

图 1.10 带有边缘密封件的阴极 – 电解质 – 阳极装置的构造可防止气体通过多孔电极的边缘进入或漏出

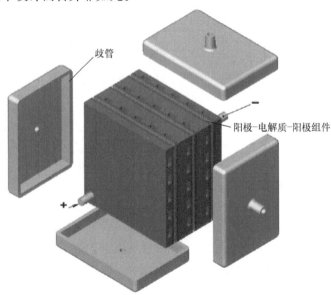

图 1.11 具有外部歧管的三单元电池堆与图 1.9 中所示的堆栈不同，电极具有边缘密封

外部歧管设计有两个主要缺点。首先是很难冷却电池组。燃料电池的效率远非 100%，并且会产生大量的热量和电能。实际上，这种类型的电池堆中的电池必须

通过在正极上通过的反应空气进行冷却。这意味着必须以比电化学所需的速率更高的速率供应空气——有时流量足以冷却电池，但浪费能源。外部歧管的第二个缺点是，在围绕电极边缘的垫圈上，即在有焊点的地方，压力不均匀。这些地方存在通道，垫圈未牢固地压在电极上，这增加了反应气体泄漏的可能性。

内部歧管是一种较为常见的结构，需要更复杂的双极板设计，如图 1.12 所示。在这种布置中，板相对于电极做得更大，并具有额外通道，以将燃料和氧气输送到电极。通过小心布置孔，可以将反应物送入在电极表面上方延伸的通道中。反应气体在电池堆的末端被送入，在电池堆的末端也分别进行了正电和负电连接。商业燃料电池堆如图 1.13 所示。

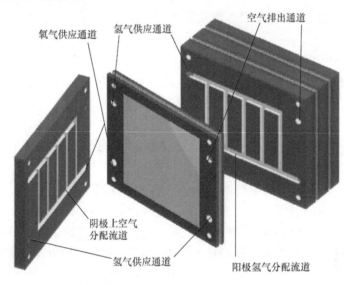

图 1.12 内部歧管更为复杂的双极板可将反应气体通过内管送入电极

（资料来源：Courtesy of Ballard Power Systems）

具有内部歧管的电池堆可采用多种方式冷却。最实用的方法是使液体冷却剂通过插入电池组之间的导电金属板循环。在这种方法中，必须将板平面内的热量传导到板的一个或多个边缘，以便传递到燃料电池堆外部的热交换器。此外，双极板本身还可以被制造得更厚，并经加工具有允许冷却空气或水通过的额外通道。首选的冷却方法根据燃料电池的类型而有很大不同，这将在后面的章节中介绍。

图 1.13 A96 单元水冷式 PEMFC 电池组，最大输出功率为 8.4kW，重量为 1.4kg

（资料来源：Courtesy of Proton Motor GmbH）

从前面的讨论可以明显看出，双极板是燃料电池堆的关键部件。除了制造相当复杂，用于其构造的材料选择也存在问题。低温燃料电池中，石墨是最早使用的材料之一，但是它很难加工且易碎，因此，现在已被各种碳复合材料所取代。另外，也可以使用不锈钢，但会腐蚀某些类型的燃料电池。陶瓷材料可在高温下工作的燃料电池中使用。因此，双极板是燃料电池投资成本的主要因素。

1.6 主要技术

除了制造和材料成本等实际问题之外，燃料电池的两个基本技术问题是：

- 反应速度慢，尤其是对于氧还原反应，反应速度慢，这会导致电流和功率较低。

- 氢气不是现成的燃料⊖。

为了解决这些问题，已经开发测试了许多不同类型的燃料电池。这些系统通常以使用的电解质和工作温度为特征，尽管存在其他重要差别，但燃料电池主要有6种类型，即：

- 低温（50~150℃）：碱性电解质（AFC），质子交换膜（PEMFC），直接甲醇（DMFC）和其他液体燃料电池。

- 中温（约200℃）：磷酸电解质燃料电池（PAFC）。

- 高温（600~1000℃）：熔融碳酸盐（MCFC）和固态氧化物（SOFC）。

表1.1列出了每种类型电池的部分数据。此外，还有其他类型，如直接硼氢化物（DBFC）和直接碳燃料电池（DCFC）。前者在低温下运行，而后者在高温下运行。

表1.1　燃料电池的主要类型

燃料电池类型	离子	操作温度/℃	燃料	应用场景
碱性燃料电池	OH^-	50~200	纯 H_2	太空飞船等
质子交换膜燃料电池	H^+	30~100	纯 H_2	车辆等移动工具或热电联供系统
直接甲醇燃料电池	H^+	20~90	甲醇	便携式电子系统
磷酸燃料电池	H^+	约220	普通 H_2（低 S，低 CO 有 CO_2 限值）	200kW 级热电联产系统
熔融碳酸盐燃料电池	CO_3^{2-}	约650	H_2，碳氢气体	中大型热电联产系统
固态氧化物	O^{2-}	500~1000	普通 H_2，各种碳氢气体	覆盖各个功率段的热电联产系统

迄今为止，PEMFC 已被证明是最成功的商业产品。电解质是固体聚合物，质子在其中移动。化学反应与图1.3所示的相同。PEMFC 可在相对较低的温度下运

⊖ 尽管氢气是大多数类型的燃料电池的首选，但其他燃料也可用。例如，在直接甲醇燃料电池（DMFC）中采用甲醇，而在直接碳燃料电池（DCFC）中采用碳作为燃料。

行，因此通过使用复杂的催化剂和电极可以解决反应速度慢的问题。铂是首选催化剂，它是一种昂贵的金属，但是通过改进，现在只需要少量即可。因此，在现代PEMFC 设计中，铂对燃料电池系统总成本的贡献相对较小。最近的研究表明，在某些情况下可以从催化剂中除去铂。第 4 章将进一步讨论 PEMFC。PEMFC 必须以高纯度氢气作为燃料，第 10 章讨论了满足此要求的方法。

DMFC 是 PEMFC 的变体。该技术与 PEMFC 的不同之处仅在于将天然液体形式的甲醇用作燃料。对于某些其他液体燃料，例如乙醇和甲酸也是可行的。但是，大多数液体燃料电池产生的功率非常低，即使有此限制，在便携式电子设备迅速发展的领域中，此类设备仍有许多潜在应用。至少在可预见的将来，此类电池仍可作为低功率装置，可适合需要长期缓慢且稳定消耗电力的应用。

如前所述，阿波罗和航天飞机轨道飞行器选择了 AFC 系统。通过使用多孔电极和铂催化剂，以及在相当高的压力下操作，可以克服反应速度慢的问题。尽管历史上一些 AFC 已可在约 200℃ 下运行，但仍常在 100℃ 以下运行，但 AFC 容易由于大气中的二氧化碳发生中毒。因此，空气和燃料供应中必须不含二氧化碳，否则必须供应纯氧和氢气。

PAFC 是第一种实现商业化的燃料电池。在 1980—2000 年期间，该技术一定程度上得到了广泛应用。国际燃料电池公司制造的许多 200kW 系统被美国和欧洲采用，其他系统则由日本公司生产。PAFC 中，多孔电极、铂催化剂和适度的高温（约 220℃）有助于将反应速率提高到合理水平。此类 PAFC 系统以天然气为燃料，通过蒸汽重整在燃料电池系统内转化为氢气。然而，蒸汽重整所需的设备大大增加了燃料电池系统的成本、复杂性和尺寸。但 PAFC 系统已显示出良好的性能，例如，在没有任何需要停机或人工干预的维护的条件下，设备运行超过 12 个月。图1.14 所示为 400kW PAFC 系统。

图 1.14　用于固定式发电厂的磷酸燃料电池

（资料来源：Creative commons – Courtesy of UTC）

　　SOFC 多在 600 ~ 1000℃ 的温度范围内运行。高温使得不需要昂贵的铂催化剂就可以实现高反应速率。高温下，可以在燃料电池内直接内部重整燃料（例如天然气），而不需要单独的处理单元。因此，SOFC 解决了上述关键问题（即反应速度慢和氢气供应缓慢），并充分利用了燃料电池概念固有的简单性。然而，SOFC 由难以处理的薄陶瓷材料制成，因此制造昂贵。此外，要构成完整的 SOFC 系统，需要大量的额外设备，例如空气和燃料预热器、热交换器和气泵。而且，冷却系统比低温燃料电池更为复杂。由于电堆中陶瓷材料的固有易碎性，所以在 SOFC 系统的启动和关闭过程中也必须格外小心。

　　MCFC 有一个与众不同的特征，即它需要将二氧化碳以及氧气供入正极。这通常是通过将一些废气从阳极再循环到阴极入口来实现的。高温意味着可使用相对便宜的催化剂镍，其可获得良好的反应速率。像 SOFC 一样，MCFC 系统可以直接使用甲烷和煤气（氢气和一氧化碳的混合物）之类的气体作为燃料，而不需要外部重整器。然而，MCFC 的这一优势在某种程度上会被电解质的性质（即锂、钾和碳酸钠的热腐蚀性熔融混合物）所削弱。

1.7　可机械充电的电池和其他燃料电池

　　本书开始时，燃料电池被定义为一种电化学装置，只要将反应物供到电极上，它就可以将燃料连续地转化为电能（和热量），这意味着电池不会消耗电极或电解质。当然，在所有燃料电池中，电极和电解液会降解，并且在使用过程中会耗损。本节的前两种技术通常被误认为是燃料电池，但其使用了在工作过程中会被完全消耗掉的电极。

1.7.1　金属空气电池

　　尽管铝 – 空气和镁 – 空气电池已经商业化生产，但最常见的电池类型是锌 – 空气电池，它们的基本原理都是相同的。

　　在负极，金属与碱性电解质中的氢氧根离子反应形成金属氧化物或氢氧化物。例如，与锌燃料的反应如下：

$$Zn + 2OH^- \rightarrow ZnO + H_2O + 2e^- \qquad (1.6)$$

　　释放的电子绕过外部电路到达空气电极，在那里它们可用于水与氧之间的反应以形成更多的氢氧根离子。因此，在空气电极处，反应与 AFC 的方程式（1.5）完全相同。当使用铝或镁为燃料时，使用盐溶液（例如海水）作为电解质溶液的电池也可以正常工作。

　　金属空气电池具有很高的比能（W·h/kg）。锌空气电池广泛用于需要长时间在低电流下运行的设备，例如助听器。对用于电动汽车更高功率单元的开发也有相应进展。此外，也可以通过补充负极消耗的金属来补充燃料，这就是为什么有时将这种技术推广为"燃料电池"的原因。该观点还基于以下事实的支持：正极处的反应与对于燃料电池的反应完全相同，并且可以使用相同的电极。然而，应注意的是去除金属氧化物也将需要更新电解质溶液。因此，金属空气系统并不能描述为燃料电池，而最好归类为"机械可充电电池"。

1.7.2 氧化还原流通电池

被称为燃料电池的另一种电化学电池是"氧化还原流通电池"（或"流通电池"）。多单元电池通常称为"液流电池"。此时，定义两种类型的流通电池就非常有用了，目前正在开发的几种不同的方法：

1）流通电池，其中电池功率和容量之间存在解耦，例如溴 - 多硫化物电池和钒氧化还原电池。

2）混合液流电池，其中电池功率和电池容量没有解耦，例如锌 - 溴电池。

第一类不同于所有其他燃料电池，因为氧化剂不是空气，因此不能说燃料是"可燃的"。在这种类型的电池中，存在一种被氧化的反应物（可以称为燃料）和一种作为氧化剂的互补反应物。当电池充电并存储在槽中时，这些燃料将从电极室中移出，因此这样电池的容量可以非常大。放电则是通过将反应物重新供应到电极进行。

两种液流电池已成为许多研究的主题，即溴化钠 - 聚硫化钠电池和钒氧化还原电池。前一个是 1990 年由英国 Regenesys Technologies Limited 引入的。在英国剑桥郡的国家电力公司（National Power）电站的公用规模示范后，该开发项目由 RWE 接管，随后由 Prudent Energy 接管，以充实其在钒电池上的工作。至今还没有关于 Regenesys 的进一步研究或试验的报道。

钒氧化还原电池是 20 世纪 80 年代在澳大利亚悉尼的新南威尔士大学和日本电工技术实验室开发的。系统的工作原理如图 1.15 所示。两种反应物是硫酸钒水溶液，电极反应如下。

正极：

$$VO_2^+ + 2H^+ + e^- \overset{放电}{\underset{充电}{\leftrightarrow}} VO^{2+} + H_2O \tag{1.7}$$

负极：

$$V^{2+} \overset{放电}{\underset{充电}{\leftrightarrow}} V^{3+} + e^- \tag{1.8}$$

因此，在充电状态下，正电解质回路包含 V^{5+} 的溶液，而负回路包含 V^{2+} 的溶液。放电时，前者溶液还原为 V^{4+}，后者被氧化为 V^{3+}。两种溶液中 V 的不同氧化价态差别在整个膜上产生 1.2 ~ 1.6V 电压，其取决于电解质溶液、温度和负荷状态。通过反转溶液的流动并在整个电池上施加电势以恢复溶液初始态实现再生。

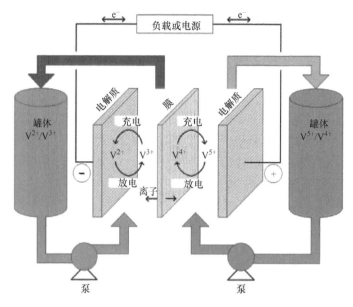

图 1.15　钒氧化还原电池的工作原理

容易看出：①它是可逆电池；②其电池容量（例如以 kW·h 为单位）是由泵输送的液体量即储罐的大小决定的，而不是由普通电池的电极大小决定的。此外，电池越多，电解质溶液的流动越快，额定功率就越高。这种方法可以实现制造和能源发电能力的规模经济。

钒氧化还原电池与可再生能源系统具有许多关系。许多公司和组织都参与了该技术的筹资和开发工作，并且在世界范围内进行了几次大型试验，研究与开发目前仍在继续。

在流通电池的混合形式中，一种或多种电活性组分沉积为固体层。因此，该系统可以看作是一个电池电极和一个燃料电池电极的组合。锌－溴电池是此类技术中最著名的例子。图 1.16 显示了由澳大利亚公司 Redflow Limited 开发的版本。与钒氧化还原电池一样，锌－溴电池由两种流体组成，这些流体通过碳塑电极，分别置于微孔聚烯烃膜两侧的半电池中。在放电过程中，锌和溴结合成溴化锌，从而在每个电池上产生 1.8V 电压。充电期间，金属锌将从溶液中析出，

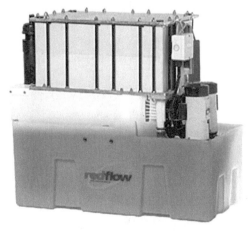

图 1.16　氧化还原锌－溴电池

（资料来源：Courtesy of Redflow Pty Ltd）

并以薄膜形式沉积（电镀）在负极的一侧。同时，溴以稀溶液的形式在另一侧的正极上析出。由于溴是高挥发性和反应性的液体，因此它与有机试剂络合形成多溴化合物，其是一种油，不能与电解质水溶液混溶。油沉到电解槽的底部并被分离存储在正极外部容器的特殊隔室中，直到再次需要放电。电池的容量受镀在负极上的锌量的限制。

1.7.3　生物燃料电池

最后应该指出的是，尽管还不是一项主要技术，但生物燃料电池正引起人们的兴趣。该电池通常使用有机燃料（例如甲醇或乙醇）运行。独特的"生物学"方面是电极反应是由微生物中存在的酶促进的，而不是由诸如铂的常规"化学"催化剂促进的。因此，这些系统（也称为"微生物燃料电池"，MFC）以复制自然界中从有机燃料中提取能量的方式。此外，还应将生物或微生物燃料电池与产生氢的生物方法区分开，其用于常规燃料电池中。第 10 章将讨论这种制氢方法。对于微流体、新菌株、更坚固的隔板膜和高效电极的研究是挖掘 MFC 潜力的关键。

1.8　电池的辅助系统设备

显而易见，实际的燃料电池系统不仅需要随时可用的燃料，还需要冷却电池组的方法，利用由电堆产生的热量做有用功的能力，以及用于直流电的应用。为了有效运行，还需要其他各种组件。所谓的"辅助系统"的确切组成取决于燃料电池的类型，可用燃料及其纯度，以及所需的电和热输出。典型的辅助子系统为：①燃料净化处理器，如用于脱硫；②燃料的蒸汽重整器和变换反应器；③二氧化碳分离器；④加湿器；⑤燃料和空气输送装置；⑥功率调节设备，如用于将直流电转换为交流电，然后转换为线路电压的设备；⑦热量和水的管理设施；⑧整体控制和安全系统；⑨隔热和包装。各个组件包括：燃料储罐和气泵，压缩机，压力调节器和控制阀，燃料或者空气预热器，热交换器和散热器，电压调节器，电动机和电池（在启动时为泵提供动力）。这些重要的子系统问题在第 12 章中有更详细的描述。

固定式动力应用和车辆对燃料电池系统的要求有很大不同。在固定式发电厂系统中，如图 1.14 所示，就尺寸而言，燃料电池堆仅占设备小部分，其主要由燃料和热处理系统以及电力调节设备决定。对于使用常规燃料（例如天然气）运行的热电联产（CHP）设施，几乎总是如此。

相比之下，汽车用燃料电池如图 1.17 所示。它使用储存在车辆上的气态氢燃料运行，而废热仅用于加热汽车内部。燃料电池堆占据了机舱的大部分空间，该部分本来通常作为内燃机舱。车辆中氢燃料电池"发动机"的其他组件（例如泵、加湿器、电力电子设备和压缩机）通常比 CHP 系统的组件要小得多。

图 1.17　汽车机舱盖下的现代燃料电池系统

（资料来源：Courtesy of Hyundai Motor Company，Australia）

1.9　燃料电池系统：关键参数

为了将燃料电池系统之间以及与其他发电机的性能进行比较，必须考虑一些关键的运行参数。对于电极和电解质，关键标准是每单位面积的电流，通常被称为"电流密度"，以 mA/cm^2 为单位表示。在美国则频繁采用 A/ft^2（这两个单位非常相似，$1.0mA/cm^2 = 0.8A/ft^2$）。电流密度数据则应当在特定的工作电压（通常约为 0.6V 或 0.7V）下得到。然后，将电流密度和所选电压的值相乘，得出单位面积的功率，以 mW/cm^2 为单位。在此应注意，即电极经常不能正确"放大"。也就是说，如果面积增加 1 倍，电流通常不会增加 1 倍。其原因有多种，如是否将反应物均匀地输送到电极的整个表面以及从电极的整个表面去除产物的问题。

比功率（kW/kg）和功率密度（kW/m^3 或 kW/L）是发电机的关键参数。注意，虽然功率以 kW 为单位，但能量只是在一定时间段内传递的功率，应以 kW·h 为单位。燃料电池系统的成本显然是一个重要参数，为了便于比较，通常以美元/kW 为单位。

燃料电池的寿命很难确定。鉴于燃料电池的性能始终会逐渐下降并且功率会明显下降，因此诸如"平均无故障时间"（MTBF）之类的标准工程措施并不完全适用。随着电极和电解质溶液的老化，功率随时间会稳定地下降。有时将燃料电池的退化表现为电池电压下降，以 mV/1000h 为单位给出。当燃料电池无法再提供额定功率时（例如 10kW 的燃料电池不再能提供 10kW），则认为其工作寿命已经结束。新燃料电池可能能够提供比额定功率更多的功率，如额外会有 25%。

其他至关重要的燃料电池特性是效率，即系统提供的电能与燃料提供的电能相比。系统之间进行效率比较时，应注意以相同的基础表示数据，效率会在第 2 章中讨论。

汽车工业主要是每千瓦成本和功率密度。以整数表示时，当前的内燃机技术成本为 10 美元/kW，输出功率为 1kW/L（译者注：此处不是指以内燃机工作容积计算的升功率，而是以整机体积计算）。这种电源应至少持续工作 4000h，即在 10 年以上的时间内每天工作约 1h。对于热电联产电厂而言，资本成本仍然很重要，普遍可接受的目标是最高 1000 美元/kW。较高的成本归因于所需的额外的辅助系统设备以及系统必须具有更长的使用寿命，最少需要 40 000h。对于固定式发电系统，通常将平均电费（LCOE）用作绩效指标。LCOE 即从特定来源产生的电力能在项目生命周期内达到收支平衡的价格。它是对发电系统成本的经济评估，包括整个生命周期内的所有成本，即资本成本、运行和维护成本以及燃料成本。LCOE 使分析师能将燃料电池系统与其他形式的发电成本进行比较。

1.10 优点和应用

对于所有类型的燃料电池，商业化的显著阻碍是资本成本。然而，其存在的各种优点以及不同系统具有的特征，仍使燃料电池具有较大潜力，其中包括：

● 效率。如第 2 章所述，燃料电池通常比基于活塞或涡轮的内燃机更高效。另一个好处是，小型燃料电池系统可以与大型燃料电池系统一样高效。这种功能为小型热电联产（CHP）开辟了市场机遇，而这是涡轮或发动机系统无法满足的。

● 简单性。燃料电池的基本要素涉及很少的运动部件（如果有的话）。这可以导致高度可靠和持久的系统。

● 低排放。当以氢为燃料时，纯净的水是燃料电池主要反应的副产物。因此，电源本质上是"零排放"。这对于车辆应用特别有吸引力，因为其需要减少排放甚至消除城市内的排放。尽管如此，应该指出的是，目前二氧化碳的排放几乎总是与氢气的产生有关。

● 安静。燃料电池非常安静，甚至那些带有大量额外燃料处理设备的燃料电池也是如此。安静对于便携式电源应用以及通过 CHP 方案进行的发电都非常重要。

具有讽刺意味的是，氢气作为燃料是燃料电池的主要缺点之一。另一方面，许多人认为随着化石燃料的枯竭，氢将成为全世界的主要燃料和能源载体。例如，它可以通过使用大量光伏（太阳能）电池矩阵提供的电能来电解水来生成。所谓的"氢经济"可能会在未来几十年出现。同时，"氢能"可能在全球范围内只会产生很小的影响，因为最经济的仍是通过天然气的蒸汽重整生产的（参阅第 10 章）。

总而言之，燃料电池的优势对 CHP 系统（无论规模大小）和移动电源系统的影响尤其大，特别是对于车辆和电子设备，例如便携式计算机、移动电话和军事通信设备。该技术的显著特点是系统应用范围非常广，即从几瓦到几兆瓦。在这方面，燃料电池作为能量转换器是独特的。

扩 展 阅 读

Bossel, U, 2000, The Birth of the Fuel Cell 1835-1845, European Fuel Cell Forum, Oberrohndorf.

Hoogers, G, 2003, Fuel Cell Technology Handbook, CRC Press, Boca Raton, FL. ISBN 0-8493-0877-1.

第2章 效率和开路电压

本章研究了燃料电池的效率，即如何定义和计算燃料效率以及效率极限。能量方面则提供了有关燃料电池的开路电压（OCV）的信息，并由相关公式得出了压力、气体浓度和温度等因素对电压影响的重要细节。

2.1 开路电压：氢燃料电池

燃料电池系统中能量的输入和输出如图2.1所示。可通过以下的公式计算出电能和能量输出：

$$P = V \times I \qquad\qquad (2.1)$$

$$E = V \times I \times t \qquad\qquad (2.2)$$

式中，P 是功率；E 是能量；V 是电压；I 是电流；t 是时间。

化学意义上输入和输出的能量很难定义。问题在于其可能涉及氢、氧和水的各种"化学能"。"化学能"可以用不同的方式定义——使用诸如焓、赫姆霍兹函数和吉布斯自由能之类的。近年来，"exergy"一词变得很普遍[⊖]，其在考虑高温燃料电池的运行时特别有用。读者还可能会遇到一些较老的术语，例如"热值"。

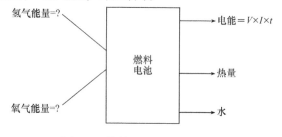

图 2.1 燃料电池的输入和输出

对于燃料电池，根本上来说比较重要的是"吉布斯自由能"，其定义为在恒定压力和恒定温度下在可逆过程中释放或吸收的能量。换句话说，它是驱动化学反应所需的最小热力学功（在恒定压力下），如果为负，则是该反应可以释放的最大能量。因此，吉布斯自由能是可用于确定反应在热力学上是否可行的量。化学反应中的自由能变化 ΔG（即反应物和产物的吉布斯自由能之差），由 $\Delta G = \Delta H - T\Delta S$ 给出。其中，ΔH 是焓的变化，ΔS 是反应物和产物之间熵的变化，T 是绝对温度。该表达式称为"吉布斯方程"。

⊖ 热力学中系统的 exergy 是在使系统与周围环境达到平衡的过程中的最大有用功。

　　应该指出的是，热力学函数性质（例如焓和熵）的绝对值是未知的，只能确定其由温度和压力等参数引起的变化。因此要为物质定义基线，以参考变化的影响。"标准状态"就是这样的基线，它定义了温度和压力的标准条件。国际纯粹与应用化学联合会（IUPAC）有两个标准：①标准温度和压力，缩写为"STP"，规定温度为 273.15K，绝对压力为 100kPa（1bar）；②标准环境温度和压力（缩写为"SATP"）指定温度为 298.15K，绝对压力为 100kPa（1bar）。$^{\ominus}$通常使用上标°表示给定量处于参考状态，下标 f 表示由其元素形成的化合物。因此，$G°_f$ 是标准状态下化合物形成的吉布斯自由能，通常被称为"标准形成自由能"。假定纯元素在参考状态下具有零的形成自由能，则对于以 STP 运行的普通氢燃料电池，每种反应物（氢和氧）的吉布斯自由能均为零，这是一个很有用的简化。

　　当使用热力学函数（例如自由能）时，应注意明确定义参考状态。化合物形成的标准吉布斯自由能（$G°_f$）是吉布斯自由能的变化，其伴随着 1mol 物质由其标准状态下的构成元素在标准状态下形成的过程。通常，气体的标准状态为 298.15K 或 25℃，而不是 0℃。在大多数情况下，只要所有量都参考相同的标准条件，就可以避免混淆。

　　在燃料电池中，正是吉布斯自由能的变化 ΔG_f 产生了由电池释放的电能。这种变化是产物形成的吉布斯自由能与输入或反应物的吉布斯自由能之差，即：

$$\Delta G_f = G_f(产物) - G_f(反应物) \tag{2.3}$$

　　为了使比较容易，如框 2.1 所示，以"1mol"形式考虑这些数量最方便，这些可以用小写字母上方的短线表示，例如 $(\overline{g}_f)_{H_2O}$ 表示水的摩尔吉布斯自由形成能。

　　氢氧燃料电池的基本反应：

$$2H_2 + O_2 \rightarrow 2H_2O \tag{2.4}$$

　　等效于：

$$H_2 + \frac{1}{2}O_2 \rightarrow H_2O \tag{2.5}$$

"产物"是 1mol 的 H_2O，"反应物"是 1mol 的 H_2 和 1/2mol 的 O_2。从而：

$$\Delta \overline{g}_f = (\overline{g}_f)_{H_2O} - (\overline{g}_f)_{H_2} - \frac{1}{2}(\overline{g}_f)_{O_2} \tag{2.6}$$

　　这个方程似乎足够简单明了。但是，吉布斯自由能不是恒定的，而是随温度和状态（液体或气体）而变化的。表 2.1 列出了氢燃料电池在不同条件下的碱性反应的 $\Delta \overline{g}_f$ 值。附录 1 中概述了用于计算这些数据的方法。注意这些值是负数，因此这表明该反应释放了能量。

$\ominus$　1982 年，IUPAC 不再以 273.15K 和 1atm（101.325kPa）的形式定义 STP。参考常温常压（NTP），通常将其设为 20℃（293.15K）和 1atm（101.325kPa）。

框2.1　摩尔质量和摩尔

"mole"（缩写为"mol"）是国际单位制（法文：Système international d'unités，SI）中的计量单位，它表示给定物质的数量，1mol 定义为精确的 0.012kg（即 12g）的碳 12 中的原子数，其是碳元素最常见的自然同位素。这个无量纲的数字大约等于 $6.022140857 \times 10^{23}$，也称为"阿伏伽德罗数字"或"阿伏伽德罗常数"。它由字母 N_A 或 L 表示。

摩尔质量的 SI 单位是 kg/mol。但是，由于历史原因，摩尔质量总以 g/mol 表示。"统一原子质量单位"（符号 u）在数值上等于 1g/mol，即碳 12 的一个原子质量的 1/12。

[注意，没有"统一"前缀的"原子质量单位"（符号，amu）是基于氧 16 的过时单位，但是该术语的大多数用法实际上是指统一原子质量单位]。例如，H_2 的摩尔质量为 $2.0u$，因此 1 mol 的 H_2 为 2.0g，1k mol 为 2.0kg。同样，H_2O 的分子量为 $18u$，因此 18g 为 1 mol，18kg 为 1k mol。

任何物质的摩尔始终具有相同数量的实体（原子，分子，离子，电子，光子），因此，电子的摩尔数为 $6.022140857 \times 10^{23}$ 个电子。电荷为 $N_A e^-$，其中 e^- 为 $1.60217662 \times 10^{-19}$C——一个电子电荷。其称为"法拉第常数"，由字母 F 表示，并具有以下值：$F = N_A e^- = 96\,485$C。

表2.1　在不同温度下反应式（2.5）的 $\Delta \bar{g}_f$

产物水的状态	温度/℃	$\Delta \bar{g}_f$/(kJ/mol)
液体	25	−237.2
液体	80	−228.2
气体	80	−226.1
气体	100	−225.2
气体	200	−220.4
气体	400	−210.3
气体	600	−199.6
气体	800	−188.6
气体	1000	−177.4

对于氢燃料电池中每个产生的水分子和每个使用的氢分子，都会有两个电子绕过外部电路。因此，每消耗掉 1mol H_2 会有 $2N_A$ 电子绕过外部电路。给定每个电子带有一个单位负电荷（e^-），则相应的电荷（以库仑计算）为

$$-2N_A e^- = -2F \qquad (2.7)$$

式中，F 是法拉第常数或 1mol 电子上的电荷（见框 2.1）。如果 V 是燃料电池的电压，则在电路中移动该电荷所做的以焦耳（J）为单位的电功为

所做电功 = 移动的电荷量 × 电压 = $-2FV$ 　　　　　(2.8)

如果系统是热力学可逆的（即没有能量损失），则等于燃料电池反应释放的吉布斯自由能 $\Delta \bar{g}_f$，为

$$\Delta \bar{g}_f = -2FV_r \ 或 \ V_r = \frac{-\Delta \bar{g}_f}{2F} \ \ \ \ \ \ (2.9)$$

当没有净电流流过时，该基本方程式给出了电池两端的"可逆电压"，V_r 或 "OCV"。在标准条件下，这是"标准电池电压" V_r°。当燃料为氢气时，标准条件（STP）的可逆电压在 25℃ 下为 1.229V。

如果电池在 200℃ 下工作，则 $\Delta \bar{g}_f = -220.4kJ$（来自表 2.1），因此：

$$V_r = \frac{22.04 \times 10^3}{2 \times 96485} = 1.14V \ \ \ \ \ \ (2.10)$$

注意该值假定没有"不可逆性"，并且在标准压力（100kPa）下使用纯氢气和氧气。实际上，由于第 3 章中讨论的电压损耗，电压会低于此值。其中一些不可逆性甚至在产生电流时也会产生轻微的影响，因此燃料电池的 OCV 通常低于公式（2.9）给出的值。框 2.2 中进一步说明了"可逆"和"不可逆"过程。

框 2.2　可逆过程、不可逆性和损失

一个简单可逆过程如图 2.2 所示，它描述了一个质量为 m 的球即将滚下山坡。

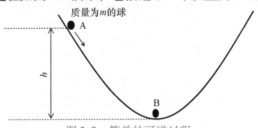

图 2.2　简单的可逆过程

在位置 A，球没有动能，但是势能由 mgh 给出，其中 g 是重力引起的加速度。如果 m 单位是 kg 表示，g 单位是 m/s^2 表示，h 单位是 m 表示，则能量以焦耳（J）表示。

在位置 B，势能已转换为动能。如果没有滚动阻力或风力阻力，则该过程是"可逆的"，即球可以向另一侧滚动并恢复其势能。

然而，实际上，由于摩擦和抗风性，一些势能将转化为热量，该过程是"不可逆的"，因为热量无法转换回动能或势能。将其描述为能量的"损失"也可以，但并不是很精确。从某种意义上说，势能对热量的"损失"不会比对动能的"损失"更多。因此，许多情况下被描述为"能量损失"的情况，"不可逆能量损失"或"不可逆性"一词是更为精确的描述。

2.2 开路电压：其他燃料电池和电池

氢燃料电池的 OCV 导出的式（2.9）也适用于其他反应。氢燃料电池特有的推导步骤中，唯一的是每个燃料分子消耗两个电子。因此，总的来说，式（2.9）可以写成：

$$V_r = \frac{-\Delta \overline{g}_f}{zF} \tag{2.11}$$

式中，z 是每个燃料分子转移的电子数。

该式不仅用于氢燃料电池，并且同样适用于其他电化学电池，尤其是一次和二次电池。例如，广泛用于家庭的一次碱性电池使用锌和二氧化锰的电极。该电池中的整体电池反应可简单表示为

$$Zn + 2MnO_2 + H_2O \rightarrow ZnO + 2MnOOH \tag{2.12}$$

其中，$\Delta \overline{g}_f$ 为 $-277kJ/mol$。

在负电极上，反应可表示为

$$Zn + 2OH^- \rightarrow ZnO + H_2O + 2e^- \tag{2.13}$$

在正极为

$$2MnO_2 + 2H_2O + 2e^- \rightarrow 2MnOOH + 2OH^- \tag{2.14}$$

因此两个电子绕过电路，OCV 根据公式（2.11）表示，即：

$$V_r^\circ = \frac{277 \times 10^3}{2 \times 96485} = 1.44V \tag{2.15}$$

另一个例子是甲醇燃料电池，将在第 6 章中进行讨论。总体反应为

$$2CH_3OH + 3O_2 \rightarrow 4H_2O + 2CO_2 \tag{2.16}$$

从负电极到正电极通过 12 个电子，即每个甲醇分子 6 个电子。对于甲醇反应，$\Delta \overline{g}_f^\circ$ 为 $-698.2kJ/mol$。

将其代入式（2.11）可得出：

$$V_r^\circ = \frac{698 \times 10^3}{6 \times 96485} = 1.21V \tag{2.17}$$

注意，这类似于用于氢燃料电池的 OCV。

2.3 效率及其限制

燃料电池的效率（燃料中能量的一部分转换成有用的电输出）是一个关键问题。事实证明，燃料电池不是热机，因此其效率不受卡诺循环的限制⊖，故应该很高。这种理论也推动了对该技术的许多投资和研发。

⊖ 卡诺循环表明，发动机产生的热量只有小部分可以做功，其余的则发散到发动机、发动机室和环境中。

卡诺定理应用于热机可以表示为

$$\eta_{\text{heat engine}} = \frac{W}{\Delta H} = \frac{T_1 - T_2}{T_1} \tag{2.18}$$

式中，W 是所产生的功；ΔH 是燃料的燃烧热；T_1 和 T_2 是热机运行的绝对温度。在实践中，热力发动机是不可逆的，并且通常在室温下以较低温度（T_2）和由发动机构造、材料施加的较高温度（T_1）运行。因此，热机的效率受到限制，并取决于供热和取热的温度。例如，对于在 400℃（673K）下运行且通过冷凝器排出的水在 50℃（323K）下运行的蒸汽轮机，卡诺效率极限为

$$\frac{673 - 323}{673} = 0.52 \text{ 或 } 52\% \tag{2.19}$$

对于在理想等温条件下工作的燃料电池，反应的自由能变化可以完全转换为电能，其效率（最大）由下式给出：

$$\eta_{\text{max}} = \frac{W_{\text{max}}}{\Delta H} = \frac{\Delta G}{\Delta H} = \frac{1 - T\Delta S}{\Delta H} \tag{2.20}$$

式中，W_{max} 是最大做功量；$T\Delta S$ 是与周围环境交换的热量。因此，在可逆条件下，除熵项外，反应焓转化为电能。ΔH 通常在大小上比 ΔG 大几个数量级。燃料电池的理想效率通常在 90% 的范围内，优于热机。应该注意的是，对于正反应熵，效率可能变得大于 100%，因为在等温条件下，将从周围环境吸收热能并转化为电能。燃料电池的理论最大效率（η_{max}）有时也称为"热力学效率"。

但是前面提到的效率定义并非没有歧义，这是因为可以将两个不同的值用于 ΔH 项。对于常规的氢氧化：

$$\text{H}_2 + \frac{1}{2}\text{O}_2 \rightarrow \text{H}_2\text{O}(\text{蒸汽})$$

$$\Delta \overline{h}_{\text{f}} = -241.83\text{kJ/mol} \tag{2.21}$$

如果产品水冷凝回液体，则反应为

$$\text{H}_2 + \frac{1}{2}\text{O}_2 \rightarrow \text{H}_2\text{O}(\text{液体})$$

$$\Delta \overline{h}_{\text{f}} = -285.84\text{kJ/mol} \tag{2.22}$$

这两个值之间的差 $\Delta \overline{h}_{\text{f}}$（44.01kJ/mol）是水的汽化摩尔焓$^{\ominus}$。较高的称为"较高的热值"（HHV），较低的称为"较低的热值"（LHV）。

任何有关效率的表述都应说明其与燃料的 HHV 或 LHV 有关。比较使用相同燃料各种电器的效率时，采用 LHV 较为方便，因为这通常是其本身可回收的最大热量。LHV 和 HHV 之间的差异随燃料而变化。通常，显热$^{\ominus}$很小，并且主要是蒸汽

$\ominus$　曾被称为"摩尔潜热"。

$\ominus$　显热是由人体或热力学系统进行的热交换，其中热交换在不引起相变的情况下改变了人体或系统的温度。

的冷凝热。因此，化石燃料的氢含量越高，LHV 和 HHV 之间的偏差就越大。例如，LHV 与 HHV 比值对于一氧化碳（不含氢）几乎为 1.0，对于煤（少量氢）为 0.98，对于汽油为 0.91，对于甲烷为 0.90，对于氢气为 0.85。

表 2.2 列出了氢燃料电池效率极限相对于 HHV 的值，还给出了从式（2.11）得出的最大 OCV。图 2.3 中的曲线显示了效率如何随温度变化，以及如何与"卡诺极限"进行比较。应注意以下三个要点：

1）尽管图 2.3 和表 2.2 中显示的信息表明较低的燃料电池工作温度更好，但在较高的温度下电压损耗较小（这些损耗将在第 3 章详细讨论）。因此，实际上，燃料电池的工作电压通常在较高温度下更高。

表 2.2　$\Delta \bar{g}_f$，氢燃料电池的最大开路电压和热力学效率极限（HHV）

产物水的状态	温度/℃	$\Delta \bar{g}_f/(kJ/mol)$	最大 OCV/V	效率极限（HHV）（%）
液体	25	−237.2	1.23	83
液体	80	−228.2	1.18	80
气体	100	−225.3	1.17	79
气体	200	−220.4	1.14	77
气体	400	−210.3	1.09	74
气体	600	−199.6	1.04	70
气体	800	−188.6	0.98	66
气体	1000	−177.4	0.92	62

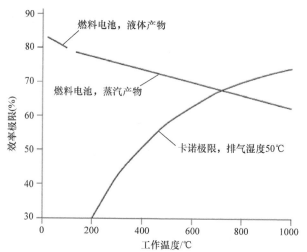

图 2.3　标准压力下氢燃料电池的最大效率（HHV）
作为比较，显示了排气温度为 50℃时的卡诺极限

2）燃料中未转化为电能的任何能量都表现为废热（与任何热力发动机一样），高温电池的废热比低温电池的废热更有用。

3）与支持者经常用的说法相反，燃料电池的效率极限并不总是比热机高[○]。

───────

○　第 8 章表述了如何将热力发动机和高温燃料电池组合成一个特别高效的系统。

氢燃料电池温度引起的最大可能效率的下降与其他类型的燃料电池完全相同。例如，当使用一氧化碳时：

$$CO + \frac{1}{2}O_2 \rightarrow CO_2 \tag{2.23}$$

$\Delta \bar{g}$ 的值随温度变化甚至更快，最大可能效率从 100℃ 时的 82% 降至 1000℃ 时的 52% 。另一方面，对于反应：

$$CH_4 + 2O_2 \rightarrow CO_2 + 2H_2O \tag{2.24}$$

$\Delta \bar{g}$ 随温度相当恒定，因此最大可能效率变化很小。

燃料电池效率引起了很多争议。除了源于电池堆的损耗外，还应考虑其他系统损耗或外部效率低下的问题。其中包括压缩进入的氢气和空气以及将低压直流输出转换为高压交流时的电损耗，但总体效果都是大大降低了整体系统效率。最后，如果将燃料电池用于电动车辆，则还要考虑的电机和动力传动系统也存在效率低下的问题。

2.4　效率和电压

从表 2.2 中给出的数据可以清楚地看出，电池的最大电压与其最大效率之间存在联系。燃料电池的工作电压也很容易与其效率相关。这可以通过调整式（2.9）来表示。如果将来自氢燃料的所有能量（即热值或形成焓）转化为电能，则电压将由下式给出：

$$V_r = \frac{-\Delta \bar{h}_f}{2F} \tag{2.25}$$

由于 HHV 和 LHV 分别为 1.48V 和 1.35V，这是 100% 效率的系统所能获得的电压。因此，电池的真正效率是实际电压 V_c 除以这些值，例如：

$$电池效率 = \frac{V_c}{1.48} \times 100\% \,(HHV) \tag{2.26}$$

然而，实际上由于下文讨论的原因，并非所有燃料都可以使用该式。一些燃料通常还未反应，因此燃料利用率系数 μ_f 可定义为

$$\mu_f = \frac{电池中反应的燃料质量}{电池中输入的燃料质量} \tag{2.27}$$

该参数等于燃料电池输出电流与所有燃料都发生反应所获得的电流之比。因此，燃料电池效率 η 由下式给出：

$$\eta = \mu_f \times \frac{V_c}{1.48} \times 100\% \tag{2.28}$$

如果需要相对于 LHV 的数值，则在前面提到的公式中应使用 1.35 而不是 1.48。一个较好的 μ_f 估计值为 0.95，这也使得可以通过非常简单的电压测量来准

确估算燃料电池的效率。但如第 6 章和第 2.5.3 节所述，在某些情况下效率可能会大大降低。

2.5 压力和气体浓度的影响

2.5.1 能斯特方程

如第 2.1 节所述，化学反应中的吉布斯自由能随温度变化而变化。同样重要的是反应物压力和浓度的影响，其更为复杂。例如以下一般反应：

$$jA + kB \rightarrow mC \tag{2.29}$$

式中，j 摩尔的 A 与 k 摩尔的 B 反应生成 m 摩尔的 C。每种反应物以及产物均具有相关的"活度"$^\ominus$，用符号 a 表示。a_A 和 a_B 代表各自反应物的活度，而 a_C 代表产物的活度。对于"理想气体"，可以证明：

$$a = \frac{P}{P^\circ} \tag{2.30}$$

式中，P 是气体的压力或分压；P° 是标准压力，即 100kPa。由于燃料电池通常是气体反应堆，因此这个方程式非常有用。系统中气体成分的活度可以认为与分压成正比，而对于溶解的化学物质，活度与溶液的摩尔浓度（"浓度"）有关，通常以 mol/dm^3 表示。燃料电池中产生水的计算有些困难，因为水可以是蒸汽，也可以是液体。对于水蒸气，可以为以下内容：

$$a_{H_2O} = \frac{P_{H_2O}}{P^\circ_{H_2O}} \tag{2.31}$$

式中，P_{H_2O} 是在有关温度下水蒸气的蒸汽压，可从蒸汽表中获得该参数的值。当产物为液态水时，假设 a_{H_2O} 近似为 1 是合理的。

反应物和产物的活度改变了反应的吉布斯自由能变化。由热力学原理，对于化学反应［如式（2.29）中给出的一般示例］以下条件成立：

$$\Delta \overline{g}_f = \Delta \overline{g}^\circ_f - RT\ln\left(\frac{a_A^j \cdot a_B^k}{a_C^m}\right) \tag{2.32}$$

式中，$\Delta \overline{g}^\circ_f$ 是标准压力下摩尔吉布斯自由形成能的变化。对于氢燃料电池中的反应，式（2.32）变为

$$\Delta \overline{g}_f = \Delta \overline{g}^\circ_f - RT\ln\left(\frac{a_{H_2} \cdot a_{O_2}^{\frac{1}{2}}}{a_{H_2O}}\right) \tag{2.33}$$

$\ominus$ 物质热力学活度是反应系统中物质"有效浓度"的量度。按照惯例，它是无量纲的数量。凝聚态（液体或固体）中纯净物质的活度被视为1。活度主要取决于系统的温度、压力和组成。在涉及实际气体和混合物的反应中，组成气体的有效分压通常称为"烟度"。

反应的标准自由能变化（$\Delta \bar{g}^{\circ}{}_{f}$）是表 2.1 和表 2.2 中给出的数值。因此，如果反应物的活度增加，则 $\Delta \bar{g}_{f}$ 变得更小，即释放更多的能量。另一方面，如果产物的活度增加，则 $\Delta \bar{g}_{f}$ 增加，释放的能量也更少。为了了解活度如何影响电池电压，可以将 $\Delta \bar{g}_{f}$ 代入式（2.9），得到：

$$V_{r} = \frac{-\Delta \bar{g}^{\circ}{}_{f}}{2F} + \frac{RT}{2F}\ln\left(\frac{a_{H_2} \cdot a_{O_2}^{\frac{1}{2}}}{a_{H_2O}}\right)$$

(2.34)

$$= V^{\circ}{}_{r} + \frac{RT}{2F}\ln\left(\frac{a_{H_2} \cdot a_{O_2}^{\frac{1}{2}}}{a_{H_2O}}\right)$$

式中，$V^{\circ}{}_{r}$ 是 STP 的 OCV。该方程式表明了提高反应物的活度会增加电压。它被称为能斯特方程。注意，该式同样适用于用电位 E_{r} 和 $E^{\circ}{}_{r}$ 代替电压 V_{r} 和 $V^{\circ}{}_{r}$ 的单个电极。

能斯特方程可以用以研究不同参数对燃料电池的运行或性能的影响。例如，在式（2.21）中，即

$$H_2 + \frac{1}{2}O_2 \rightarrow H_2O(\text{蒸汽})$$

(2.21)

假设水为理想气体，因此有

$$a_{H_2} = \frac{P_{H_2}}{P^{\circ}}, \quad a_{O_2} = \frac{P_{O_2}}{P^{\circ}}, \quad a_{H_2O} = \frac{P_{H_2O}}{P^{\circ}}$$

(2.35)

然后，能斯特方程将变为

$$V_{r} = V^{\circ}{}_{r} + \frac{RT}{2F}\ln\left(\frac{\frac{P_{H_2}}{P^{\circ}} \cdot \left(\frac{P_{O_2}}{P^{\circ}}\right)^{\frac{1}{2}}}{\frac{P_{H_2O}}{P^{\circ}}}\right)$$

(2.36)

几乎所有的情况下，压力都取分压。也就是说，气体将成为混合物的成分。例如，氢气可能是来自燃料重整器的氢气、二氧化碳与产物气体的混合物的一部分。氧气是空气中的一种成分，通常情况下，正电极和负电极上的总压力也大致相同，这简化了电池设计。如果系统压力为 P，则：

$$P_{H_2} = \alpha P, \quad P_{O_2} = \beta P, \quad P_{HO} = \delta P$$

(2.37)

式中，α、β 和 δ 是常数，分别取决于 H_2、O_2 和 H_2O 的摩尔质量和浓度。能斯特方程变为

$$V_{r} = V^{\circ}{}_{r} + \frac{RT}{2F}\ln\left(\frac{\alpha \cdot \beta^{\frac{1}{2}}}{\delta} \cdot P^{\frac{1}{2}}\right)$$

(2.38)

$$= V^{\circ}{}_{r} + \frac{RT}{2F}\ln\left(\frac{\alpha \cdot \beta^{\frac{1}{2}}}{\delta}\right) + \frac{RT}{4F}\ln(P)$$

这和式（2.36）为燃料电池的设计和运行中相对重要的变量提供了理论基础

和定量指示。这些变量将在后面的章节中进行更详细的讨论，此处只简要考虑一些要点以帮助介绍该技术。

2.5.2　氢分压

氢气既可以单独使用，也可以混合使用。分离式（2.38）中的氢气压力项，得出：

$$V_r = V^\circ{}_r + \frac{RT}{2F}\ln\left(\frac{P_{O_2}^{\frac{1}{2}}}{P_{H_2O}}\right) + \frac{RT}{2F}\ln(P_{H_2}) \tag{2.39}$$

因此，如果氢气分压从 P_1 变为 P_2，而 P_{O_2} 和 P_{H_2O} 不变，则电压变化量 ΔV 将由下式给出：

$$\begin{aligned}\Delta V &= \frac{RT}{2F}\ln(P_2) - \frac{RT}{2F}\ln(P_1) \\ &= \frac{RT}{2F}\ln\left(\frac{P_2}{P_1}\right)\end{aligned} \tag{2.40}$$

氢气和二氧化碳的混合使用发生在运行于约 200℃（473K）的磷酸燃料电池（PAFC）中。将 R、T 和 F 的值代入式（2.40）可得出：

$$\Delta V = 0.02\ln\left(\frac{P_2}{P_1}\right) \tag{2.41}$$

其给出的值与实验结果高度吻合，后者与系数 0.024 最佳相关，而不是 0.020。例如，从纯氢变为 50% H_2 -50% CO_2 混合物会使每个电池降低 0.015V。

2.5.3　燃料和氧化剂的利用

当空气通过燃料电池的正极（阴极）室时，氧气被消耗掉，因此其分压降低。同样，燃料的部分压力在负极隔室中通常会下降。参考式（2.39），可以看出 α 和 β 减小，而 δ 增大。因此，式（2.38）中的以下项：

$$\frac{RT}{2F}\ln\left(\frac{\alpha \cdot \beta^{\frac{1}{2}}}{\delta}\right) \tag{2.42}$$

当燃料和氧化剂通过电池时，由于消耗的燃料和氧化剂，其值会变小，因此电池电压值会下降到电池的入口和出口间。在大多数设计中，实际上不可能在整个电池中产生电压变化——电极是良好的电子导体，确保了每个电池中的电压大致均匀。因此，电流密度会在整个电池中改变。在燃料浓度较低的出口附近，电流密度最低。[⊖]

公式（2.42）中的 RT 项还表明，在高温燃料电池中，由于消耗燃料和氧化剂

⊖　燃料电池堆中的电流密度分布还取决于燃料和氧化剂通道的方向。当流动平行且方向相同（同流）时，电池出口处的电流密度最低。逆流或交叉流配置则不是这种情况。现代流场设计的重点是优化整个电池堆的电流密度分布。

而导致的电池电压下降程度（或电压不能改变的电流密度）将更大。

显然，对于具有高效率的系统，燃料利用率应尽可能高。另一方面，式（2.39）也表明较高的燃料利用率将导致较低的平均电池电压或电流密度。低电流密度的影响可以通过增加尺寸来补偿，但这也会增加成本。因此，在实际系统中，有必要在燃料利用率和尺寸（即成本）之间进行折中，这个问题对于高温电池最为重要，第 7 ~ 9 章中将进一步讨论。

2.5.4　系统压力

能斯特方程还证明了系统压力可以根据以下参数提升燃料电池的电压：

$$\frac{RT}{4F}\ln(P) \tag{2.43}$$

例如，如果压力从 P_1 变为 P_2，则电压将发生变化：

$$\Delta V = \frac{RT}{4F}\ln\left(\frac{P_2}{P_1}\right) \tag{2.44}$$

对于在 1000℃ 下运行的固体氧化物燃料电池，该方程给出：

$$\Delta V = 0.027\ln\left(\frac{P_2}{P_1}\right) \tag{2.45}$$

已知这种关系与高温电池的结果非常吻合，但对于在较低温度下工作的其他燃料电池则不是这样。例如，根据以下条件，200℃ 时的 PAFC 应该受到系统压力的影响：

$$\Delta V = 0.010\ln\left(\frac{P_2}{P_1}\right) \tag{2.46}$$

而具有不同的相关性，即：

$$\Delta V = 0.063\ln\left(\frac{P_2}{P_1}\right) \tag{2.47}$$

换句话说，在较低温度下，提高系统压力的好处远大于能斯特方程所预测的好处。这种性能差异是因为除了高温电池外，增加压力还可以减少电极处的损耗，尤其是在正极处，具体参阅第 3 章。

当将氧化剂从空气变成氧气时，会有类似的结果。将式（2.38）中的 β 从 0.21（空气中 21% 的氧气）的值更改为 1.0（纯氧气），在此式中分离 β 则有

$$V_r = V^\circ_r + \frac{RT}{4F}\ln(\beta) + \frac{RT}{2F}\ln\left(\frac{\alpha}{\delta}\right) + \frac{RT}{4F}\ln(P) \tag{2.48}$$

在所有其他因素保持不变的情况下，β 从 0.21 变为 1.0，得出：

$$\Delta V = \frac{RT}{4F}\ln\left(\frac{1.0}{0.21}\right) \tag{2.49}$$

对于 80℃ 的 PEMFC，电压变化为 0.012V。实际上，研究结果表明变化会更大，如 0.05V 是很常见的。同样，这是由于高氧气压力导致阴极（正电极）上的过电势降低所致。

2.6　小结

氢燃料电池的 OCV（也称为可逆电压）由下式给出：

$$V_r = \frac{-\Delta G}{2F} \tag{2.50}$$

式中，ΔG 是燃料电池反应的自由能变化。通常，对于每个燃料分子转移 z 个电子的反应，OCV 为

$$V_r = \frac{-\Delta G}{zF} \tag{2.51}$$

吉布斯自由能变化 ΔG 随温度和其他因素而变化。最高效率由以下表达式给出：

$$\eta_{max} = \frac{\Delta G}{\Delta H} \times 100\% \tag{2.52}$$

氢燃料电池的工作效率（HHV）可通过以下公式得出：

$$\eta = \mu_f \frac{V_c}{1.48} \times 100\% \tag{2.53}$$

式中，μ_f 是燃料利用率（通常约为 0.95）；V_c 是单个电池的电压。

反应物的压力和浓度也会影响吉布斯自由能的变化，从而影响电压。用能斯特方程表示可以采用多种形式。例如，如果产物水为水蒸气形式，则有

$$V_r = V°_r + \frac{RT}{2F}\ln\left(\frac{P_{H_2} \cdot P_{O_2}^{\frac{1}{2}}}{P_{H_2O}}\right) \tag{2.54}$$

式中，$V°_r$ 是标准压力下的电池 OCV。

本章的大部分内容均给出了电池电压或其 OCV 的方程式。实际中的工作电压会小于预期的电压，在某些情况下甚至要低得多，这是损失或"不可逆性"的结果，其将在下一章中更全面地说明。

扩 展 阅 读

Barclay, FJ, 2006, *Fuel Cells, Engines and Hydrogen: An Exergy Approach*, John Wiley & Sons, Ltd, Chichester. ISBN: 978-0-470-01904-7.

EG&G Technical Services, Inc., under contract to US Department of Energy, 2016, *Fuel Cell Handbook* (Seventh Edition), National Energy Technology Laboratory, Morgantown, WV.

Srinivasan, S, 2006, *Fuel Cells. From Fundamentals to Applications*, Springer, New York. ISBN: 9781441937728.

Stolten, D (ed.), 2010, *Hydrogen and Fuel Cells – Fundamentals, Technologies and Applications*, Wiley-VCH, Verlag GmbH & Co. KGaA, Weinheim. ISBN: 978-3-527-32711.

第 3 章　燃料电池的工作电压

3.1　电压与电流的基本关系

如第 2 章中所述，氢燃料电池"无损"开路电压的理论值由式（2.9）表示：

$$V_r = \frac{-\Delta \overline{g}_f}{2F} \tag{2.9}$$

式中，$\Delta \overline{g}_f$ 是反应的自由能变化（即反应物形成的自由能与产物形成的自由能之差）；F 是法拉第常数。对于在低于 100℃ 温度下工作的电池，给出的电压约为 1.2V。但是，当使用燃料电池时，"工作电压"往往小于此值，实际上通常会小得多。图 3.1 表示了在低温（40℃）和 1 个大气压下工作的单个电池的电压与电流密度[⊖]的关系。要点如下：

- 开路电压也小于理论值。

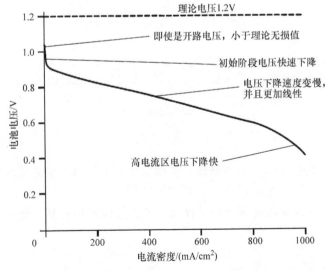

图 3.1　在低温和 1 个大气压下运行的典型燃料电池的电压与电流密度关系

⊖　通常指电流密度或每单位面积的电流，而不仅仅是电流，因此比较不同尺寸电池的性能更为容易。

- 初始电压会快速下降。
- 之后电压下降的速度就会变缓，更线性化地下降。
- 在较高的电流密度下，电压会再次快速地下降。

当燃料电池在较高温度下运行时，上述性能特征有两个明显变化，即：

- 如第2章中所述，可逆（"无损耗"）电压下降，因此其值通常更接近实际的工作电压。
- 电池供电初始的电压大幅降低。

图3.2给出了在约800℃的温度下运行的典型固体氧化物燃料电池（SOFC）的性能，其具有以下重要特征：

- 开路电压等于或略低于理论值。
- 初始电压下降非常小，并且图形的线性度也更高。
- 在较低温度下运行时，若燃料电池中出现较高的电流密度，电压会迅速下降。

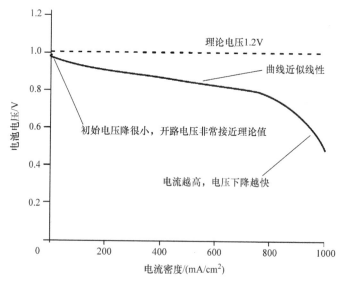

图3.2 典型燃料电池在约800℃和1个大气压下的电压与电流密度关系

两组数据的比较表明，尽管电池在较高温度下运行时可逆电压较低，但实际工作电压通常较大，因为电压降或"不可逆性"较小。

本章研究了导致电压降至可逆电压以下的因素以及减轻其不利影响的方法。

3.2 术语

开发燃料电池系统是高度跨学科的，其成功需要化学家、电化学家、材料科学家、热力学家、电气和化学工程师、控制和仪器工程师等共同努力。有时这些不同的学科对于本质上相同的性能参数都有自己的名称。本章主题是燃料电池电压。

图 3.1 和图 3.2 显示了可逆（理想）运行的燃料电池所期望的电压与实际观察到的电压之间的差异。值得注意的是，通常使用五个名称来表示电压差：

● "过电压"是被电化学家用来描述电解槽、燃料电池和电池组非理想行为的术语。同样，"超电势"表示电极界面处产生的电势差。但是，"过电压"一词的形式往往意味着观察到的电压大于理论预测的值，而燃料电池中观察到的电压则较小。

● "极化"是电化学专家使用的另一个术语，但在很多方面都有误导性，最好避免使用。

● 从热力学角度来看，"不可逆性"是最好的术语。但是，对燃料电池还不够准确，并且与此处考虑的主要效果，即引起电池电压降低的效果，没有很好的联系。

● "电压损失"可以作为一种简单的方法来表示实际的燃料电池所显示的电压低于热力学考虑的预期电压。第 2.1 节讨论了"可逆性、不可逆性和损失"。

● "电压降"在科学上当然不是精确的，但是它确实传达了观察到的效果，并且电气工程师很容易理解。

在本书的学习过程中会遇到这些替代用语，它们显示出了英语的丰富性，而英语通常具有用于同一内容的多个单词。

值得一提的是，"电势"和"电压"经常被误用。与上一章介绍的热力学性质 G、H 和 S 一样，电势只能作为两个电极之间的电势差进行测量。由于为热力学性质定义了标准状态，因此电化学家已采用标准氢电极（SHE）作为参考，可以据此测量电极的电势。在本书中，E 用于表示电极的电势（即参考 SHE），而 $E°$ 是标准条件下的电极电势。电池中两个电极之间的电压差用符号 V 表示。

3.3 燃料电池的不可逆性

图 3.1 和图 3.2 中所示的电压与电流密度关系的特征是四个主要不可逆性的结果。电压损失将在此处简要概述，之后再进行详细介绍，即：

1）活化损失。其代表在电极表面上发生反应的缓慢程度。在驱动将电子转移到电极或从电极转移电子的化学反应时，会损失一部分生成的电压。如第 3.4 节所述，对电压的最终影响是高度非线性的。

2）内部电流和燃料交换损失。该电压损失是由于少量的燃料从阳极到阴极通过电解质而产生的，并且在较小程度上是由于通过电解质的电子传导引起的。在理想情况下，电解质应仅将离子传输通过电池，如第 1 章中图 1.3 和图 1.4 所示。但是实际上，一定量的燃料扩散和电子流也是可能的。通常，燃料损失和电流都很小，因此不是很重要。但是，交换确实会对低温电池的开路电压产生显著影响，如

第3.5节所述。

3）欧姆损失。该电压损失是电子通过电极材料和各种互连区域流动时的直接阻碍以及离子通过电解质的流动时的阻碍。电压降基本上与电流密度成线性比例，因此有时也称为电阻损耗。

4）浓度或传输损失。这些损失是由于消耗燃料时电极表面反应物浓度的变化而引起的。由于反应物浓度会影响电压，因此这种不可逆性称为浓度损失。由于这种效果是由于未能将足够的反应物传输到电极表面导致的，因此也使用了传输损失一词，甚至还有第三种名字：能斯特损失，这是根据能斯特方程对浓度的影响进行建模后演变而来的。

接下来的部分将依次考虑四种不可逆性。

3.4　活化损失

3.4.1　塔菲尔方程

考虑到电极上的过电压时，活化损失（ΔE_{act}）可定义为

$$\Delta E_{act} = E - E_{eq} \tag{3.1}$$

式中，E 是测得的电极电位；E_{eq} 是理论平衡电极电位。由于出于实验而不是理论考虑，朱利叶斯·塔菲尔于1905年观察并表述了电极表面遵循相似的规律且可用于多种电化学反应的电势的变化（后给出"超电势"[⊖]）。

如图3.3所示，这种一般规律表明，如果将过电势相对于电流密度的对数作图，那么对于大多数过电势值而言，其近似于一条直线。此类图称为"塔菲尔图"，其线性关系由以下表达式表示：

$$\Delta E_{act} = a\log\left(\frac{i}{i_o}\right) \tag{3.2}$$

式中，a 是一个常量，通常称为"塔菲尔斜率"；i 是电流密度；i_o 是"交换电流密度"，即零过电势或过电势初始时的电流密度。

交换电流密度 i_o 可以如下所示。质子交换膜或酸性电解质燃料电池的氧电极上的反应为

$$O_2 + 4e^- + 4H^+ \rightarrow 2H_2O \tag{3.3}$$

在零电流密度下，可以假定电极上没有活性，因此不会发生该反应。实际上，事实并非如此。反应仍在发生，且逆反应也以相同的速度进行，其有一个均衡，表示为

⊖　Agar, JN and Bowden, FP, 1938, The kinetics of electrode reactions I and II, Proceedings of the Royal Society of London. Series A, Mathematical and Physical Sciences, vol. 169 (937), pp. 206 – 234.

$$O_2 + 4e^- + 4H^+ \rightleftharpoons 2H_2O \qquad (3.4)$$

因此，电子不断往返于电解质，构成交换电流密度 i_o。如果 i_o 的值很高，则可以说电极的表面更"活跃"，从而导致较低的活化损失。如果 i_o 的值较低，则活化超电势将较高。

式（3.2）被称为塔菲尔公式，可以用多种形式表示。一种简单且首选的形式是使用自然对数而不是以 10 为底的对数，即：

$$\Delta E_{act} = A\ln\left(\frac{i}{i_o}\right) \qquad (3.5)$$

对于缓慢的电化学反应，常数 A 较高。重要的是，塔菲尔方程仅在 $i > i_o$ 时成立。

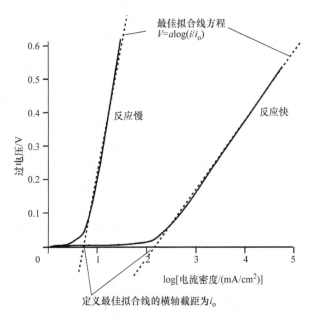

图 3.3　缓慢和快速电化学反应的塔菲尔图

3.4.2　塔菲尔方程常数

尽管最初是从实验结果推导出来的，但塔菲尔方程也有理论基础。对于氢燃料电池，式（3.5）中的常数 A 由下式给出：

$$A = \frac{RT}{2\alpha F} \qquad (3.6)$$

式中，R 是通用气体常数（$R = 8.314472 \mathrm{J/(K \cdot mol)}$）；$T$ 是温度，以开尔文（K）为单位；参数 α 称为电荷转移系数，是在改变电化学反应速率时利用的电能比例，其值取决于所涉及的反应和电极所用的材料，但必须在 $0 \sim 1.0$ 的范围内。对于氢电极，多种电极材料的 α 约为 0.5。在氧电极上，电荷转移系数有更多的变化，但在大多数情况下仍在 0.1 ~ 0.5 之间。简而言之，尝试使用不同的材料以获得最佳的 A 不会有明显作用。

式（3.6）中 T 的存在可能给人升高温度会增加过电势的印象。但实际上，这种情况很少见，因为随着温度增加 i_o 的影响远远超过 A 的增加。的确，使活化过电势尽可能低的关键是 i_o 的值，因为 i_o 的值可能会有不同的数量级。此外，除电极使用的材料外，i_o 还受其他几个参数的影响。总之，交换电流密度对于控制燃料电池电极的性能至关重要。

重新整理式（3.5）和式（3.6）以将电池电流描述为电压的函数。这是通过将对数形式转换为指数形式来实现的：

$$i = i_o \exp\left(\frac{2\alpha F \Delta E_{act}}{RT}\right) \tag{3.7}$$

电化学家认为这是巴特勒 - 沃尔默方程的一种形式，更完整地表示为

$$i = i_o \left(\exp\left(\frac{n\alpha_a F \Delta E_{act}}{RT}\right) - \exp\left(\frac{-n\alpha_c F \Delta E_{act}}{RT}\right) \right) \tag{3.8}$$

式中，n 是在电化学反应中转移的电子数；α_a 和 α_c 分别是负电极和正电极的电荷转移系数。巴特勒 - 沃尔默方程式是电化学中最基本的方程式之一，因为它用两个电极的反应速率来表示电化学反应产生的电流。该方程式是从动力学理论推导而来的，为简单基于经验的塔菲尔方程式提供了坚实的基础，其仅在交换电流密度远小于实测电流密度（$i \gg i_o$）时才成立，即便如此，塔菲尔方程仍足以表述大多数实际燃料电池系统的性能。

对于一个电极上除活化超电势没有其他损耗的燃料电池，其电池电压将由下式给出：

$$V_c = V_r - A\ln\left(\frac{i}{i_o}\right) \tag{3.9}$$

式中，V_r 是由式（2.9）给出的开路电压。使用式（3.9）获得的电池电压（V_c）与电流密度（i）的关系图，如图 3.4 所示。图中的 i_o 值分别为 $0.01mA/cm^2$、$1.0mA/cm^2$ 和 $100mA/cm^2$，A 的值为 0.06V。

i_o 的重要性显而易见：较高的 i_o 值会有最高的实际电池电压，而较低的值会导致最低的电池电压。对大多数电流密度值，每个 i_o 值的实际电池电压都相当恒定。注意，i_o 为 $100mA/cm^2$ 时，只有在电流密度 i 大于 $100mA/cm^2$ 时电压才会下降。

可以使用燃料电池的参比电极或通过使用半电池来测量每个电极的过电势，如下所述。各种金属基材在25℃下氢电极的 i_o 值在表3.1 中给出，测量是在平坦光滑的电极上进行的。交换电流的巨大变化表明某些金属比其他金属更具催化活性。不同研究人员获得的值之间通常不一致，这表明存在多个影响因素。阴极的 i_o 也明显变化，通常比阳极的 i_o 低约 105 倍。因此，对于阴极而言，即使用铂催化剂，交换电流也只约为 $10^{-8}A/cm^2$，即远低于图 3.4 中的最低曲线。但实际上，燃料电池电

极的 i_o 值会比表 3.1 中高得多，因为电极的粗糙度使实际表面积比名义上长度 × 宽度的面积增大了很多倍（通常至少是三个数量级）。

两个电极间的 i_o 值的差异反映了在电池任一侧发生的反应速率不同。阳极上的氢氧化反应（HOR）是快速和简单的反应。相比之下，阴极上的氧还原反应（ORR）慢很多倍，因为它更复杂，涉及多个反应步骤。通常认为，至少在氢燃料电池的情况下，阳极上的过电位与阴极上的过电位相比可以忽略。

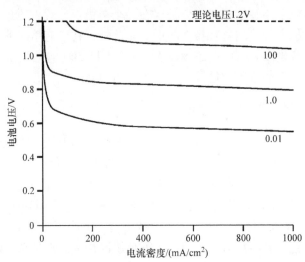

图 3.4　交流电流密度 i_o 值为 $0.01\mathrm{mA/cm^2}$、$1.0\mathrm{mA/cm^2}$ 和 $100\mathrm{mA/cm^2}$ 时，电池电压与电流密度的关系假设损耗仅是由一个电极上的活化超电势引起

表 3.1　酸性电解液中各种金属氢电极的 i_o 值

金属	$i_o/(\mathrm{A/cm^2})$
Pb	2.5×10^{-13}
Hg	3×10^{-12}
Zn	3×10^{-11}
Cd	8×10^{-10}
Mn	1×10^{-11}
Ti	2×10^{-8}
Ta	1×10^{-7}
Mo	1×10^{-7}
Fe	1×10^{-6}
Ag	4×10^{-7}
Ni	6×10^{-6}
Pt	5×10^{-4}
Pd	4×10^{-3}

在其他燃料电池中，如直接甲醇燃料电池（DMFC），阳极上的过电位绝不能忽略。在这些系统中，总活化过电压的方程要结合两个电极的贡献，即：

$$总活化过电压 = A_a \ln\left(\frac{i}{i_{oa}}\right) + A_c \ln\left(\frac{i}{i_{oc}}\right) \tag{3.10}$$

式中，i_{oa} 和 i_{oc} 分别是阳极和阴极的交换电流密度。该等式可以表示为

$$\Delta V = A\ln\left(\frac{i}{b}\right) \tag{3.11}$$

式中，ΔV 是由于总共的活化超电势引起的总的电压降。

$$A = A_a + A_c \ \ b = i_{oa}^{\frac{A_a}{A}} + i_{oc}^{\frac{A_c}{A}} \tag{3.12}$$

注意，式（3.12）仅在 $i > b$ 时有效。该式与式（3.5）相似，其表示一个电极的超电势。因此，不管活化超电势是仅在一个电极上出现，还是在两个电极上都出现，描述电压的方程式均具有相似的形式。此外，在所有情况下，等式中变化最大的项是交流电流密度 i_o，而不是参数 A。关于不同燃料电池类型的电极动力学的进一步讨论将在后面的章节中进行。

3.4.3 降低极化电位

通过增加 i_o 值来提高燃料电池的性能，其可以通过多种方式来实现：

- 升高电池温度。其充分说明了图 3.1 和图 3.2 中所示的低温和高温燃料电池的电压与电流密度关系的不同形状。对于低温电池，正极的 i_o 约为 $0.1\mathrm{mA/cm^2}$，而对于典型的 800℃ 电池，其 i_o 约为 $10\mathrm{mA/cm^2}$——提高了 100 倍！
- 使用更有效的催化剂。表 3.1 中的数据清楚表明了电极中不同金属的作用，其中贵金属铂和钯的氢活化活性比锌和铅等金属高得多。近年来，研究人员对使用合金来开发优良的催化剂做出了巨大的努力。
- 增加电极的粗糙度。此技术增加了每个标称值 $1\mathrm{cm^2}$ 的实际表面积，从而提高了 i_o。
- 提高反应物浓度，例如使用纯氧代替空气，将使催化剂位点更有效地被反应物占据。如第 2 章所示，这也会增加开路电压。
- 增加压力。通过增加催化剂部位的反应物占有率，该方法也被认为是有效的。与提高反应物浓度相似，该策略通过增大开路电压产生"双重好处"。

该列表的最后两点解释了第 2.5.4 节中讨论的理论和实际开路电压之间的差异。

催化剂的活性、电极的粗糙度以及压力和反应物浓度的问题都对反应速率有影响，因此会对燃料电池的性能有影响。电极反应发生在三相边界，因此电池性能高度依赖于催化剂的设计和分布及其与电极的相互作用（即催化剂拓扑）。后面的章节中讨论每种类型的燃料电池时，将会考虑这些，包括引入先进的固态材料，例如混合离子电子导体。

3.5 内部电流和燃料交换损失

尽管燃料电池的电解质可实现其离子导电性能，但它始终具有一定的电子导电性。由于电子传导而产生的微小内部电流将使电池电压少量降低。在实际的燃料电

池中，更重要的是一些氢将从阳极通过电解质扩散到阴极。氢将与阴极催化剂上的氧直接反应，被消耗掉，因此不会从电池中产生电流。以这种方式通过电解质迁移的浪费燃料被称为"燃料交换"。

与前面提到的两个不利影响基本相同，一个氢分子的交换浪费了两个电子，相当于两个在相反方向上内部交换的而不是外部电流的电子。此外，如果电池中的主要损耗是在阴极界面处的电子转移（氢燃料电池就是这种情况），则这两种现象对电池电压的影响也相同。

内部电子流或燃料交换通常仅相当于几 mA/cm^2。就能量损失而言，其不可逆性不是很重要。但是，在低温电池中，它确实会在开路条件下引起非常明显的电压降。燃料电池的用户很容易接受电池的工作电压会低于理论上的"无损耗"可逆电压。然而，在开路中，当不进行任何工作时，预期电池电压应与可逆电压相同。对于低温电池，例如质子交换膜燃料电池（PEMFC），当在环境压力下，于空气中运行时，由于内部电流或交换，开路电压通常至少比可逆电压（约1.2V）小0.3V。

如上一节所述，如果假定燃料电池的损耗仅由阳极处的"活化超电势"引起，则电池电压（V_c）仅会低于式（3.9）给出的量，即：

$$V_c = V_r - A\ln\left(\frac{i}{i_o}\right) \tag{3.9}$$

对于在约30℃的温度下工作且使用大气压力的 PEMFC，式（3.9）中参数的合理值是 $V = 1.2V$，$A = 0.06V$，$i_o = 0.04\,mA/cm^2$。

使用这些值可计算出一系列低电流密度的电池电压，并在表 3.2 中列出。

表 3.2　低电流密度下的 PEMFC 电压

电流密度/（mA/cm^2）	电压/V
0	1.2
0.25	1.05
0.5	1.01
1.0	0.97
2.0	0.92
3.0	0.90
4.0	0.88
5.0	0.87
6.0	0.86
7.0	0.85
8.0	0.84
9.0	0.83

如果内部电流密度为 $1.0\,mA/cm^2$，那么开路电压就会跌回 0.97V

由于内部电流，即使电池处于开路状态，电流密度也不为零。例如，如果内部电流密度为 $2\,mA/cm^2$，则开路电压将为 0.92V，即比理论值低近 0.3V（或25%）。这种明显的电压损耗是大幅初始压降的结果，如图 3.4 中的数据所示。曲线的坡度也解释了为什么低温燃料电池的开路电压变化很大。表3.2和图3.4中给出的信息表明，例如，由于电解质湿度的变化而引起的燃料交换或内部电流的微小变化，可能会引起开路电压的较大变化。

显然，测量燃料交换和内部电流并不容易——电路中不能插入电流表！一种方法是确定开路时反应气体的消耗量。对于单电池和小电池组，无法通过常规的气体流量计测量非常低的气体使用率，因此必须使用气泡计数、气体注射器或类似设备。例如，在常温常压下，开路时，面积为 $10cm^2$ 的小型 PEM 电池可能消耗的氢气为 $0.0034cm^3/s$ [1]（作者对商用电池进行的测量）。根据阿伏伽德罗定律，在标准温度和压力（STP）下，任何 $1mol$ 的气体体积为 $2.24 \times 10^4 cm^3$，因此气体使用量为 $1.52 \times 10^{-7} mol/s$ [1]。附录2中的式（A2.13）通过以下公式表明单个电池中的氢燃料使用率（$n=1$）与电流（I）有关：

$$燃料使用率 = \frac{I}{2F} mol/s^1$$

(3.13)

因此，前面提到的损耗对应于 $1.52 \times 10^{-7} \times 2 \times 9.65 \times 10^4 mA = 29mA$ 的电流。假设单元面积为 $10cm^2$，则电流密度为 $2.9mA/cm^2$，其是交换产生的燃料损失等效电流与实际内部电流密度之和。如果 i_n 是该内部电流密度的值，那么可以用来表示单电池电压的式（3.9）为

$$V_c = V_r - A\ln\left(\frac{i + i_n}{i_o}\right)$$

(3.14)

取低温电池的典型值，即 $V = 1.2V$，$A = 0.06V$，$i_o = 0.04mA/cm^2$ 和 $i_n = 3mA/cm^2$，可得出电池电压与电流密度的关系图，如图3.5所示。这种关系与图3.4所示的关系非常相似。内部电流对高温电池的影响大大降低，因为交流电流密度 i_o 非常大，因此，最初的电压下降幅度较小。

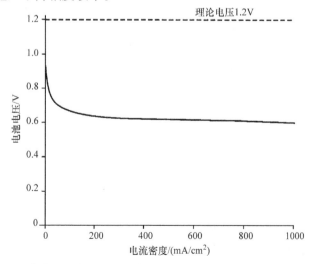

图3.5　仅使用极化和燃料交换/内部电流损失建模的燃料电池电压

3.6　欧姆损失

由于电极的电阻以及电解质中离子流的电阻，电池电压的损失是最容易理解和建模的。电压降（ΔV）的大小仅与电流成正比，即欧姆定律给出的值：

$$\Delta V = IR \tag{3.15}$$

在大多数燃料电池中，电阻［式（3.15）中的 R］主要来自电解质，电池互连或双极板（参阅第 1 章 1.3 节）也可能是重要因素。

为了与其他电压损耗方程式保持一致，式（3.15）应以电流密度表示。为此，有必要引入对应于 $1cm^2$ 电池的电阻的概念。该参数称为"区域电阻率"（ASR），可以用符号 r 表示。电压降的等式变为

$$\Delta V = ir \tag{3.16}$$

式中，i 是通常的电流密度，单位为 mA/cm^2。因此 r 应该以 $k\Omega \cdot cm^2$ 的单位给出。

使用第 3.10 节中描述的方法，可以将这种特殊的不可逆性与其他方法区别开来。例如，可以证明电压的"欧姆损失"在所有类型的电池中都非常明显，在 SOFC 中尤其明显。降低电池内部电阻的三种方法如下：

- 使用导电率高的电极。
- 优化双极板或电池互连的设计和材料选择，此问题已在第 1 章第 1.3 节解决。
- 使电解液尽可能薄。但考虑到如果使用固体电解质，则这种方法通常是困难的，因为它必须相当厚，以构建电极的载体。另外，在电解质是液体的情况下，例如在碱性燃料电池中，电极的间隔必须足够宽以允许电解质在它们之间循环流动。SOFC 中的电解质可以做得很薄，但仍必须有足够的厚度，以防止电极之间的内部短路，这意味着要有一定程度的物理坚固性。

3.7　质量传输损失

如果燃料电池正电极上的氧气以空气的形式提供，则运行过程中，燃料电池中的氧气浓度会略有降低。当提取反应气体时，电极的区域会变大。降低氧气分压时的浓度变化程度将取决于从燃料电池中获取的电流，与电极周围的空气可以循环的程度以及氧气的补充速度等物理因素。类似地，如果向负极提供包含氢的气体混合物（例如包含碳氧化物的重整气体），随着氢被电池消耗，氢分压将下降。无论是绝对压力降低还是分压降低，都基于相同原理，其最终结果均是电压降低。

将电池电压的变化作为氢分压的函数进行建模还尚无解析解决方案。一种方法是考虑能斯特方程，即使用第 2 章中的式（2.40）：

$$\Delta V = \frac{RT}{2F}\ln\left(\frac{P_2}{P_1}\right) \tag{2.40}$$

注意，该式涉及由于从 P_1 到 P_2 的压力增加而引起的电池电压的增加。该方程式可以用来估计由于燃料气体的消耗而引起的压力降低的电压降，如下所述。

考虑到电流密度的极限值 i_1，并在该极限值下燃料以与其最大供给速率相等的速率消耗，显然，电流密度不能上升到该值以上，因为不能以更高的速率供应燃料气体。在此电流密度下，氢气供应的压力将刚刚降至零。如果 P_1 是电流密度为零时的压力，并且假定压力在电流密度 i_1 处线性下降到零，那么在任何电流密度 i 处的压力 P_2 都由下式给出：

$$P_2 = P_1\left(1 - \frac{i}{i_1}\right) \tag{3.17}$$

将其代入前面给出的式（2.40），由于浓度（或质量传输）损耗会产生的电压变化，即：

$$\Delta V = -\frac{RT}{2F}\ln\left(1 - \frac{i}{i_1}\right) \tag{3.18}$$

应该注意的是这些符号，即式（2.40）和式（3.18）是根据电压增益来写的，括号内的项始终小于1。因此，电压降的方程式应该写为

$$\Delta V = -\frac{RT}{2F}\ln\left(1 - \frac{i}{i_1}\right) \tag{3.19}$$

一般而言，浓度（或质量运输）损失由下式给出：

$$\Delta V = -B\ln\left(1 - \frac{i}{i_1}\right) \tag{3.20}$$

式中，B 是取决于燃料电池及其运行状态的参数。

例如，如果 B 设置为 $0.05\,V$，i_1 设置为 $1000\,mA/cm^2$，则可以很好地拟合图 3.1 和图 3.2 中的曲线。然而，这种理论方法还有许多缺点，特别是在绝大多数燃料电池中，燃料电池中的氧化气体是空气而不是氧气的。

量化电压损失的另一种方法是使用经验公式，例如：

$$\Delta V = m\exp(ni) \tag{3.21}$$

式中，m 和 n 是常数。使用 $m = 3 \times 10^{-5}\,V$ 和 $n = 8 \times 10^{-3}\,cm^2/mA$，由式（3.20）和式（3.21）则预测的电压变化非常相似。特别是式（3.21）结果与通过实验测量的电压损耗非常吻合，其已在燃料电池界被广泛接受。以下各节中都将使用它。

在重整器或发电机提供氢气的情况下，由于浓度（或质量传输）损失引起的过电压尤为重要。因为这样的设计可能难以足够迅速地调节氢的供应速率以满足需求的变化。另外，空气电极上消耗氧气后剩下的氮气可阻碍大电流下的质量传输——有效地阻止了氧气的供应。

3.8　合并不可逆项

构建将燃料电池相关的所有不可逆性汇总在一起的方程式很有价值。经研究，工作电压和电流密度之间有以下关系：

$$V_c = V_r - (i + i_n)r - A\ln\left(\frac{i + i_n}{i_o}\right) + B\ln\left(1 - \frac{i + i_n}{i_l}\right) \qquad (3.22)$$

式中，V_r 是式（2.9）第 2 章给出的可逆开路电压；i_n 是燃料交换的等效电流密度和内部电流密度的总和，如第 3.5 节所述；A 是塔菲尔的斜率，如第 3.4.2 节中所述；i_o 是超电势远大于负极正电势时的正极交换电流密度或者是两个交换电流密度的函数，见式（3.11）；B 是传质过电压方程（3.21）中的参数，如第 3.7 节所述；i_l 是具有最低极限电流密度的电极的极限电流密度，如第 3.7 节中讨论；r 是 ASR，如第 3.6 节所述。

表 3.3 给出了两种不同类型燃料电池的常数例值。

可以通过电子表格（例如 EXCEL）、程序（例如 MATLAB）或图形计算器对式（3.22）进行建模。必须记住，在低电流密度下可能会出现问题，因为等式中的第三项仅在 $(i + i_n) \gg i_o$ 时才有效。而且，当超过极限电流密度，即 $(i + i_n) > i_l$ 时，该方程式是无效的。考虑到这些注意事项，读者应能使用表 3.3 中提供的数据画出与图 3.1 和图 3.2 中的图形非常相似的图形。

表 3.3　公式（3.22）中参数的例值

参数	低温（如质子交换膜燃料电池）	高温（如固体氧化物燃料电池）
V_r / V	1.2	1.0
$i_n / (mA/cm^2)$	2	2
$r / (k\Omega \cdot cm^2)$	30×10^{-6}	300×10^{-6}
$i_o / (mA/cm^2)$	0.067	300
A / V	0.06	0.03
B / V	0.05	0.08
$i_l / (mA/cm^2)$	900	900

3.9　电气双层

刚接触燃料电池的研究人员往往会进一步研究在电极处反应的过程性质。鉴于在电极上发生了化学反应（氧化和还原），因此有必要在分子或原子水平上探究反应物与电极和电解质材料之间相互作用的性质。为了探索这一主题，有必要调用一个"电气双层"的概念。该概念最早由赫姆霍兹于 1853 年首次提出，其帮助解释了许多物质的特性，从诸如牛奶或油漆的胶体到诸如电容器和电池等电气设备。

当两种不同的材料接触时，在材料之间界面上的表面就会积聚电荷，或者电荷会从一种转移到另一种。例如，在半导体中，正"空穴"和负电子会在接触的 N 型和 P 型材料的接触界面处扩散，这样就在该处（P 型中的电子和 N 型中的"空穴"）形成了"双层"，其在半导体器件（例如二极管、晶体管、光电传感器和太阳能电池）中起着重要作用。

在电化学系统中，双层的形成是由于与电极中的电子和电解质中的离子之间的反应有关的扩散效应（如半导体中的扩散效应）以及施加电压的结果。例如，图 3.6 所示的情况可能发生在带有酸性电解质的燃料电池的阴极处。电子将聚集在电极的表面，并且 H^+ 离子将从基体被吸引到电解质的表面。电子和离子以及提供给正极的氧气将参与式（3.4）给出的反应，即：

$$O_2 + 4e^- + 4H^+ \longrightarrow 2H_2O \tag{3.4}$$

由于迁移的 H^+ 离子导致的阴极表面上正电荷积累以及周围电解质中相对较低电荷会形成双电层。其具有复杂的结构，其中①内赫姆霍兹平面（IHP）是电极表面上吸收的离子层（在图 3.6 中为 H^+ 离子）；②外赫姆霍兹平面（OHP），代表最接近电极表面的电解质中离子的位置。如第 4 章所述，①和②中的所有离子都是 PEMFC 中的水合离子。除了 OHP 外，电解质中还有一些离子可以通过远距离静电力相互作用。

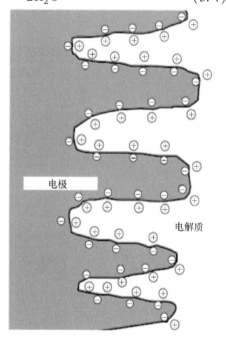

反应发生的可能性取决于电极和电解质表面上电荷、电子和 H^+ 离子的密度。任何电荷的聚集都会在电极和电解质之间产生电势差——"活化超电势"，这已在 3.4 节中进行了讨论。

电解质界面上或附近的电荷层会存储

图 3.6　燃料电池阴极表面的电荷双层

电能，因此其类似于电容器。如果电流发生变化，则电荷（及其相关电压）会消散（如果电流减少）或积聚（如果电流增加），这会花费较多时间。因此，与电压的欧姆损耗不同，活化超电势不会随电流立即变化。

考虑整个燃料电池的两个电极上过电势的综合影响，如果燃料电池的电流突然变化，则由于内部电阻，工作电压将立即变化，随后缓慢地上升至其最终平衡值。可以使用等效电路对其进行建模，其中电气双层由电容器表示。电容器的电容 C 由下式给出：

$$C = \varepsilon \frac{A}{d} \tag{3.23}$$

式中，ε 是介电常数；A 是表面积；d 是板间距。对于燃料电池，A 是电极的实际表面积，比其长度 × 宽度大数千倍。间隔 d 很小，通常只有几纳米。因此，一些燃料电池中的电容将为几法拉量级，电容值较高（在电路中，一个 $1\mu F$ 的电容器已相对较大）。该电容存储电荷并与活化超电势间连接形成了一个等效电路，如图 3.7 所示。电阻器 R_r 模拟欧姆损耗。电流变化立即使该电阻两端的压降发生变化。电阻器 R_a 模拟活化超电势，电容器则 "平滑" 该电阻器上的任何电压降。如果要包括浓度超电势，可将其并入 R_a 中。

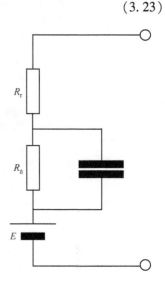

图 3.7　燃料电池的简单等效电路模型

一般来说，电气双层产生的电容使燃料电池具有 "良好" 的动态性能，因为电压会根据电流需求的变化而平稳地移动到新值。此外，还可以通过一种简单有效的方法来区分电压降的主要类型，从而分析燃料电池的性能，如下一节所述。

3.10　辨别不可逆项的方法

有人称在给定条件下某种特定类型的过电势/过电压是主要的。例如，对于 SOFC，欧姆电压降比极化损耗更重要。支持这一主张的许多证据来自实验测量。下面介绍了一些常用于实验表征电化学电池的技术——首先涉及单个电极的技术，然后是应用于完整电池的技术。

3.10.1　循环伏安法

循环伏安法（CV）被广泛用于研究单个电极上的电化学反应。最常见的是，三电极电池与液体电解质一起使用，如图 3.8 所示。该装置包括以下组件：

● "工作电极"，通常由高度抛光的玻璃碳基底组成，在该基底上沉积了要研究的电极或催化剂材料。

● "对电极"，通常是足够面积的铂金标记，以确保在此电极上发生的任何电化学反应均不会影响工作电极的性能。

● 用来测量电压的 "参考电极"，例如，$Pt \mid H_2 \mid H^+$（SHE），$Hg \mid Hg_2SO_4$（汞/硫酸亚汞），$Ag \mid AgCl \mid Cl^-$（氯化银）和 $Hg \mid Hg_2Cl \mid Cl^-$（饱和甘汞电极）。参考电极通常通过小的鲁金毛细管靠近工作电极。

• 可采取措施使氧气进入电解液，例如，对 PEMFC 催化剂上的 ORR 进行 CV。

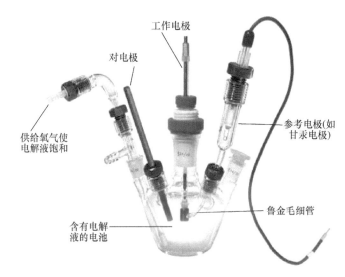

图 3.8 循环伏安法的简单三电极设备

CV 工作的原理如下：材料如用于 PEMFC 负极的碳载铂催化剂材料，被制成细粉并分散在溶剂如稀乙醇中，添加如 Nafion™ 的材料以促进对电极的良好粘附。通过搅拌或超声将混合物细分散，沉积在工作电极的表面，然后在空气中干燥。通常使用稀硫酸溶液（0.01~0.1M）作为液体电解质，组装电池并开始实验。在工作电极和参考电极之间施加电势差，并按照反应以固定的速率朝着更高或更低的值进行扫描。工作电极和对电极之间流动的电流被记录为所施加电压的函数。在恒压实验中，通过恒电位仪控制和测量电压，恒电位仪是一种不从参考电极汲取电流的仪器。电极上的反应完成后，将以相反的方向扫描电压（因此称为"CV"）。如果反应是可逆的，则反向扫描会将其显示为反向流动的电流。电流与施加电压的关系图称为"循环伏安图"；稍后将在有关低温燃料电池的章节中研究这些示例。

伏安图提供了有关氧化还原电位和在给定电极上发生的电化学反应速率的信息。该技术在无须组装完整的燃料电池或半电池的情况下，能够测量燃料电池催化剂的活性，故特别有研究价值。

旋转圆盘电极（RDE）是 CV 方法的扩展。该设备采用与 CV 相同的三电极实验设置，不同之处在于工作电极能够高速旋转。如果在电极表面上发生的电化学反应受到扩散的限制，随着旋转速度的增加，伏安图的变化可以体现这一点。在一定速度以上，扩散到表面的影响最小。RDE 技术可用于探测反应机理，例如，区分用作 PEMFC 阴极催化剂的材料的 2 电子和 4 电子转移。RDE 的一个微小变体是使用旋转圆环电极（RRDE），它可以更详细地阐明反应机理。与 CV 方法不同，在

CV 方法中，电极是固定的，并且反应在回程中会逆转，而 RDE／RRDE 技术则不会发生这种情况，因为催化剂上的表面层会受到电极旋转的干扰。因此，在旋转电极的情况下，只能进行线性电压扫描，而不能像 CV 中那样进行循环扫描。

3.10.2　交流阻抗谱

交流阻抗谱有时也称为电化学阻抗谱（EIS），已经成为表征半电池和完整燃料电池的普遍方法。与大多数电化学方法相比，该技术可以应用于工作的燃料电池。从原理上来说，这很容易理解，但由于许多因素都会影响结果，因此在数据分析中必须格外小心。该过程实质上是驱动一个小的可变交流电（AC）通过燃料电池并测量电池两端产生的交流电压，由此可以确定电池的阻抗。由于交流频率可能非常低，因此，燃料电池必须在稳定条件下运行，例如在没有催化剂活化或失活的情况下。与内阻一样，在工作电池中可以区分出几个阻抗，归因于电解质、电极和界面[⊖]。

自 20 世纪 50 年代以来，人们就已经知道了交流阻抗谱，但实际上是自 20 世纪 80 年代高级计算系统和频率响应分析仪（FRA）出现以来，该技术才在电化学领域取得了常规地位。FRA 可生成给定幅度和频率的参考电压正弦波，然后测量并记录所产生的交流电流的幅度和相位。扫描一定范围的频率会得到一个"阻抗谱"，可以表示为电流与频率的"伯德图"。该技术具有很高的精度，因为可以通过在多个周期内执行测量来滤除频谱中不需要的信号。

通过燃料电池测得的交流电流相对于施加的交流电压正弦波相移了相角 θ。如果将径向频率 ω（以 rad/s 为单位）定义为

$$\omega = 2\theta f \tag{3.24}$$

式中，f 是施加电压的频率（以 Hz 为单位）；可以得出类似于电阻器欧姆定律的表达式，即：

$$Z = \frac{E_t}{I_t} = \frac{E_o \sin(\omega t)}{I_o \sin(\omega t + \theta)} = Z_o \frac{\sin(\omega t)}{\sin(\omega t + \theta)} \tag{3.25}$$

式中，Z 是系统的阻抗；E_t 和 I_t 是在时间 t 的电压和电流；Z_o 是当电流和电压都同相（$\theta = 0$）时的系统阻抗，它也可用复数表示，即：

$$Z = Z_o (\cos\theta + j\sin\theta) \tag{3.26}$$

从数学上讲，这意味着 Z 可以由实部和虚部表示。在图表的 x 轴上绘制实数部分（Z_{re}），在图表 y 轴上绘制虚数部分（Z_{imag}）会产生一个所谓的"奈奎斯特图"，例如 SOFC 中的阳极如图 3.9a 所示。以这种形式显示数据的优点如下：

- 在半圆到达（或外推到 x 轴）的左侧区域显示欧姆电阻（R_r）。这代表零

⊖　燃料电池的内部总电阻是各个电池组件的电阻之和。它随电流密度而变化，并且与电池一样，当总电阻等于外部电路中电阻的总和时，可以实现燃料电池传递的最大功率。内部电阻的大小与通过 EIS 测量的电池阻抗的大小相同。然而，由于涉及交流电，阻抗也具有相位。

频率点。在所考虑的示例中，$R_r = 0.48\Omega \cdot cm^2$。

- y 轴表示电池的电容元件。

- 具有不同时间常数的极化控制过程为独特的阻抗弧，曲线的形状可以表明可能的反应机理或控制现象。在图 3.9a 所示的示例中有两个过程，即①在高频下，存在电荷转移过程（$O_x + ne^- \rightarrow red$）；②在低频下，曲线反卷积可以区分三个独立的电阻贡献[⊖]。

- 奈奎斯特图的主要缺点是不直接绘制频率，因此很难确定奈奎斯特图上某个点的频率。这可以通过伯德图显示数据来解决，例如图 3.9b，其中以阻抗（实数或虚数分量）或相位角相对于频率的关系作图。

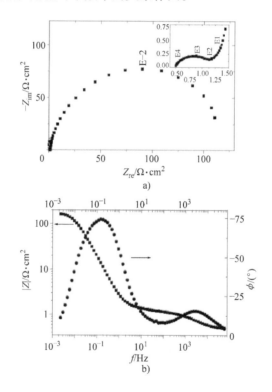

图 3.9　a）932℃97% CH_4 和 3% H_2O 中的 SOFC 阳极的奈奎斯特图。
插图放大了高于 1Hz 的频率　b）相应的伯德图

（资料来源：Kelaidopoulou, A, Siddle, A, Dicks, AL, Kaiser, A and Irvine, JTS, 2001,
Anodic behaviour of $Y_{0.20}Ti_{0.18}Zr_{0.62}O_{1.90}$ towards hydrogen electro – oxidation in a high
temperature solid oxide fuel cell, Fuel Cells, vol. 1 (3 – 4), pp. 226 – 232)

⊖ Kelaidopoulou, K, Siddle, A, Dicks, AL, Kaiser, A and Irvine, JTS, 2001, Methane electro – oxidation on a $Y_{0.2}$
$Ti_{0.18}Zr_{0.62}O_{0.19}$ anode in a high temperature solid oxide fuel cell, Fuel Cells, vol. 1 (3 – 4), pp. 219 – 225.

　　将交流阻抗曲线拟合到由单个电阻器和电容器组成的等效电路中，如图 3.7 所示。现已存在可以完成此任务的计算机软件。

　　图 3.10a 中所示的阻抗（奈奎斯特）图是在不同电势下 PEMFC 阴极铂 – Nafion 界面处 ORR 的典型频谱[○]。可以看到其有两个明显的电弧，这说明了高频下的电荷转移和低频下的质量转移过程。由于电化学反应速率的增加，电荷转移弧在较高的电压下会降低，而由于物质传输阻抗而产生的弧会更加重要。等效电路如图 3.10b 所示，其中 R_Ω、R_{ct} 和 W_s 分别代表欧姆电阻、电荷转移电阻和有限长度的 Warburg 阻抗，最后提到的是代表反应物质（在这种情况下为氧气）的扩散。传统的双层电容被恒相元件（CPE）取代，这是因为由双层充电引起的电容是沿着多孔电极中孔的长度分布的。图 3.10b 所示电路称为兰德尔斯电路，是燃料电池电极常用的最简单的模型之一。

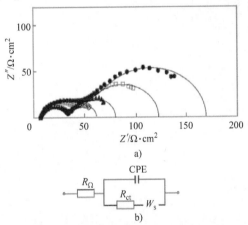

图 3.10　a）Nafion 117 的过电势对阻抗图的影响，施加的直流电势：（o）0.775V，（▲）0.75V，（·）0.725V 和（●）0.70V，温度 303K，氧气压力 207kPa。实线表示等效电路的拟合和 b）Pt / Nafion 接口上用于 ORR 的 PEMFC 的典型等效电路

（资料来源：Xie, Z and Holdcroft, S 2004, Polarization – dependent mass transport parameters for ORR in perfluorosulfonic acid ionomer membranes：an EIS study using microelectrodes, Journal of Electroanalytical Chemistry, vol 568, pp. 247 – 260. Reproduced with the permission of Elsevier）

　　通过在阳极和阴极上利用交流阻抗，可以确定电池内发生的各种材料或过程对过电势的贡献。通常的阻抗谱比图 3.10 所示的要复杂得多，对于它们的解释不在本书讨论范围之内。交流阻抗已成为表征燃料电池系统的一种流行方式，因此，在实验技术和数据解释方面有许多参考文献[○]。

　[○]　Yuan, X, Wang, H, Sun, JC and Zhangm, J, 2007, AC impedance technique in PEM fuel cell diagnosis—A review, International Journal of Hydrogen Energy, vol. 32, pp. 4365 – 4380.

　[○○]　示例：Basics of Electrochemical Impedance Spectroscopy', published by Gamry Instruments — available on-line at http：//www. gamry. com/application – notes/EIS/basics – of – electrochemical – impedance – spectroscopy/.

3.10.3　电流中断

电流中断技术不仅可以提供准确的定量结果，而且可以快速定性地表现工作中的燃料电池内部损失。与阻抗谱法不同，它可以使用标准的低成本电子设备进行。基本设置如图 3.11 所示。为了理解电流中断，假定存在一个一定电流的燃料电池，在该电流下浓度（或质量传输）的超电势可以忽略不计，因此，电压下降是由欧姆损耗和活化超电势引起的。如果突然切断电流，则电荷双层将需要一些时间来分散，相关的过电势也将耗散。相反，欧姆损耗将立即减少到零。当负载突然断开时，在燃料电池上测得的电压变化结果如图 3.12 所示。

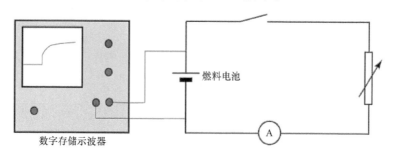

图 3.11　用于执行电流中断测试的简单电路

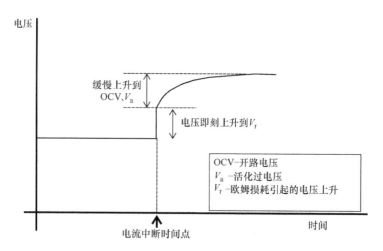

图 3.12　电流中断后测试燃料电池的电压随时间变化的示意图

电流中断的测量如下：图 3.11 所示电路中的开关闭合，并且调整负载电阻，直到流过所需的测试电流为止。将数字存储示波器设置为合适的时基，然后关闭负载电流。设置示波器触发，以使仪器进入"保持"模式——尽管某些单元格使系统运行缓慢，以至于可以手动完成该过程。然后，从屏幕上读取如图 3.12 所示的两个电压 V_r 和 V_a。尽管该方法很简单，但在获得定量结果时必须小心，因为可能会错过电压立即上升结束的点而高估 V_r。示波器时基的设置对于不同类型的燃料电池也有所不同，具体取决于电容。

电流中断测试易于使用单节电池和小型燃料电池堆进行。对于较大的电池和电堆，高电流的切换可能会出现问题。如图 3.13 ~ 图 3.15 所示，三个电流中断测试的结果清楚定性地表明了不同类型的电压升高程度。因为示波器没有显示垂直线，所以每条迹线的外观与图 3.12 中给出的略有不同，即没有对应于 V_r 的垂直线。测试是在三种不同类型的燃料电池上进行的：PEMFC、DMFC 和 SOFC。在每种情况下，总的电压降大约是相同的（$V_r + V_a$），但电流密度肯定不是相同的。

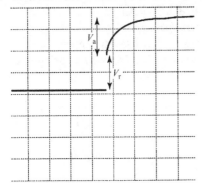

图 3.13　低温、常压氢燃料电池的电流中断测试，欧姆和活化超电势相似（时间刻度每格 0.2s；$i = 100mA/cm^2$）

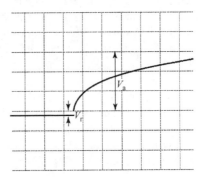

图 3.14　直接甲醇燃料电池的电流中断测试，两个电极都有很大的极化损耗，因此，相比之下，欧姆损耗几乎无法辨别（时间刻度每格 2s；$i = 10mA/cm^2$）

这三个示例很好地总结了燃料电池中电压损失的原因。浓度或质量损失仅在电流较高时才重要，而在设计良好、燃料和氧气供应充足的系统中，它们在电池工作电流范围内应很小。在低温氢燃料电池中，阳极极化可以忽略不计，主要的电压损耗是由于阴极的极化损耗引起的，尤其是在低电流密度（低于约 $50mA/cm^2$）下。在更高的电流密度（即高于约 $50mA/cm^2$）下，极化和欧姆损耗相似（见图 3.13）。在使用燃料（例如甲醇）的电池中，阳极和阴极都有相当大的活化损失，因此活化超电势

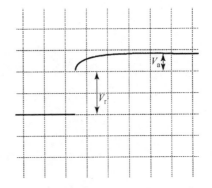

图 3.15　在 700℃ 左右的小型 SOFC 的电流中断测试，大电压上升表明，欧姆损耗是造成大多数电压降的原因（时间刻度每格 0.02s；$i = 100mA/cm^2$）

是主要的，如图 3.14 所示。另一方面，在高温下运行的电池（例如 700℃ 的 SOFC）中，极化损耗又不那么占主导地位，欧姆损耗成为主要问题，如图 3.15

所示。

前三章的目的是提供对燃料电池一般原理的解释。后续各章将更深入地探讨主要类型的燃料电池系统构造、运行和应用。

扩 展 阅 读

Büchi, FN, Marek, A and Scherer, GG, 1995, In-situ membrane resistance measurements in polymer electrolyte fuel cells by fast auxiliary current pulses, *Journal of The Electrochemical Society*, vol 142(6), pp. 1895–1901.

Greef, R, Peat, R, Peter, LM, Pletcher, D and Robinson, J, 2002, *Instrumental Methods in Electrochemistry*, Ellis Horwood, Oxford. ISBN-13: 978-1898563808.

Hamann, CH, Hamnett, A and Vielstich, W, 2007, *Electrochemistry* (Second, Completely Revised and Updated Edition), Wiley-VCH, Weinheim. ISBN: 978-3-527-31069-2.

Yuam X-Zi, Song, C, Wang, H and Zhang, J, 2010, *Electrochemical Impedance Spectroscopy in PEM Fuel Cells*, Springer, London. ISBN: 978-1-84882-845-2 (Print) 978-1-84882-846-9 (Online).

Zhang, J, (ed.), 2008, *PEM Fuel Cell Electrocatalysts and Catalyst Layers, Fundamentals and Applications*, Springer-Verlag, London. ISBN 978-1-84800-935-6; DOI 10.1007/978-1-84800-936-3.

Zhang, J, Wu, J, Zhang, H and Zhang, J, 2013 *PEM Fuel Cell Testing and Diagnosis*, Elsevier, Burlington, VT. ISBN 978-0-44453-689-1.

第4章 质子交换膜燃料电池

4.1 概述

质子交换膜燃料电池（Proton Exchange Membrane Fuel Cell, PEMFC）也称"高分子电解质膜燃料电池"（Polymer Electrolyte Membrane Fuel Cell, PEMFC）或者"固体聚合物电解质燃料电池"（SPEFC）。

固体聚合物燃料电池（Solid Polymer Electrolyte Fuel Cell, SPEFC）是最广泛使用的酸性燃料电池。该设计最初是20世纪60年代，由通用电气公司为美国国家航空航天局在双子座载人宇宙飞船上使用而开发的。与使用液体质子导体的电解质不同，早期实验室采用固体或准固体"酸性膜"材料。

第一批质子交换膜燃料电池使用的电解质基于聚合物，如聚乙烯。例如，最初的NASA燃料电池使用聚苯乙烯磺酸。1967年，杜邦公司推出了一种基于聚四氟乙烯（Polytetrafluoroethylene, PTFE）结构的新型氟化聚合物，商标为Nafion™（以下简称"Nafion"）。聚四氟乙烯材料用于喷涂非黏性炊具，具有高度疏水性（即不被水浸湿）。Nafion是燃料电池的一大进步，已成为判断新型聚合物膜的工业标准。然而，Nafion的生产成本很高，并且有一定的局限性，例如需要浸润水化，因此只能在80℃以下发挥作用。基于这些原因，研究了许多替代电解质材料。第4.2节回顾了更常见的种类。

除了第9章稍后将描述的固体氧化物燃料电池（Solid Oxide Fuel Cell, SOFC），质子交换膜燃料电池的独特之处还在于它使用了一块固体电解质，该电解质两面都与带催化的多孔电极结合。因此，阳极阴极组件是一件，非常薄，通常称为"膜电极组件"（Membrane Electrode Assembly, MEA）。质子交换膜燃料电池堆通常包括双极板串联的诸多膜电极组件，如第1章图1.9所示。聚合物电解质中的电荷载体为 H^+ 离子（也称为质子），基本操作及基本原理与第1章图1.3中所示的通用酸性电解质燃料电池相同。

普通的聚合物膜在接近环境温度的条件下工作，这使质子交换膜燃料电池能够快速启动。与碱性、磷酸和熔融碳酸盐燃料电池系统的电解质不同，其中不存在腐蚀性和有害流体，这意味着质子交换膜燃料电池能够在任何场合使用。此外，现代膜电极的薄型化还使得能够生产具有非常高的功率密度（W/L）的紧凑型燃料电池。这些特性相结合，使质子交换膜燃料电池非常坚固，特别适合在公路车辆中使用，并用作便携式电气和电子应用的电源。

双子座航天器中使用的质子交换膜燃料电池，早期设计版本的寿命只有500h左右，但是对于当时那些有限的早期任务来说已经足够了。但是，人们担心电解质中水管理是否可靠（在第4.4节中有详细介绍），因此NASA选择了碱性燃料电池用于随后的阿波罗太空船。通用电气也选择不进行质子交换膜燃料电池的商业开发，可能是因为认为质子交换膜燃料电池比其他类型的燃料电池的成本更高（比如磷酸燃料电池，正在为固定功率应用开发），当时催化剂技术使每$1cm^2$电极需要28mg铂金，而如今只有$0.2mg/cm^2$或更少。

质子交换膜燃料电池的发展或多或少地在20世纪70年代和80年代初期被搁置了，但是20世纪80年代下半叶和90年代初人们将目光又转回了质子交换膜燃料电池，而这在很大程度上要归功于加拿大温哥华的巴拉德电力系统公司和美国的洛斯阿拉莫斯国家实验室。近年来的发展使其电流密度达到1A/cm^2甚至更高，同时催化剂中使用的铂量减少了两个数量级。这些改进导致每1kW功率的成本大大降低，功率密度大大提高，如图4.1所示，该图显示了巴拉德动力系统公司在20世纪90年代取得的进步。

图4.1 四个质子交换膜燃料电池电堆展示了巴拉德动力系统20世纪90年代燃料电池的发展。左边的电堆（1989年模块）的功率密度仅为100W/L；右侧的1996年型号功率密度可达到1.1kW/L

质子交换膜燃料电池的比功率（W/kg）和面积比功率密度（W/cm^2）均高于任何其他类型的燃料电池。值得注意的是，本田在2006年通过美国能源部（US DOE）为80kW质子交换膜燃料电池电池组设定了2010年达到650W/kg和650W/L的性能目标。当前FCX Clarity汽车中使用的100kW级垂直流电堆。电堆的体积功率密度几乎为2.0kW/L，质量比功率为1.6kW/kg。日产汽车在2008年也声称达到了1.9kW/L的水平。从那时起，本田将功率密度提高到3kW/L以上（图4.2）⊖。

质子交换膜燃料电池正在开发中，可用于多种应用场合系统的电源。例如，市场上销售的功率仅为几瓦的系统可以为移动电话和其他消费电子设备充电，而为远

⊖ 值得注意的是，功率密度并不是判断电堆好坏的唯一参数。增加电流密度可以提高功率密度，但会牺牲电堆的寿命。一个重要的考虑因素是每个特定应用所需堆栈的功能和生存周期。

程电信塔和数据中心供电的功率为几
千瓦的固定装置目前也正在使用中[○]，
家用的则是热电联产系统。同时，它
们在公路车辆（例如汽车和公共汽车）
中的应用也已经引起了对质子交换膜
燃料电池的广泛关注。

可以认为质子交换膜燃料电池在其
可能的用途范围内超过了所有其他发电
机。在所有应用中，质子交换膜燃料电
池的三个最重要的区别特征如下：

图 4.2　本田燃料电池电堆和变速器
（在 2007 年东京车展上展出）

- 电解质的类型（第 4.2 节）。

- 电极结构（第 4.3 节）。

- 催化剂（第 4.3 节）。

系统设计的其他方面取决于最终用途、边界、设计师的技能和其他条件，因而
有很大不同。其中最重要的如下：

- 水管理（第 4.4 节）。

- 冷却方法（第 4.5 节）。

- 串联连接电池的方法——双极板的设计差异很大，某些燃料电池采用的方法
明显不同（第 4.6 节）。

- 工作压力（第 4.7 节）。

- 所使用的反应物——氢不是唯一的燃料选择，另外，也可以使用氧气代替空
气（在第 4.11 节中进行了简要讨论）。

质子交换膜燃料电池系统的一些示例在 4.9 节中进行了研究。除了质子交换膜
燃料电池的技术问题之外，成本可能是商业化广泛应用障碍中最具挑战性的因素。
现在市场上的第一批商用质子交换膜燃料电池系统的价格约为 3000 美元/kW，大
大高于基于内燃机或涡轮发电机的发电电源。广泛报道的固定式质子交换膜燃料电
池系统的成本目标约为 1000 美元/kW，但这仍然是一个挑战，将在本书其他地方
进行进一步讨论[○]。

○　巴拉德电力系统公司已经建立了一个 1MW 的固定发电系统。

○　Staffell, I and Green, R, 2013, The cost of domestic fuel cell micro - CHP systems, International Journal of
　　Hydrogen Energy, vol. 38（2），pp. 1088 - 1022.

4.2　高分子电解质：工作原理

4.2.1　全氟磺酸膜

多年来，Nafion 是质子交换膜燃料电池中行业标准的膜电解质，是一种特殊类型的全氟磺酸（Perfluorosulfonic acid，PFSA）。Nafion 的原材料是通常称为聚乙烯的合成聚合物。乙烯和聚乙烯的分子结构如图 4.3 所示。聚四氟乙烯可以通过用氟代替氢原子进行改性，以产生"全氟化"聚合物。改性聚合物即是聚四氟乙烯，如图 4.4 所示。"四"表示每个亚乙基中的所有四个氢原子均已被氟取代。这种材料于 1938 年首次生产，由杜邦公司以商品名 Teflon™ 出售。这种卓越的材料在燃料电池的开发中发挥了关键作用。氟和碳原子之间的牢固键使聚四氟乙烯极耐化学腐蚀，因此非常耐用。而且，聚四氟乙烯也是强疏水性的（即排斥水）。因此，它可用于燃料电池电极中以将生成的水从电极中驱出，从而防止溢流。出于同样的原因，聚四氟乙烯也可以用于碱性燃料电池和磷酸燃料电池中。

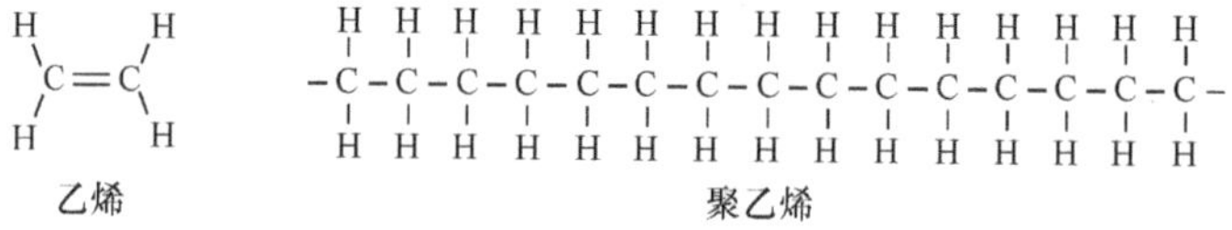

图 4.3　乙烯和聚乙烯结构

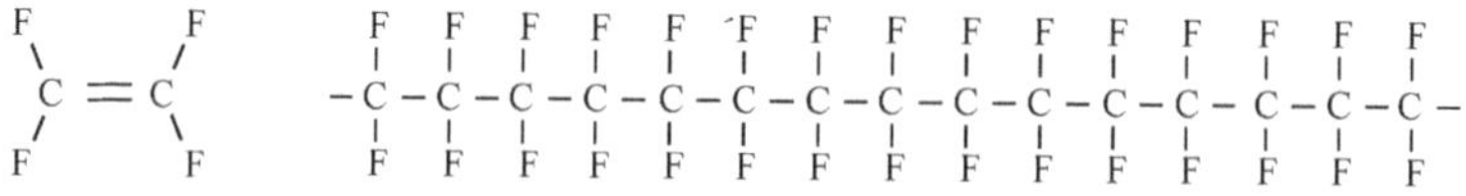

图 4.4　聚四氟乙烯结构

为了制造离子导电电解质，聚四氟乙烯需要进行进一步的化学修饰，即必须进行"磺化"处理。此处理将侧链添加到聚四氟乙烯分子主链上，并且每个侧链均以磺酸（—SO₃H）基团终止。有好几种处理程序，并且大多数是膜制造商专有的技术。图 4.5 给出了一个侧链结构的例子——不同的 Nafion 和其他全氟磺酸的细节都不同。与生成侧链相反，复杂分子的磺化是一种被广泛认识和采用的化学过程，它用于例如洗涤剂生产等过程。实际上，Nafion 的末端是被 Na⁺ 离子平衡的 SO₃⁻ 离子的侧链。换句话说，Nafion 可以更准确地被认为是来自钠盐。质子交换膜燃料电池中使用的—SO₃H 基团是通过在最后的制备步骤中将 Nafion 与浓硫酸煮沸而生成的，在该步骤中，钠作为硫酸钠被释放丢弃。

当磺化聚合物转化为酸性形式时，SO₃H 基团是离子型的，因此侧链的末端实际上是 SO₃⁻ 离子，其中硫原子与碳链相连。因此，所得的聚合物结构具有离子特性，被称为"离聚物"。由于存在 SO_3^- 和伴随的 H^+ 离子，每个分子的正离子和负离子之间存在强烈的相互吸引。因此，侧链往往会在材料的整体结构中"聚集"。磺酸的关键特性是它具有高度亲水性，也就是说，它会吸引水$^{\ominus}$。因此，在 Nafion 中，其效果是在通常为疏水性的物质内形成了亲水区域。如前所述，Nafion 是全氟磺酸的一种特殊类型，还有许多其他的全氟磺酸被用作燃料电池膜，表4.1中显示了一些示例。

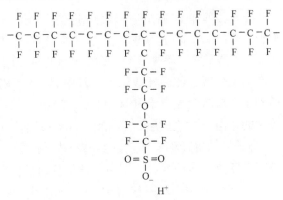

图 4.5　磺化四氟乙烯的化学结构，也称为"全氟磺酸 PFTE 共聚物"

表 4.1　Nafion 结构及其他全氟磺酸的特征

$$-(CF_2CF_2)_x(CF_2CF)_y-$$
$$-(OCF_2CF)_m O-(CF_2)_n SO_3H$$
$$CF_3$$

结构参数	商标及型号	等效重量	厚度
$m=1$, $x=5 \sim 13.5$, $n=2$, $y=1$	Dupont		
	Nafion 120	1200	260
	Nafion 117	1100	175
	Nafion 115	1100	125
	Nafion 112	1100	80
	Asashi Glass		
$m=0$, 1, $n=1 \sim 5$	Flemion – T	1000	120
	Flemion – S	1000	80
	Flemion – R	1000	50
$m=0$, $n=2 \sim 5$, $x=1.5 \sim 14$	Asashi Chemicals Aciplex – S	$1000 \sim 1200$	$25 \sim 100$
$m=0$, $n=2$, $x=3.6 \sim 10$	Dow Chemical Dow	800	125

资料来源：Lee, JS, Quan, ND, Hwang, JM et al. , 2006, Polymer electrolyte membranes for fuel cells. Journal of Industrial Engineering Chemistry, vol. 12（2）, pp. 175 – 183.

$\ominus$　这就是为什么大多数洗涤剂是磺酸盐。在洗涤剂分子（如烷基苯磺酸盐）中，分子的离子磺酸端容易与水混合，而分子的极性端（烷基苯）则被脂肪、油脂和污垢吸引。

Nafion 和其他全氟磺酸中磺化侧链簇周围的亲水区域可导致吸收大量水，从而使材料的干重增加多达50%。在这些水合区域内，本质上产生了稀释的酸溶液区域，而 H⁺ 离子几乎不被 SO_3^{3-} 吸引，因此可以移动。所得材料在大分子结构内具有不同的微分区，即微稀酸区域，其中 H⁺ 离子附着在水分子上，从而在坚韧的疏水结构中形成水合氢离子（H_3O^+），如图4.6所示。尽管水合区域在一定程度上是分开的，但 H⁺ 离子仍然有可能穿过支撑性长分子结构。尽管膜的质子传导率比 H_3O^+ 离子的简单迁移所期望的要高一些，然仍然不足以解释它在质子传递方面的现象。这导致了一种观点，即质子传导是通过格罗特斯机理实现的，其中 H⁺ 离子通过“跳跃”从一个水团移动到另一个水团，该过程由于必须与每个离子形成并断开的弱氢键而变得容易。该机理于2006年在实验研究中得到证实[⊖]。对于在燃料电池中的应用，Nafion 和其他全氟磺酸离聚物具有以下吸引人的特点：

- 耐化学腐蚀，在氧化和还原环境中均稳定。
- 由于使用了耐用的聚四氟乙烯主链，因此机械强度高，因此可以制成非常薄的膜，目前最小厚度可至 $50\mu m$。
- 本质上为酸性。
- 能够吸收大量的水。
- 良好的水合性，良好的质子导体，可让 H⁺ 离子在材料中自由移动。Nafion 的离子电导率不仅取决于水合度（受温度和操作压力的影响），还取决于磺酸位的可用性。例如，在文献中引用的 Nafion 膜的电导率根据所使用的系统、预处理和平衡参数而有很大不同。在100%相对湿度下，电导率通常在 $0.01 \sim 0.1 S/cm$ 之间，并且随着湿度的降低而下降几个数量级。因此，水合度对膜的离子电导率以及由此对燃料电池的性能具有非常显著的影响。相反，通常以膜当量（Equivalent Weight，EW）[⊖]表示的磺酸位点的可用性，在离子传导率方面表现得不重要。对于大多数膜而言，EW 值介于800和1100之间（相当于酸容量介于1.25和约 $0.90 mEq/g$ 之间）是可接受的，因为研究表明，可以在此范围内获得最大的离子电导率。

还可以预期，可以通过减小材料的厚度来提高全氟磺酸的质子传导率。然而，除了厚度之外，质子传导率还取决于水含量和结构变量，例如孔隙率、曲折度、质子分布以及质子传导过程的各种扩散系数。因此，尽管制造更薄的膜可以改善电导率，但应考虑其他因素。薄材料本来就不那么坚固，并且可能发生少量的燃料交换，从而降低了所观察到的电池电压。由于这些原因，对于大多数质子交换膜燃料电池，发现 $80 \sim 150\mu m$ 的膜厚度是最佳的。

⊖ Tushima S, Teranishi K and Hirai S, 2006, Experimental elucidation of proton – conducting mechanism in a polymer electrolyte fuel cell by nuclei labelling MRI, ECS Transactions, vol. 3 (1), pp. 91 – 96.

⊖ 膜当量定义为每个磺酸基对应的聚合物的重量（以分子量计）。离子交换容量或全氟磺酸的酸容量是膜当量的倒数。

尽管全氟磺酸膜已被燃料电池的开发者广泛使用，但其仍具有两个主要缺点，即：①由于在离聚物的合成中氟化步骤的固有费用而导致的高成本；②由于水从膜中蒸发，不能在标准大气压下80℃以上的环境中工作。关于后者，可以通过升高压力运行电池来实现更高的工作温度，但是这主要是由于给气体加压所需的额外电力而对系统效率产生负面影响。高于120~130℃时，全氟磺酸材料会经历玻璃化转变（即结构从无定形塑料相转变为更脆的状态），这也严重限制了其用途。

图4.6 全氟磺酸型膜材料的结构：长链分子包含磺化侧链周围的水合区域

因此，可以在较高温度下运行而无须加压的膜，就可带来以下重要好处：

- 在低温（<80℃）下，一氧化碳的浓度超过约 10×10^{-6}，会使基于 Nafion 的质子交换膜燃料电池中使用的电催化剂中毒。随着工作温度升高，铂催化剂的一氧化碳耐受性提高。

- 在高温下运行的优势在于可产生更大的驱动力，从而更有效地冷却电池组。这对于减少运输设备对工厂平衡设备（例如散热器）的需求尤其重要。

- 高等级废热，可以加以应用。

4.2.2 改性的全氟磺酸膜

早先已注意到，尽管薄膜可能带来内部离子电阻降低的优势，但是对具有机械强度的材料的需求限制了它们可以制成的实际厚度。为了克服这一限制，某些材料（例如，Gore Select™膜）是使用极薄的膨体聚四氟乙烯微孔基材料制成的，其中掺入了离子交换树脂，通常是全氟磺酸或全氟羧酸。这项技术使具有可接受的力学性能的膜可以达到5~30μm的厚度。

一种替代方法是化学修饰聚合物的分子结构，以增加纳米级的孔隙率，从而允许更大的水保留。通过掺入具有庞大侧基的共聚单体或使用嵌段共聚物可实现此目标。所得的膜材料即使在相对低的湿度下也具有高的质子传导性。获得相同结果的另一种简单方法是在聚合物旁边添加第二种质子传导材料。这种方法的最早例子是包含小颗粒的无机质子传导氧化物，例如二氧化硅（SiO_2）或二氧化钛（TiO_2）。溶胶-凝胶技术用于引入氧化物，目的是在氧化物表面吸收水，以限制通过"电渗透阻力"从电池中流失的水分。不幸的是，这种技术通常导致全氟磺酸的质子传导率大大降低。通过掺入二氧化硅负载的磷钨酸和硅钨酸，磷酸锆和使用（3-巯基丙基）-甲基二甲氧基硅烷（3-MercaPtopropyl-MethylDiMethoxySilane, MPM-

DMS）等制备的二氧化硅醇盐，可以获得更好的结果⊖。

4.2.3　替代磺化和非磺化膜

　　巴拉德动力系统公司的高级材料分部以及其他燃料电池公司和组织（例如美国斯坦福研究所）在20世纪90年代检查的潜在可用的聚合物范围非常详尽。许多聚合物的物理坚固性可以通过化学修饰增强，以增加侧链的缠结。这些材料中的一些具有改善的热稳定性，但是不幸的是，大多数材料在可比较的当量重量下通常具有比Nafion低的离子电导率。与Nafion相比，许多其他产品更容易受到氧化或酸催化的降解⊖。

　　可能最受关注和最具代表性的非氟化烃聚合物是PBI（图4.7），它是一种耐热的（熔点 > 600℃）非磺化碱性材料，由3，3′-二氨基联苯胺和二苯基间苯二甲酸缩合制成。PBI的固有质子传导率很低，但很容易掺入强酸以形成具有高传导率的单相聚合物电解质。磷酸已被证明是最稳定和最具成本效益的。在高温下，它表现出良好的热稳定性，足够的力学性能，低的气体渗透性和低的电渗水阻力。

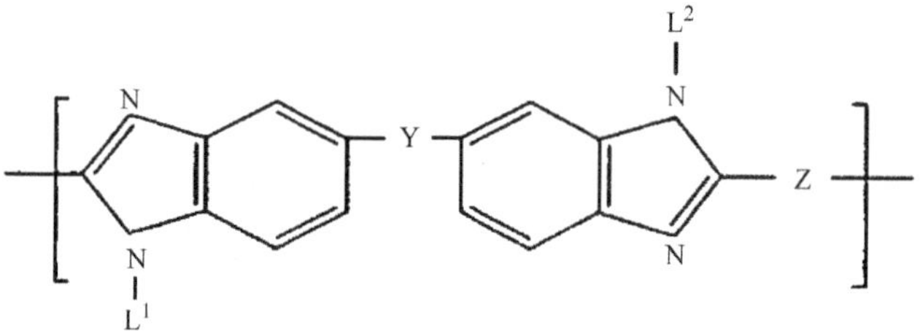

图4.7　聚苯并咪唑（PBI）的化学结构

　　可以通过在PBI的流延膜中注入磷酸或通过直接在聚磷酸（PPA）中直接聚合单体来制备磷酸增强膜。该种固体酸可以被水解为磷酸，以提供具有高机械稳定性和高磷酸负载量的膜。后者的特征是，质子电导率接近Nafion的电导率，并随温度增加。当使用磷酸掺杂的膜时，典型的膜电极在150～180℃的温度范围内工作，质子传导基本上是通过磷酸而不是像传统质子交换膜燃料电池那样通过水。由于温度很高，燃料电池产生的水会以蒸汽的形式释放出来，因此催化剂层或气体扩散层的孔隙极少发生水淹。磷酸可以渗透到催化剂层中（请参阅第4.3节），并且由于磷酸是可移动的，因此必须小心以确保反应气体和产物在燃料电池的两侧均能充分

⊖　Ladewig, BP, Knott, RB, Hill, AJ, Riches, JD, White, JW, Martin, DJ, Diniz da Costa, JC and Lu, GQ, 2007, Physical and electrochemical characterization of nanocomposite membranes of Nafion and functionalized silicon oxide, Chemistry of Materials, vol. 19（9）, pp. 2372－2381.

⊖　由于质子交换膜燃料电池的氧侧使用的催化剂，可以形成具有高度氧化性的过氧化物。它们会攻击膜，从而显著缩短膜的寿命。此外，铂粒子可溶解在酸性膜中，并重新结合，形成穿过聚合物的导电通路，降低开路电压，从而降低电池性能。

进入和逸出。

　　基于磷酸掺杂的聚合物的高温质子交换膜燃料电池不需要外部加湿，并且从原理上讲，与传统设计相比，它可以简化系统。但是其中的一个缺点是，用磷酸在两个电极上的催化反应都比使用全氟磺酸的要慢，因此，对于这种高温质子交换膜燃料电池，电池电压通常较低。因此，需要具有更高的铂载量的催化剂。另一个问题是，尽管磷酸固定在 PBI 的碱性位点上，但是很高的负载量会使聚合物失去化学稳定性。通过用多酚树脂如聚苯并恶嗪（PBOA）浇铸 PBI 可以改善该缺点。质子交换膜燃料电池的高温聚合物膜是由许多大学和公司的几个研究小组开发的。例子包括由巴斯夫、瑞士保罗谢尔研究所和萨托里乌斯（后来的埃尔科马克斯）进行的调查。丹麦的 Serenergy 公司现在也已将完整的高温质子交换膜燃料电池系统商业化，用于小型固定式电源应用（图 4.8）。

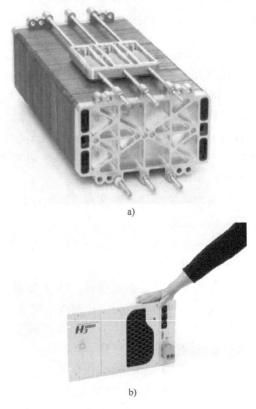

a)

b)

图 4.8　Serenergy 公司液冷高温质子交换
膜燃料电池
a）电堆　b）系统
（资料来源：Serenergy 提供的图片）

4.2.4　酸碱络合物和离子液体

　　燃料电池膜的另外两类可能的材料是酸碱络合物和离子液体。第一类包括嵌入聚合物中的传统无机酸，例如硫酸、磷酸或盐酸。聚合物必须是化学碱性的，这样酸才可以化学键合在结构内。在许多可能的络合物中，也许具有最适合质子交换膜燃料电池（特别是直接甲醇燃料电池）特性的络合物是磷酸与 PBI 或 ABPBI 结合（不含亚苯基的聚合物的简单版本）。

　　燃料电池行业中使用最广泛的离子液体是熔融碳酸盐燃料电池使用的熔融碱金属碳酸盐，如第 8 章所述。尽管这些可以称为离子液体，但它们通常称为熔融盐，因为在常温下它们是固体，必须加热到其熔点以上才能具有明显的离子电导率。"离子液体"一词最常用于描述在室温下具有离子特性的液体。许多有机化合物都属于这一类，其中一些有机化合物也正在被评估为低温燃料电池可能的隔膜的来源。迄今为止，这些离子液体都没有从实验室发展到商用燃料电池系统。

4.2.5　高温质子导体

如前所述，磷酸是一种良好的质子导体，第5章介绍了磷酸燃料电池。还有其他材料具有质子传导性，但温度要高得多。最受青睐的是具有钙钛矿结构的陶瓷[⊖]，特别是掺杂的钡和锶的铈酸盐及其混合物。它们在500～900℃的温度范围内表现出良好的质子传导性（约10mS/cm）。不幸的是，由于它们的基本特性，它们在含有H_2O或CO_2、H_2S、SO_2或SO_3的气体气氛中不稳定，并形成$Ba(OH)_2$、$BaCO_3$、BaS或$BaSO_4$或锶的等价物。化学稳定性差，限制了这些材料只能在纯氢燃料电池中用作电解质。

铈和锶的铈酸盐是许多钙钛矿氧化物中最简单的，已针对高温质子传导进行了研究，其他的是：

- Ⅱ-Ⅳ型氧化物，例如（Ca, Sr, Ba）（Ce, Zr, Ti）O_3。
- Ⅳ型氧化物，例如（K Ta O_3）。
- Ⅲ-Ⅲ型氧化物，例如（La Y O_3）。

罗马数字是指周期表中将在其中找到所含元素的组。为了使此类材料具有质子传导性，通常必须将其掺杂价比B位原子低的元素，例如$BaCeO_3$中的Y，以增加带电物质的浓度。一些更复杂的钙钛矿，例如：

- Ⅱ2-（Ⅲ/Ⅴ）型氧化物（例如Sr_2ScNbO_6）。
- Ⅱ3-（Ⅱ/Ⅴ2）型氧化物（例如$Ba_3CaNb_2O_9$）。

也可以通过使它们成为非化学计量的来使其质子传导，例如$Ba_3Ca_{1.18}Nb_{1.82}O_{9-\delta}$（也称为BCN18）。已经研究了一系列掺杂剂以包含在钡和锶的铈酸盐中（例如，Y, Tm, Yb, Lu, In或Sc），并且发现离子半径越大或掺杂剂越碱性，则在相同的掺杂水平下电导率更高[⊖]。

具有与铈化合物相当的质子传导性的替代物包括萤石相关的结构，例如钨酸盐$La_{5.8}WO_{11.7}$和$La_{5.7}Ca_{0.3}WO_{11.85}$，但它们的化学稳定性尚未确定。其他材料，例如烧绿石，例如$La_{1.95}Ca_{0.05}Zr_2O_{6.975}$，似乎在化学上更稳定，但仅在约600℃时才显示出良好的质子传导性。

在美国能源部（DOE）主导的计划下，由美国的研究小组进行了高温质子传导陶瓷的开发；在欧盟的FP7计划下，由欧洲的一个研究小组组成的联盟也进行了开发。值得注意的是，挪威的研究导致了2008年成立了创新公司Protia AS，其目的是将质子导体和质子-电子混合导体商业化。除质子陶瓷燃料电池外，应用还

⊖　钙钛矿材料将在第9章中进一步讨论，因为许多钙钛矿材料也是良好的氧离子导体，适合作为SOFC的电解质。

⊖　Matsumoto, H, Kawasaki, Y, Ito, N, Enoki, M and Ishihara, T, 2007, Relation between electrical conductivity and chemical stability of $BaCeO_3$ - based proton conductors with different trivalent dopants, Electrochem. Solid State Letters, vol. 10, pp. B77 - B80.

包括氢分离膜和增强的蒸汽重整系统。除了前面提到的钨酸镧外，挪威研究人员还研究了铌酸镧 LaNbO₄，并有望成为未来的重要材料。ABO₄ 家族的另一个成员，即钒酸镧 LaVO₄ 被北欧工人鉴定为掺杂钙时的高温质子导体。对于这些新材料的优化，至关重要的是要获得足够的质子传导性以及良好的机械和化学稳定性所需的掺杂剂水平。迄今为止，电导率明显低于其他氧离子导体，因此需要 $1 \sim 10\,\mu m$ 量级的非常薄的电解质。

尽管尚未出现商业化的质子陶瓷燃料电池，但显然不需要通过高达 900℃ 温度及含铂的电极催化剂。质子交换膜燃料电池中使用的多孔碳气体扩散层和碳载催化剂层也不会在此类燃料电池中使用。这种电池的电极将需要与在相似温度范围内工作的固体氧化物燃料电池中的电极更相似。此外，与具有氧离子导电电解质的固体氧化物燃料电池相比，质子陶瓷燃料电池的阴极会产生水。因此，尽管操作温度可能与第 9 章 9.1.1 节中描述的中温固体氧化物燃料电池相似，但系统设计可能会有很大不同。

4.3　电极与电极结构

铂是在质子交换膜燃料电池中两个电极反应中具有最大催化活性的金属。在该燃料电池的开发初期，每个电极每平方厘米电极表面积需要约 28 mg 铂。如此高的使用率使人们仍然相信，铂是质子交换膜燃料电池成本的主要因素，并且如果金属铂被广泛采用，那么世界上的金属供应不足以满足燃料电池汽车的市场需求。这两种观察和判断都具有误导性。现实情况是，铂的使用量已减少到 $0.2\,mg/cm^2$ 以下，并且与 10 年前的催化剂相比，如今在燃料电池中的性能要好得多。在如此低的"铂载量"下，按 1kW 质子交换膜燃料电池的当前铂价格计算，基本原材料成本约为 10 美元，因此大规模商业化的前景似乎大大增加了。即便如此，为了使质子交换膜燃料电池获得广泛的商业认可，必须精制催化剂以进一步提高性能和寿命。

尽管在细节上有所变化，但在不同设计的质子交换膜燃料电池中电极的基本结构非常相似。负电极和正电极也基本相同，并且在许多质子交换膜燃料电池中它们是相同的。图 4.9 显示了典型的平面质子交换膜燃料电池的主要特征，其中催化剂层夹在电解质膜和多孔气体扩散层之间。气体扩散层则直接与双极流场板接触。以下小节分别提供了对每个组件的描述。

4.3.1　催化剂层：铂基催化剂

在典型的质子交换膜燃料电池中，每个气体扩散层上的催化剂层的厚度约为 $10\,\mu m$，在粒径稍大的细碎碳表面上包含非常小的铂金属颗粒。质子交换膜燃料电池的燃料侧（阳极）和空气侧（阴极）的要求非常不同。如第 3.4.2 节所述，氧

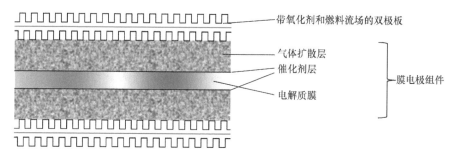

图 4.9　具有双极板简单配置的低温质子交换膜燃料电池的基本结构

还原反应（Oxidation – Reduction Reaction，ORR）的速度比氢氧化反应的速度慢得多。通常，氢氧化的交换电流密度比氧还原的交换电流密度高三个数量级，例如 $1mA/cm^2$（H_2）与 $10^{-3}mA/cm^2$（O_2）。在 $400mA/cm^2$ 的典型工作电流密度下，阳极的电压损耗约为 $10mV$，而阴极的电压损耗超过 $400mV$。因此，空气电极（阴极）上的催化剂层中的铂负载量通常比燃料电极（阳极）上的催化剂层中的铂负载量高得多。

催化剂层中的碳通常是通过碳氢化合物的热解产生的，以产生具有高表面积（$800 \sim 2000mm^2/g$）的高度多孔的纳米结构粉末。这种可商购的粉末的一个例子是在许多工业应用中发现的 Vulcan XC72®（Cabot）。在燃料电池中，碳不仅用于分散活性金属，而且还用于提供良好的电子导电性以吸收大电流。将铂沉积在碳上的方法通常从吸收在碳表面上的前体溶液（例如氯铂酸或另一种水溶性铂化合物）开始。然后可以对吸收的前体进行化学还原（例如，使用硼氢化钠）或简单地加热以分解该化合物并在碳簇表面上将金属作为细碎的颗粒释放出来。图 4.10 显示了以某种理想化形式将碳负载铂的结果。这应该与第 1 章中的图 1.6 进行比较，后者显示了实际负载型催化剂的电子显微照片。铂很好地分散在碳颗粒上，因此很大比例的金属表面积将与气相反应物接触。这种高度分散性最大化了第 1 章第 1.3 节中描述的"三相边界"。

通常采用两种替代方法在膜电极组件中沉积催化剂层。首先将催化剂键合到合适的气体扩散层，然后再键合到电解质上，或者先将催化剂键合到电解质上，然后再添加气体扩散层。两种情况下的最终结果基本相同。

首要要求是生产铂化碳粉在极性和挥发性溶剂（如乙醇）中的分散体。通常将少量的 Nafion

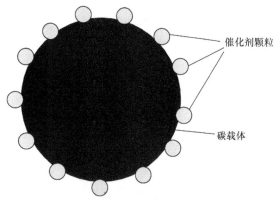

图 4.10　理想的碳载铂催化剂的结构

溶液添加到混合物中，其原因将在以后变得显而易见。聚四氟乙烯通常也将添加到催化剂层中。在燃料电池运行期间，这种吸湿材料用于将产品水排出到电极表面，使其在其中蒸发。超声搅拌催化剂/乙醇悬浮液会分散粉末，并形成"油墨"，使"油墨"可以通过合适的方法（如喷涂、印刷或滚动）沉积到合适的电池组件（气体扩散层或电解质膜）上。使其中的溶剂蒸发，使固体催化剂附着在给定的组分上。如果首先将催化剂沉积在两个气体扩散层上，则通过以下常规步骤将所得的两个电极粘合到聚合物电解质膜的任一侧：

　　–将电解质膜浸入沸腾的 3%（体积分数）过氧化氢中浸泡 1h，然后再浸入硫酸中，同时清洗，以确保磺酸盐基团尽可能地质子化（并除去钠离子）。

　　–将膜在沸腾的去离子水中另外漂洗 1h，以除去所有残留的酸。

　　–将电极放在电解质膜上，然后在 140℃ 和高压下将组件热压 3min。

　　上述过程的结果便是一个完整的膜电极组件。如果首先将催化剂"油墨"直接沉积在质子化的电解质上，而不是直接沉积在各自的气体扩散层上，则随后必须同时涂覆两个气体扩散层。这种方法往往会导致催化剂层更薄，在某些应用中可能是优选的，但是在其他方面，膜电极组件的结果与前面概述的替代方法所产生的结果相似。

　　两种组装质子交换膜燃料电池的方法虽然成本低并且适合批量生产，但其缺点是产生了较厚的催化剂层，其中铂的利用不足。最近，为了提高其有效性，已经研究了其他将活性金属沉积到碳上的方法。新兴方法包括各种改进的薄膜技术、电极沉降和溅射沉积、双离子束辅助沉积、化学沉积、电喷雾工艺以及铂溶胶的直接沉积。例如，直径小于 5nm 的铂颗粒可以直接等离子溅射到碳纳米纤维上[⊖]，以生产负载在 $0.01 \sim 0.1 mg/cm^2$ 之间的催化剂。

　　铂催化剂的性能在很大程度上取决于活性表面积，即取决于分散度和粒度。图 4.11 显示了碳上铂薄膜的循环伏安图。数据表明，对于 $2 \sim 10nm$ 的膜厚，氧还原峰的强度增加。这符合在其他地方发表的数据，该数据表明负载在碳上的铂颗粒用于催化氧还原反应的最佳尺寸在 $2 \sim 4nm$ 之间。尽管炭黑已经得到了很好的证明，并继续用于实际的质子交换膜燃料电池中，但是最近已经研究了单壁和多壁碳纳米管以及石墨烯作为替代品。这些碳形式的唯一缺点是它们都具有本质上较低的表面积，这是不利于生产非常活泼的催化剂的特征。另一方面，碳纳米管和石墨烯的高度有序的表面确实对某些非贵金属催化剂有益，如下一节所述。

　　循环伏安法，尤其是使用旋转圆盘电极的催化剂表征，已经确定在质子交换膜燃料电池的阴极会发生两个基本反应。首先是通过四电子转移过程进行更正常的氧

　⊖　Caillard, A, Charles, C, Boswell, R and Brault, P, 2008, Improvement of the sputtered platinum utilization in proton exchange membrane fuel cells using plasma – based carbon nanofibres, Journal of Physics D – Applied Physics, vol. 41（18）, pp. 1 – 10.

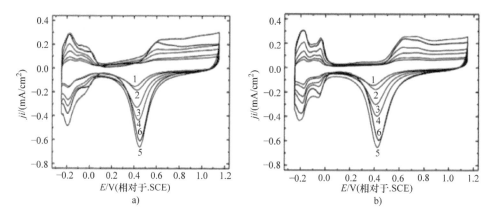

图 4.11 在 a) 氩气饱和的 0.1 M HClO$_4$ 和 b) 0.05 M 的 H$_2$SO$_4$ 中，薄膜铂电极（曲线 1~5）和块状铂（曲线 6）的循环伏安图

膜厚度：（1）0.25nm（2）0.5nm

（3）1nm（4）2nm（5）10nm。扫描速率：100mV/s。

注：0.40~0.45V 处的负峰值是由氧还原反应引起的。

（资料来源：Thompsett, D, 2003, Catalyst for the proton – exchange membrane fuel cell,

第 6 章 Fuel Cell Technology Handbook, CRC Press, Boca Raton, FL, ISBN：978 – 1 – 4200 – 4155 – 2.）

气还原，即：

$$O_2 + 4H^+ 4e^- \rightarrow 2H_2O \tag{4.1}$$

第二个反应是通过二电子转移中间反应，如下所示：

$$O_2 + 2H^+ + 2e^- \rightarrow H_2O_2 \tag{4.2}$$

相对于标准氢电极，在低于 0.5 V 的阴极电位下，过氧化物反应（4.2）是有利的。如果氢可以穿过膜穿透（见第 3 章第 3.3 节），然后直接在阴极上被氧化，则过氧化物的形成也可能发生。过氧化物与电解质发生反应，可加速电极降解。因此，重要的是要确保质子交换膜燃料电池中的交叉最小化，并将电极电势保持在安全范围内。

4.3.2 催化剂层：用于还原氧气的替代催化剂

铂的高成本促使研究人员减少了其在催化剂中的用量，并寻求了更便宜的替代品。铂对氢氧化和氧还原如此活跃的原因多年来困扰着化学家$^\ominus$。目前的理解是，之所以会产生这种高活性，部分原因是金属在其表面上松散地吸附了诸如氧或氢之类的分子，并且还因为可以缓解氧原子与在金属表面上原子之间的化学键强度，具体取决于晶体平面和裸露的边缘。氧与金属的结合强度也可能受铂与其他金属合金

$\ominus$ 铂是非常活跃的氢氧化，但在质子交换膜燃料电池中的氧还原活性较低。如图所示，在碱性燃料电池中，其他金属对氧的还原效果很好，其中还原反应机理有些不同。

化的影响。为此，镍、铑、铱、钴和其他过渡元素也可与铂结合，以促进氧的解离吸附。从第一原理计算出了将不同金属与铂结合的影响，并且通过实验证明了诸如钌之类的金属对铂的表面性能具有积极影响。最近的发展涉及将铂作为单原子厚度的壳（单层）或者甚至是几个原子厚的小岛沉积在其他金属（如钌或铑）颗粒上。这些处理步骤增加了活性金属的分散性并潜在地降低了催化剂的成本。

为了进一步降低催化剂的成本，已经评估了其他不涉及铂或铂族金属的材料。在过去的 10 年中，备受关注的替代方案如下。

4.3.2.1　大环化合物

自 20 世纪 60 年代初以来，过渡金属大环化合物已被视为潜在的氧还原反应催化剂。所述化合物具有分子结构，其中中心过渡金属原子被封闭在更大的环状有机分子内。金属原子通常与氮原子相连，并且其共同特征是 MN4 结构，其中金属原子与四个氮原子键合。该结构是螯合的一个例子，因此该分子也被称为“螯合物”。在许多大环化合物系列中，与铁、钴、镍和铜等各种过渡金属络合的酞菁（Pc）已作为氧还原催化剂得到了深入研究。酞菁类化合物自 20 世纪初以来就广为人知，被广泛用作染料。在评估燃料电池中氧还原的各种酞菁中，钴和铜的配合物似乎是最稳定的，而铁和钴的配合物似乎是活性和稳定性的最佳组合。

5，14 - 二氢 -5，9，14，18 - 二苯并四氮杂环戊烯⊖或“四氮杂壬烯”（TetraAzaAnulene，TAA）的螯合物（见图 4.12）是另一类具有良好氧还原反应催化潜力的大环化合物。卟啉是被认为是非贵金属催化剂的第二大类大环化合物。图 4.12 中也显示了四苯基卟啉（TetraPhenylporPhyrin，TPP）和四甲氧基苯基卟啉（TetraMethoxyPhenyl - Porphyrin，TMPP）。在许多情况下，这些物质被吸收到碳载体上，然后被加热到高温（通常在 800 ~ 900℃）以分解卟啉分子，从而使金属直接结合到氮上，而氮又绑定到碳表面。实际上，已经发现仅用氮对碳载体表面进行官能化处理（例如通过用浓硝酸）可以增强 TPP 和 TMPP 催化剂的活性。作为氧还原反应催化剂的大环化合物的研究是当前非常活跃的研究领域。

4.3.2.2　硫族化物

在氧还原反应催化剂中，“硫族化物”是指各种过渡金属的硫化物或硒化物。在迄今研究的许多实例中，碳上负载的 Co_3S_4 和 $CoSe_2$ 以及各种三元变体（例如 W - Co - Se）均具有高氧还原反应活性。

4.3.2.3　导电聚合物

诸如聚苯胺（pani）、聚吡咯（Ppy）和聚（3 - 甲基噻吩）（P3MT）之类的聚合物可用于制备电子材料，其中金属原子（例如铁、钴或镍）与金属原子键合聚合物。这些中的几种已经显示出对氧还原具有明显的催化活性。

⊖ Holton, OT and Stevenson, JW, 2013, The role of platinum in proton exchange membrane fuel cells, Platinum Metals Rev., vol. 57 (4), pp. 259 -271.

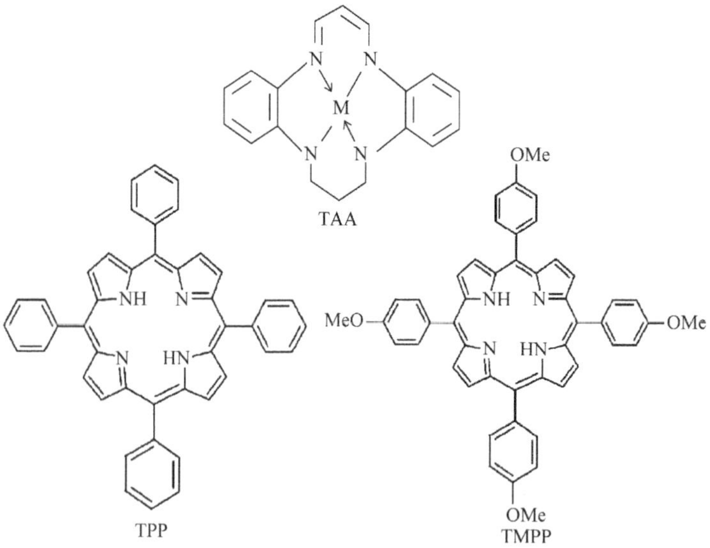

图4.12　用于氧还原反应催化剂的大环有机骨架的分子结构：四氮杂壬烯（TAA）、四苯基卟啉（TPP）、四甲氧基苯基卟啉（TMPP）

4.3.2.4　氮化物

基于大环化合物和具有导电活性的导电聚合物需要氮的概念，一些研究人员探索了过渡金属氮化物的前景。尽管负载在碳上的钨和氮化钼显示出一定的前景，但尚待确定是否可以设计出具有足够活性和寿命以与已确立的铂催化剂竞争的候选化合物。

4.3.2.5　功能化碳

基本上有两种方法可以对其进行"功能化"[⊖]以在其表面形成氮。首先是简单地通过用硝酸处理或通过加热氮或氨中的碳。该方法既可以在添加活性金属之前，也可以在其被合适的金属盐（例如乙酸钴或硝酸镍）浸渍后进行（乙酸盐和硝酸盐很容易通过加热分解，从而使金属原子键合到碳）。第二种广泛采用的功能化碳的方法是使用过渡金属络合物作为金属的来源，分解时将确保金属原子在碳表面上的高度分散。可能最常选择的复合物是2，4，6 - 三（2 - 吡啶基）- 1，3，5 - 三嗪（TPTZ）。通常，将金属 - TPTZ复合物浸渍到多孔碳、碳纳米管或石墨烯中，然后在不存在空气的情况下加热使其分解。通过该程序获得了高活性催化剂。已经发现，活性取决于实验条件（例如温度、加热速率）以及碳的类型。有趣的是，碳结构越有序，催化剂的活性就越高。例如，使用 Fe - TPTZ 制备的催化剂（图4.13）可以达到与铂基催化剂相同的活性，但是这些催化剂在昂贵的石墨烯材料

⊖　功能化，广义上讲，是通过化学合成方法在材料表面添加官能团。官能团是一个分子内的少量原子或键，它决定了官能团及其所附分子的化学性质。

上得到支撑，无疑，就燃料电池的长期研究工作而言，要想与铂基材料竞争就必须进行大量工作。

4.3.2.6　杂多酸

新型氧还原反应催化剂的领域绝不穷尽，应提及关于一类特殊的称为杂多酸的无机化合物的最新研究。其中一些，例如 $H_3PMo_{12}O_{40}$ 和 $H_3PW_{12}O_{40}$，由于其酸性和氧化还原特性、在高温下的稳定性、商业可获得性以及相对易于合

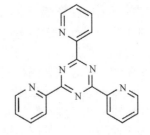

图 4.13　2，4，6 - 三（2 - 吡啶基）- 1，3，5 - 三嗪的分子结构（TPTZ）

成而受到特别关注。杂多酸也是质子导体——质子交换膜燃料电池的设计中可能会利用此功能。

4.3.3　催化剂层：阳极

如前所述，由于氢氧化反应所需的铂较少，因此开发人员寻求燃料电池阳极使用非铂基催化剂的动机较少。另一方面，阳极催化剂容易产生硫和一氧化碳中毒，特别是如果燃料是由碳氢化合物生产，那么这两者都可能存在于送入燃料电池的氢气中。如果进入燃料电池的燃料中的一氧化碳浓度超过百万分之几，它将优先被吸附在表面的铂原子上，并降低催化剂的活性。如果燃料流中一氧化碳的分压极低（低于百万分之几），则其在阳极催化剂上的吸附是可逆的。在这种情况下，可以通过定期用少量氧气吹扫燃料侧或向电极短暂施加负电势来保持催化剂的活性。该技术已在某些实际的燃料电池系统中得到应用。增加阳极上一氧化碳的允许浓度的另一种方法是使用铂和钌的合金，而不是简单地将铂作为催化剂。

4.3.4　催化剂耐久性

早期的质子交换膜燃料电池的寿命不仅受到膜的稳定性的限制，还受到催化剂耐久性的限制。在过去的十年中，在对催化剂耐久性的理解上取得了显著进步，并导致预期寿命的显著增加。现已知道，通过铂颗粒的烧结、铂的溶解和碳载体的腐蚀，催化剂发生降解的各种方式。碳载体上铂颗粒的烧结减少了催化活性的表面积。它可能是通过溶解 - 沉淀机制发生的，在该机制中，催化剂的小金属颗粒可能会溶解到酸性操作环境中，然后沉淀到较大的金属颗粒上，从而促进颗粒的生长，或者由于运动而使颗粒彼此直接聚结。在碳表面上。两种机制都有一定程度的发生，当负载变化或关机/启动时，溶解 - 沉淀更为普遍。可以通过加强催化剂金属与载体碳之间的相互作用来减少催化剂的烧结。例如，已经发现将聚苯胺接枝到碳表面上会降低金属颗粒的迁移率。聚苯胺中的氮部分具有一对孤电子，可以固定铂颗粒。铂的溶解通过电压循环来加速，例如，在燃料电池汽车中，铂的溶解和加速会在质子交换膜燃料电池电池组上产生变化的负载。减少这种影响的一种方法是使

车辆中的燃料电池系统与电池混合。

对于稳定运行的燃料电池系统而言，碳载体的腐蚀通常不是问题，而是随着反复的启停循环而成为重要的降解机理。当关闭燃料供应时，空气可能会泄漏到电堆的阳极室中，并导致在隔板的流场中形成氢气前锋。结果是在电池的阳极侧空间上隔开的氧气和氢气会导致阴极上的电势降低，从而导致阴极气体扩散层和/或催化剂层中的碳氧化。碳在阴极侧的腐蚀导致催化剂层变薄，这可以通过将催化剂中碳的类型更改为比常规热解品种更稳定的石墨形式来缓解，方法是从碳氢化合物的阳极侧通过电池关闭或从阴极清除氧气⊖快速清除氢。

4.3.5　气体扩散层

商业气体扩散层由多孔导电材料（通常为碳纤维）制成，形式为纸或薄织物/布，厚度通常为 $100 \sim 400 \mu m$。"气体扩散层"在电极的这一部分的名称有点误导，因为它的作用远不只是提供多孔结构，这样反应物和产物气体就可以分别扩散到催化剂和从催化剂扩散出来。即，它还在碳载催化剂和双极板或其他集电器之间形成电连接。另外，气体扩散层将产物水带离电解质表面，并在非常薄的催化剂层上形成保护层。

电解质|催化剂层和气体扩散层的结构以理想化形式显示，如图 4.14 所示。碳载催化剂颗粒的一侧与电解质相连，另一侧则与气体扩散层（集电、除水、物理载体）相连。从催化剂中去除水所需的疏水性聚四氟乙烯在图中未明确显示，但几乎总是存在。

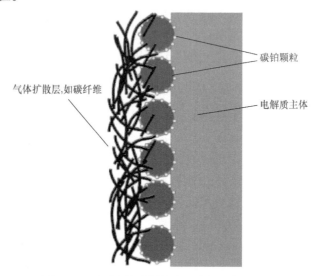

碳铂颗粒

气体扩散层,如碳纤维

电解质主体

图 4.14　质子交换膜燃料电池电极的简化结构

⊖　水吉能公司有一种在停堆时从正极清除氧气的专利方法，该方法涉及密封燃料电池组阴极的空气供应，并通过使用与为此目的保留的阳极相邻的氢缓冲液电化学地减少剩余的氧气。

　　还有两点需要说明。首先涉及用电解质材料浸渍电极。图 4.15 以示意图形式放大显示了催化剂 – 电极区域的一部分。电解质材料充分延伸到催化剂颗粒，以提供质子往返于催化剂的传输，在该处发生电极反应。重要的一点是，只有与电解质和反应气体都直接接触的催化剂才能在电极上发生电化学反应（反应仅发生在三相边界）。因此，为了使催化剂活性最大化，通常通过用增溶形式的电解质刷表面，用电解质轻轻覆盖每个电极的催化剂层。对于膜电极组件的"分离电极"方法，此程序在将电极热压到膜上之前进行。相比之下，在添加气体扩散层之前进行了替代性的"整体膜 – 电极"工艺。

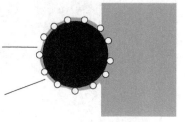

电解质聚合物薄层粘附在催化剂金属颗粒上，促进电解质、反应气体(阳极处的氢气和阴极处的氧气)与催化剂表面之间的三相接触

电解质主体

图 4.15　针对图 4.14 的局部放大图，显示电解质到达了催化剂颗粒

　　第二点与气体扩散层的选择有关，气体扩散层通常是碳纸或碳布材料。当需要在紧凑设计中使电池尽可能薄时，请选择碳纸（例如 Toray® 纸）。这种纸是通过热解非织造碳纤维片制成的，具有良好的导电性能，但往往易破且易碎。由于碳布厚度较大，比碳纸吸收的水分要多一点，因此不易造成膜电极水淹。由于布本身具有更大的柔韧性，并且在压缩力作用下会变形，因此布还简化了机械组装。因此，布可以填充双极板的制造和组装中的小间隙和不规则性。另一方面，布可能会稍微变形成双极板上的气体扩散通道，从而限制气流通过通道。Nuvant 系统公司生产的 Elat® 系列是商用布料，是气体扩散层的流行选择。该布是通过在高导电性碳纤维中填充炭黑而制成的。

　　气体扩散层的另一项创新是在气体扩散层和催化剂层之间添加了非常薄的碳微孔疏水层。该层主要由炭黑组成，根据碳的类型确定，聚四氟乙烯的负载量为10 ~ 40%（质量分数）。碳在质子交换膜燃料电池和磷酸燃料电池的催化剂层和气体扩散层中都起着重要作用。因此，毫不奇怪，在 20 世纪末发现碳纳米管和石墨烯激发了将其用于燃料电池系统的大量研究活动⊖。就碳基气体扩散层而言，碳的类型及其电池的工作条件会影响其结构、厚度和电导率。例如，如第 4.4 节所述，常规低温质子交换膜燃料电池中的气体扩散层必须能够适应水的流动。因此，它们倾向于具有开孔结构，以允许水扩散到电池外。相反，在高温（高于100℃）下运行的

⊖　Dicks, AL, 2006, The role of carbon in fuel cells, Journal of Power Sources, vol. 156 (2), pp. 128 – 141.

质子交换膜燃料电池中气体扩散层不需要具有开放的孔隙率，因为液态水不太可能凝结并淹没电极。

总之，膜电极组件是质子交换膜燃料电池的关键部件，不管其制造方法如何，每个膜电极组件都具有正电极和负电极，每个电极均包含催化剂材料。实际的 $10cm^2$ 膜电极组件如图 4.16 所示。电解质的性质可以根据电堆的工作温度而不同。膜电极组件在燃料电池堆构造中的整合方式也很重要。各个制造商之间的设计确实存在很大差异，并且会受到以下部分中讨论的应用程序的影响。

图 4.16　膜电极组件的示例

注：膜比连接它的电极大一点，$10cm^2$ 的膜厚度通常为 $0.05 \sim 0.1mm$，
电极的厚度约为 $0.03mm$，气体扩散层的厚度为 $0.2 \sim 0.5mm$。

4.4　水管理

4.4.1　水合与水运动

从第 4.2 节给出的质子交换膜的描述中可以清楚地看出，特别是对于全氟磺酸型，聚合物电解质中必须有足够的水以保持高质子传导性。同时，必须控制水含量以防止在催化剂层或气体扩散层中溢流。在理想的质子交换膜燃料电池中，期望在阴极形成的水将电解质保持在正确的水合水平。空气将被吹到电极上，并提供必要的氧气，这将使多余的水变干。因为膜电解质是如此之薄，所以水会从阴极向阳极扩散，并且在整个电解质中可以实现合适的水合状态而没有任何特殊困难。有时可以实现这种首选情况，但要依靠良好的工程设计。

有几种并发症。在电池运行过程中，H^+ 离子从负电极移动到正电极，将水分子与水分子拉在一起——这一过程通常称为"电渗透阻力"。通常，每个质子输送 1~2.5 个水分子。这意味着，特别是在高电流密度下，即使阴极充分水合，电解液的阳极也会变干。另一个主要问题是空气在高温下的干燥效果。该问题在第 4.4.2 节中进行了定量讨论。可以说，在超过 60℃ 的温度下，空气总是会使电极变干的速度快于氢氧反应产生的水。通常，在进入燃料电池之前，通过加湿空气、氢或两者来保持膜充分水合。这种处理方式可能看起来很奇怪，因为它本来可以有效地将副产物添加到反应物中，但有时确实是这么做的，而且可以大大提高燃料电池的性能。

为了在整个燃料电池中实现均匀的质子传导性，电解质中的水合度必须类似的均匀度。在实践中，某些部分可能被正确地水合，另一些部分太干而另一些则被过度水化或淹没。例如，考虑进入电池的空气可能非常干燥，但是当它经过某些电极时，它可能已达到最佳湿度水平。但是，在到达出口时，空气可能会变得非常饱和，以至于无法去除产生的更多水。当设计更大的电池和电堆时，这是一个特别的问题。

不同的水流运动如图 4.17 所示，幸运的是它们是可预测和可控制的[⊖]。例如，阴极的产水量和电渗阻力都与电流成正比。水的产生和阻力都可能导致液态水在操作池的阴极处积聚。这种积聚会产生驱动力，使水从阴极向阳极反向扩散，从而有助于使膜保持均匀的水合状态。通过蒸发从池中损失的水由池两侧的气体的相对湿度控制，也可以使用以下第 4.4.2 节概述的理论谨慎地进行预测。因此，如果采用的话，在进入燃料电池之前，可以控制反应气体的外部加湿，并且还可以帮助整个膜电极组件实现均匀的加湿。

随着质子交换膜燃料电池系统开发经验的增加，人们逐渐了解到，膜电极组件中过多的水分不仅会对电池性能产生直接的负面影响，而且还会产生长期的破坏性影响。这些是由以下原因引起的：

－电解液中的内部应力。由于水引起膜溶胀，因此在整个电解质中分布不均会引起物理应力，并使电解质和催化剂层降解。

－被水溶性离子物质污染。燃料电池的服务后分析表明，钙、氧化铁、铜、镁和其他金属有大量积累。

－冻结损坏。如果在关闭质子交换膜燃料电池电堆且温度降至冰点以下时，气

⊖　有关通过聚合物膜的各种水通量的进一步定量讨论，请参阅：Kumbur, EC and Mench, M, 2009, Water management, in Garche, J, Dyer, C, Moseley, P, Ogum, Z, Rand, DAJ and Scrosati, B (eds.), Encyclopedia of Electrochemical Power Sources, vol. 2, pp. 828 – 847.

体扩散层或催化剂层中仍残留少量液态水，则可能会对这些层造成永久性损坏。必须从电池中清除多余的水，以防止发生这种情况。

4.4.2 气流和水蒸发

除了提供纯氧的质子交换膜燃料电池的特殊情况外，通常的做法是通过流经的空气除去生成的水。因此，空气将始终以比仅仅提供必需氧气所需的量更多的流量通过电池。如果以完全按"化学计量"的速率进料，则将有相当大的"浓度损失"，如第3章3.7节所述，因为出口部分空气的氧气将被完全耗尽。在实践中，化学计量比（λ）至少为2。附录A2.2节提供了有用的式（A2.10）的推导，该方程式涉及空气流速、燃料电池的功率和化学计量。出现问题是因为空气的干燥效果与

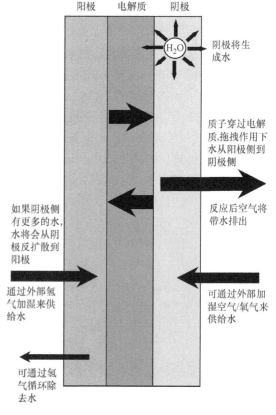

图4.17 示意性地说明了质子交换膜燃料电池电解质之间、内部和之间的不同水运动

温度呈非线性关系。要了解此特性，必须考虑"RH""水含量"和"饱和蒸气压"等术语的精确含义和定量作用。构成空气的各种气体的分压已在第2.5节中给出。但是，分析忽略了空气也包含水蒸气这一事实。测量和描述水蒸气量的一种直接方法是给出水与其他气体的比率，即氮气、氧气、二氧化碳和其他构成"干燥空气"的气体。该数量通常以符号 ω 表示，并被称为"湿度比""绝对湿度"或"比湿度"；它定义为：

$$\omega = \frac{m_w}{m_a} \tag{4.3}$$

式中，m_w 是混合物中存在的水的质量；m_a 是干燥空气的质量，即空气的总质量为 $m_w + m_a$。

但是，湿度比不能很好地说明空气的干燥效果或"感觉"。含水量很高的暖空气会感到非常干燥并确实具有非常强的干燥效果。

另一方面，含水量低的冷空气会感到非常潮湿。此特性是由于水蒸气的"饱和蒸气压"的变化所致，即当空气和液态水的混合物达到平衡时，即当空气中水

的蒸发速率等于凝结率时水的分压。当空气在给定的温度和压力下无法容纳更多的水蒸气时,就称其为"饱和"。

没有"干燥效果"的空气被水完全浸透,可以合理地称其为"完全湿润"。当 $P_w = P_{sat}$ 时达到此状态,其中 P_w 是水的分压,P_{sat} 是水的饱和蒸汽压。这两个压力之比为"RH",即:

$$\phi = \frac{P_w}{P_{sat}} \qquad (4.4)$$

典型的相对湿度在撒哈拉沙漠的超干燥条件下约为 0.3(或 30% RH),而在"平常日子"的布里斯班或纽约等城市则约为 0.7(或 70% RH)。对于燃料电池而言非常重要的事实是,空气的干燥效果或水的蒸发速率与水分压 P_w 和饱和蒸汽压 P_{sat} 之间的差成正比。

质子交换膜燃料电池的复杂之处在于,饱和蒸汽压以高度非线性的方式随温度变化,即,P_{sat} 在较高的温度下增长更快。表 4.2 中列出了一定温度范围内的饱和蒸汽压。考虑到 P_{sat} 随温度迅速升高,在环境温度下可能仅适度干燥(例如 70% RH)的空气在加热到约 60℃ 时会剧烈干燥。例如,对于 20℃ 和 70% RH 的空气,混合物中水蒸气的压力为

$$P_w = 0.70 \times P_{sat} = 0.70 \times 2.338 = 1.64 \text{kPa} \qquad (4.5)$$

如果在不添加水的情况下将该空气在恒定压力下加热至 60℃,则 P_w 不会改变,因此新的 RH 为

$$\phi = \frac{P_w}{P_{sat}} = \frac{1.64}{19.94} = 0.08 = 8\% \qquad (4.6)$$

这种情况就非常干燥——比撒哈拉沙漠中的极端情况更为严重,撒哈拉沙漠中的相对湿度通常约为 30%。这样的条件将对聚合物电解质膜产生灾难性的影响,该电解质膜不仅需要高的水含量,而且非常薄,因此易于迅速变干。露点是描述含水量的另一种方法。这是空气应冷却至饱和的温度。例如,如果空气中水的分压为 12.35kPa,则参考表 4.2,露点为 50℃。

表 4.2 在选定温度下水的饱和蒸汽压

$T/℃$	饱和蒸汽压/kPa
15	1.705
20	2.338
30	4.246
40	7.383
50	12.35
60	19.94
70	31.19
80	47.39
90	70.13

如前一节所述，有时必须加湿进入燃料电池的气体，以确保整个电解质膜有足够的水合效果。以受控的方式执行此操作可能涉及计算必须添加到空气中的水质量，以便在任何压力和温度下都能达到所需的湿度。假设气体混合物中任何物质的质量与分子量和分压的乘积成正比，并且空气的分子量通常取为28.97，则由式(4.3)得出：

$$\omega = \frac{m_w}{m_a} = \frac{18.016}{28.97} \times \frac{P_w}{P_a} = 0.622 \times \frac{P_w}{P_a} \tag{4.7}$$

总的空气压力 P 是干燥空气 P_a 和水蒸气压力 P_w 的总和，因此：

$$P = P_a + P_w \quad \therefore P_a = P - P_w \tag{4.8}$$

将式(4.8)代入式(4.7)，随后进行重新排列，得出：

$$m_w = 0.622 \cdot \frac{P_w}{P - P_w} \cdot m_a \tag{4.9}$$

水蒸气压力 P_w 可以通过使用表4.2中的数据获得。燃料电池所需的干空气质量流量可从附录2中的式(A2.10)中找到。请注意，所需水量与总空气压力 P 成反比。较高压力的系统需要较少的添加水以达到相同的湿度。在第4.4.5节中给出了使用式(4.9)的实例。

4.4.3 空气湿度

前面的部分已经指出，必须仔细控制质子交换膜燃料电池中气体的湿度，以在整个膜电解质中达到最佳水合水平。幸运的是，不难得出出口空气湿度的简单公式。通过以下方式给出：

$$\frac{P_w}{P_{exit}} = \frac{水的摩尔数}{总的摩尔数}$$

$$\frac{P_w}{P_{exit}} = \frac{\dot{n}_w}{\dot{n}_w + \dot{n}_{O_2} + \dot{n}_{rest}} \tag{4.10}$$

式中，$\dot{n}_w$ 是每秒离开电池的水的摩尔数；$\dot{n}_{O_2}$ 是每秒离开电池的氧气摩尔数；$\dot{n}_{rest}$ 是每秒空气中"非氧气"成分的摩尔数，主要是氮气；P_w 是水的蒸汽压；P_{exit} 是燃料电池出口处的总气压。

如果假定通过阴极空气除去了电解池中的所有产水，则可以使用附录2中的式(A2.17)，即：

$$\dot{n}_w = \frac{P_e}{2V_c F} \tag{4.11}$$

式中，P_e 是燃料电池堆的功率；V_c 是每个电池的电压。

根据式(A2.7)，由氧气的使用速率可以表示为：

$$\dot{n}_{O_2} = O_2 \text{ 的供给速率} - O_2 \text{ 的使用速率}$$

因此：

$$\dot{n}_{O_2} = (\lambda - 1)\frac{P_e}{4V_c F} \tag{4.12}$$

式中，λ 是空气化学计量比。空气中的惰性成分（主要是氮气）的出口流速将与进口处的流速相同。这些成分占空气的体积比为 79%，因此流量将成比例地大于氧气摩尔流量，即比例为 0.79 / 0.21 = 3.76，因此：

$$\dot{n}_{rest} = 3.76\lambda \frac{P_e}{4V_c F} \tag{4.13}$$

将式（4.11）~式（4.13）代入式（4.10）可得出：

$$\frac{P_w}{P_{exit}} = \frac{\dfrac{P_e}{2V_c F}}{\dfrac{P_e}{2V_c F} + (\lambda - 1)\dfrac{P_e}{4V_c F} + 3.76\lambda\dfrac{P_e}{4V_c F}} \tag{4.14}$$

$$= \frac{2}{2 + (\lambda - 1) + 3.76\lambda} = \frac{2}{1 + 4.76\lambda}$$

关系式可简化为

$$P_w = \frac{0.42}{\lambda + 0.21}P_{exit} \tag{4.15}$$

因此，可以看出，阴极出口处的水的蒸汽压仅取决于空气化学计量和出口处的空气压力 P_{exit}。在此推导中，进气中的任何水蒸气都被忽略了，因此，该式代表了进气干燥时的"最坏情况"。

例如，考虑一个燃料电池，该燃料电池的出口空气压力为 110kPa，温度为 70℃，空气化学计量比为 $\lambda = 2$。如果入口的湿度低，即任何入口水都可能被忽略，然后将这些值代入式（4.15）得到：

$$P_w = \frac{0.42 \times 110}{2 + 0.21} = 20.91 \text{kPa} \tag{4.16}$$

参考表 4.2 中的数据并使用式（4.4），出口空气的 RH 为

$$\phi = \frac{P_w}{P_{sat}} = \frac{20.91}{31.19} = 0.67 = 67\% \tag{4.17}$$

可以判断这太干了，因此需要引起注意。电池湿度可以通过以下方法增加：
-降低电池温度，这会增加损耗。
-降低空气流速，从而降低 λ，这会有所帮助，但会降低阴极性能。
-增加空气（和燃料）压力，这将需要能量来运行压缩机。
另一种选择是将排出气体中的水冷凝，并用来加湿进气。这在额外的设备、重

量、尺寸和成本方面有明显的损失，但是可以通过提高性能来证明。如果入口的水含量不可忽略，则可以证明出口水蒸气的压力由稍微复杂的公式给出：

$$P_w = \frac{(0.42 + \psi\lambda)P_{exit}}{(1+\psi)\lambda + 0.21}$$
(4.18)

式中，ψ 是一个系数，其值由下式给出：

$$\psi = \frac{R_{Win}}{P_{in} - P_{Win}}$$
(4.19)

式中，P_{in} 是入口的总气压，通常会比 P_{exit} 稍大；P_{Win} 是入口处的水蒸气压。因此，式（4.15）、式（4.18）和式（4.19）提供了一种确保运行中的质子交换膜燃料电池具有足够湿度的方法。

4.4.4 自加湿电池

在上一节给出的示例中，燃料电池的出口空气太干。通过选择合适的工作温度和空气流量，可以运行具有足够内部湿度（即自增湿）的质子交换膜燃料电池。可以从式（4.11）或式（4.13）中获得不同温度和空气流量下的出口空气湿度，以及从表4.2中获得的饱和水蒸气压。在空气化学计量比为2和4的情况下，对于以100kPa 工作的电池，出口湿度的示例如图4.18所示。表4.3中也给出了一些选定的值。可以容易地看出，存在一定范围的操作条件，在其中可以实现足够水平的加湿。

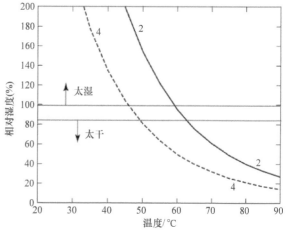

图4.18　假定入口空气是干燥的，总压力为100kPa，空气化学计量比为2和4的质子交换膜燃料电池出口空气的相对湿度与温度的关系图

可以预料，在高气流速率下，RH 较低，而在高温下，RH 急剧下降。如果出口空气的 RH 远小于100%，则电池将变干，因为图4.18的数据是在假定电池产生的所有水均已蒸发的情况下计算得出的。如果计算出的相对湿度高于100%，水将在电极中凝结，然后被淹没。因此，实际上，要求将足够的加湿水平保持在狭窄的操作条件范围内。只要将电池的温度保持在约60℃以下，就会有达到 RH 约100%的空气流速。表4.3中给出了一些条件。

表 4.3　在选定的温度和化学计量比下的理论出口空气相对湿度

温度/℃	λ=1.5	λ=2	λ=3	λ=6	λ=12	λ=24
20					213	142
30				194	117	78
40		273	195	112	68	45
50	208	164	118	67	40	26
60	129	101	72	41		
70	82	65	46			
80	54	43	30			
90	37	28				

注：假定进气温度为 20℃，相对湿度为 70%；出口气压为 100kPa。表中的空白处是相对湿度过高或过低的地方。

由图 4.18 和表 4.3 得出的重要结论是，在高于约 60℃ 的温度下（在大气压下），在所有合理的空气化学计量值下，出口空气的 RH 都低于或远低于 100%。换句话说，对于在 60℃ 或更低温度下工作的电池，可以实现自增湿，但对于在此温度以上工作的质子交换膜燃料电池，通常必须加湿。此功能使选择质子交换膜燃料电池的最佳工作温度变得困难。温度越高，性能越好——主要是因为阴极上的过电势降低了。但是，一旦温度超过 60℃，加湿电池所需的额外设备的额外重量和成本便会超过简单系统所带来的好处，例如小型自呼吸燃料电池⊖。

实现自加湿的几种方法之一是采用氢和空气的逆流布置，即空气和氢以相反的方向流过膜电极组件，如图 4.19 所示。从阳极到阴极流经膜的水在整个电解池中是相当均匀的，因为它是由与电流密度成正比的"电渗透阻力"驱动的。水从阴极到阳极的反扩散从阳极入口到阳极出口减少。通过使用薄电极和较厚的气体扩散层来容纳更多的水，并通过回收燃料气体，也可以促进湿度的均匀分布。通过采取这些措施并控制空气流量以适应负载需求，可以定义一系列工作参数，使质子交换

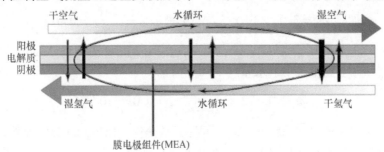

图 4.19　反应气体在整个电池中的逆流，以使加湿均匀

⊖ 空气呼吸电池是一种空气电极对大气开放且没有强制气流的电池设计，这些设备目前正在为手机充电而生产。

膜燃料电池组可以自加湿。但是，对于容量超过几瓦的系统，很难满足这些要求，因此，许多开发人员选择了外部加湿，如下节所述。

4.4.5 外部加湿的原理

已经表明，为了降低损耗，尤其是在第3.4节中描述的阴极活化过电势，需要超过60℃的工作温度。该目标可以通过外部加湿来实现，并且可以通过重新考虑式（4.18）来证明。例如，考虑一个燃料电池：该燃料电池在90℃的温度下工作，入口压力为220kPa，出口压力为200kPa，典型的空气化学计量比为2.0。假设阴极入口处的空气温度为20℃，相对湿度为70%，则式（4.16）与表4.2中的值一起得出以下信息：

- 入口水蒸气压力 P_{Win} 为 1.64kPa。
- Ψ 项是 0.00751。
- 出口处的水蒸气压力为 39.1kPa。
- 出口空气湿度为 56%。

在这些条件下，出口湿度太低，膜将很快变干。但是，如果进气温暖潮湿（例如80℃和90%RH），则将满足以下条件：

- 入口水蒸气压力 P_{Win} 为 42.65kPa。
- Ψ 项是 0.2405。
- 出口处的水蒸气压力为 66.96kPa。
- 出口空气湿度为 95%。

可通过式（4.9）确定必须添加到进气中以达到95%的出口湿度的水量。例如，如果给定的燃料电池是以入口压力220kPa，出口压力200kPa，典型空气化学计量比为2.0运行的10kW电池，则使用附录2中的式（A2.10），质量流量进入电池的干燥空气（kg/s）的计算公式为

$$\dot{m}_a = 3.57 \times 10^{-7} \times 2 \times 10 \times 10^3 \times \frac{10 \times 10^3}{0.65} = 0.011 \tag{4.20}$$

所需的水蒸气压力为42.7kPa，参见式（4.2）和表4.2。因此，如式（4.9）所示，必须添加到空气中的水量（kg/s）为：

$$\dot{m}_w = 0.622 \times \frac{42.7}{220 - 42.7} \times 0.011 = 0.0016 \tag{4.21}$$

水的速率大约等于100mL/min。问题是从哪里可以得到水呢？显然，不希望将水作为燃料电池系统的额外输入，因此，最佳选择是将生成水与阴极出口气体分离，然后通过适当的方法再返回燃料电池。对于上述10kW电池，附录2中的式（A2.17）预测水的产生速率为0.0014kg/s。因此，阴极排气中的水的总流量为0.0016+0.0014=0.003kg/s。考虑到水是作为蒸汽排出的，出口通道中的冷凝或分离系统必须抽取掉一半以上的夹带水，以便可以将其循环用于加湿器。这种供应

装置还可以确保维持水的纯度，但是确实使系统更加复杂。

在考虑加湿质子交换膜燃料电池反应物所涉及的一些实用性之前，必须考虑以下三个因素：

1）通常并非只有空气被加湿。为了确保电池内的湿度均匀，还可以对氢燃料进行加湿。

2）加湿涉及蒸发进入气体中的水。该过程将冷却气体，因为蒸发水所需的能量将来自空气。此功能在加压系统中很有用，因为压缩空气时温度会升高。因此，加湿过程是降低空气温度以符合电堆入口要求的理想方法（压缩机在第 12 章 12.1.1 节中进行讨论）。

3）通过增加工作压力，大大增加了添加到空气中的水量以及由此带来的增加湿度的好处。相反，降低压力会引起更多问题。例如，重新计算本节中使用的示例中的所有值，但 10kW 电堆在 140kPa（入口）和 120kPa（出口）的压力下运行，则表明要添加到水箱中的水量入口气流变为 0.003kg/s，但是出口湿度无可避免地不足以达到 34%。因此，工作压力显然对加湿有重大影响，在第 4.5 节中将进一步考虑。

4.4.6 外部加湿的方法

没有一种所谓的标准方法来加湿质子交换膜燃料电池堆的反应气体。加湿的步骤通常需要通过以下步骤，并不断需要提供水：

1）使气体在受控温度下通过鼓泡加湿器。该方法称为"鼓泡加湿法"，通常假定加湿空气的露点与它冒泡的水的温度相同，这使得控制变得简单。该过程适合在实验室中进行，为试验和测试工作服务，但不是实际系统的首选方法。

2）将水作为喷雾剂直接注入进气中。该技术的优点是冷水将冷却气体，如果气体已被压缩或通过重整某些其他燃料而产生热，则此动作将是必需的。该方法需要泵来对水加压，同时需要一个阀门来打开/关闭喷射器。因此，就设备和寄生能量消耗而言，这是相当昂贵的。然而，这种做法是基于成熟的技术，已被广泛使用，尤其是对于大型燃料电池系统。

3）通过金属泡沫以细水喷雾形式直接注入。这种方法的优点是仅需泵即可完成水的注入——被动注入水。

4）通过一系列灯芯状管线对气体扩散层进行加湿。灯芯状管线浸入水中并将其直接吸引到气体扩散层中。该系统在某种程度上是可以自我调节的，因为如果管线饱和，则不会抽水。但遗憾的是，该方法会产生气体密封问题，即棉芯为反应气体提供了一种更直接的渗出途径；同时冷却进入的空气的可能性也丧失了。

5）将液态水直接注入燃料电池。通常，这种方法会导致电极溢流，从而导致电池失效。然而，该技术与具有"交叉"流场设计的双极板相结合（请参见第 4.6.4 节），该双极板迫使反应气体将水吹过电解池并吹遍整个电极。切入双极板的"流场"就像一个没有出口的迷宫，如图 4.20 所示。气体被迫进入双极板下方并进入电极，从而带动水。如果流场设计合理，则将在整个电极上获得均匀的水分布。据报道直接注水效果良好，尽管担心它会随着时间的流逝使电极退化。

另外，用这种方法不可能冷却进入的空气。或者，以下三种方法可使水从阴极废气中再循环：

1）直接使用阴极出口气体中不会凝结成液体的水。做法是使用装有吸水或干燥材料的转轮。该设备通常称为"焓轮"，并应用于其他技术，例如空调系统。废气中的水被材料吸收，然后旋转，从而将其引入干燥阴极入口的路径。该过程是连续的——它不断地将水从出口输送到进口气体，并将热量从废气流传递到进口流。该方法的缺点是体积相当大并且需要电源和控制系统来进行操作。

2）渗透交换使用不凝结的出口水。这是一种更复杂的系统，首先由瑞士的保罗谢尔研究所公开。在这种方法中，将一种透水性较好的膜放在阴极出口和阴极入口流之间。出口流中的水蒸气在膜上冷凝，然后穿过膜

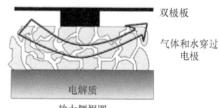

俯视图

放大侧视图

图 4.20　显示使用叉指流场增湿原理的图表

（资料来源：After Wood, DL, Yi, JS and Nguyen, TV, 1998, Effect of direct liquid water injection and inter-digitated flow – field on the performance of proton exchange membrane fuel cells, Electrochimica Acta, vol. 43（24），pp. 3795 – 3809）

到达干燥的入口侧。该膜可以与质子交换膜燃料电池电解质使用相同的材料，并且一些制造商已将这种技术用于电池组中的每个电池。

3）许多开发人员已试图改善离子膜以增强保水性。一种方法是就地产生水。对该膜进行了改性，不仅保留了水，而且还产生了水。通过用二氧化硅（SiO_2）和/或二氧化钛（TiO_2）颗粒以及铂的纳米晶体浸渍电解质来实现保留。如果膜足够薄，则铂催化进入的氢和氧之间的反应以生成水。该反应当然会消耗一些有价值的氢气，但是据称，电解质性能的改善证明了燃料的寄生损失是合理的。

4.5　冷却和空气供应

4.5.1　阴极送风冷却

当在质子交换膜燃料电池中将氢中的化学能转化为电时，即产生的热和电近似

相等,可以实现约50%的发电效率。散热是必不可少的,因为必须将电池冷却以保持所需的工作温度。如果产品中的水在单元内蒸发,则产生的热量为(请参见附录2 A2.6 节):

$$热量生成速率 = P_e\left(\frac{1.25}{V_c} - 1\right) \tag{A2.21}$$

散热方式在很大程度上取决于燃料电池性能及燃料电池堆功率的大小。对于低于约100W的燃料电池,可以使用自然流动的空气来冷却电池并蒸发产生的水而无须借助风扇。可以将类似的对流冷却应用于具有相当开放结构且每个单元的间距为5~10mm的电池组。通过更紧凑的燃料电池设计,可以使用小型"风扇"将多余的空气吹过电池阴极,尽管大部分热量仍会通过自然对流和辐射散失。对于小型系统,这样的风扇只会对系统造成较小的寄生功率损耗,对于设计良好的系统,大约为1%。对于具有产生超过大约100W的电堆的系统,通过自然对流和来自电池外表面以及电池外表面周围的辐射损失的热量成比例地减少。因此,较大的系统除了需要由阴极空气提供的冷却之外,还需要强制冷却以维持必要的低工作温度。

4.5.2　反应物和冷却空气分开

通过研究一个特定的应用,来思考需要分离反应空气和冷却空气的情况。考虑一个功率为 P_e(W)的燃料电池,该燃料电池在50℃的温度下运行,而电池组中的每个电池的平均电压为0.6V。假设冷却空气在20℃的温度进入电池并在50℃的温度排出。实际上,温度变化可能不会太大,但目前为了使得问题的说明具有启发性,我们依然这样假设。还假定燃料电池产生的热量中只有40%被空气去除了,其余的热量通过对流从外表面辐射或自然损失。

以 $\dot{m}$(kg/s)的比率流动的,具有比热容 C_P 的空气的散热速率与温度变化 ΔT 相同,与根据式(A2.21)产生的热量相同。它遵循:

$$0.4 \times P_e\left(\frac{1.25}{V_c} - 1\right) = \dot{m}C_p\Delta T \tag{4.22}$$

用已知值 $C_P = 1004\text{J}/(\text{kg}\cdot\text{K})$,$\Delta T = 30\text{K}$ 和 $V_c = 0.6\text{V}$ 代入,并对公式进行重新排列后,对于冷却空气的流量可获得以下方程式:

$$\dot{m} = 1.4 \times 10^{-5} \times P_e \tag{4.23}$$

在附录2 A2.2 节中,显示了反应物空气的流量为

$$\dot{m} = 3.58 \times 10^{-7} \times \lambda \times \frac{P_e}{V_c} \tag{4.24}$$

如果反应物空气就是冷却空气,则这两个流速相等。因此,将式(4.23)和式(4.24)结合起来,消除 P_e,代入 $V_c = 0.6\text{V}$ 并求解 λ,得出:

$$\lambda = \frac{14 \times 0.6}{0.357} \approx 24 \tag{4.25}$$

参考表4.2，将显示在50℃时，这种化学计量比产生的空气湿度为27%，即比撒哈拉沙漠更干燥! 表4.2中的数据假定进入空气的湿度为70%。因此，当空气通过电池时，RH 会降低，这将促进 PEM 的快速干燥。

如果使本节开始时的假设更为现实，也就是说，由于电池效率较低，并且为了保持足够的湿度，电池中允许的温度升高也较低，则空气必须吸收更多的热量，情况变得更糟。减小 λ 的唯一方法是降低空气在电极上流动的速率，并具有独立的冷却系统，该λ 在50℃时应为3~6，以防止电池干燥。当必须由冷却液除去燃料电池产生的热量的约25%以上时，必须采取这种措施。实际上，这适用于大小约为100W 的电池，输出功率更大的燃料电池通常需要单独强制供应反应物空气和冷却系统。

冷却输出功率从大约100W 到1kW 的电池的通常方法是在双极板上增加额外的通道，通过该通道可以吹入冷却空气，如图4.21 所示。一种替代方法是添加单独的冷却板以使空气通过。商业风冷式电堆如图4.22 所示。对于大于1~5kW 的系统，空冷不再足够，首选水冷。

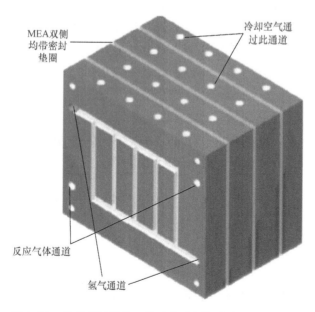

图4.21　具有双极板的三单元质子交换膜燃料电池电堆，带有独立的反应物和冷却空气通道

Horizon 5000W 呼吸式═══════

单元数 ·· 120
额定性能 ·· 72V@70A
反应物 ··· 氢气和空气
环境温度 ···························· 5～30℃(41～86°F)
最高电堆温度 ··························· 65℃(149°F)
氢气压力 ································· 0.45～0.55bar
加湿 ·· 加湿的
冷却 ·································· 空气(集成冷却风扇)

重量(带风扇和外壳) ····················· 30kg(±200g)
控制器重量 ····························· 2500g(±100g)
电堆尺寸 ······ 350mm×212mm×650mm(13.8in×8.3in×25.6in)
最大输出时的流量 ························· 65L/min
启动时间 ···························· ≤30s(环境温度)

系统效率 ··· 40%@72V

图 4.22　Horizon 燃料电池公司生产的商用风冷堆的示例
（资料来源：经 Horizon Fuel Cells 许可复制）

4.6　电堆构造方法

4.6.1　简介

　　大多数质子交换膜燃料电池电堆是按照与双极板串联连接的多个电池的一般方法构造的，如第 1.3 节中概述和图 1.7 中所示。双极板必须收集电流并将其从一个电池的阳极传导到下一个电池的阴极，同时将燃料气体分配到阳极表面上，并将氧气/空气分配到阴极表面上。此外，极板必须将冷却流体运送使得其通过电堆，并使所有反应气体和冷却流体保持分开。反应气体在电极上的分布是通过在板表面形成"流场"来实现的。流场通常具有相当复杂的蛇形图案。

　　双极板占质子交换膜燃料电池电堆成本的很大比例，并且必须满足几个要求，即：

　　－良好的导电性（>100S/cm）。

　　－高导热率——对于普通的集成冷却液，该导热率应超过 20W/(m·K)，如果仅从板的边缘散热，则必须超过 100W/(m·K)。

　　－高耐化学腐蚀和腐蚀。

　　－高机械稳定性，尤其是在压缩（抗弯强度 >25MPa）下。

　　－低气体渗透性（<10^{-5}Pa L/(s·cm^2)）。

　　－低密度——最小化电堆的重量和体积。形成板的方法以及制造它们的材料差异很大。与上一部分中考虑的加湿类似，没有一种方法或材料适合每种应用。

在检查材料和制造方法之前，应该理解，在大多数情况下，双极板是分成两半制成的，在其中一个半板的背面切有冷却通道。尽管这种设计简化了组装板内部的冷却，但是当两个半板压在一起时，它们之间会产生很大的电阻。对于碳板而言，这一特征尤其成问题。对于金属板，有几种方法（例如焊接、扩散结合）可用于连接半板。第一个双极板是用石墨碳板加工而成的，对于需要长寿且紧凑性不太重要的燃料电池固定应用而言，这种材料仍然是不错的选择。对于在车辆中使用，倾向于使用不锈钢，因为不锈钢可以通过使用与汽车工业中实践的方法相当的方法制成非常薄的薄板。金属双极板通常需要表面涂层以防止化学腐蚀和腐蚀。

如以下两个小节所述，几乎所有的质子交换膜燃料电池电堆都包含碳双极板或金属双极板。对于一些较小的系统，已经研究了其他类型的单元连接和拓扑，本节末尾给出了示例。

4.6.2 碳基双极板

石墨具有很高的导电性和导热性，它也具有非常低的密度，小于任何一种可能被认为适合于双极板的金属，并且具有良好的耐化学腐蚀性能。因此，最早的质子交换膜燃料电池使用石墨双极板，在其中加工了流场通道。但是，石墨确实具有以下三个缺点：

1）极板必须使用几毫米的厚度，以保证加工和处理所需的机械结构的完整性，即使加工的活动可以是自动完成的，但使用昂贵的铣削机切割石墨，非常耗时。

2）石墨很脆，因此需要十分小心用其组装生成的电池。

3）石墨是多孔材料，因此必须对板进行涂覆并使其足够厚，以确保能隔离出反应物气体。因此，尽管石墨的密度低，但是最终的双极板的重量可能不是特别轻。

通过使用将石墨粉与聚合物黏合剂结合的复合材料来解决这些问题。这样的材料也已经用于磷酸燃料电池。大多数用于质子交换膜燃料电池的最先进的碳双极板均由复合材料制成，该复合材料由高载量的导电碳（例如石墨[⊖]、炭黑或碳纳米管）和商用热塑性聚合物黏合剂（例如聚乙烯、聚丙烯或聚苯硫醚）或热固性树脂（酚醛或环氧树脂），通常还要添加碳纤维以增强成品。

由于复合碳材料的物理性能在很大程度上取决于聚合物黏合剂，因此双极板可以通过压缩成型或注塑成型形成。前一种方法需要使用热塑性聚合物，通常是有限数量的小电堆的选择。模具具有顶部和底部，与聚合物混合的石墨粉末散布在模具的下部，顶部降低到位并施加压力，然后将温度升高到聚合物的熔点以上，以使材料混合并流动以填充模具。冷却后，可以释放产品。通过压缩成型可以实现高碳含

⊖ 天然石墨薄片也被使用，它们被加工成连续的薄片，然后通过加入聚合物黏合剂增加其气密性。

量。该过程很简单，但不幸的是速度很慢——每个半板通常需要 15min 的生产时间。

压模技术的发展路线已经被公开。例如，通常通过压缩成型得到的多孔材料，然后可以通过在板的背面涂上一层固体碳涂层，使其渗透性降低。这种处理是通过化学气相渗透来实现的，化学渗透是一种易于应用于批量生产的标准技术。在另一步骤中，将炭黑用作压缩成型的原料，并将所得板加热至高温（2500℃以上）以引起石墨化。尽管该方法可以改善电导率，但它也可能导致翘曲和变脆的片材。

对于更大、更复杂的组件，注塑成型是一个有吸引力的方法，它涉及热固性聚合物的参与。然而，该方法非常苛刻，因为复合材料必须具有足够的流体以流入模具中，同时具有足够的碳负载量才能实现良好的导电性。热固性聚合物也具有与其热塑性对应物非常不同的性质。因此，前者的复合材料在低于热固性聚合物熔点的温度下以粉末形式注入模具中，而后者的复合物则被加热到高于热塑性聚合物的熔点，然后以较低的温度注入保持在室温下的模具中。

尽管热固性聚合物可能允许更高的碳载量，但模制完成后仍需要耗时的固化步骤。使用这两种技术时，必须用例如研磨剂清洁所得注塑板的表面，以去除会任何限制与气体扩散层良好电接触的聚合物膜。

尽管许多细节都是专有的，但现在有几家公司正在制造具有热塑性黏结石墨结构的双极板。这些替代方案提供了通过批量生产降低成本的途径。

4.6.3　金属双极板

金属比碳具有优势，因为它们是良好的热和电导体，可以轻松加工且不致密多孔。主要缺点是它们具有较高的密度并易于腐蚀——质子交换膜燃料电池内的热氧气和水蒸气具有相当腐蚀性。此外，有时会出现酸从膜电极组件中渗出的问题，因此通常的做法是用耐腐蚀材料涂覆金属双极板。由不锈钢、钛、铝和几种合金制成的板已经过测试，并分别涂有导电碳聚合物材料，形成钝化氧化物层的过渡金属（例如，钼、钒或铌）或贵金属（例如黄金）。

可以以类似于石墨板的方式来加工金属板，但是该过程很昂贵。然而，金属不像碳那样脆和多孔，意味着可以制造更薄的板。如果板足够薄，则可以通过将图案冲压到金属板上来形成流场。尽管冲压工艺在工业上已被广泛地实践，但是难以通过冲压金属来实现极窄的通道（深度和宽度为亚毫米以下）。

另一种方法是使用穿孔金属或泡沫金属形成流场。Murphy 等人[⊖]描述了一种这样的方法，他们选择了钛作为金属基材。与具有良好电导率的金属（例如铜）相比，钛的电导率相对较低——但是它仍然是石墨的三十倍。作为双极板的材料，也

⊖　Murphy, OJ, Cisar, A and Clarke, E, 1998, Low cost light weight high power density PEM fuel-cell stack, Electrochim. Acta, vol. 43（24）, pp. 3829–3840.

可以通过涂氮化钛使钛具有足够的耐蚀性。这样的导电涂层可以廉价地大规模涂覆。Murphy 采用的制造双极板的方法是使用两片金属泡沫，并在两片金属泡沫之间形成一层薄薄的固体金属，其概念如图 4.23 所示。泡沫板中的孔或空隙用作气体扩散到电极的途径。反应气体通过多孔塑料垫圈被送入泡沫板的边缘，该垫圈被密封在板的外围。

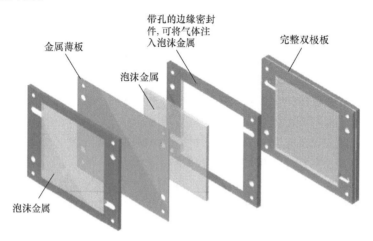

图 4.23　显示了由金属泡沫制成的双极板构造

（资料来源：After Murphy, OJ, Cisar, A and Clarke, E, 1998, Low cost light weight high power density PEM fuel – cell stack, Electrochim Acta, vol. 43（24），pp. 3829 – 3840）

　　金属泡沫也可用于实现电堆的冷却。为此需要将一层泡沫金属放在两块固态（但很薄）金属板之间。水通过金属泡沫带走热量。该方法的优点是使用容易获得的材料（金属泡沫板可用于其他用途）来制造薄、轻便、高导电性的燃料电池组件，并用于分离反应气体。此外，使用泡沫所涉及的唯一制造工艺是塑料边缘密封件的切割和成型。可以采用多种方法来修改此基本概念，但是在每种情况下，都需要对泡沫进行涂覆以防腐蚀。

　　总而言之，涂层金属或泡沫金属双极板已成功应用于对耐腐蚀稳定性不如固定发电要求高的车辆燃料电池堆上。对于车辆，要求的最小电堆寿命为 5000h，而对于固定发电系统，则期望为 40000h，现在使用碳双极板通常可以实现。

　　近年来，燃料电池研究人员并未忽略 3D 打印技术及应用的快速增长。许多研究小组报告了使用 3D 打印方法制造碳复合材料板和金属双极板的情况，这对于打印第 4.6.4 节中描述的流场图案特别有希望。不幸的是，当前的方法缺乏制造大量组件的精度，并且通常仅用于创建原型电堆⊖。

⊖　Gould, BD, Rodgers, JA, Schuette, M, Bethune, K, Louis, S, Rocheleau, R and Swider – Lyonsa, K, 2015, Performance and limitations of 3D – printed bipolar plates in fuel cells, ECS Journal of Solid State Science and Technology, vol. 4（4），pp. 3063 – 3068.

4.6.4 流场形式

在第 1 章图 1.12 所示的双极板中，反应气体以简单的平行槽模式进给到电极上。为双极板选择的其他三种基本类型的流场模式是"针（或网格）""叉指"和"蛇形"。图 4.24a ~ 图 4.24d（见彩插）举例说明了这四个不同方案。流场的设计既受板材本身的影响，也受相邻的气体扩散层的影响。任何流场设计的目的都是为了确保整个电池内的湿度平衡，并且气体可以轻松地流入和流出每个气体扩散层。还希望最小化通过流场的压降。不可避免地，这些要素必须达成一些妥协。如前所述，膜电极组件两侧的流量配置，即并流、错流或逆流，对电池性能也有重要影响。

当水滴形成的可能性很小时，可以使用图 4.24b 所示的平行通道布置，否则水滴会聚积，阻塞一些通道，从而导致整个电池和电堆的电流分配不佳。通过确保流量大，例如在燃料流动通道的情况下，通过燃料气体的再循环，可以使液滴的产生最小化。

针形流场（图 4.24a）也最适合要求高反应物流量以及低燃料和氧气利用率的应用。在这种布置中，气体可以在整个电极表面上回旋。不幸的是，任何轻微的扰动都会导致流场阻力发生变化。这种特性可能导致反应物分布不均，尤其是在氧气侧。

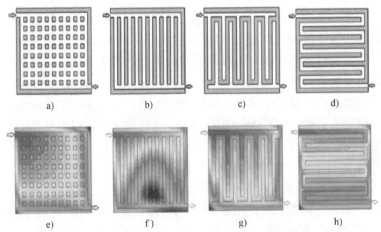

图 4.24 在质子交换膜燃料电池双极板中使用的主要流场模式
a）销或栅型 b）平行通道 c）叉指 d）蛇形通道 e）~ h）阴极气体
扩散层中的氧浓度 每个流场模式（示意图）
注：红色，氧气浓度高；蓝色，氧气浓度低。

（资料来源：Heinzel, A, Mahlendorf, F and Jansen, C, 2009, Bipolar plates, in Garche, J, Dyer, C, Moseley, P, Ogum, Z, Rand DAJ and Scrosati B（eds.）, Encyclopedia of Electrochemical Power Sources, pp. 810 – 816）

交叉指形流场（图 4.24c）由大量的死角通道组成。在这种布置中，气体被迫流过气体扩散层，因此必须具有足够的孔隙率和疏水性。由于这两个参数的功效可能会随着气体扩散层使用年限的增长而下降，因此通常不赞成这种模式。

大多数质子交换膜燃料电池制造商都首选蛇形流场。它在压降和除水问题之间提供了一个很好的折中方案。流路中的大量转弯意味着压降受到损害，通常可以通过使用多个平行的蛇形管而不是图4.24d中所示的单个流道来克服这个缺点。

双极板通道内的流体流动很难直接测量。因此，在流体流动有限元方法的帮助下，已经进行了大量的工作来模拟流动。在文献中已经公开了质子交换膜燃料电池电堆内的许多气流模拟。例如，在图4.24e～图4.24h中显示了针对四个不同流场预测的阴极气体扩散层处的氧气浓度。一些研究小组还开发了这项技术，可以测量正在运行的燃料电池堆中的电流密度分布。通常通过在相邻电池之间插入一块薄的传感器板来完成此操作。该板通常具有大量的分段（通常超过100个），这些分段彼此电绝缘，但可以通过细线连接到测量设备。每个分段部分在相邻单元之间的间隔处施加一个小的电阻，并且通过测量电阻两端产生的电压可以确定局部电流密度。从工作电堆中获得的数据不仅有助于验证模型，而且还有助于优化流场和其他单元组件的设计。

4.6.5　其他拓扑形式

通过使用双极板构造燃料电池堆，可以使一个电池与另一个电池之间实现良好的电气连接。另一方面，使用双极板必然意味着存在许多接头，这些接头有可能导致反应气体和冷却液泄漏。向每个正电极的反应气体的供应必须与向每个负电极的反应气体的供应保持分开。每个阳极和阴极的整个边缘也分别会经受泄漏。零件生产中的良好质量控制将泄漏的风险降到最低，但必然意味着高的制造成本。

在燃料电池以相当低的电流密度运行的情况下，为了实现更简单和更便宜的制造方法，折中电池互连的电阻通常是有用的。此选项之所以可用，是因为质子交换膜燃料电池中使用的膜电极组件的灵活性和易处理性允许采用除传统双极板以外的其他类型的构造。有如图4.25所示的设计，它是包括三个单元的系统。该装置的主体（用浅灰色表示）通常由塑料制成，只有一个装有空气的腔室，只有一个装有氢的腔室。通过使金属连接条穿过反应气体分离器，将电池与一个阴极的边缘串联连接，该阴极的边缘连接至下一个阳极的边缘。为了减少泄漏的可能，可以在外部进行连接，但这会增加电流流通路径。在这种设计中，由于唯一的密封是膜电极

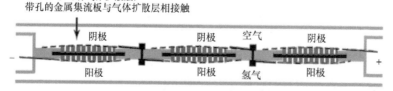

图4.25　串联连接燃料电池以简化反应气体供应的方法

组件边缘周围的密封，因此大大降低了泄漏的可能性，并且由于电池中反应气体的自由流通，简化了保持电池均匀加湿的挑战。实际上，该装置并不紧凑，因此仅适用于低功率系统。

小型质子交换膜燃料电池也可以采用圆柱形电堆设计。例如，NASA 为小型电子应用设计了微管设计。然而，在大多数情况下，燃料电池最好组装在平面基板上，作为二维装置，电池之间具有边缘连接。印制电路和微机电系统（MEMS）技术是首选，因为它们适合成熟的批量生产过程。MEMS 方法已经产生了如图 4.26 所示的设计。经过多年的研究和开发，此类小型系统已开始进入市场[一]。例如，Ultracell 已获得劳伦斯·利弗莫尔国家实验室（Lawrence Livermore National Laboratory）的独家许可，主要针对军事应用提供微型燃料电池系统。

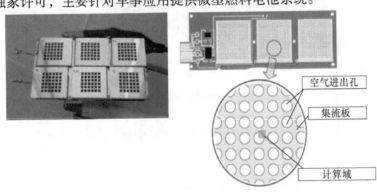

a)　　　　　　　　　　　　　　　b)

图 4.26　基于 MEMS 的呼吸式质子交换膜燃料电池的示例

a) 6 个用环氧树脂密封的电池（硅和玻璃晶圆，$1.2cm \times 1.2cm$ 单电池有效面积，约 $4cm^3$，峰值功率大于 $140mW/cm^2$）[二]　b) 具有其他集成组件的基于 PCB 的呼吸质子交换膜燃料电池[三]

为了提高电堆的功率密度，已经研究了传统平面燃料电池的细微变化。美国的智能能源公司（Intelligent Energy Co. Ltd.）一直在设计空气呼吸堆，其中每个电池都是由不锈钢阳极集电器构成的，该集电器的氢流场位于膜电极组件的上方，然后

⊖　Pichonat, T and Gauthier - Manuel, B, 2006, Recent Developments in MEMS - based micro fuel cells, DTIP, Stresa, Lago Maggiore, Italy. TIMA Editions 6p. < hal - 00189312 >. https://hal. archivesovertes. (15 August 2017).

⊜　Zhang, XG, Wang, T, Zheng, D, Zhang, J, Zhang, Y, Zhu, L, Chen, C, Yan, J, Liu, HH, Lou, YW, Li, XX and Xia, BJ, 2007, Design, fabrication and performance characterization of a miniature PEMFC stack based on MEMS technology, International Journal of Electrochemical Science, vol. 2, pp. 618 - 626.

⊜　Hwang, JJ and Chao, CH, 2007, Species - electrochemical transports in a free - breathing cathode of a PCB - based fuel cell, Electrochimica Acta, vol. 52, pp. 1942 - 1950.

是多孔金属集电器阴极的顶部。专利和专有技术被用于由不锈钢粉末精心分级烧结制造的阴极集电器上，其结果是集电器具有良好的金属性、耐腐蚀、多孔、坚固、良好的导电性和保水性。燃料电池堆的组装是通过将自备电池一个放在另一个之上。一块简单的折叠不锈钢将一个电池的阳极连接到另一个电池的阴极，其布置如图 4.27 所示。氢气通过细塑料管通过管道输送到每个阳极。电池的开放结构允许空气自由流通，这也可以通过风扇辅助。

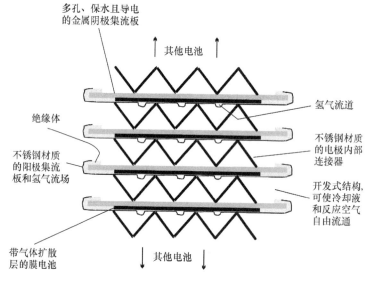

图 4.27　智慧能源公司展示的质子交换膜燃料电池结构

4.6.6　混合反应物燃料电池

在所有常规燃料电池中，燃料和氧化剂分别作为单独的物流提供给阳极和阴极。相比之下，在混合反应物燃料电池（Mixed Reactants Fuel Cell，MRFC）中，燃料和氧化剂的混合物以混合单流形式流经该电池。该种电池概念最早出现在 20 世纪 60 年代的文献中，因为它不需要气密密封件，而气密密封件对于歧管以及传统电堆中的空气和燃料系统进行分离是必需的。通过在设计中避免双极板的设计和重量，应该可以大幅降低成本。同样，预计会简化辅助系统设计。混合反应物燃料电池需要以下属性：

－ 阴极催化剂应支持氧的还原而不是燃料的氧化剂，即，混合电位应不可能发生。

－ 电池应在足够低的温度下运行，以避免燃料和氧化剂之间的自发热化学反应，高温下热反应可能发生在本体反应混合物或催化剂表面上。

－ 电极结构，即气体扩散层，应通过控制物质的扩散使燃料和氧化剂分别到达阳极和阴极催化剂层。或者，电极催化剂应具有足够不同的反应动力学，以确保燃料氧化反应和氧的还原反应分开。

实际上，这三个属性中的任何一个都不是 100% 有效的，结果会损害混合反应物燃料电池的电压和能效。相反，问题在于这些缺陷是否可以通过潜在的较低的成本和较高的功率密度来弥补，因为在某些应用中，混合反应物燃料电池可能比常规系统更受欢迎。原则上，可以根据电解质和电池反应的类型构造几种不同类型的混合反应物燃料电池。这包括基于质子交换膜燃料电池、碱性燃料电池和固体氧化物燃料电池材料的电池。2002 年报道了首批掺入质子交换膜燃料电池材料的混合反应物燃料电池之一[一]。随后在 2004 年，带有 Pt-Ru-C 阳极催化剂和 Ru-Se-C 阴极催化剂的直接甲醇混合反应物燃料电池，在 90℃ 下分别用氧气和空气作为氧化剂输入阴极，可分别得到约为 $50mW/cm^2$ 和 $20mW/cm^2$ 的功率密度[二]。混合反应物燃料电池不会出现甲醇与氧气的寄生直接反应。

4.7　电池工作压力

4.7.1　技术问题

尽管小型质子交换膜燃料电池的电池组在正常气压下运行，有时还会在更高的压力下运行 10kW 或更大的电堆。提高工作温度会增加电池电压，但如第 4.2.1 节所述，PSFA 膜需要保持水合状态。在大气压下，这将工作温度限制在约 80℃。升高压力可使温度升高，但是，在压缩燃料和空气时会消耗能量，并且可能无法从燃料电池的排气流中回收能量。

最简单的加压质子交换膜燃料电池系统是从高压钢瓶供应氢气的系统。例如，加拿大水吉能公司使用的系统如图 4.28 所示。只需要压缩空气，氢气从加压的储存容器供入燃料电池阳极。电堆的燃料侧为死端，即没有废气流出[三]。空气压缩机必须由电动机驱动，电动机当然会消耗燃料电池产生的一些宝贵电力。对于图 4.28 中所述的系统，可以根据阳极侧压力的函数来控制堆阳极侧的氢气压力，而阴极侧压力又取决于传递给空气压缩机的功率。因此，可以将电堆两侧之间产生的压差保持在恒定的较低水平，以最大限度地减少气体通过膜电极渗透的风险。在附录 3 中的一个工作示例中，表明对于 100kW 系统，空气压缩机的典型功耗约为燃

[一]　Priestnall, MA, Kotzeva, VP, Fish, DJ, and Nilsson, EM, 2002, Compact mixed-reactant fuel cells, Journal of Power Sources, vol. 106, pp. 21-30.

[二]　Scott, K, Shukla, AK, Jackson, CL, Meuleman, WRA, 2004, A mixed-reactants solid-polymer-electrolyte direct methanol fuel cell, Journal of Power Sources, vol. 126 (1-2), pp. 67-75.

[三]　死端系统通常定期从系统中释放少量燃料气，以避免在负极中积聚污染物。将一些燃料气循环回烟囱入口也是常见的（图 4.28 中虚线所示）。同样，这有助于清除污染物和保持整个负极湿度的均匀性。

料电池功率的20%。压缩还会提高空气的温度，因此在进入质子交换膜燃料电池之前可能需要进行冷却，所谓的"中冷器"概念来源于内燃机，运行方式也与此类似。

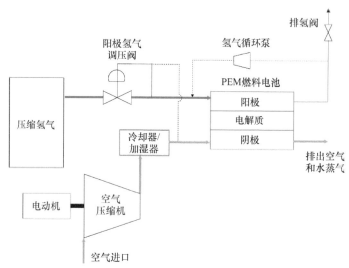

图4.28 加拿大水吉能公司燃料电池模块中使用的简单质子交换膜燃料电池系统的示意图

当氢燃料来自甲烷等其他碳氢化合物时，情况就复杂得多。根据重整器的设计（在第10章中有更详细的描述），燃料气体可能除氢之外还包含其他成分。因此，在这种情况下，燃料电池阳极"死端"运行模式是不可行的，因为来自阳极的废气流可能包含大量未转化的碳氢化合物。显然，我们不希望浪费这种燃料。燃料电池系统设计者的任务就是确保废气流中的任何能量得到有效利用。未反应的氢可被燃烧并且能量释放被引导以压缩燃料气体，或者可为吸热重整反应提供热量。

4.7.2 高压工作的优势

4.7.2.1 电流

如在第3.4节中所讨论的，在高压下运行质子交换膜燃料电池导致的功率增加主要是由于阴极活化过电位的降低所致。压力的升高会提高交换电流密度，这又导致电池的开路电压（OCV）升高，如第3章中的图3.4所示。但是请注意，有时传质损失会减少，结果是在高电流密度下电池电压开始下降。

反应气体压力对电池性能的影响可以从图4.29中给出的电压与电流的关系图中看出。简单来说，对于大多数电流密度值，电压都会升高一个固定值。尽管未在图中显示，但此升高的电压 ΔV 与压力上升的对数成正比。该特征是通过实验观察的，具有理论基础。在第2.5.4节中，指出由于吉布斯自由能的变化而引起的OCV的增加可以表示为

$$\Delta V = \frac{RT}{4F}\ln\left(\frac{P_2}{P_1}\right) \tag{2.44}$$

如第 3 章中的式（3.8）所示，激活超电势通过对数函数与交换电流相关。因此，从一阶近似值可以看出，从 P_1 到 P_2 的压力增加将促进电压的增加或增益，即

$$\Delta V_{\text{gain}} = C\ln\left(\frac{P_2}{P_1}\right) \tag{4.26}$$

其中 C 是一个参数，其值不仅取决于交流电流密度 i_{o} 如何受到压力的影响，还取决于温度。文献中引用了 C 介于 $0.03 \sim 0.10\text{V}$ 之间的各种值。此参数还受电池加湿水平的影响。

图 4.28 所示的简单系统是了解和研究加压带来的成本效益的基础。对于该系统而言，优点在于从燃料电池获得了更大的电力。电堆中每个电池的电压增加量 ΔV_{gain} 用式（4.26）表示。为了量化功率增益，请考虑流过 n 个电堆的电流 I，功率的增加如下：

$$功率增加 = C\ln\left(\frac{P_2}{P_1}I\,n\right) \tag{4.27}$$

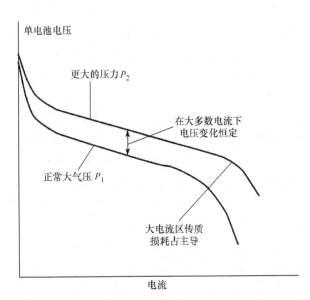

图 4.29 压力增加对典型燃料电池的电压与电流关系的影响

燃料电池堆产生的一部分动力需要用来驱动空气压缩机。如后面第 12 章的式（12.10）所示，所需消耗功率可以写成一个公式，该公式包括压缩机效率 η_{C}、空气进入温度 T_1 和压力比 $P_2:P_1$，即：

$$P_{压缩机功率} = C_{\text{P}}\frac{T_1}{\eta_{\text{C}}}\left(\left(\frac{P_2}{P_1}\right)^{\frac{\gamma-1}{\gamma}} - 1\right)\dot{m} \tag{12.10}$$

此等式是压缩机转子所需的功率需求公式，m 是空气的流量，单位为 kg/s。如果将电动机和驱动系统的效率表示为 η_m，则压缩机所需的电功率将增加 $1/\eta_m$。因此，压缩机达到所需压力比 $P_2:P_1$ 所需的电力将由下式给出：

$$压缩机所需功率 = C_P \frac{T_1}{\eta_m \eta_C} \left(\left(\frac{P_2}{P_1} \right)^{\frac{\gamma-1}{\gamma}} - 1 \right) \dot{m} \qquad (4.28)$$

如本章前面所述，附录2中的式（A2.10）表明参数 $\dot{m}$ 与燃料电池的电功率输出、平均电池电压和空气化学计量有关，即：

$$空气使用量(\dot{m}) = 3.58 \times 10^{-7} \times \lambda \times \frac{P_e}{V_c} \qquad (A2.10)$$

将这种关系代入式（4.28），可得到电能 $P_e = nIV_c$ 和空气的 C_P 和 γ 值：

$$P_{压缩机功率} = 3.58 \times 10^{-4} \times \frac{T_1}{\eta_m \eta_C} \left(\left(\frac{P_2}{P_1} \right)^{0.286} - 1 \right) \lambda In \qquad (4.29)$$

压缩机造成的损耗影响也可以表示为电压损耗 ΔV_{loss}，只需将式（4.29）中给出的功率除以总电流 I，及电池组中的电池数量 n，从而：

$$\Delta V_{loss} = 3.58 \times 10^{-4} \times \frac{T_1}{\eta_m \eta_C} \left(\left(\frac{P_2}{P_1} \right)^{0.286} - 1 \right) \lambda \qquad (4.30)$$

现在由这些方程式提供了一种定量方法，用于估算压力升高是否会改善燃料电池系统的净性能。式（4.26）提供了燃料电池堆的电压增益，公式（4.30）可用于估算压缩机产生的电压损失。

可以绘制以下值：

$$净电压变化 = \Delta V_{gain} - \Delta V_{loss} \qquad (4.31)$$

对于 P_2/P_1 的不同值，图4.30给出了两个示例，一种情况称为"乐观"的，另一种情况称为"现实"的。对于这些示例，在表4.4中给出了式（4.26）和式（4.30）所需的各种参数的值，即 C、T_1、η_m、η_C 和 λ。

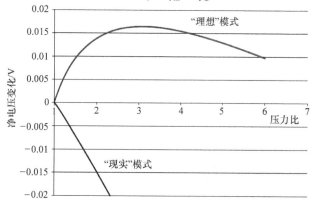

图4.30　在两种不同的质子交换膜燃料电池设计中，高压运行导致的净电压变化

表 4.4　图 4.30 中给出的示例的参数

	最优模式	实际模式
电压增益常数（C）/V	0.10	0.06
入口气体温度/℃	15	15
电驱动压缩机效率（η_m）	0.95	0.90
压缩机效率（η_c）	0.75	0.70
空气过量系数（λ）	1.75	2.0

对于乐观模型，当压力以大约 3 的比率增加时，每个电池的净增益约为 17mV，但在较高压力下增益会减小。但是对于更现实的模型，由于更高的压力，总会有净亏损。驱动压缩机所需的功率始终超过获得的功率。这清楚地说明了为什么即使在较大的质子交换膜燃料电池中，在高于大气压的条件下运行也无济于事。

4.7.3　其他因素

从刚刚给出的基本分析中，可能会想知道为什么应该完全考虑加压操作。原因是，尽管量化比较简单，但升压并不是在更高压力下工作的唯一好处。同样，压缩机所需的功率也不是唯一的损失。高压还可以增强燃料重整系统的设计：热力学显示，通过在低压下操作有利于通过液态烃的蒸汽重整来制氢，但如果增加操作压力，则所需的尺寸以及因此降低了反应器硬件的成本。加压也有利于反应物空气的加湿。与大气压下的空气相比，在高压下达到相同水平湿度的电解池所需的水更少——请参考第 4.4.3 节，其中式（4.15）显示阴极废气的湿度取决于电解池的运行情况压力。

对于大型燃料电池，流道很长很窄。因此必须对反应气体加压以克服摩擦损失。燃料电池系统设计人员面临的一个挑战是选择鼓风机还是压缩机，使其与所需的流量和电堆结构所施加的压降相匹配。例如，除了简单的低功率质子交换膜燃料电池外，始终需要使用鼓风机或风扇来克服通过电池组阴极流场的压降。对于在压力下运行的系统，必须用通常更昂贵的压缩机代替这种风扇。因此从实际的角度来看，与低压鼓风机相比，高压压缩机的尺寸、重量和成本都需要考虑。

在到目前为止的讨论中，已经假定空气为阴极提供了氧气。但是，有些燃料电池（尤其是在太空应用中）依靠来自加压容器中的纯氧气运行。在这样的系统中，通过平衡在升高的压力下的较高性能的优点，与为承受高内部压力而在机械上必须增加的系统重量之间的平衡来选择电堆的工作压力，最佳压力可能会比空气系统高得多。

4.8　燃料种类

4.8.1　重整烃类

到本章为止，一般都假定质子交换膜燃料电池是以纯氢气为燃料，以空气为氧化剂来运行的。在小型系统中，通常是这种情况。但是，在较大的系统中，氢经常来自于燃料处理或重整系统，该系统会产生一氧化碳（CO）作为副产品。一个主要的例子是甲烷和蒸汽之间的蒸汽重整反应，即

$$CH_4 + H_2O \rightarrow 3H_2 + CO \tag{4.32}$$

尽管后面几章中描述的某些高温燃料电池可以使用 CO 作为燃料，但不适用于质子交换膜燃料电池。质子交换膜燃料电池燃料中的任何 CO 将优先吸附在阳极电极中的铂催化剂上，阻止了氢燃料到达活性铂位点，从而抑制了阳极上的氧化反应。经验表明，即使燃料气体中的 CO 浓度低至 10×10^{-6}，也会降低质子交换膜燃料电池的性能。因此，如果将重整烃用作燃料，则必须除去 CO 或至少将其降低至非常低的水平。提取过程通常分几个阶段进行。最初，CO 和蒸汽通过催化剂促进水煤气变换反应：

$$CO + H_2O \rightarrow H_2 + CO_2 \tag{4.33}$$

并非所有的 CO 都会通过该反应转化——该反应在 250℃ 时达到平衡点（取决于工艺条件），来自变换反应器的产物气将包含 1% ~ 2%（体积分数）的 CO。因此需要添加工艺步骤来将 CO 的浓度降低到 10×10^{-6} 以下。这些步骤将在第 10 章中详细描述。变换反应器和其他处理步骤会大大增加质子交换膜燃料电池系统重整器的成本和尺寸。

在某些情况下，可以通过将少量氧气或空气，添加到供入质子交换膜燃料电池的燃料流中，来降低去除 CO 的要求。在燃料电极上的催化剂位置，CO 通过与氧气反应直接转化为 CO_2。研究报告的结果表明，例如向包含 100×10^{-6} CO 的氢气流中添加体积分数为 2% 的氧气可以消除 CO 中毒效应。另一方面，任何不与 CO 反应的氧气必定会与氢气反应，但是浪费了少许燃料。同样该方法只能用于低于约 100×10^{-6} 的 CO 浓度，这不是典型燃料重整器产品流中所发现的水平。另外，由于流速必须与氢气的供给速率仔细匹配，因此需要供给精确控制量的空气或氧气的系统将相当复杂。

要注意的另一个重要点是，CO 的问题随着分子长度增加的烃而加剧。最初的甲烷（CH_4）重整反应产生 3 个氢分子和 1 个 CO 分子。相比之下，正辛烷（C_8H_{18}）等燃料的处理：

$$C_8H_{18} + 8H_2O \rightarrow 17H_2 + 8CO \tag{4.34}$$

产生的气体中 H_2 与 CO 的比例现在约为 2:1。

4.8.2 酒精和其他液体燃料

对于任何类型的燃料电池，理想的燃料都应该是已经定期使用的液体，例如汽油或柴油。不幸的是，这两种燃料根本无法以足够的速率反应，因此不能考虑用于质子交换膜燃料电池系统。质子交换膜燃料电池中氢的可能替代品是甲醇，以及稍放宽一些，可以用乙醇。两者在商业上都可以广泛获得。甲醇在质子交换膜燃料电池的阳极发生反应，尽管反应缓慢，其反应根据以下公式描述：

$$CH_3OH + H_2O \rightarrow 6H^+ + 6e^- + CO_2 \qquad (4.35)$$

这是直接甲醇燃料电池的运行反应，请注意，甲醇需要与水混合，并且每个甲醇分子都会产生 6 个电子，并且该反应不会直接产生 CO。直接甲醇燃料电池与其他直接在液体电解质上运行的燃料电池，将在第 6 章中进一步讨论。

下一节介绍了 PEMF 的三种典型应用。所有系统都采用在通常的环境气压下运行的电堆，并使用纯氢气作为燃料，并使用空气作为氧化剂。

4.9　实际应用的商业化燃料电池系统

4.9.1　小型系统

一类质子交换膜燃料电池组的输出功率在几瓦特到 1kW 之间，存在于各种应用中，即：①作为便携式电子设备（例如，移动电话和笔记本计算机）的电池充电器；②用于军事用作个人电源；③用作固定备用电源。某些最小的系统使用甲醇，并在第 6.1 节中进行了描述。Horizon 燃料电池公司与新加坡的关联公司 Horizon Energy Systems 合作，多年来一直在倡导使用小型氢燃料质子交换膜燃料电池系统，现在销售一系列用于便携式和教育系统的输出功率为 12W ~ 1.0kW 的空气呼吸堆，如图 4.31 所示。该公司还生产用于给电子设备充电的 "Mini - pak" 燃料电池。它使用一个空气呼吸堆和一个装有氢化物作为氢燃料的储气筒。

a)

b)

c)

图 4.31　Horizon 燃料电池产品

a）12W "H 系列"　　b）1kW "H 系列"　　c）"Mini - pak" 手机充电器

在将"Mini‐pak"引入美国和欧洲的野营和户外市场之后，Horizon 燃料电池
公司与 Brunton 合作生产了"Brunton 氢反应堆"，用于为智能手机、iPad、相机电池、紫外线净水器、可充电灯和 GPS 装置充电。图 4.32 展示了英国智能能源公司的类似产品，称为"UPP"。两种产品都使用小型自呼吸的燃料电池堆。UPP 设备使用氢化物盒（90.5mm × 40mm × 48mm，重量 385g），可提供 25W·h 的能量。该电堆是 5W 质子交换膜燃料电池，在 5 V 电压下可产生高达 1000 mA 的电流。因此，一个燃料盒可为智能手机提供约 5 个满充电能，并且已批准用于飞机上的运输。每个充电器的使用寿命为 9 年，因此可以在智能手

图 4.32　智能能源公司的手机
充电器（"UPP"）

机的预期使用寿命内很好地应对任何紧急情况。

4.9.2　中型燃料电池系统及固定电站应用

多家公司正在销售用于备用电源或固定电源系统的质子交换膜燃料电池系统，例如，用于远程电信塔和数据中心的质子交换膜燃料电池系统。低于 5kW 的系统（例如 PlugPower/Relion 和 Altergy 生产的系统）使用风冷电堆。由于第 4.5.3 节所述的原因，高于 5kW 的系统（例如 Ballard/Dantherm，加拿大水吉能公司和 M‐Field 生产的系统）必须是水冷的。

以下是对加拿大水吉能公司燃料电池电源模块的描述（图 4.33），作为质子交换膜燃料电池产品的图示，该产品设计用于固定应用，例如数据中心。该模块采用了常规设计的水冷堆，由 60 个电池组成，每个电池的有效面积为 $500cm^2$，由压缩模制的碳聚合物复合材料制成的双极板。电堆在 350A 的电流和 35～58V 的额定电压下可产生约 12kW 的功率。它是自加湿的，也就是说，燃料或气流均无外部加湿。

加拿大水吉能公司电源模块中的基本辅助系统及示意性工艺流程图如图 4.28 所示。控制气体流速和电堆温度（即通过冷却水的流动）可使电堆保持最佳湿度。阳极废气的再循环有助于在电堆阳极侧保持均匀的湿度。压差控制阀可确保电堆空气侧的压力紧随燃料侧的压力。燃料回路并不是"死端"设计，有一个使氢气循环通过电堆阳极的泵。安全阀会定期清除这条管线，以防止阳极内积聚污染物。空气通过鼓风机供应，鼓风机被调节以在系统的整个运行状态下提供正确的化学计量。当模块关闭时，空气和燃料供应都通过电磁阀关闭。有一个额外的缓冲容器，

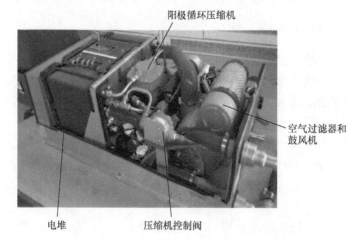

图 4.33　水吉能公司系统机架安装的 "HYPM"
模块，取下了机盖以显示电堆和辅助系统

其中容纳足够的氢气，关机后阴极空气中残留的氧气会被系统自行消耗，因此只有
惰性气体残留。据称该种设计及控制程序可限制膜电极降解并延长电堆的寿命。

过程控制系统连接到功率模块，并嵌入了软件，以监视电池组的性能并响应所
施加的电力需求来调整参数，例如氢气和空气流量。送入控制器的其他过程参数包
括电堆温度、电池电压和电堆燃料侧的压力。

桑基图（Sankey diagram）是
指示诸如燃料电池之类的发电系
统中各种能量流和功率损耗的有
用方法。加拿大水吉能公司模块
的早期版本中的能量流以桑基图
的形式表示在图 4.34 中。该图显
示，在输入模块的氢气中嵌入的
25.3kW 能量中，只有 10kW 表现
为有用的电功率，即相对于较低
的发热量（LHV），模块的效率为
39%。大部分未转化为电能的能
量在冷却水或废气中以热量的形
式排放，或损失到环境中。由于
电池组产生的电压根据施加的负
载而变化，因此使用 DC – DC 转

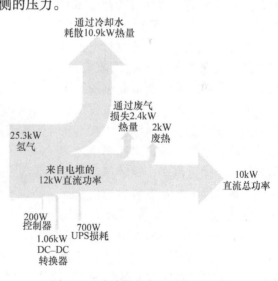

图 4.34　水吉能燃料电池电源模块
中能量流的桑基图

换器将电压增加到有用且稳定的值。对于固定电源应用，直流输出通常会转换为交
流，以便与本地网络兼容。桑基图在这种情况下表明，DC – DC 转换以及为管理该
模块的系统控制器和电池不间断电源系统（UPS）提供电源会产生电气损耗。

4.9.3 在交通系统中的应用

当加拿大巴拉德动力系统公司在 20 世纪 80 年代后期展示其首批质子交换膜燃料电池堆的时候，这种燃料电池很明显非常适合用于电动汽车。质子交换膜燃料电池电堆的高功率密度以及氢燃料的零排放吸引了戴姆勒克莱斯勒和壳牌等公司，这些公司于 1994 年购买了巴拉德的股份。戴姆勒成立了新的合资企业，以开发车辆专用的电堆和传动系统。戴姆勒于 1994 年制造了第一款汽车 NECAR（"新电动汽车"），并在接下来的 20 年中通过优化电堆和动力传动系统组件来改进燃料电池技术。随后的发展催生了梅赛德斯 B 级 F – CELL，该车在 2009 年成为批量生产的第一款燃料电池汽车。

这家加拿大公司的创始人杰弗里·巴拉德（Geoffrey Ballard）意识到，公共汽车为展示他的技术提供了独特的机会。公共汽车都在中央仓库加油，它们适合与新型燃料一起使用，并且它们在空气污染经常成为主要问题的城市中运行。1993 年 8 月，一辆 21 座的巴拉德巴士在温哥华的英联邦运动会上首次载客。这辆车只装有一个小的铅酸启动电池，因为巴拉德想要证明燃料电池可以自己提供动力。17 年后的 2010 年，BC Transit 对这项技术充满了信心，订购了 20 辆 12m、低地板、燃料电池的公共汽车，将参与者带到温哥华和惠斯勒之间参加冬季奥运会。这些功能强大的 130kW 燃料电池堆，都由 36MPa 压力的储氢罐供应氢气。公交车与镍氢电池混合使用，续驶里程约为 500km。

现在，由政府支持的燃料电池客车示范项目已在整个发达国家实施，欧洲、日本和北美的制造商也纷纷采用。最近，中国和印度都通过发展自己的质子交换膜燃料电池技术参与了此类活动。道路上的许多燃料电池客车都是混合动力汽车，梅赛德斯 – 奔驰的最新型号 Citaro 燃料电池巴士混合了锂电池和质子交换膜燃料电池堆，其中一辆如图 4.35 所示。与以前的梅赛德斯 – 奔驰巴士一样，用于燃

图 4.35　梅赛德斯 – 奔驰的 Citaro 燃料电池
混合动力巴士
（资料来源：经戴姆勒许可转载）

料电池堆的氢气在压力下储存在汽车顶盖的储氢罐中。由于系统效率的提高和锂离子电池的使用，所需的储氢罐数量已从 9 个减少到 7 个（图 4.36），其中锂电池（像质子交换膜燃料电池组一样都是水冷式）容量为 27kW·h。混合动力系统足以恒定的 120kW（165hp）功率为轮毂电机供电。燃料消耗为 1.1 ~ 3.3kg 氢/100km，即比其上一代 Citaro 巴士减少 50%，车辆续驶里程为 250km。

用于某些早期改装公交车的燃料电池堆位于柴油机对应的发动机所在的位置。

但是，最新的 Citaro 公交车的燃料电池位于车顶壳中，在氢气瓶后面的公交车后部。电池位于氢气瓶和燃料电池堆之间（见图 4.36 和图 4.37）。因此，所有动力传动系统基本上都安装在车辆的车顶上。公交车运行所需的其他机械组件，例如空调泵、电动转向泵、气泵和辅助设备逆变器，放置在常规柴油公交车的后发动机舱的地方。此放置位置便于维修。

图 4.36 梅赛德斯 – 奔驰 Citaro 燃料电池混合动力客车的车顶行李箱中装有 7 个储氢罐和锂电池

（资料来源：经戴姆勒许可转载）

汽车制造商采用巴拉德电堆来演示质子交换膜燃料电池技术在汽车中的应用。75kW 设计是大多数早期戴姆勒燃料电池汽车的标准配置。但是，随着对技术的信心增强，汽车公司开发了自己的电堆技术。例如，由通用汽车、本田（见图 4.2）、现代、日产、标致雪铁龙、丰田和大众制造的汽车。丰田 Mirai 于 2015 年推出，采用 115kW 电堆，可为单个 114kW 电动机提供动力。氢气在两个储罐中处于压力下，总容积为 122.4L，制造商声称该储罐的续驶里程可达 650km。现代 ix35 燃料电池汽车装

图 4.37 梅赛德斯 – 奔驰 Citaro 燃料电池混合动力客车的车顶舱显示了燃料电池堆和辅助系统

（资料来源：经智能能源公司许可转载）

配有 100kW 的电堆，并承诺在 70MPa 的压力下一次充氢可行驶 594km。

在英国，智能能源公司正在与多家公司合作开发燃料电池，其中包括摩托车制造商 Suzuki，并宣布了自己的创新型 100kW 汽车水冷系统，参见图 4.38。正如该公司所解释的那样，100kW 平台充分利用了智能能源的电堆技术，该技术可提供 3.5kW/L 的功率密度和 3.0kW/kg 的比功率，同时针对低成本、高功率而设计和批量生产。据说该性能的关键是专有的蒸发冷却（EC）技术。该堆采用金属隔板，与传统的液冷燃料电池堆相比，据说 EC 设计消除了每个电池之间的单独冷却通道的需求，因此在减小堆体积和减轻重量方面都具有相当大的优势。该技术还表明，质子交换膜燃料电池技术仍存在创新的空间，这对燃料电池汽车等应用的未来而言是个好兆头。

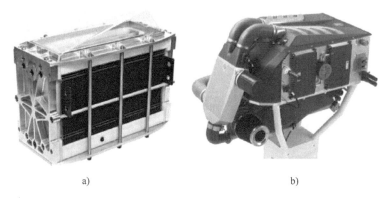

a) b)

图 4.38 智能能源公司用于车辆的 100kW 燃料电池系统

a）水冷堆 b）成套系统

（资料来源：经智能能源公司许可转载）

4.10 系统设计、电堆生命周期及相关问题

多年的研究表明，通过适当组合材料、设计和操作条件，可以实现耐用、高性能和低成本的质子交换膜燃料电池。研究还有助于确定可能导致以下电池降解方式的手段。

4.10.1 膜降解

机械降解可能是由于膜的溶胀（例如，不良的水管理）而引起的。由于异物（例如，催化剂中沉淀的铂或金属双极板中的铁）的化学反应，该膜也会破裂。降解可能通过氧还原反应形成过氧化物而发生。已经表明，铁的存在会加速过氧化物的侵略性，并且据信是由于羟基（OH^-）和氢过氧基（HOO^-）自由基的产生，它们攻击了聚合物膜中的酸性部分。总而言之，为了避免膜降解，重要的是解决以下至少一项操作：

- 减少过氧化物的产生或促进原位过氧化物的分解。
- 去除或钝化铁和其他不良金属污染物。
- 增强膜的氧化稳定性。
- 改善水管理。
- 减少在电压 >0.9V 时经历的时间。
- 确保膜充分水合，例如通过限制高温操作。

4.10.2 催化剂降解

在阴极侧，可以通过与其他元素例如钴和铱合金化来减少铂的烧结或溶解。还需要更稳定的催化剂载体，例如石墨化碳。操作上的好处包括：在电池"关闭"

时（即无负载）在阳极处引入和保持氢，并在电池启动时短路或立即施加负载以从阴极去除空气。还需要注意从燃料和气流中提取任何潜在的催化剂毒物。

4.10.3　系统控制

为了设计合适的控制技术，已经做出了很多努力，以确保燃料电池系统在最能延长膜电极组件寿命的条件下运行。此任务需要准确监控电堆的性能，最方便的方法是实时测量单个电池或电池组的电压。微处理器或可编程逻辑控制器系统可用于读取、记录和分析电压，以响应负载需求的变化。控制器可以控制阀门和其他设备以更改操作参数，例如气体流量、加湿器温度和系统压力。因此，控制器可以保持空气或氧气的正确化学计量比，以使电池电压在限定的狭窄范围内保持恒定。如果一个电池的电压显著下降，可以发出警报，表明可能需要采取一些补救措施，以防止一个电池引起整个电池组电压的降低，从而加速电池组的退化。高级锂离子电池的电池管理系统中也包含类似的规定。

如果质子交换膜燃料电池系统在模块中使用多个电堆，则微处理器将监督整个系统的运行，以确保每个模块都能协调工作。例如，当燃料电池系统从操作员那里收到启动信号时，控制器发出指令，使系统遵循预先建立的启动程序，该程序在适当的时间启动每个模块。在此过程中使用微处理器的优势在于，通过编程合适的算法，可以将其用于检测电堆故障，例如由于双极板中阻塞的通道导致的气体流量波动而引起的电池电压异常变化。为了使电堆能够集成到车辆系统中，通常使质子交换膜燃料电池控制器通过控制器局域网（CAN 总线）与其他组件通信⊖。

4.11　组合式可再生燃料电池

组合式可再生燃料电池（Unitized Regenerative Fuel Cells，URFC）是一种可逆电池，能够像常规燃料电池一样工作，并且在再生模式下可以作为电解槽工作。在电解模式下，组合式可再生燃料电池通过水电解生成氢和氧（请参见第 10 章的 10.8 节）。两种模式都使用相同的燃料电池堆执行。与单独的燃料电池和电解槽相比，这些功能在同一硬件中的组合具有多个优点，例如较低的投资成本、更简单的结构、更高的比能以及无须辅助加热。尽管碱性燃料电池和固体氧化物燃料电池都已成为可逆燃料电池，但基于质子交换膜燃料电池堆的系统最为成熟。组合式可再

⊖　控制器局域网（Control Area Network，CAN）总线是一种车辆电子串行总线标准，其设计允许微控制器和其他电气或电子设备在应用程序中相互通信，而不需要主机。CAN 总线是一种基于消息的协议，尽管它最初是为汽车应用而设计的，但它在许多其他环境中也被使用。现代汽车的各个子系统都有许多电子控制单元。通常，最大的处理器是发动机控制单元。其他用于混合动力/电动汽车的变速器、安全气囊、防抱死制动/防滑制动系统（ABS）、巡航控制、电动助力转向、音响系统、电动车窗、车门、后视镜调节和蓄电池充电系统。

生燃料电池的设计已被用于航空航天应用。

可充电二次电池具有很高的往返效率（约80%），因此被广泛用于能量存储，但它们也存在一些明显的缺点。铅酸电池在深度循环时的耐用性不是很令人满意，其比能量受到重量的限制。锂电池有望在循环方面更加耐用，但存在安全问题。如第1.7.2节所述，氧化还原液流电池（RFB）引起了人们的兴趣，因为它们提供了将能量存储容量与额定功率分离的方法。通过扩大电解液储罐，可以轻松增加容量，而使用更大面积的电极或通过电堆可以提高额定功率。另一方面，由于系统中包含的大量电解质溶液，RFB的比能通常要低得多。

框4.1 质子交换膜燃料电池中纯氧与空气的关系

通过以下三个作用，用氧气而不是空气作为阴极气体运行质子交换膜燃料电池可以显著提高电池性能：

1）如能斯特方程所预测的，由于氧气分压的增加，"无损耗"开路电压上升；参见第2.5节。

2）通过更好地利用催化剂位点可以降低活化超电势；参见第3.4.3节。

3）极限电流增加，从而减少了质量传输或浓度超电势损失。这种好处是由于去除了氮气，而氮气是造成高电流密度下此类损耗的主要因素。请参阅第3.7节。

根据质子交换膜燃料电池的设计，从空气变为氧气可以使电堆的功率提高约30%。特别是，反应气流差的电堆将从改用氧气中受益更多。对于涉及氧气和氢气存储的组合式可再生燃料电池系统，纯氧气的使用会产生重大影响。它将往返效率从通常的35%提高到50%。

与液流电池一样，组合式可再生燃料电池还储存燃料和氧化剂，通常是 H_2 和 O_2，储存在外部分离的气体罐中，因此提供解耦存储容量和输出功率的能力。然而，相比之下，它们的比能量远高于RFB，即约 $0.4 \sim 1.0kW \cdot h/kg$（包括氢和氧气罐的质量○），而钒氧化还原电池的比能量为 $0.01 \sim 0.02kW \cdot h/kg$。此外，组合式可再生燃料电池可以完全充电和放电，而不会损坏燃料电池的耐久性。这些优势使得组合式可再生燃料电池在二次电池和流动电池方面具有很强的竞争力。然而，由于氧气释放和氧气还原反应迟缓，组合式可再生燃料电池的往返效率通常低于电池（通常低于40%）。如果储存和使用氢和氧，则可提高效率（见框4.1）。如果组合式可再生燃料电池可以应用于热电联产系统中，利用燃料电池模式产生的热量，那么低效率也将是可以容忍的。其他问题，如高成本、储氢和相对较低的技术

○ Mitlitsky F, Myers B, and Weisberg AH, 1988, Regenerative fuel cell systems, Energy Fuels, vol. 12, pp. 56–71.

准备，也阻碍了它们的开发。

在实践中，还存在其他与基于质子交换膜燃料电池的组合式可再生燃料电池相关的技术问题。这些主要涉及双功能催化剂，必须服务于氧化还原反应（ORR）和氧气释放反应（OER）。迄今为止，用于组合式可再生燃料电池的双功能催化剂大多是以贵金属为基础的。铂（Pt）是氧化还原反应的首选催化剂，不适用于OER。此外，用于 OER 的优选催化剂，例如钌（Ru）、铱（Ir）和两种金属的氧化物，不适合氧化还原反应。因此，必须从这些候选金属和提供最佳性能的氧化物的组合中做出折中，来作为复合催化剂。Pt 和 Ir 或其氧化物的组合是目前双功能催化剂的优选选择。对这两种金属（如元素配比、催化剂制备方法、微观结构）的优化进行了大量的研究。

碳是质子交换膜燃料电池的首选催化剂载体材料，但不太适合用于组合式可再生燃料电池，因为在电池的氧侧，碳在电解条件下会促进腐蚀。因此，其他的载体材料，如二氧化钛、碳化钛或氮化物已经被研究。如第 4.3.2 节所述，研究质子交换膜燃料电池阴极的催化剂材料，特别是非贵金属，是一个非常活跃的研究领域，组合式可再生燃料电池也可以从中受益。同样，质子交换膜燃料电池中使用的碳基气体扩散层也不适用于组合式可再生燃料电池，替代方案正在研究中。

尽管存在这些问题，一些开发人员还是开发出了使用质子交换膜燃料电池类型电堆的组合式可再生燃料电池，其中包括：

－美国分布式能源系统公司（康涅狄格州）已经为高空飞艇建造了一个大功率、封闭的、轻质的组合式可再生燃料电池，它可以在没有机械压缩的情况下电化学产生加压的氢气和氧气[⊖]。

－美国宇航局格伦研究中心（NASA Glenn Research Center）在 2006 年演示了一种用于太阳能飞机的闭环 URF[⊖]。该系统可以存储输入电能，并在至少 8h 内输出 5kW 的稳定电能。

－日本石川岛播磨重工业（Ishikawajima – Harima Heavy Industries）与美国波音公司合作开发飞机辅助动力单元的组合式可再生燃料电池。

－林恩特－劳伦斯利弗莫尔国家实验室和质子能源系统公司的示范系统已在美国生产。

对组合式可再生燃料电池的进一步挑战来自于电解模式下的水消耗管理或燃料电池模式下水的产生管理。因此，水管理比第 4.4 节所述的质子交换膜燃料电池更为复杂。

⊖ Funding, demo for regenerative fuel cell, 2004 Fuel Cells Bulletin, 2004, pp. 7 – 8.

⊖ Bents, DJ, Scullin, VJ, Chang, BJ, Johnson, DW, Garcia, CP and Jakupca, IJ, 2006, PEM hydrogen – oxygen regenerative fuel cell development at NASA Glenn Research Center, Fuel Cells Bulletin, vol. 2006, pp. 12 – 14.

扩 展 阅 读

Barbir, F, 2012, *PEM Fuel Cells: Theory and Practice*, Academic Press, Waltham, MA.

Behling, N, 2012, History of proton exchange membrane fuel cells and direct methanol fuel cells, in *Fuel Cells: Current Technology Challenges and Future Research Needs*, pp. 423–600, Elsevier, Amsterdam.

Koppel, T, 1999, *Powering the Future – The Ballard Fuel Cell and the Race to Change the World*, John Wiley & Sons, Inc., New York.

Gasteiger, HA, Baker, DR, Carter, RN, Gu, W, Liu, Y, Wagner FT and Yu PT, 2010, Electrocatalysis and catalyst degradation challenges in proton exchange membrane fuel cells, in Stolten D (ed.), *Hydrogen and Fuel Cells, Fundamentals, Technologies and Applications*, pp. 3–16, Wiley-VCH, Weinheim.

Reijers, R and Haije, W, 2008, Literature review on high temperature proton conducting materials: Electrolyte for fuel cell or mixed conducting membrane for H_2 separation, Report no. ECN-E--08-091, prepared under the KIMEX project no. 7.0330, ECN Research Centre, Petten, the Netherlands.

Zhang, J, Xie, Z, Zhang, J, Tang, Y, Song, C, Navessin, T, Shi, Z, Song, D, Wang, H, Wilkinson, DP and Liu, ZS, 2006, High temperature PEM fuel cells, *Journal of Power Sources*, vol. 160(2), pp. 872–891.

Wang, Y, Leung, DYC, Xuan, J and Wang, H, 2016, A review on unitized regenerative fuel cell technologies, part-A: Unitized regenerative proton exchange membrane fuel cells, *Renewable and Sustainable Energy Reviews*, vol. 65, pp. 961–977.

第 5 章　碱性燃料电池

5.1　工作原理

碱性燃料电池（AFC）的基本化学反应已在第 1 章图 1.4 中进行了说明。在阳极处的反应为

$$2H_2 + 4OH^- \longrightarrow 4H_2O + 4e^- \qquad E° = -0.282V \qquad (5.1)$$

式中，$E°$ 是标准电极电势。释放的电子绕外部电路传到阴极，在阴极发生反应形成新的 OH^- 离子，即：

$$O_2 + 4e^- + 2H_2O \longrightarrow 4OH^- \qquad E° = 0.40V \qquad (5.2)$$

AFC 至少可以追溯到 1902 年[⊖]。F. T.（Tom）Bacon 在剑桥大学（1946 – 1955）以及剑桥有限公司马歇尔分部（1956 – 1961）的研究诞生了该技术的首次实际使用。在阿波罗太空计划中采用的 Bacon 电池如图 5.1 所示，给人的总体印象是 AFC 是一种昂贵且专业的系统。但是，后来联合碳化物公司（俄亥俄州克利夫兰市）的科德施和西门子公司（德国埃尔兰根市）的 Justi 和 Winsel 证明，常压氢气 – 空气 AFC 可以高效工作，但前提是不得使用二氧化碳，除非，使用包括纯化或替换电解质溶液的方法，否则二氧化碳仍会存在于燃料或氧化剂中。20 世纪 60 年代和 70 年代初，研究人员对试验性 AFC 进行了测试，以验证其为农用拖拉机、汽车、海上导航设备、船舶、叉车和其他各种应用提供动力的能力。但是诸如成本、可靠性、易用性、坚固性和安全性等问题仍是挑战。在 20 世纪八九十年代，与其他新兴燃料电池相比，AFC 的前景似乎很不好。因此，其研究规模有所缩小，以至于 20 世纪末只有几家公司从事 AFC 的研究。大多数分析家认为，质子交换膜燃料电池（PEMFC）的出现预示了 AFC 的最终消亡，尤其是在 1997 年做出了用 PEMFC 取代用于航天飞机轨道飞行器及其他未来任务的系统的决定后。

尽管许多开发人员对 AFC 缺乏兴趣，但应指出的是，与 PEMFC 和磷酸燃料电池（PAFC）替代品相比，该技术确实具有一些技术优势。AFC 阴极的活化超电势通常低于酸性燃料电池中的活化超电势，并且电极反应更快。因此，在 AFC 中不是必须使用铂基催化剂的。此外，由于阴极处的过低电势，AFC 的发电效率通常

⊖　Reid, JH, 1902, US Patent no. 736 016 017.

113

比 PEMFC 更高。确实，正是由于能量转换的高效率，通常为 70%（LHV），导致美国国家航空航天局（NASA）决定在美国太空计划中部署 AFC。

常规的 AFC 使用溶于水的碱性电解质。氢氧化钠（NaOH）和氢氧化钾（KOH）——最丰富、最便宜的碱性氢氧化物——是早期 AFC 的主要候选材料。但是，燃料或氧化剂流中存在的 CO_2 可能与此类氢氧化物发生反应，并导致电解质溶液中形成碳酸钾或碳酸钠，如：

$$2KOH + CO_2 \rightarrow K_2CO_3 + H_2O \quad (5.3)$$

该反应具有以下不利影响：

● 电解质溶液中的 OH^- 浓度降低，从而干扰电池反应的动力学。

● 电解质溶液的黏度增加，从而导致扩散速率降低和极限电流降低。

● 多孔电极中碳酸盐的沉淀，从而减少了质量传输。

● 降低氧气溶解度。

● 降低电解液的电导率。

图 5.1 阿波罗太空船中使用的 32 个圆形燃料电池（直径 200mm）的碱性燃料电池系统（1.5kW）。电池位于下部容器中，该容器用氮气吹扫以除去废热。$465cm^2$ 电堆在 $470mA/cm^2$（$4.0kW/m^2$）时为 $0.86V$。其中三个单元并联连接以提供冗余，每个单元重 109kg。燃料电池为将人类带到月球的飞船提供了电能以及大部分饮用水

（资料来源：Courtesy of International Fuel Cells）

最终结果就是电池性能严重下降。在两种候选的氢氧化物中，通常优选 KOH，因为碳酸钾相比碳酸钠更易溶于水。二氧化碳对 AFC 的降解是上述对 AFC 研究兴趣下降的重要原因。但如今，人们对 AFC 有了新的热情，这是因为人们对 CO_2 对电池性能的影响有了更深入的了解，并且出现了阴离子聚合物膜，其用来代替传统的电解质溶液。

5.2 系统设计

5.2.1 循环电解质溶液

循环使用电解质溶液的 AFC 设计是 Bacon 率先提出的，随后在 20 世纪 50 年代由 Pratt and Whitney（后来的国际燃料电池）用于执行阿波罗飞行任务，系统的示意图如图 5.2 所示。在 Bacon 设计中，电解质水溶液（通常为质量分数为 33% 的 KOH）通过泵送经过燃料电池。氢气供应给阳极，但必须循环，这是因为在此电

极上会产生水$^{\ominus}$。加压至 500kPa 时，电解池在 200℃ 的温度下工作，因此产物水实际上是水蒸气，必须从循环中冷凝出来。对于阿波罗飞行任务，其压力降低到 330kPa，电解质溶液的浓度增加到质量分数为 85% 的 KOH。如图 5.2 所示，氢气是由压缩气瓶供应的。

与美国太空计划中使用的燃料电池系统提供纯氧不同，固定式 AFC 电厂始终以空气作为氧化剂运行。由于电池上的压降通常较低（约 2.0kPa），因此可以使用鼓风机。为避免降解，在空气管线中安装了洗涤器，以将 CO_2 的浓度降至 50×10^{-6} 以下。对于小型 AFC，洗涤塔可以是简单的装有苏打石灰的容器，一旦全部容量吸收了的 CO_2，就必须将其丢弃。更加先进的系统可以使用再生洗涤塔，该洗涤塔在两个平行的反应器中使用基于胺的材料，其可以在吸收和解吸循环之间交替进行。一个反应器吸收流入电堆的空气中的 CO_2。同时，在另一个反应器中，先前已用于处理进入空气的胺废料通过用离开电堆的过量空气解吸 CO_2 来实现再生。CO_2 与胺的结合较弱，故可以简单地提高反应器温度来释放。

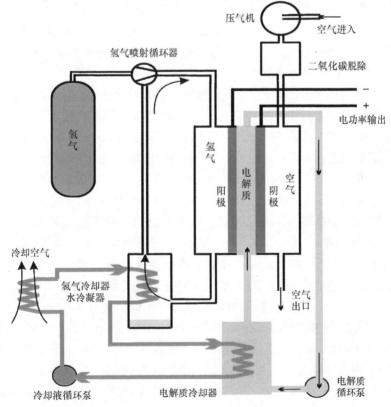

图 5.2　具有循环电解质溶液的碱性燃料电池的示意图，该电解质溶液也用作燃料电池的冷却剂

$\ominus$　与 PEMFC 一样，也可以使 AFC 一直运行，但这不是首选的，这是因为必须经常清洗阳极以去除产品中的水和污染物。

循环电解液的缺点在于需要额外的设备，例如泵和冷却器。由于水性 KOH 的表面张力低，实现循环所需的管道容易泄漏。另外，如何设计可在任何方向运行的系统也是一个挑战。在多电池堆的设施中，设计必须确保循环电解液不会在电池之间有不必要的路径⊖。但是，循环电解液的系统也的确具有优势，主要优点如下：

- 循环的电解液可以用作燃料电池的冷却系统。

- 可不断搅拌电解液。反应式（5.1）和式（5.2）表明，在阳极处产生的水是在阴极处消耗的水的两倍。在没有干预的情况下，这将导致电解质溶液过分集中在阴极上——实际上会导致固化，而搅拌削弱了这个问题。

- 多余的电解质溶液可以存储在外部容器中。如有必要，可以加热溶液，以除去已吸收的水。

- 抽出所有电解质溶液并用新溶液代替相对简单。

- 启动和关闭都很简单——对于冷启动，仅需要加热容纳电解液的容器，而不是整个电池组。

- 电池可以是单极的，与采用双极板互连电池的电池相比，它的设计更易于构建。此外，就所需的电压和电流而言，配置电池组具有更大的灵活性。

尽管单极设计可能比双极设计更容易构建，但由于电极中心和边缘之间的累积电阻或电压降，电流的边缘聚集会导致性能降低，结果就是整个电极表面上的平均电流密度较低。随着电堆规模的扩大，这种不利影响会变得更加严重。

随着 AFC 在航天器中成功应用，一些公司将这项技术也用于了其他应用，几乎所有电池都在循环电解液的作用下工作。在美国，Allis – Chalmers 在 20 世纪 60 年代就从事这项技术的研究，而 Union Carbide 在 20 世纪 70 年代继续进行了一些工作。富士电机是唯一一个在相当长的一段时间内支持 AFC 技术的日本公司。欧洲公司，特别是西门子公司和后来的 Elenco 公司还要应对 20 世纪最后几年 AFC 的挑战。位于比利时的 Elenco 由比利时贝尔卡特公司和荷兰国家矿业公司所有，直到 1995 年融资才结束。Elenco 与荷兰和法国的合作伙伴一起，在 EUREKA 项目的支持下，为城市公交车构建了 AFC 系统，该项目在 1991—1994 年获得了欧盟的支持，该工作成功创建了 40kW AFC 系统。但是，20 世纪 90 年代 PEMFC 的兴起标志着 Elenco 的终结，并且在挽救 AFC 的努力中，该公司被英国技术企业 Zetek 接管。Zetek 用图 5.3a 中所示的 Zetek Mk2 电堆对 AFC 系统进行了优化，改装了包括伦敦出租车在内的多种交通工具，其每个电堆由 24 个独立电池的串联 – 并联配置组成，在 4V 电压下输出功率为 434W，输出电流为 108A。在 70℃ 的工作温度下测得的电流密度高达 120mA/cm²。电池组可常在 100mA/cm² 的条件下以 0.67V 的平均电池电压运行。

⊖ 通过测量开路时的氢消耗量，可以确定不需要的"内部"电流。例如，Kordesch（1971）使用的电池内部电流密度约为 1.5mA/cm²。

后来 Zetek 更名为 Zevco，继续 AFC 的开发直到 2001 年。Elenco - Zetek - Zevco 产品表现出色，并具有多年使用寿命。但是，该公司在 9.11 事件后陷入了困境，由于国际市场交易的中断，与投资者的预期财务停止未能实现。Zetek 破产后，新公司成立并接管了知识产权，推动技术向前发展，其中包括 AFC Energy（最初为 Eneco Ltd.）以及最近的 Cygnus Atratus。AFC 能源系统具有双极电堆结构，该结构根据初始 Zetek 单极电堆设计进行了修改。AFC Energy 和 Cygnus Atratus 均使用了低成本聚合物结构。2008 年，佛兰芒技术学院 VITO 与 Intensys 合作推出了 6kW 系统，该系统也基于 Elenco - Zetek 技术，如图 5.3b 所示。

图 5.3　碱性燃料电池

a）Zetek Mk2 示意图　b）Intensys - VITO 6kW 系统

（资料来源：Reproduced with permission of Cygnus Atratus）

5.2.2　静态电解质溶液

AFC 的另一种设计是电堆中的每个电池都有其自己的单独的电解质溶液，该溶液被容纳在两个多孔气体扩散电极之间的基质材料中（图 5.4）。这种设计显然比循环电解质溶液要简单，并且如第 7 章和第 8 章所见，类似于 PAFC 或熔融碳酸盐燃料电池（MCFC）中使用的设计。此外，对于静态电解质溶液，可以以任何方向使用 AFC 电堆，并且不会像循环电解质溶液那样发生内部短路的风险。

正是这些设计优点以及在任何方向上都能工作的关键优势，才使得联合技术公司可以为航天飞机轨道飞行器生产静态电解质溶液 AFC（图 5.5）。轨道飞行器中使用的最先进碱性燃料电堆为矩形（38cm × 114cm × 35cm），重 118kg，在最低 27.5V（使用寿命终止）时产生 12kW 的峰值功率，平均功率 7kW。电池组可在与阿波罗型号（400kPa）相似的压力下运行，但温度较低（85 ~ 95℃，阿波罗型号为 200℃），但较低的工作温度就要求使用 Pt 催化剂$^{\ominus}$。

$\ominus$　Orbiter 燃料电池使用了镀金的镍电极，在其上沉积了催化剂。每个电极上的催化剂负载量为：阴极 20mg/cm² 的 Au - Pt 合金，阳极 10mg/cm² 的 Pt。

　　但是，这种类型的 AFC 在地面商用应用所需的耐用性方面还存在一些挑战。由于一旦电池组装后，电解质溶液既不能被去除，也不能被完全替换，电解液中形成的任何杂质或碳酸盐将不可避免地积累，这会大大降低电池性能。此外，电解质溶液也不能用于电池冷却，尽管这可以通过水与水蒸气的相变，通过阳极或阴极气流中水的蒸发来实现，或者使用单独的冷却系统，如图 5.4 所示，这也是阿波罗和轨道飞行器所采用的方法。阿波罗 AFC 使用乙二醇和水的混合物进行冷却，就像汽车发动机一样。在 Orbiter 系统中，冷却液是氟化烃介电液。

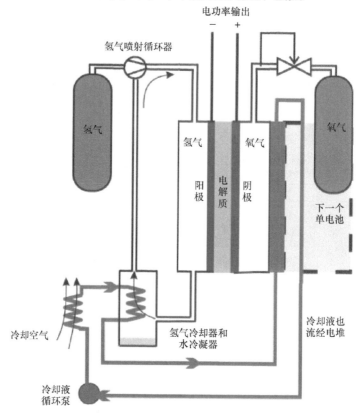

图 5.4　将静态电解质溶液固定在基质中的碱性燃料电池，该系统在航天器中使用纯氢气和氧气

　　图 5.4 的系统在阴极使用纯氧，尽管这对于基质固定的电解质溶液不是必需的。与使用泵送电解液的设计相同（见图 5.2），其他也是使氢气循环以去除产品水。在航天器系统中，产品水用于饮用、烹饪和舱内加湿。然而，水管理是一个问题，并且与 PEMFC 的管理类似，"倒置"是在阳极产生水，然后从阴极除去水（在 PEMFC 中，水在阴极产生并通过电渗阻力从阳极去除，如第 4.4 节所述）。必须设计 AFC 系统，以便通过从阳极扩散而使阴极区域的水含量保持足够高。首先，KOH 溶液的饱和蒸汽压随温度的上升速度不及纯水所显示的那样快，这将在 5.4 节中讨论。因此，蒸发速度要慢得多。

最早的带有静态电解质溶液的 AFC 中，KOH 溶液保持在由石棉制成的基质中，该基质具有优异的孔隙率、强度和耐蚀性。在认识到与石棉有关的健康危害后，研究人员又为航天器开发了替代材料。例如，在航天飞机燃料电池中使用了丁基键合的微孔钛酸钾 $[(K_2O)_x \cdot (TiO_2)_z, z/x \approx 8]$ 或 $K_2Ti_nO_{(2n+1)}$ ($n = 4.0 \sim 11.0$)。此外，也有人也提出了二氧化铈和磷酸锆，但是还没有证据表明多孔基质已普遍被接受。另外，对于地面应

图 5.5　航天飞机轨道飞行器中使用的碱性燃料电池模块

用，考虑到 CO_2 污染的问题，必须要可以从基质中更新电解质溶液。

如第 5.2.4 节所述，采用阴离子交换膜的电池可能会取代 AFC 与静态电解质溶液的使用。

5.2.3　溶解燃料

使用溶解燃料运行的燃料电池不太可能用于大量发电，但由于其设计最容易制造，因此在这里也进行了介绍。在学校广泛使用小型用于教育的 PEMFC 系统之前，尤其是溶解燃料 AFC 在演示燃料电池的工作原理方面很受欢迎，其在早期教科书中都有介绍。基本概念如图 5.6 所示。将 KOH 电解质溶液与燃料例如肼、氨或硼氢化钠混合。燃料阳极如第 5.3.4 节中一样，使用铂催化剂，燃料与阴极完全接触。而这将明显加剧"燃料交换"的问题（在第 3.5 节中进行了讨论），由于阴极催化剂不是铂，因此在这里没有影响，燃料的反应速率

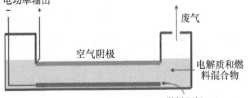

图 5.6　溶解燃料 AFC 的示意图，可以说是所有类型中最简单的一种，它在阴极上具有不与燃料反应的选择性催化剂。另一种设计是电解质溶液内具有膜，该膜将燃料与空气阴极隔离，但增加了成本和复杂性

非常低。此外，只有一个密封件的话可能会发生泄漏，即阴极周围的压力非常低的接头处。另外，只需向电解液中添加更多燃料即可为电池充电。

肼即 H_2NNH_2，是这类电池的理想燃料，因为它会在阳极解离为氢和氮。生成的氢按式（5.1）反应。

硼氢化钠（$NaBH_4$）也可用作燃料。在第 11 章中，该化合物为储氢材料。作为燃料，它可以溶解在 AFC 电解液中，并根据以下条件在阳极反应：

$$NaBH_4 + 8OH^- \rightarrow NaBO_2 + 6H_2O + 8e^- \tag{5.4}$$

需要注意的事实是，仅一分子燃料通过该反应就形成了 8 个电子。更有趣的是吉布斯自由能的巨大变化（表示为 Δg_f，kJ/mol，参见第 2.1 节），因此电池的可逆电压（V_r）很高。空气在阴极的反应与氢燃料电池完全相同，即式（5.2）。因此，总体反应是：

$$NaBH_4 + 2O_2 \rightarrow NaBO_2 + 2H_2O \tag{5.5}$$

对于此反应：

$$\Delta G_f = (-920.7 - (2 \times 237.2)) + 123.9 = -1271.2 \text{kJ/mol} \tag{5.6}$$

因此，根据第 2 章的式（2.11）：

$$V_r = \frac{-\Delta \bar{g}_f}{zF} \tag{2.11}$$

$$V_r = \frac{-\Delta \bar{g}_f}{zF} = \frac{1271.2 \times 10^3}{8 \times 96\,485} = 1.64 \text{V} \tag{5.7}$$

该理论电压显著高于使用氢气时所获得的理论电压，并且每个分子有 8 个电子，表明该燃料具有显著效能。但硼氢化物燃料电池实际获得的电压与氢电池没有太大差异，这是因为促进直接硼氢化物氧化反应式（5.4）的催化剂也会促进以下水解反应：

$$NaBH_4 + 2H_2O \rightarrow NaBO_2 + 4H_2 \tag{5.8}$$

这也是 20 世纪 60 年代放弃该技术的主要原因。由于当时的电极不能有效利用氢，因此通过反应式（5.8）损失的氢使硼氢化物电池效率低下。现代电极则不是这种情况，即铂含量很低的情况下，也会促进氢的直接氧化。此外，如果电解质溶液中的硼氢化物的浓度低，则反应式（5.8）的速率会显著降低，且具有提高电池电压的净效果。硼氢化钠作为燃料是提供氢昂贵但方便的方法，第 6.5 节对硼氢化物燃料电池进行了进一步讨论。

5.2.4 阴离子交换膜燃料电池

与 PEMFC 相比，AFC 对阳极和阴极反应均是简单的化学动力学。因此，可以在电极中使用更便宜的非贵金属催化剂。但是，如前几节所述，AFC 具有一个重大缺陷，即电解质溶液和电极的降解都可能通过 OH⁻ 离子与氧化剂气流中的 CO_2 间的反应形成碳酸盐/碳酸氢盐（CO_3^{2-}/HCO_3^{-}）而发生。

AFC 的最新变体是阴离子交换膜燃料电池（AMFC），其中 KOH 电解质溶液被固体碱性电解质膜（AEM）代替⊖。AEM 是一种聚合物材料，实际上是 PEMFC 的碱性类似物。因此，AMFC 保留了 AFC 的电催化优势，但引入了耐 CO_2 的电解质。

⊖ 这种类型的燃料电池有几个术语和首字母缩写词。在质子交换膜燃料电池的情况下，阴离子交换膜（AEM）与 PEM 的使用是一致的，并将在整本书中使用。读者还在文献中找到了对碱性电解质膜燃料电池（AEMFC）、氢氧化物交换聚合物膜燃料电池（HEMFC）和碱性质子交换膜燃料电池（APEMFC）的参考。

通常，AEM 由聚合物主链组成，在该主链上束缚了阳离子位点。这些阳离子不是在液体电解质中具有自由迁移性的碳酸根离子。因此，在 AMFC 中无法形成碳酸盐沉淀。OH⁻离子在 AEM 中的迁移类似于 PEMFC 膜中磺酸位之间迁移的 H⁺离子的方式。AMFC 着有 PEMFC 的优点，它是一种固态设备（没有液体电解质泄漏）并且其使用催化剂和气体扩散层（GDL）的方式与 PEMFC 相同。此外，其双极板的腐蚀问题不大，因此允许使用薄且易于制造的元件。

多年来，聚合物阴离子交换膜已用于海水淡化厂废水中金属离子的回收、电渗析和生物分离的过程中。然而，大多数膜的离子电导率都太低而不能用于 AMFC。同样，大多数 AEM 聚合物在 Nafion™（大多数 PEMFC 中使用的膜）产品的溶剂中的溶解度很差（参阅第 4.2.1 节）。低溶解度使 AMFC 的制造复杂化，这是因为，与 Nafion 不同，在电极层中掺入阴离子交换聚合物作为黏合剂更加困难。

AEM 的其中一个例子是通过氯甲基化将聚砜官能化，然后与胺（季铵化）或膦反应生成季铵盐（QA）或磷酸盐而形成的。然后，可以将膜的盐形式用 KOH 处理以产生传导氢氧根离子的 AEM，这类似于将 PEM 膜的钠形式（例如 Nafion）用硫酸处理以产生质子导电膜。图 5.7 概述了生产商用聚砜（来自 Solvay Advanced Polymers LLC Udel）涉及的合成反应。

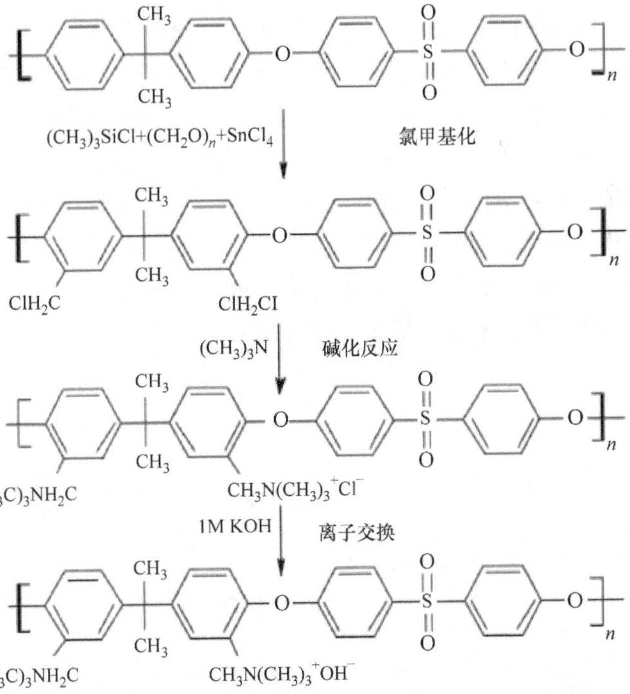

图 5.7　将聚砜转化为阴离子交换膜聚合物的化学反应步骤

通过 QA 化学方法制得的膜在燃料电池应用方面得到了深入的研究，其在碱性环境下（尤其是含有苄基三甲基铵交换位点的膜）具有稳定性。此类 AEM 的一般问题如下[一]：

- 在大多数介质中，OH⁻阴离子的扩散系数和迁移率通常比 H⁺的扩散系数和迁移率低三分之一至二分之一，并且 QA 离子基团的解离度比典型磺酸基团少。因此，AME 不会有很高的固有离子电导率。

- OH⁻离子是有效亲核的，它可能通过①直接亲核置换；②存在 β－氢时的霍夫曼消除反应；③一种涉及叶立德中间体的机制[一]引起聚合物降解。

- AEM 必须具有化学稳定性才能经受制备的最后步骤，即在强碱性的 NaOH 或 KOH 溶液中将氯离子（Cl⁻）与 OH⁻离子交换。

在高温下，所有的聚合物降解都会加剧。因此，大多数 AMFC 开发人员都将目标放在室温下，并正在研究用于合成阴离子导电聚合物的各种原料。例如聚苯并咪唑（PBI）、聚醚酮、聚苯醚和聚乙烯醇接枝 2，3－环氧丙基三甲基氯化铵。此外，一系列季铵化剂也正在研究中。

除了研究通过季铵化以外的 AEM 合成方法，与 PEMFC 膜一样，还有几种制备膜的方法比较好[三]。聚合物可以直接由功能化单体合成，也可以由单体聚合随后进行官能化或通过官能化商用聚合物制备。从大量的文献中也可以得出有关 AEM 的一些评论，如下所述。

含氟聚合物通常显示出比烃类聚合物更高的热稳定性。使用 X 射线、γ 射线或电子束辐照聚合物膜是引入官能团的方法，但最简单的合成途径是直接用浓 KOH 溶液掺杂惰性聚合物。例如，极性聚合物（例如聚环氧乙烷）可以掺杂有碱金属氢氧化物（例如 KOH）或氢氧化铵，如氢氧化四丁基铵。与 Nafion 中的质子电导率相比，掺杂有 KOH 的聚苯并咪唑显示出了非常高的离子电导率，但是也可能会发生传统 AFC 电解质溶液中的碳酸盐沉淀。

AMFC 研发还处于起步阶段。单电池 AMFC 已在实验室中构建并进行了测试，但迄今为止尚未构建以千瓦为单位的电池组。

5.3　电极

如前所述，尽管 AFC 可以在很大的温度和压力范围内运行，但其应用范围受

[一] Slade, RCT, Kizewski JP, Poynton, SD and Varcoe JR, 2013, Alkaline membrane fuel cells, in Meyers, RA (ed.), Encyclopedia of Sustainability Science and Technology, Springer Science + Business Media, New York.

[二] Chempath, S, Einsla, BR, Pratt, LR, Macomber, CS, Boncella, JM, Rau, JA and Pivovar, BS, 2008, Mechanism of tetra－alkyl ammonium head group degradation in alkaline fuel cell membranes, Journal of Physical Chemistry C vol. 1123, pp. 3179－3182.

[三] Couture, G, Alaaddine, B, Boscheti, F and Amedur, B, 2011, Polymeric materials as anion－exchange membranes for alkaline fuel cells, Progress in Polymer Science, vol. 36, pp. 1521－1557.

到了很大限制。因此，没有用于 AFC 的标准类型的电极，并且，要根据性能要求、工作温度、压力和成本限制采用不同的方法。此外也可以使用不同的催化剂，这不一定会影响电极结构。例如，铂催化剂对于这里描述的任何主电极结构都是有效的。

5.3.1　烧结镍粉

F. T. Bacon 在 20 世纪 40 年代 50 年代设计燃料电池时选择了镍基电极，因为他认为昂贵的铂催化剂永远不会在商业上可行。他的电极由于由镍粉制造而变得多孔，然后他又将其烧结以制成刚性结构。为了使反应气体、电解质溶液和固体电极之间实现良好的三相接触，镍电极由两种尺寸的镍粉制成两层。该工序为液体侧提供了润湿的细孔结构，为气体侧提供了更多的开孔。尽管必须仔细控制气体和电解质溶液之间的压差以确保液态气体边界固定在电极上，但其仍取得了很好的效果（注：防潮材料如聚四氟乙烯当时并不可用）。阿波罗飞行任务中使用的燃料电池也选用了这种电极结构。在 Bacon 和阿波罗电池中，阳极均使用普通镍粉，而氧化镍阴极则用锂盐处理，以在表面生成 $LiNO_2$，从而提供化学稳定性。

5.3.2　雷尼金属

获得多孔形式的金属的另一种方法是使用雷尼金属。从 20 世纪 60 年代到现在，这也一直是 AFC 的常用做法。通过将所需的活性金属（例如镍）与惰性金属（通常是铝）混合来制备金属，并保持铝和主体金属不同区域的方式进行混合，即该材料不是真正的合金。之后用强碱处理该混合物，将铝溶解掉，留下表面积很大的多孔产品。该方法通过改变两种金属的比例并添加少量其他金属（例如铬、钼或锌）为改变孔径提供了可能性。

在许多燃料电池中都使用了雷尼镍电极（第 5.1 节）。通常，雷尼镍作为阳极，银作为阴极。20 世纪 90 年代初，这种电极组合是西门子为潜艇设备而建造的 AFC 采用的。雷尼金属还以磨碎的形式用作催化剂，并用于下一节中描述的轧制电极。

5.3.3　轧制碳

大多数现代 AFC 使用的碳电极与 PEMFC 中使用的碳电极相似。20 世纪 50 年代后期，卡尔·科德施受联合碳化物公司（UCC）聘用进行了碳电极的初步开发。第一个 UCC 电极由几层炭黑、PTFE 和成孔添加剂组成。催化剂金属不仅包括镍，还包括银和钴。在空气中当电流密度高达 $200mA/cm^2$ 时可达到 0.6V 左右的电池电压。科德施的最终成果是基于肼的 AFC，其可为改装的 Austin A40 货车提供动力，该车现在在伦敦科学博物馆。

现在最新的碳电极采用碳负载的催化剂金属和 PTFE 混合，然后将其轧制到镍网等材料上。PTFE 充当黏合剂，其疏水特性可防止电极溢流，并通过电解质溶液控制电极的渗透。另外，经常还会在电极表面上放置一层 PTFE 薄层，原因有两个：①进一步控制孔隙率；②阻止电解质溶液通过电极，而无须对反应气体加压，这是多孔金属电极必需的。有时还会将碳纤维添加到混合物中以增加所得电极的强度、电导率和孔隙率。

改进后可以相当低的成本制造轧制电极。这种电极不仅可用于燃料电池，而且还可用于金属空气电池，其阴极反应与碱性燃料电池非常相似。例如，同一电极可以用作锌 - 空气电池（如助听器）和铝 - 空气电池（如电信备用电源）的阴极，这种电极如图 5.8 所示。碳催化剂的结构与第 4 章中图 4.11 形式相同。催化剂并不总是铂，例如，锰是有效的金属 - 空气电池和 AFC

图 5.8　轧制 AFC 电极的结构，将催化剂与 PTFE 粘合剂混合，然后涂到镍网上，气体侧的 PTFE 薄层显示出部分回卷

中的阴极催化剂。非铂催化剂的商业轧制电极很容易以 0.01 美元/cm^2（10 美元/ft^2）的价格购得，与其他燃料电池材料相比成本非常低。添加铂催化剂增加了相应成本，但可能仅为三倍左右，相对于燃料电池，这仍然非常便宜。但是，还存在其他问题。

其中一个问题是，由于电极被一层 PTFE 覆盖，表面不导电，因此无法使用双极板进行电池互连，而单元通常是边缘连接的。但这并没有太大的限制，因为直接穿过电极延伸的镍网会导致电极平面上的电导率高于正常值，从而使边缘连接成为一种可行的选择。边缘连接提供了一定的灵活性，因为不必像双极板那样将一个电池的正极连接到相邻电池的负极。取而代之的是，可以进行串并联连接，并通过减少内部电流损耗来提高电池的性能。

AFC 电池组的内部旁路电流问题是使用循环液体电解质的独特之处。离子导电电解质与电堆中的所有电池接触，因此可以在相邻电池之间提供离子电流通路。如果电池在每个电池之间使用常规的双极板串联配置，则路径会较短。注意，在 MCFC 中不存在此问题，因为集电器和流场板将每个电池的电解质分开。但是，在 AFC 中单元之间没有这种分隔。通过并联连接 AFC，可延长电池之间的电流路径，从而将由电池之间的电解质运动引起的任何电压损失降至最低。在实践中，AFC 可以采用串联和并联混合连接在一起，以最大限度地减少由于电解液在电池之间循环而造成的损耗。

除了比较严重的问题，即碳酸盐晶体可能由燃料或氧化剂气体中的 CO_2 在电极孔中形成之外，AFC 催化剂中还可能发生碳溶解，如 PEMFC 碳阴极那样。大量研究⊖表明，空气电极（多孔镍基材上的 PTFE 黏结碳电极）与含 CO_2 的空气在 65℃，电流密度为 $65mA/cm^2$ 时的使用寿命为 1600 ~ 3400h，而在类似条件下使用不含二氧化碳的空气时为 4000 ~ 5500h。在这些测试中，电流密度不是特别高，在较高电流下的寿命较短。此外还发现较低的温度会缩短寿命，这可能是由于碳酸盐的溶解度降低所致。注意，3400h 的寿命仅为 142 天，这意味着此类电极仅适用于有限应用。

Gulzow⊖描述了一种基于雷尼镍颗粒与 PTFE 混合的阳极，该阳极以与 PTFE／碳载催化剂几乎相同的方式轧制到金属网上。同样地，仅使用银而非镍来制备阴极。据称这种电极就不会被 CO_2 降解。

5.3.4　催化剂

轨道飞行器中的 AFC 在电极中有很高的贵金属催化剂负载量：镀银镍丝网以 $10mg/cm^2$ 负载质量分数分别为 80% 的 Pt + 20% 的 Pd 阳极催化剂，并以 $20mg/cm^2$ 负载的 90% 的 Au + 10% 的 Pt 阴极催化剂。两种催化剂均用 PTFE 黏结，可在 85 ~ 95℃的温度下实现高性能。

碱性电解质的侵蚀性远小于 PAFC 或 PEMFC 中酸的侵蚀性，因此可以选择范围更广的催化剂，可在阴极处使用非常高的表面积（雷尼）镍代替铂。镍可以通过一种催化剂来增强，若该催化剂由掺杂银的高表面积活性炭和铁（或钴）大环化合物（如在碳上热处理的钴四苯氧基甲基卟啉）组成。与 PEMFC 阴极催化剂一样，由于了解到了生物系统中与氧还原有关的化合物，用于氧还原反应（ORR）的卟啉也加速发展起来。

通过提高温度，自 20 世纪 60 年代以来，大多数固定式 AFC 系统的开发人员都选择了经典的非贵金属作为催化剂（阳极用雷尼镍，阴极用银或二氧化锰）。使用镍阳极催化剂，在低电流密度下活化超电势占主导，而在非常高的电流密度下传输过程会显著增加超电势。因此，与 PAFC 一样，AFC 必须在这些条件下运行。与 PEMFC 中的铂阳极催化剂不同，如果允许电流密度过高，则 AFC 或 PAFC 中的镍催化剂可能会发生永久氧化。为避免此类问题，研究人员一直在探索其他离子导电材料作为催化剂，特别是尖晶石和钙钛矿，它们能够耐受氧化和还原条件之间的循环。

AFC 的阴极催化剂研究特别受关注，因为该电极上的过电势对电池中的电压

⊖ Kordesch, K, Gsellmann, J and Kraetschmer, B, 1983, Studies of the performance and life - limiting processes in alkaline fuel cell electrodes, Power Sources, vol. 9, p. 379, ed. By Thompson, J, Academic Press, New York.

⊖ Gulzow, E, 1996 Alkaline fuel cells: a critical view, Journal of Power Sources, vol. 61, pp. 99 - 104.

损耗贡献最大。银在所有元素中有着最高的电导率，价格比铂便宜约五十倍。此外，银是 ORR 活性最高的催化剂之一——在高浓度碱性介质中以及在成本/性能方面，该金属具有竞争力。在实际的氯碱电解条件下，碱性电解槽中的银负载阴极也比铂基阴极（1 年）具有更长的寿命（3 年）。研究已经表明[⊖]，通过原位还原硝酸银（AgNO_3）将银浸渍到碳载体中可产生非常细的颗粒，这些颗粒构成了高表面积的催化剂，可实现最佳的阴极性能。研究表明，用商用水净化膜中使用的多孔银代替多孔碳载体可以避免碳酸盐失活。通过含有铂或二氧化锰（MnO_2）催化剂可以提高银电极对 ORR 的催化活性。通过使用 Teflon AF（PTFE 的微孔形式）浸入气体表面附近的孔也可以提高通过银的气体可及性。

5.4 电堆设计

5.4.1 单极和双极

在单极电堆中，每个电池都通过导电的导电条或电线与下一个电池串联连接——一个电池的阳极与另一个电池的阴极相连。这种设计，如图 5.9a 所示，在循环电解液溶液中（电极涂有非导电 PTFE 的情况下）是必要的。

双极 AFC 电堆的设计与大多数 PEMFC 电堆相似，如图 5.9b 所示。双极结构更适合于带有静态电解质溶液的燃料电池，因为电解质被保持在分隔两个电极的基质材料中，因此不会出现短路的可能性。这种设计的缺点是基体必须相对较厚，与循环电解质溶液的电池中的相对较薄的液体电解质膜相比，这会增加欧姆损耗。如果能够生产成功的 AEM，双极设计则将再次具有更大的吸引力，因为其可以使用更薄的电解质膜。

5.4.2 其他电堆设计

芬兰公司 Hydrocell 设计了静态电解质溶液电池的常规设计的一种变形。该技术使用凝胶电解质，并且具有圆柱几何形状，这要求电池根据需要的电压在外部以串联或并联的方式连接，而不是以双极方式连接。另一种是德国 Hoechst AG 开发的降膜燃料电池。该设计与图 5.2 中所示的带有循环电解质溶液的电池相同，只是电池液体流动完全由重力驱动。因此，不会像依赖于液体高度的液体静压力一样，其在单元的入口和出口的静水压力是相同的。降膜式燃料电池的最大优点是，在电极正面的电解质与背面的气体间的压力差在垂直电极的整个区域内保持恒定，因此在整个电池单元中是均匀的。没有压力驱动力会导致 GDL 内电解质的三相边界稳

⊖ Bidault, F, Kucernak, A, 2011, Cathode development for alkaline fuel cells based on a porous silver membrane, Journal of Power Sources, vol. 196 (11), pp. 4950–4956.

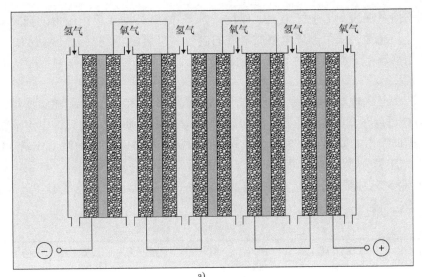

图 5.9　AFC 电堆设计

a）单极　b）双极

定，从而使电解质溶液的任何潜在损失最小化，结果就是两个电极之间的间隙可以做得很窄，通常约为 0.5mm。目前已经构建了尺寸达 $0.25m \times 1m$ 的电池，由于电解质层薄，其电流密度高达 $2.5A/cm^2$。

5.5　工作压力和温度

大多数 AFC 的工作温度都远高于环境压力和温度。这两个参数以及有关电极催化剂的信息在表 5.1 中已给出，以用于选择 AFC 类型。工作压力的选择取决于系统设计。通常，采用循环电解质溶液的电池和降膜电池在接近环境压力下工作。对于使用静态电解质溶液的航天器燃料电池，更高的压力则更普遍，即从 300kPa 到 1MPa 以上。

OH⁻ 离子的电导率取决于电解质溶液的温度和浓度。电导率随温度增加。传统的 AFC 可以在 0℃ 以下开始，因为浓度约为 30%（质量分数）的电解质溶液的凝固点远低于水的凝固点。实际上，达到最大离子电导率所需的浓度仅从 0℃ 下的约 30%（质量分数）增加到了 80℃ 下的 34%（质量分数）。同样，如果电解质浓度增加到 85%（质量分数），则电解液的沸点升高，从而使电池能够在最高 230℃ 的温度下运行。

表 5.1　某些 AFC 的工作参数

燃料电池	压力/kPa	温度/℃	KOH（%，质量分数）	阳极催化剂	阴极催化剂
Bacon	500	200	30	Ni	NiO
Apollo	350	230	75	Ni	NiO
Orbiter	410	93	35	Pt – Pd	Au – Pt
Siemens	220	80	n/a	Ni	Ag

注：压力数据是近似值，因为每种反应气体之间通常存在很小的差异。

数据来源：Warshay, M and Prokopius, PR, 1990, The fuel cell in space: Yesterday today and tomorrow, Journal of Power Sources, vol. 29, pp. 193 – 200, and Strasser, K, 1990, The design of alkaline fuel cells, Journal of Power Sources, vol. 29, pp. 149 – 166.

第 2 章中已经考虑了较高压力的优势，在第 2.5.4 节中表明了当压力从 P_1 升高到 P_2 时，根据以下关系，燃料电池的开路电压 V_r 会升高：

$$\Delta V = \frac{RT}{4F} \ln \left(\frac{P_2}{P_1} \right) \tag{5.9}$$

F. T. Bacon 的电池可在 500kPa 和 200℃ 的温度下工作。但如果只有"能斯特"效应增益，即使是高压也只能使电压升高约 0.04V。压力（或温度）的升高还增加了交换电流密度，从而减小了阴极处的活化超电势（参阅第 3 章第 3.4 节）。因此，增加压力的好处远远超过式（5.9）的预期。例如，非常高的压力使 Bacon 电池的性能甚至在今天也被认为是优秀的，即 0.85V 时为 400mA/cm² 或 0.8V 时为 1A/cm²。

工作压力、KOH 浓度和催化剂的选择是相互关联的。一个很好的例子是 Bacon 电池到为阿波罗飞船系统的过渡。尽管 Bacon 电池具有很好的性能，但它是经过精心设计才可在非常高的压力下运行。为了减小太空应用时的质量，必须降低压力。因此，必须升高温度以将性能维持在可接受的水平。因此，有必要将 KOH 浓度增加到 75%（质量分数），否则电解液会沸腾。但是，如图 5.10 所示，提高浓度会大大降低蒸汽压。在环境温度下，75%（质量分数）的 KOH 溶液为固体，因此有必要使用加热器以启动燃料电池。在 Orbiter 系统中，浓度则降低到 32%（质量分数），温度设定为 93℃。

　　在 AFC 的许多应用中，反应气体在加压或低温存储容器中。在这种情况下，有必要降低每种气体的供应压力以匹配电堆工作条件，这需要精确控制以避免阳极室和阴极室之间的大压差。当供应压缩气体时，有可能发生泄漏的风险。除了气体的浪费，泄漏可能导致氢气和氧气的爆炸性混合物堆积，尤其是当燃料电池用于密闭空间（如潜艇）中时更危险。解决该问题的一种方法是为燃料电池堆加装一个外壳，在该外壳中充满氮气，压力要高于

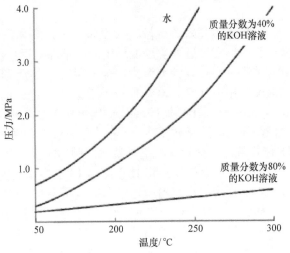

图 5.10　不同浓度 KOH 溶液的蒸汽压随温度的变化

每种反应气体的压力。例如，在西门子潜水艇系统中，氢气的供应压力为 0.23MPa，氧气的供应压力为 0.21MPa，周围的氮气为 0.27MPa。任何泄漏都会导致氮气流入电池，虽然这会降低性能，但也会阻止反应气体的流出。

　　在 AFC 中，反应气体的压力或电解质溶液的蒸汽压通常存在差异。例如，上述西门子 AFC 中的氢气压力略高于氧气。在 Orbiter 燃料电池中，氢气保持在低于氧气压力 35kPa 的水平。相比之下，阿波罗系统中的气体则处于相同压力下，但两者均比电解质溶液的蒸汽压高约 70kPa。如今还没有规则来控制反应物压力——由于各种原因，如为了保持 GDL 中的电解质溶液和气体的边界，会要求较小的差异。

　　如第 2.3 节所述，升高温度实际上会降低燃料电池的开路电压。但是实际上，活化超电势的降低远远超过了这种影响的程度，尤其是在阴极处。结果就是，升高温度会增加 AFC 的电压。从大量的调查中可以得出结论[⊖]，在低于约 60℃ 时，提高温度具有非常大的作用，即每个电池高达 4mV/℃。以这种速度，将温度从 30℃ 升高到 60℃ 会使电池电压升高大约 0.12V——这是对于每个电池工作电压约 0.6V 的燃料电池的情况的重大改进。而且在较高温度下仍存在明显优势，但仅在 0.5mV/℃ 左右。因此，对于 AFC 来说，最低工作温度似乎约为 60℃。在更高的值下，选择将很大程度上取决于电池的功率（以及因此而产生的热量损失）、压力以及电解质溶液浓度对水蒸发速率的影响。

⊖ Hirschenhofer, JH, Stauffer, DB and Engleman, RR, 1995, Fuel Cells: A Handbook, revision 3, pp. 6-10 to 6-15, Business/Technology Books, Orinda, CA.

5.6　机遇与挑战

AFC 是最高效的能量转换设备之一，它采用低成本的电解质和潜在的廉价电极，且能够在接近环境温度和压力的条件下运行。因此可以得出结论，该技术对许多应用程序都具有较大潜力。但是碱性电解质和 CO_2 之间的不相容性阻碍了 AFC 在地面应用的开发。AFC Energy 等近年来进行的研究表明，现代气体扩散电极对 CO_2 的耐受性要比早期的多孔金属电极好。然而，与 PEMFC 相比，分离产物水和机械循环电解质溶液或将其限制在基质内的挑战仍继续阻碍着 AFC 的发展，而 PEMFC 就没有受到这种基本技术问题的困扰。

如果可以轻松生产出具有高 OH^- 电导率的坚固的阴离子膜（即低成本），那么 AMFC 还可以在燃料电池汽车等应用中与 PEMFC 竞争，其能够在更高温度下运行的能力也可能会使得新型 AFC 与 PAFC 竞争用于固定发电设备中。

为了使 AFC 长期可靠运行，必须从空气中去除 CO_2。尽管这存在可能，但是使用工业实践的方法（例如，Benfield 方法或利用链烷醇胺水溶液吸收）将大大增加系统的成本、复杂性、质量和尺寸。Ahuja 和 Green 提出了一种新颖的方法[⊖]，但仅当氢气以液体形式存储时才可行。他们的方法基于这样一个事实，即需要热交换器来加热氢气和冷却燃料电池。该系统的设计方式是使进入的空气在热交换器中被液态氢蒸发时冷却，从而从空气中冻结出 CO_2，然后将其分离。之后，可以使用冷空气来冷却电池，并在此过程中将其温度升高到阴极入口所需的温度，去除 CO_2 的其他方法还包括利用沸石分离膜等。

AFC 应用的另一种可能性（实际上是 Bacon 在 20 世纪中叶研发 AFC 时所想到的）是将电池合并到再生系统中。来自可再生资源的电能用于电解水，燃料电池将产生的氢和氧转化为电能。当然，在这种系统中可以使用其他类型的燃料电池，但是由于两种试剂都不含二氧化碳，因此可以抵消 AFC 的缺点。

扩 展 阅 读

Arges, CG, Ramani, V and Pintauro, PN, 2010, Anion exchange membrane fuel cells, *The Electrochemical Society Interface*, vol. 19, pp. 31–35.

Kordesch, KV, 1971, Hydrogen-air/lead battery hybrid system for vehicle propulsion, *Journal of the Electrochemical Society*, vol.118(5), pp. 812–817.

Kordesch, KV and Cifrain, M, 2004, Advances, aging mechanism and lifetime in AFCs with circulating electrolytes, *Journal of Power Sources*, vol. 127, pp. 234–242.

McLean, GF, Niet, T, Prince-Richard, S and Djilali, N, 2002, An assessment of alkaline fuel cell technology, *International Journal of Hydrogen Energy*, vol. 27(5), pp. 507–526.

Mulder, G, 2009, Fuel cells –alkaline fuel cells, in Garche, J, Dyer, CK, Moseley, PT, Ogumi, Z, Rand, DAJ and Scrosati, B (eds.), *Encyclopedia of Electrochemical Power Sources*, pp. 321–328. Elsevier, Amsterdam.

⊖　Ahuja，V & Green，R 1988，Carbon dioxide removal from air for alkaline fuel cells operating with liquid hydrogen – a synergistic advantage，International Journal of Hydrogen Energy，vol. 23（20），pp. 131 – 137.

第6章 直接液体燃料电池

直接液体燃料电池（DLFC）通过不需要预先准备的液体燃料氧化即可发电。大多数 DLFC 使用质子交换膜（PEM）作为电解质，因此与质子交换膜燃料电池（PEMFC）密切相关。直接甲醇燃料电池（DMFC）是该技术的最成熟版本，因此将在本章的开头部分进行介绍。该电池可在商业上用于某些低功率应用。例如，SFG Energy AG 生产了 35000 多个采用 DMFC 系统的电池充电器，其商标为 Energy for You（EFOY）。

本章的其余部分专门介绍在正常条件下使用其他液态燃料运行的低温燃料电池的类型。其中包括许多醇类（例如乙醇、丙醇、丙 – 2 – 醇）和其他有机液体（例如乙二醇，乙醛，甲酸）。这些燃料的某些特性已在表 6.1 中给出。

表6.1 PEMFC 和某些 DLFC 在 25℃和 101.325kPa 下的热力学特性

燃料电池	燃料	重量 /(g/mol)	电子数	标准电压 /V	理论能量密度 /(W·h/mL)	最高效率 (%)
PEMFC	氢气	2.01	2	1.23	1.55（70MPa 下）	83
DMFC	甲醇	32.04	6	1.21	4.33	97
DEFC	乙醇	46.07	12	1.15	5.80	97
DEGFC	乙二醇	62.07	10	1.15	5.85	99
DFAFC	甲酸	46.03	2	1.41	1.88	106
DPFC	丙醇	60.1	18	1.13	7.35	97
DPFC（2）	丙 – 2 – 醇	60.1	18	1.12	7.10	97

在第 5 章中已经讨论论过的硼氢化钠（作为溶液）也是 DLFC 的无机燃料。

6.1 直接甲醇燃料电池

甲醇（CH_3OH）是一种简单的醇，在常温常压下（沸点 64.7℃）为液态，可与水混溶。其比较容易获得，但比能量（$W·h/kg$）仅为汽油的一半。尽管如此，20 世纪 90 年代初期由于直接重整成氢气相对容易，因此有人提出将甲醇用于燃料电池汽车。例如，戴姆勒建造了一辆汽车——Necar 3，该汽车采用了车载甲醇重整器来产生氢气，该氢气供入 PEMFC。如果甲醇可以用作燃料，那么与将氢存储在车辆中有关的所有问题都将被解决。正如在第 2 章和第 3 章已经提到的那样，甲醇原则上也可以直接用于燃料电池。DMFC（其中甲醇在阳极直接被氧化）具有不需要燃料处理器将甲醇转化为氢的优点。因此，对于重量很关键的小型便携式系统，DMFC可能极有前景。

20世纪60年代和70年代，英国的壳牌研究公司和法国的埃克森-阿尔斯通开始率先开发DMFC。壳牌选择了硫酸电解液，而埃克森选择了碱性电池技术。尽管在碱性和缓冲电解质技术方面做得不错，但埃克森仍在20世纪70年代末终止了其研究计划。壳牌公司的研究一直持续到20世纪80年代初，当时由于1973年石油危机后采取的保护措施导致石油消费的增长减少，人们显然没有理由担心即将到来的石油短缺。石油价格的下跌使DMFC的目标成本无法实现。尽管如此，英国切斯特的壳牌桑顿研究中心以及荷兰阿姆斯特丹的皇家壳牌实验室也取得了重大进展。在1973-1981年期间，英国的努力使得燃料电极的性能提高了两个数量级，并且人们对甲醇氧化反应的机理有了更详细的了解，该结果会在第6.2.2节中讨论。同时，阿姆斯特丹实验室也在开发用于空气电极的稳定非贵金属催化剂方面取得了长足的进步，其中一些工作将在之后介绍。直到PEMFC在该年代末成为可行的技术前，DMFC在20世纪80年代几乎没引起人们的注意。此时，几个大学研究小组特别是美国，已开始对基于PEM的DMFC进行研究，这些小组所做的工作为当前DMFC技术的发展奠定了基础。

甲醇的净比能高于其他存储氢的方式，特别是作为压缩气体或金属氢化物存储，如表6.2所示。通常，液体燃料的比能比气体高得多，如果要在单个燃料箱上实现长距离行驶，则对于用于运输应用的燃料电池系统来说其就是一个很重要因素。DMFC的其他优点是易于处理甲醇、快速供给及设计简单。

表6.2　常用储能材料的比能（LHV）与最重要储氢技术的比较

存储方法	燃料的比能量	存储效率①（%）	净比热量
30MPa复合材料高压容器	119.9MJ/kg	0.6	0.72MJ/kg
	33.3kW·h/kg		0.20kW·h/kg
金属氢化物容器	119.9MJ/kg	0.65	0.78MJ/kg
	33.3kW·h/kg		0.22kW·h/kg
甲醇制氢-非直接甲醇②	119.9MJ/kg	6.9	8.27MJ/kg
	33.3kW·h/kg		2.3kW·h/kg
强化塑料容器的甲醇-直接利用	19.9MJ/kg	95③	18.9MJ/kg
	5.54kW·h/kg		5.26kW·h/kg
乙醇	24MJ/kg	95	22.8MJ/kg
	6.67kW·h/kg		6.34kW·h/kg
汽油	46.4MJ/kg	95	44.27MJ/kg
	12.0kW·h/kg		11.4kW·h/kg
柴油	48MJ/kg	95	45.6MJ/kg
	13.33kW·h/kg		12.66kW·h/kg

① 储能效率在此定义为每千克总系统储氢的重量。例如，一个重量为500g的压缩气瓶将存储0.06×500＝30g的氢气，而由于装有氢化物，相同重量的容器将包含32.5g氢气。

② 重整器的质量包含在"间接甲醇"中，该重整器通过化学反应产生氢。

③ 假定这些液体燃料的存储效率为95%，即液体质量为液体和存储容器总质量的95%。

　　DMFC 的不利方面在于甲醇的阳极氧化反应比 PEMFC 的阳极的氢氧化反应要慢得多，如第 6.2 节所述。因此，与类似尺寸和使用相同膜电极组件（MEA）的 PEMFC 相比，DMFC 的功率输出会比较低。最先进的 DMFC 可在约 50℃的温度下工作，电池电压为 0.4V，将产生约 5mW/cm² 的功率密度，将温度升高到 70 ~ 80℃ 可产生 80 ~ 100mW/cm² 的功率密度。尽管相对较低，但 DMFC 对于中小型规模的固定应用（即高达 5kW 左右）还是很有前景的。

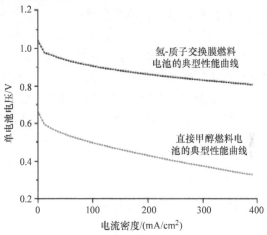

　　燃料交换是 DMFC 的另一个问题，已在第 3.5 节中进行了简要讨论。如果用全氟磺酸（PFSA）膜，则此现象更为严重，如第 4.2.1 节中对 PEMFC 的论述，PF-SA 膜中提供质子传导性途径的水可以很容易地吸收甲醇，因此，甲醇可以迅速从阳极迁移到阴极。这种作用会降低电池的开路电压，进而对所有电流下的燃料电池性能产生不利影响。图 6.1 比较了最先进的 DMFC 和 PEMFC 的性能。这两个图的形状大致相似，但是 DMFC 的电压和电流密度要低得多。

图 6.1　在环境条件下运行时，2010 年新型 DMFC 和典型 PEMFC 电压与电流密度

　　DMFC 的电解质和燃料交换问题将在第 6.3 节中进一步讨论。关于 DMFC 的应用在第 6.4 节中进行了介绍。

6.1.1　工作原理

　　DMFC 中的总体反应可以表示为：
$$2CH_3OH + 3O_2 \rightarrow 4H_2O + 2CO_2 \tag{6.1}$$
　　如第 2.2 节所述，该反应的标准吉布斯自由能 $\Delta g°_f$ 的变化为 $-698.2kJ/mol$。对于甲醇消耗的每个分子，6 个电子被转移，因此根据式（2.11），可逆电池电压的计算公式为
$$V°_r = \frac{\overline{\Delta g°_f}}{zF} = \frac{698.2 \times 1000}{6 \times 96\ 485} = 1.21V \tag{6.2}$$
　　所获得的实际电压远小于此电压，并且损耗大于其他类型燃料电池的损耗。确实，DMFC 与众不同的一个特征是阳极和阴极都有相当大的电压损耗。DMFC 的阳极反应将在下部分中进行详细讨论。

6.1.2 与质子交换膜电解质的电极反应

第5章所述的 PEMFC 和碱性燃料电池（AFC）的燃料都可以使用甲醇。对于带有 PEM 电解质的 DMFC，总的阳极反应为

$$CH_3OH + H_2O \rightarrow CO_2 + 6H^+ + 6e^- \qquad (6.3)$$

H^+ 离子通过电解质移动，电子在外部电路中移动。注意阳极需要水，尽管伴随反应在阴极可以更快地产生水：

$$1\tfrac{1}{2}O_2 + 6H^+ + 6e^- \rightarrow 3H_2O \qquad (6.4)$$

与 PEMFC 中氢的直接电化学氧化不同，反应（6.3）分几个步骤进行，可采取多种方式。第一步是甲醇在铂（Pt）催化剂上的解离吸附，释放出6个质子和6个电子，从而产生电流。解离的产物是残留在催化剂表面的甲醇残留物，其确切组成尚有争议。该表面残留物通过与水或其他吸附的氧化物质反应而缓慢氧化为 CO_2。尽管在1980年[注]之前，壳牌公司和其他的几个大学研究小组进行了大量的研究，但甲醇电化学氧化的真正机理问题仍有待解决。通常可以确认的是，在初始离解吸附步骤之后，脱氢涉及被吸附物质与被吸附的 OH^- 基团的反应。

图 6.2（见彩插）说明了甲醇电化学氧化过程中可能发生的步骤和反应路线。图左上方是甲醇，右下方是主要反应产物——二氧化碳。从左到右的横向步骤涉及"氢剥离"或脱氢，即除去氢原子并产生质子（H^+）和电子（e^-）对。向下的步骤不仅涉及氢原子的去除和质子-电子对的生成，还包括羟基的添加或破坏。

图 6.2 中所示化合物的任何反应路径从左上角到右下角都是可行的，并且都具有相同的结果，即甲醇氧化为二氧化碳和6对质子-电子对。用红色箭头连接的化合物是稳定的化合物，沿此顺序移动被视为"首选"路线。该路线可以分为三个步骤。首先，将甲醇转化为甲烷（甲醛）HCHO，即：

$$CH_3OH \rightarrow HCHO + 2H^+ + 2e^- \qquad (6.5)$$

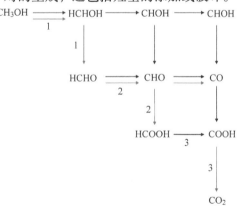

图 6.2 DMFC 阳极上甲醇氧化的逐步反应路径

然后甲烷化反应生成甲烷酸（甲酸）HCOOH：

$$HCHO + H_2O \rightarrow HCOOH + 2H^+ + 2e^- \qquad (6.6)$$

———
⊖ Hampson, NA, Willars, MJ, McNicol, BD, 1979, The methanol – air fuel cell: A selective review of methanol oxidation mechanisms at platinum electrodes in acid electrolytes, Journal of Power Sources, vol. 4 (3), pp. 191 – 201.

最后，甲酸被氧化成二氧化碳：

$$HCOOH \rightarrow CO_2 + 2H^+ + 2e^- \tag{6.7}$$

反应式（6.5）～（6.7）的总和与反应式（6.3）相同。氧化经多个步骤进行会导致甲醇直接氧化的反应速率相对较低。此外，还可以看出，其中可能会形成一氧化碳，从而影响催化剂的选择——第 6.1.4 节中讨论的问题。

值得一提的是，两种稳定的中间体化合物——甲醛或甲酸——均可代替甲醇用作燃料。但是，由于这两种燃料的每个分子分别仅产生 4 个或两个电子，因此它们的比能会小得多。

6.1.3　与碱性电解质的电极反应

如果 DMFC 使用碱性电解液，则阳极反应为

$$CH_3OH + 6OH^- \rightarrow CO_2 + 5H_2O + 6e^- \tag{6.8}$$

OH^- 离子通过氧的还原在阴极生成：

$$1\tfrac{1}{2}O_2 + 3H_2O + 6e^- \rightarrow 6H^+ \tag{6.9}$$

但是，在阳极产生的 CO_2 将与氢氧化物电解质反应形成碳酸盐，因此基于常规 AFC 的 DMFC 前景无望。阴离子交换膜的出现引起了一些新的发现，这主要是基于这样的考虑，即更直接的阳极氧化将会有较低的电压损失，并且能够使用低成本的催化剂。但是，此类碱性 DMFC 的功率密度远低于等效 PEM DMFC（ $< 10 mW/cm^2$ ）。因此，基于 PEM 技术的直接甲醇燃料电池仍然是首选。

6.1.4　阳极催化剂

与 PEMFC 中氢气直接氧化不同，甲醇的逐步氧化会导致 DMFC 阳极处明显的活化超电势。壳牌研究公司在 20 世纪 60 年代进行的研究发现，铂金本身会迅速被吸附反应的产物毒化，因此不适合用作甲醇氧化的催化剂。因此，研究人员检查了各种铂及其合金的催化活性[⊖]。逐步氧化反应表明，双金属催化剂或许是合适的，每种金属都会促进不同类型的反应。研究人员发现用钌、锡或钛改造的铂的活性显著增强[⊖]。特别是铂-钌（Pt-Ru）和铂-铑（Pt-Rh）都可以作为催化剂，其中前者更受到青睐。催化剂负载量为 $10 mg/cm^2$ 的电极实验结果促进电堆的构建。迄今为止，Pt-Ru 催化剂仍然是甲醇氧化的首选，尽管也有报道称钨丝磷酸之类的添加剂会增强催化剂的活性。甲醇会在 Pt 上转化为羰基物质（图 6.2 中的水平"从左至右的顺序"），这些物质会被 Ru 上吸收的 OH^- 基团进一步氧化。

与 PEMFC 一样，阳极催化剂是负载在炭黑上的细碎金属颗粒形式，采用与第

⊖　Andrew, MR and Glazebrook, RW, 1966, in Williams, KR (ed.), An Introduction to Fuel Cells, p. 127, Elsevier, Amsterdam.

⊖　McNicol, BD, Rand, DAJ and Williams, KR, 1999, Direct methanol - air fuel cells for road transportation, Journal of Power Sources, vol. 83, pp. 15 - 31.

4.3.1 节中对 PEMFC 概述的相同程序制备。DMFC 中的催化剂负载量（通常为 2 ~ 10mg/cm²）远高于 PEMFC 中的相应负载量（0.05 ~ 0.5mg/cm²）。此外还可以在 DMFC 催化剂层中添加少量电解质离聚物，以促进产物气体（CO₂）迅速排出，同时允许甲醇与水的混合物渗透到多孔结构中。

　　改进 DMFC 阳极催化剂是存在范围的。例如，负载在碳纳米管（CNTS）上的催化剂比基于常规无定形碳的催化剂具有更高的电化学活性。与 Vulcan XC - 72 为基底的参考样品相比，Pt - Ru + CNT 阳极催化剂的膜电极组件已被证明具有更高的功率密度⊖。电子导电氧化物（例如钛、锡或钨的氧化物）也得到了应用，其也可以增强铂 - 碳催化剂的活性。

6.1.5　阴极催化剂

　　如方程式（6.9）所示，DMFC 阴极的氧还原反应与带有酸性电解质的氢燃料电池的反应基本相同（第 1 章反应式（1.2）），但每个甲醇分子转移了 6 个电子，而每个氢分子只有 4 个电子。

　　因此，可以使用相同的催化剂即负载在碳上的铂。然而，铂也会缓慢催化甲醇的氧化，并且如果阳极有明显的交换，电池的性能将会大大降低。目前已对 DMFC 中使用的多种替代氧还原催化剂进行了评估（参见第 4.3.2 节）。但迄今为止，没有一种材料证明会比铂具有更强的甲醇耐受性。

　　与 PEMFC 不同的是，其无须加湿向阴极供应的空气。实际上，必须以足够的防止阴极溢流的速率除去过量的液态水。当液态水保留在大孔气体扩散层（GDL）的孔中时，氧气的传质阻力增加，从而降低了阴极性能。通过调节 GDL 的疏水性和孔分布可以有效地去除多余的水。该方法涉及将厚度为 10 ~ 30μm 的疏水性微孔（孔径为 100 ~ 500 nm）碳 - 聚四氟乙烯（PTFE）层黏合到 GDL 上。较小的疏水性孔隙导致液态水的渗透性低——这是阻碍液态水从催化剂层传输以及迫使更多液态水回到阳极的特点，结果就是在微孔层中的较低饱和度以及氧传输到催化剂层的较高速率。

6.1.6　系统设计

　　DMFC 系统的设计本质上有两种不同的方法："主动"和"被动"。对于主动系统，如图 6.3 所示，使用泵、风扇和热交换器为电堆提供可控的反应物，并去除废热和产水。实际上还必须用纯水补充纯甲醇。如先前在反应式（6.1）中所示，燃料电池内会产生水。当空气经过阴极时，水将蒸发，而水的蒸发速度可能会超过

　⊖　Gan, L, Lu, R, Du, H, Li, B and Kang, F, 2009, High loading of Pt - Ru nanocatalysts by pentagon defects introduced in a bamboo - shaped carbon nanotube support for high performance anode of direct methanol fuel cells, Electrochemistry Communications, vol. 11 (2), pp. 355 - 358.

水的产生速度（第 4.4 节中对 PEMFC 进行了详细的水管理介绍）。在主动 DMFC 系统中，可以从阴极排气中回收水，并将其存储及根据需要与阳极燃料一起补充。尽管循环水增加了系统的复杂性，但使用甲醇的稀溶液作为燃料具有两个优点。首先，如第 6.3 节所述，它有助于减少交叉的可能性。浓度必须为约 1M（约 3% 的质量分数）以限制甲醇交换。因此，重要的是要控制甲醇的进料速度从而保持最佳浓度，以确保响应进料系统中的甲醇流量传感器或电池的输出功率。稀甲醇溶液的第二个优点是水可与 MEA 接触，从而确保膜被水合，这对于 PFSA 很重要。应该注意的是，与大多数氢气 PEMFC 相比，主动 DMFC 系统中的水管理并不复杂。

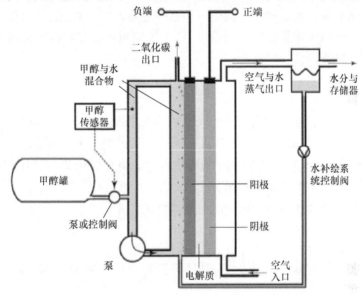

图 6.3　"主动" DMFC 系统的主要组件

注：并非所有组件都将始终存在，较大的系统可能具有其他组件，例如燃料系统中用于冷却的热交换器、空气泵和 CO_2 出口管中的甲醇冷凝器。注意，为简单起见，电极连接在边缘。通常情况下，电流将从电极的整个表面流走，如第 1 章中图 1.8 所示。

被动的 DMFC 系统中，通常通过扩散、对流、蒸发和毛细作用力为电池提供反应物，其没有强制循环的甲醇 - 水混合物或从阴极回收水。因此，被动式设计比主动式设计简单得多。被动系统通常以较低的功率密度运行且更适合于小型便携式设备。甲醇通常以蒸气而不是液体的形式送到电解槽中。与主动系统一样，水管理仍然是一个重要的问题，并且由于没有将水供应到阳极，因此被动系统中的 MEA 必须以特定的方式设计，即要有足够的水从阴极通过膜本身传输到阳极。渗透阻力会使 PEMFC 和 DMFC 中的水都从阳极移动到阴极。在 PEMFC 中，水从阳极到阴极会导致其在阴极堆积，从而形成向后扩散到阳极的驱动力。由于在普通的液态 DMFC 中，阳极处的水含量很高，因此没有向后扩散的驱动力，因此阴极容易被水淹没。

在两种 DMFC 系统设计中，MEA 与 PEMFC 的非常相似。它是通过热压分别由碳 GDL 支撑的阳极和阴极催化剂层之间的膜制成的。

6.1.7　燃料交换

在第 3.5 节中讨论了燃料交换，因为它在某种程度上出现在所有类型的燃料电池以及所有燃料中。对于使用 PEM 电解质的 DMFC，该问题特别严重。由于甲醇非常容易与水混合，因此它能够穿透水合膜并因此从阳极迁移到阴极。阴极使用的铂催化剂会氧化燃料，尽管不像阳极上的 Pt – Ru 催化剂那么容易。阴极处燃料的反应不仅浪费燃料，还会降低电池电压，原因在第 3.5 节中进行了说明。

甲醇的损失通常被量化为"交换电流"，即如果甲醇在阳极上完全反应，将会产生的电流。交叉电流 i_c 定义为

$$i_c = nFAD_m \frac{C_i}{\delta_m} + I\xi x_i \tag{6.10}$$

式中，I 是放电电流；n 是涉及的电子数；F 是法拉第常数；A 是电极面积；D_m 是甲醇在 PEM 中的扩散系数；C_i 是阳极 – PEM 界面处的甲醇浓度；δ_m 是 PEM 的厚度；ξ 是电渗系数；x_i 是溶液中甲醇的摩尔分数。将交换电流与有用的输出电流 i 进行比较可以给出 DMFC 的"品质因数"，表示为燃料利用系数 η_f。该系数给出了在阳极上实际反应的燃料与所供应的总燃料之比，即：

$$\eta_f = \frac{i}{i + i_c} \tag{6.11}$$

使用下文所述的方法，可以将品质因数提高到 0.85 甚至 0.90，尽管 0.80（或80%）可能更贴合实际。

6.1.8　减少燃料交换的标准方法

有 4 种主要方法可以减少燃料交换：

1）在合理的成本范围内，使阳极催化剂尽可能具有活性，从而使较少的甲醇可用于通过电解质扩散到阴极。

2）控制进给阳极的燃料，以使在小电流下甲醇不会过量存在。显然，如图 6.4 所示，阳极处的甲醇浓度越低，电解质中以及阴极处的甲醇浓度就越低。对于大多数 DMFC 应用而言，1 M 的浓度被认为是最佳的。

3）使用厚 PEM 电解质（即比 PEMFC 的标准电解质厚）。这些不仅会减少交叉，而且会增加电池电阻，因此需要寻求一种折中方案。对于 DMFC，膜的厚度通常为 0.15 ~ 0.20mm[⊖]，而氢 PEMFC 为 0.05 ~ 0.10mm[⊖]。

⊖　例如，杜邦的 Nafion 117（0.18mm）。

⊖　例如，杜邦的 Nafion 112（0.05mm）。

4）除厚度外，PEM 的组成也有作用。研究表明，1100EW Nafion 的扩散和吸水量约为 1200EW Nafion 的一半（EW 是每个磺酸基的 Nafion 分子量，以分子质量表示）。

方法 1）和 2）通过促进阳极处甲醇的反应来降低交换的可能性。阳极反应也可以通过增加电池电流来促进。

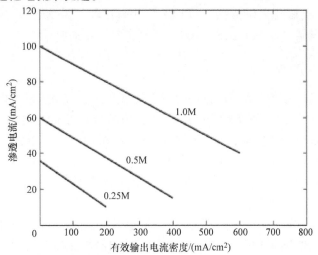

图 6.4　甲醇到阴极的交换量如何随阳极处的燃料浓度和负载电流变化

（资料来源：Ren，X，Zelanay，P，Thomas，S，Davey，J and Gottesfeld，S，2000，Recent advances in direct methanol fuel cells at Los Alamos National Laboratory，Journal of Power Sources，vol. 86，pp. 111 – 116）

6. 1. 9　减少燃料交换的前瞻性方法

除了普遍使用的 4 种标准方法之外，还有其他方法正在研究中，这些方法更多的是实验性的或还处于开发的早期阶段，包括：

1）使用选择性（非铂）阴极催化剂。这些材料将阻止燃料在阴极上发生反应，从而消除由于氧气还原和甲醇的氧化而产生的混合电势引起的电压降。PEM-FC 的非贵金属催化剂的例子在第 4. 3. 2 节中已给出。有机过渡金属配合物在某种程度上是合适的，但它们倾向于在高温和高电势下分解。过渡金属硫化物比铂更耐甲醇。目前已经提出了将一些无机材料作为合适的替代物，包括过渡金属硫化物（$Mo_xRu_yS_z$，$Mo_xRh_yS_z$）或硫族化物（$Ru_{1-x}Mo_xSeO_z$）。这些材料耐甲醇性是由于其不存在用于甲醇脱氢的吸附位点。另一方面，这些材料对氧还原反应的催化活性仍远低于铂的催化活性。另外，尽管已穿过阴极的甲醇可能不会在此类材料上反应，但它仍可能会蒸发并因此浪费。因此，这种方法不能提供完备的解决方案。

2）在电解质中插入一层对质子来说是多孔的但对甲醇来说是少孔的结构。如果可以找到这种材料，那么就可以解决这个问题。在此领域中已尝试的一些想法包括处理 Nafion 膜的表面，并在其上涂上非常薄的钯层。双层膜现已得到认可，在 PEM 中加入添加剂也可以阻止甲醇渗透。这种方法的问题是质子传导率通常会受到损害。

3）开发更具导电性的 PEM。通常，离聚物内部水簇大小和数量的减少将导致甲醇交换减少，同时保持良好的质子传导性。就非氟化 PEM 替代材料而言，聚苯并咪唑（PBI）与磺化聚醚醚酮（SPEEK）或磺化聚亚芳基醚砜（BPSH – 30）或磺化聚亚芳基醚腈（m – SPAEEN – 60）就具有 DMFC 的要求特性。

6.1.10　甲醇生产

DMFC 的前景及第 8 章中讨论的甲醇蒸气重整，都依赖于可以以合理成本大量生产甲醇。2013 年的甲醇产量为 7000 万 t，2016 年的全球需求量超过 9000 万 t。根据美国甲醇研究所的数据，全球约有 30% 的需求用于生产甲醛（用于制备用于刨花板和其他建筑材料的脲醛和苯酚甲醛树脂），生产其他重要的工业化学品，如乙酸、各种清洁剂和汽车风窗玻璃清洗液，也需要甲醇。目前仅约 2% 用作燃料，通常与其他碳氢化合物混合。

甲醇可以通过氢气和一氧化碳在合适的催化剂上和高压下反应生成，因此可以通过天然气、其他碳氢化合物燃料或生物燃料的蒸气重整获得（参见第 10 章）。由于工业需要大量甲醇，因此研究人员在使生产过程尽可能高效上已经付出了相当大的努力。天然气和可再生燃料转化的总效率大约分别为 70% 和 60%。这样的效率意味着甲醇的成本主要由原燃料的成本决定。Methanex 于 2016 年 7 月发布的价格在每吨 240 ~ 275 美元之间，或每加仑 0.72 ~ 0.82 美元之间，这与汽油价格相当。

6.1.11　甲醇安全与储存

消费产品（例如便携式电子设备的电源）使用甲醇会引发潜在的安全隐患。第一个问题是可燃性，甲醇可在无形火焰中燃烧。当然，同样的情况也适用于氢气，并且研究表明，从安全角度来看，氢气和甲醇都一样，但都比汽油好。

第二个问题涉及甲醇的毒性。该化学物质是毒药，由于它很容易与水混合，因此会更糟。此外，它没有味道，这将使其应用受到阻碍。这种"可饮用性"问题导致甲醇在日常使用中比其他同样有毒且流通广泛的燃料（例如汽油）更加危险。有关安全的争论相当复杂，但是，由于甲醇天然存在于人体中，因此少量使用绝对是安全的。实际上，甲醇是通过消化各种天然产物（例如水果）以及人造添加剂（例如饮料中使用的阿斯巴甜甜味剂）而在体内产生的。相比之下，当液态甲醇通过与皮肤直接接触，通过喝酒或吸入进入人体时，则会转移到肝脏，并在那里转化为甲醛。甲醛氧化成甲酸，就会干扰线粒体的功能，从而对视网膜和视神经造成毒性伤害，导致失明，甚至在极端情况下导致死亡。美国污染控制中心协会收集的数据表明，甲醇中毒造成的大多数死亡是自杀或自残行为。因此，甲醇系统的设计非常困难，因为有意和无意地吸入甲醇都是非常危险的，仅阻止意外吸入是不够的。如果添加剂干扰了燃料电池的运行，那在液体中加入添加剂使其无法饮用的通常做法也可能会产生问题。吸入甲醇蒸气特别危险，这在任何将甲醇蒸气化的系统中都需要考虑。

甲醇的储存方面几乎没有问题。液体应保存在密封的不锈钢或塑料容器中，因为它可以吸收空气中的水分，即使是稀的甲醇 – 水混合物也具有腐蚀性。甲醇也可以溶解某些聚合物，因此在选择存储容器、垫圈和管道的材料时必须格外小心。对于小型或便携式应用，已解决了存储方面的问题，国际民航组织危险品小组和美国运输部现在都允许乘客和机组人员在飞机上携带已安装甲醇盒的燃料电池。但大规模甲醇存储需要在通风和防火方面采取特殊措施，但这不在本书的讨论范围内。

6.2　直接乙醇燃料电池

与使用有毒甲醇的电池相比，直接乙醇燃料电池（DEFC）更被消费者和商业市场所接受。乙醇比甲醇（5.54kW·h/kg，LHV）具有更高的比能（6.67kW·h/kg，LHV）和更高的沸点（78℃）。它对于固定式和移动式燃料电池系统都很有前景。乙醇可以从可再生植物材料中获得，例如粮食作物（例如谷物、甘蔗、甜菜）或其他形式的生物物质（例如草木和森林残留物）。因此，与天然气制甲醇不同，它可以被认为是"零碳燃料"，因为生物乙醇被氧化时产生的二氧化碳被排放到大气中，还供植物消耗。在商业上，乙醇的生产主要通过以下三种途径：使用酵母发酵淀粉和糖分、利用细菌处理生物以及通过催化剂将乙烯（可由石油生产）与水蒸气反应。

6.2.1　工作原理

DEFC 将无水乙醇或用水稀释的液态或蒸气形式的乙醇直接供入阳极，空气则供入阴极。从概念上讲，与 DMFC 一样，DEFC 可以使用酸性或碱性电解质。乙醇的直接整体氧化可表示为

$$C_2H_5OH + 3O_2 \rightarrow 2CO_2 + 3H_2O$$

$$\Delta G^\circ = -1325kJ/mol \quad V_r^\circ = 1.145V \tag{6.12}$$

1.145V 的标准可逆电压低于 DMFC 的标准可逆电压（1.21V），但与 DMFC 的乙醇氧化电化学反应中涉及 6 个电子的 DMFC 不同，其有 12 个电子。在酸性 DEFC中，阳极反应为

$$C_2H_5OH + 3O_2 \rightarrow 2CO_2 + 12H^+ + 12e^- \tag{6.13}$$

阴极处相应的氧还原为

$$3O_2 + 12e^- + 12H^+ \rightarrow 6CH_2O \tag{6.14}$$

与 DMFC 一样，最早的 DEFC 研究使用碱性电解液（KOH 水溶液）。其中，氢氧根离子是电活性物质，电极反应如下：

$$阳极：C_2H_5OH + 12OH^- \rightarrow 2CO_2 + 9H_2O + 2e^- \tag{6.15}$$

$$阴极：3O_2 + 6H_2O + 12e^- \rightarrow 12OH^- \tag{6.16}$$

但与通常的 DMFC 和 AFC 一样，由于存在于阴极的空气，在 DEFC 的阳极上会产生 CO_2 污染电解质的问题。

目前已经进行了一些相关工作，如用 OH^- 离子传导膜代替 KOH 电解质水溶液。迄今为止，研究表明，使用碱掺杂的 PBI 等膜有可能并不会比使用质子传导膜的 DEFC 的性能好。

6.2.2　乙醇氧化、催化剂及反应机理

乙醇电化学氧化的主要难题是分子中 C – C 键的断裂。鉴于 PEM 电解质在低温（低于 100℃）下起作用，因此对催化剂的要求比对甲醇氧化的要求更高，碳载 Pt – Ru 和 Pt – Sn 催化剂均适用。与甲醇氧化一样，由于 Pt 容易由于羧基反应中间体中毒，因此需要双功能催化剂。在这方面，乙醇氧化的反应机理比甲醇更复杂，甚至更加不确定。

酸性 DEFC 反应的当前研究可总结如下：反应通过多步骤进行，涉及许多乙醇不完全氧化产生的吸附反应中间体和副产物。已确定主要的中间体为吸附的一氧化碳（CO）以及 C1 和 C2 碳氢化合物残留物，而乙醛和乙酸为主要副产物。电化学和光谱电化学研究中获得的信息使得图 6.5[⊖] 所示的反应机理得以被普遍接受。乙醇在铂上的解离吸附产生的第一个反应产物是乙醛，每个乙醇分子只需要转移两个电子。乙醛必须重新吸附在催化剂上，才能完成把低电位生成的甲烷氧化为乙酸（CH_3COOH）或 CO_2 的过程。与乙醛不同，在低温下很难进一步氧化乙酸，因此它是反应的结尾。此外，不将乙醇完全转化为二氧化碳而可能形成许多中间产物，除了会导致 Nafion® 和其他全氟磺酸（PSFA）膜的干燥外，还会产生 DEFC 阳极处的过高电势，并伴随质子电导率的损失。

通过提高温度可以实现乙醇氧化速率的略微改善，并且在 1998 年 DEFC 给出了第一个合理的结果[⊖]。该电池采用了均载于碳上的 Pt – Ru 阳极催化剂和 Pt 阴极催化剂，以及由 Nafion 和二氧化硅（SiO_2）合成的复合膜。虽然 $110mW/cm^2$ 大约只是在相同条件下（550kPa 和 145℃ 下为 $0.6A/cm^2$ 和 0.4V）的 DMFC 可获得的功率密度的一半，但其仍改善了 DEFC 二氧化碳的高选择性（95%）前景。对不同

⊖ Vigier, F, Rousseau, S, Coutancean, C, Leger J – M and Lamy, C, 2006, Electrocatalysis for the direct alcohol fuel cell, *Topics in Catalysis*, vol. 40（1）, pp. 111 – 121.

⊖ Arico, AS, Creti, P, Antonucci, PL, and Antonucci, V, 1998, Comparison of ethanol and methanol oxidation in a liquid – feed solid polymer electrolyte fuel cell at high temperature, *Electrochemical and Solid – State Letters*, vol. 1, pp. 66 – 68.

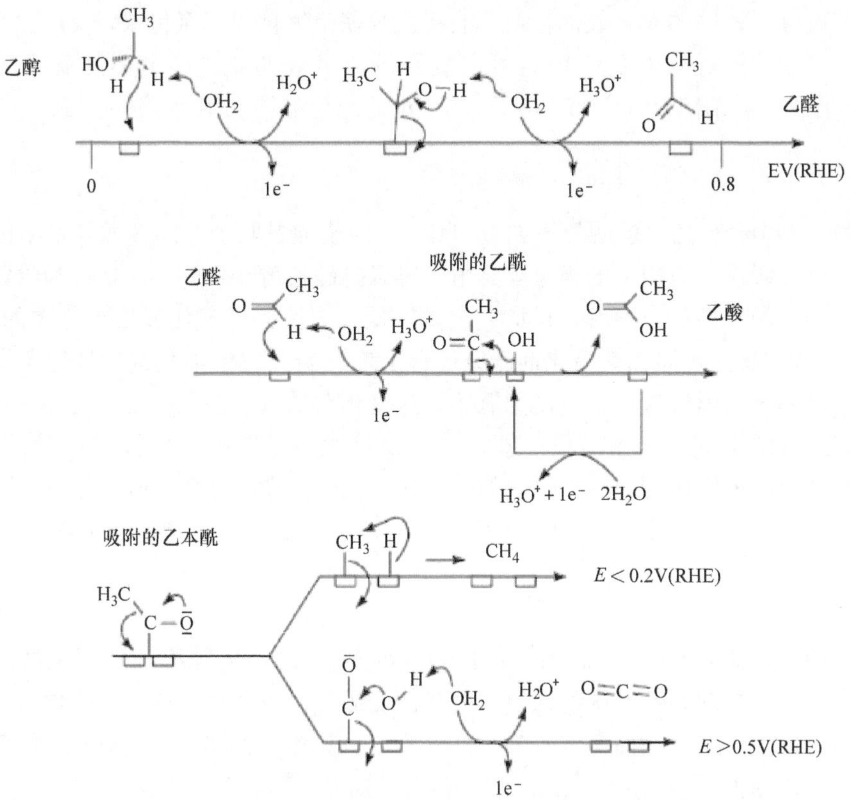

图 6.5　酸性介质中铂表面的乙醇电化学氧化机理（RHE ＝可逆氢电极）

（资料来源：Reproduced with permission from Vigier，F，Rousseau，S，Coutancean，C，Leger，J－M and Lamy，C，2006，Electrocatalysis for the direct alcohol fuel cell，Topics in Catalysis，vol. 40（1），pp. 111－121. Reproduced with permission of Springer）

催化剂材料的研究表明，氧化反应的第一步发生在 Pt 表面，并且将 Pt 与其他金属合金化也不会增强。Ru 和 Pt 的结合似乎抑制了 C－C 键的裂解。另一方面，Ru 的加入限制了不必要中间体的形成，从而提高了 CO_2 的选择性。在过去的 20 年中，出现了大量有关乙醇氧化催化剂的文献，这些文献表明，Sn 或 Ru 改造的 Pt 通常比较高效。与 DMFC 不同，Pt 与 Sn 目前用于乙醇氧化的更具活性的二元催化剂。尽管 Sn 和 Ru 都抑制了 C－C 键的断裂，但 Ru：Sn 即原子比小于 1 的 Pt－Sn－Ru 组成的催化剂仍是最有前景的三元阳极催化剂。对于碱性电解质 DEFC 的阳极反应与酸性电解质的阳极反应有细微的区别，参见反应式（6.13）和式（6.15），尽管显然 C－C 键的断裂在两个电池中都是重要的问题。有趣的是，铂在 AFC 中的乙醇氧化活性是酸池中的两倍。在早期的工作中，非贵金属催化剂（碳上负载的铁、镍或钴）在碱性体系中都有望成为阳极催化剂，但它们的活性却不如 Pt－C。最近发现，酸性燃料电池中根本不具有活性的钯在碱性 DEFC 中却是有效的，特别是与某些氧化物（例如二氧化铈（CeO_2）或二氧化钛（TiO_2）结合使用时）尤其有效。但碱性系统中的大多数催化剂不能将乙醇完全氧化成二氧化碳，反应通常会在乙酸处停止，这对于某些应用是可以接受的。尽管如此，位于美国夏安的 NDC Power 仍开发了无铂 DEFC，该 DEFC 的 10kW 原型电堆已用于军事应用。

6.2.3　低温运行时的性能和挑战

最新的 DEFC 的性能明显不如 DMFC，主要难题是两个电极（尤其是阳极）上电化学反应缓慢。电极上的高电势是由于难以打破乙醇中的强 C – C 键和给定反应步骤而导致的较慢反应速率，再加上选择性低，无法完成氧化和二氧化碳的生产。尽管对阳极双/三金属铂基催化剂已经进行了广泛研究，但催化剂活性对于实际应用仍然太低。与阳极相比，阴极的氧还原速度相对较快。但是，常用的 Pt – C 催化剂仍有改进的空间。与 DMFC 一样，另一个难题则是乙醇从阳极到阴极的交换。提高操作温度可以改善 DEFC 的性能，例如，已经证明$^{\ominus}$复合 Nafion 膜——二氧化硅膜——峰值功率密度可从 90℃的约 60mW/cm^2 增加到 130℃的 90mW/cm^2。

6.2.4　高温直接乙醇燃料电池

熔融碳酸盐（MCFC）和固体氧化物（SOFC）燃料电池都能够直接将醇作为燃料。当采用这两种技术中的任何一种时，乙醇都可以通过多种反应在含镍阳极或催化剂上发生反应，例如蒸汽重整、部分氧化、自热重整和干式（CO$_2$）重整，在第 10 章中讨论了上述反应。但是碳沉积却成了问题，尤其是在高温 SOFC（>800℃）中，乙醇可能会分解并在 SOFC 的入口通道中或在镍阳极材料上沉积碳。除非存在足够的蒸汽来抑制反应，否则对于 MCFC 和 SOFC 而言，碳的沉积都会成为一个重大问题。许多因素决定着碳的生成方式和位置，例如温度和阳极催化剂的组成。为了降低乙醇氧化的工作温度，已经对 SOFC 和 MCFC 电解质进行了一些研究，即将熔融碳酸盐混入固体氧离子传导基质中。使用这种材料，据称在 580℃下乙醇的功率密度高达 500mW/cm^2$^{\ominus}$。

6.3　直接丙醇燃料电池

在寻找减少燃料交换的方法时，研究人员还在 Pt 或 Pt – Ru 电极上评估了甲醇和乙醇以外的醇。例如，20 世纪 90 年代的几个研究小组研究了铂电极上丙 – 2 – 醇的电化学氧化。这种燃料的潜在优势如下：①与其他醇相比，毒性相对较小；

○ Di Blasi, A, Baglio, V, Stassi, A, D'Urso, C, Antonucci, V and Aricò, AS, 2006, Composite polymer electrolyte for direct ethanol fuel cell application, ECS Transactions, vol. 3 (1), pp. 1317 – 1323.

○ Mat, DM, Liu, X, Zhu, Z and Zhu, B, 2007, Development of cathodes for methanol and ethanol fuelled low temperature (300 – 360℃) solid oxide fuel cells, International Journal of Hydrogen Energy, vol. 32, pp. 796 – 801.

②在低电势下，不容易发生阳极中毒；③对交换和阴极中毒具有更好的抑制。对于给定的催化剂系统，燃料电池的性能与丙 – 2 – 醇浓度、阳极和阴极燃料流速、电池温度和氧化剂的背压等参数的影响有关。研究表明，当电池温度为 80℃，使用 Nafion 117 PEM，阳极和阴极负载分别为 $4mg/cm^2$ Pt – Ru 和 $1mg/cm^2$ Pt，使用 1.5M 丙 – 2 – 醇可以达到 $45mW/cm^2$ 的功率密度。

6.4　直接乙二醇燃料电池

乙二醇 $(CH_2OH)_2$ 是另一种用于大规模生产的醇，全球每年生产超过 700 万 t。它可广泛用作汽车散热器的防冻剂和普通塑料（例如聚对苯二甲酸乙二醇酯（PET））。它具有许多使其优于燃料电池甲醇的功能，即：

- 高沸点 198℃（甲醇 64.7℃）和低蒸气压。
- 高能量容量 4.8A · h/mL（甲醇 4.0A · h/mL）。
- 目前已建立了汽车行业的分销基础设施。
- 由于碳原子上的 OH 基，因此比乙醇更容易被氧化。

6.4.1　工作原理

直接乙二醇燃料电池（DEGFC）与之前的两种直接酒精燃料电池的原理完全相同。对于酸性电解质，阳极处燃料的氧化可以表示为

$$(CH_2OH)_2 + 2H_2O \rightarrow 2CO_2 + 10H^+ + 10e^- \tag{6.17}$$

因此，如果乙二醇可以完全氧化成二氧化碳，则从一分子燃料中将获得 10 个电子。但是，即使使用活性最高的阳极催化剂，也无法实现完全氧化，并且与乙醇一样，打破 C – C 键所需的能量也是主要障碍。大多数 DEGFC 都基于 PEM 电解质，质子从阳极转移到阴极。当此类电池在室温下工作并且电势低于约 0.9V 时，乙二醇会降解为草酸，无法进一步氧化。电渗阻力也会将水从阳极转移到阴极。因此，燃料交换也是一个问题，交换的乙二醇的氧化与阴极处的氧气还原之间可形成混合电势。

20 世纪 70 年代西门子建立了碱性 DEGFC 系统，该系统采用循环 KOH 溶液作为电解质。该电堆由 52 个电池组成，这些电池在 4.5A（正常功率输出 125W）下为 28V，在 14A（225W 峰值功率）下为 16V。阳极催化剂是铂 – 钯 – 铋合金，Pt + Pd 负载约为 $5mg/cm^2$。在碱性电池中，阳极反应可以表示为

$$(CH_2OH)_2 + 10OH^- \rightarrow 2CO_2 + 8H_2O + 10e^- \tag{6.18}$$

与其他碱性电池一样，CO_2 在阳极形成，因此会对电解液的局部 pH 值有直接影响。如果液体电解质被阴离子交换膜替代，那么在降低的 pH 值下的稳定性也是一个问题，因此必须进一步努力开发出对于这种类型的燃料电池足够坚固的阴离子膜。

6.4.2　乙二醇：阳极氧化

乙二醇氧化的可能途径如图6.6所示[○]。与其他醇类一样，氧化过程涉及几个连续且平行的并以中间产物为特点的吸附－解吸反应。由于 C－C 键不能被裂解，因此该反应可以轻松进行并终止于草酸或草酸盐的形成。在产物中还检测到一些 C2 产品，如甲酸和甲醛。

乙二醇部分氧化为草酸（涉及 8 个电子的转移）产生 3840A·h/L（3450A·h/kg），该值与甲醇完全氧化成 CO_2 的值相当，即 3970A·h/L（5019A·h/kg），乙醇也是如此。当然，不应该存在部分氧化为中间产物的状况——不仅是因为能量损失，而且还因为乙二醛、乙醛酸和草酸等物质的毒性。提高阳极催化剂上的铂负载量会增加此类中间体重新吸附的可能性，并导致更完全的氧化。其他直接乙醇燃料电池所采用的方法是使用铂合金（例如 Pt－Ru 和 Pt－Sn）作为氧化催化剂。许多负载在传统无定形碳或多壁碳纳米管（MWCNT）上的双金属和三金属催化剂已经过了乙二醇氧化测试。图 6.6 所示的反应过程比甲醇或乙醇的反应过程要复杂得多，并且不同催化剂的组合氧化各种反应中间体的能力还没有很好地理解清楚。阐明反应途径的性质和催化剂组分的作用都需要进一步的研究。

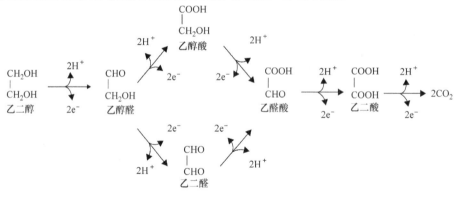

图 6.6　乙二醇氧化的逐步反应过程

6.4.3　电池性能

由于乙二醇的沸点高于甲醇或乙醇的沸点，并且其蒸气压较低，因此 DEGFC 能够在更高的温度下运行。随着温度升高，电化学反应的速率增加，同时膜的质子电导率增加，但交换的不利方面也增加。因此，如果要实现较高温度的优点，则必须提高阴极催化剂还原氧的选择性。迄今为止，DEGFC 的大部分开发都集中在 PF-

○ Ogumi, Z and Miyazaki, K, 2009, Direct ethanol glycol fuel cells, in Garche, J, Dyer, CK, Moseley, PT, Ogumi, Z, Rand, DAJ and Scrosati, B（eds.）, Encyclopedia of Electrochemical Power Sources, pp. 412 -419, Elsevier, Amsterdam.

SA 膜的使用上，主要是各种形式的 Nafion。很少有能够在约 90℃ 以上的温度下工作的膜。目前已经发现另外两个因素影响 DEGFC 的性能，即 pH 值和乙二醇浓度。在 KOH 电解质的碱性电池中，阳极处产生的 CO_2 会降低电极的 pH 值，从而引起碳酸根离子在铂催化剂上的吸附而降低电池的性能。使用双金属催化剂（例如，Pt – Ru）可以减轻这种不利影响。在碱性电解质中，在所有其他因素均相同下，高的乙二醇浓度会导致交换增加。同时，据研究，将浓度从 1M 增加到 6M 可有更高的电流密度。

6.5 甲酸燃料电池

甲酸（也称为甲烷酸）HCOOH 是分子中只有一个碳原子的最简单的羧酸。如前几节所述，它是其他醇直接氧化的中间产物，可单独用作燃料。甲酸在表 6.1 列出的液体醇中具有最低的能量密度，但与其他直接酸燃料电池相比，较高的理论电池电压（1.41V）也抵消了甲酸的不足之处。

直接甲酸燃料电池（DFAFC）的整体反应可以表示为

$$HCOOH + \frac{1}{2}O_2 \rightarrow CO_2 + H_2O \tag{6.19}$$

与之前的醇一样，对甲酸的研究主要集中在低温燃料电池上，尽管许多其他系统或许也可以使用这种燃料运行。甲酸将与碱性电解质反应生成盐（甲酸盐），导致电池降解，这就排除了使用带有碱性电池的燃料，并使 PEMFC 系统成为首选。

甲酸总的直接阳极氧化每个分子转移两个电子，即：

$$HCOOH \rightarrow 2H^+ + CO_2 + 2e^- \tag{6.20}$$

与高级醇中许多电子会在多个步骤中转移不同，甲酸的电化学氧化反应中只有几个步骤，这增加了完全氧化为 CO_2 的可能性，因此提高了燃料利用率。

注意，与甲醇（反应式（6.3））或乙醇（反应式（6.14））不同，甲酸的氧化不需要水，也没有裂解的 C – C 键。例如，在 DMFC 的情况下需要甲醇浓度为 0.5M，而理论上甲酸无须稀释即可用于燃料电池。尽管有必要使 PFSA 保持水合，但使用甲酸作为燃料时，PEMFC 燃料电池通常要求的复杂水管理就不再是问题。

6.5.1 甲酸：阳极氧化

甲酸比先前讨论的醇有更高的氧化活性，因此，铂和钯均可用作 DFAC 中的阳极催化剂。现已确定铂金属表面上甲酸的氧化是通过双重途径进行的[一]。直接途径可以通过快速反应式（6.20）来表示，该反应通过高反应活性中间体进行。氧化也可以通过间接途径进行，其涉及位点阻断或中毒中间体，例如甲醇在铂上电氧化

[一] Capon, A and Parsons, R, 1973, The oxidation of formic acid on noble metal electrodes Ⅲ, intermediates and mechanism on platinum electrodes, Journal of Electroanalytical Chemistry, vol. 45, pp. 205 – 231.

时也会遇到的强吸附的—COOH 中间体，即：

$$Pt + HCOOH \rightarrow Pt(COOH)_x + H^+ + e^- \tag{6.21}$$

被吸附的—COOH 中间体被吸附的 Pt – OH 物质氧化，即：

$$Pt(COOH)_x + Pt - OH \rightarrow 2Pt + CO_2 + H_2O \tag{6.22}$$

如图 6.7 所示，铂电极上进行的循环伏安图可描述直接和间接途径。0.5 ～ 0.6V 的峰值电压（相对于 RHE）对应于直接路径，而约 0.9V 的峰值对应于间接路径。在大多数实际情况下，间接机制占主导地位。与 DMFC 一样，Pt – Ru 作为阳极催化剂表现良好，尤其是在低温下。

对于钯催化剂，直接途径是主要的，且其中没有检测到吸附的反应中间体。研究最多的甲酸催化剂合金是 Pd – Pt，其具有很高的活性（转化效率约为 50%），与 PEMFC 中 Pt 电极上的氢相当。

6.5.2　电池性能

甲酸在水中的溶解度与甲醇相似。尽管如此，使用 PFSA 膜时的交换问题会较少，因为它会部分离子化以生成甲酸离子（HCOO⁻），该离子被膜分子上的带负电荷的磺酸盐基团所排斥。甲酸的吸湿性远低于甲醇，这也有助于减少交换现象，因为即使以最浓的形式，它也不会润湿如膜和 GDL 等吸湿性材料。与其他液体燃料电池相比，甲酸的高功率密度、高浓度和低交换特性共同形成了 DFAC 的高电流密度。例如，现已证明，开路电压为 0.72V 的 DFAC 可以提供 $134mA/cm^2$ 的最大电流密度，使用 12M 甲酸时的输出功率高达 $49mW/cm^2$ [⊖]。

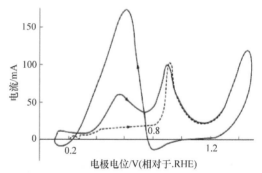

图 6.7　Pt 光滑珠电极（直径 = 0.15mm），在 25℃下在含 0.1 M HCOOH 的 0.5 M H₂SO₄中的循环伏安图，扫描速率 = 140mV/s⁻¹（—）连续读取（– –）在开路 5min 后

（资料来源：Reproduced from Capon, A and Parsons, R, 1973, The oxidation of formic acid on noble metal electrodes III. Intermediates and mechanism on platinum electrodes, Journal of Electroanalytical Chemistry, vol. 45, pp. 205 – 231. Reproduced with the permission of Elsevier）

6.6　硼氢化物燃料电池

第 5 章中介绍了使用硼氢化钠作为 AFC 燃料的可能性，但在 2000 年之前，很

⊖　Rice, C, Ha, S, Masel, RI, Waszczuk, P, Wieckowski, A and Barnard, T, 2002, Direct formic acid fuel cells, Journal of Power Sources, vol. 111 (1), pp. 83 – 89.

少有参考文献提及硼氢化物燃料电池。作为燃料，硼氢化钠可以以白色固体或30%（质量分数）的水溶液形式安全运输。该化学品在化学领域中具有广泛的用途，如作为将二氧化硫转化为二硫酸钠的还原剂，作为木浆和染料行业的漂白剂。该化学物质还用于合成维生素 A，以及在制备各种抗生素时将醛还原为酮和醇。

在酸性溶液中或在催化剂的存在下，硼氢化钠将与水反应生成氢：

$$NaBH_4 + 2H_2O \rightarrow NaBO_2 + 4H_2 \qquad (6.23)$$

因此，它可以作为常规 PEMFC 或 AFC 的氢源。"间接硼氢化物燃料电池（IBFC）"则用于定义这种燃料电池，该燃料电池通过硼氢化物和水在单独的反应器中的反应供给氢。"直接硼氢化物燃料电池（DBFC）"是指其中硼氢化物在阳极上直接分解并氧化的 AFC。理论上由于不应通过硼氢化物分解在 DBFC 中产生氢，因此可以实现更高的效率。

硼氢化钠在 DBFC 阳极上的直接分解如下：

$$NaBH_4 + 8OH^- \rightarrow NaBO_2 + 6H_2O + 8e^- \quad E° = -1.24V \qquad (6.24)$$

DBFC 中的电解质是一种碱，OH^- 离子通过该碱从阴极迁移到阳极，并像传统 AFC 中那样通过还原氧来产生，即：

$$O_2 + 2H_2O + 4e^- \rightarrow 4OH^- \quad E° = -0.4V \qquad (6.25)$$

反应式（6.24）和（6.25）产生的理论电池电压为 1.64V，高于本章中讨论的任何其他 DLFC。

由直接阳极反应式（6.24）产生的硼酸钠（$NaBO_2$）对环境友好，并可以循环为硼氢化钠。DBFC 的高电池电势可产生 9.3kW·h/kg 的理论比能，该比能大于甲醇（5.54kW·h/kg）的理论比能。尽管使用硼氢化物溶液可以在浓碱性水溶液（>6M）中制备最高至质量分数为 30%，但其比能会较低。

但是，能达到反应式（6.24）所预测的高阳极电位的很少，因为在大多数金属上硼氢化物会自发水解生成羟基硼氢化物中间体，然后，氢气根据：

$$BH_4^- + H_2O \rightarrow BH_3(OH) + H_2 + e^- \qquad (6.26)$$

$$BH_3(OH) + H_2O + e^- \rightarrow BO_2^- + 3H_2 \qquad (6.27)$$

由于反应式（6.24）和以下反应竞争的结果，DBFC 阳极上氢原子使该电极具有混合电位：

$$H_2 + 2OH^- \rightarrow 2H_2O + 2e^- \quad E° = -0.828V \qquad (6.28)$$

因此，观测到的阳极电势在 -1.24V 和 -0.828V 之间。

注意，反应式（6.26）和（6.27）构成了 IBFC 的基础。它们可以在装有硼氢化物溶液的反应器中进行，该反应器在中性或酸性条件下均有利，并可由催化剂促进。实际上 DBFC 或任何 AFC 的阴极上生成 OH^- 离子的另一种方法是还原过氧化氢。目前已经将该方法用于水下车辆和厌氧系统中。研究表明，使用过氧化氢碱系统产生的电池电压高于使用空气阴极获得的电池电压。

6.6.1 阳极催化剂

硼氢化物的电化学氧化是在 20 世纪 60 年代使用多孔镍和钯阳极的燃料电池中得以应用的。直接氧化需要对反应（6.24）具有高活性而对水解反应（6.23）具有低活性的选择性阳极催化剂。至今研究过的电极材料包括 N_2B、$Pd-Ni$、Au、胶体 Au、含 Pt 和 Pd 的 Au 合金、MnO_2、混合稀土[a]、AB5 型储氢合金（参见第 11 章）、雷尼镍、铜、胶体铱及其合金。但是，似乎只有金可以实现反应（6.24）的 8 个电子的转移，并产生最高的电池电压。镍虽仍处于活性状态，但仅能传输 4 个电子，即使用镍阳极可获得燃料理论能量值的一半。

由于金不能吸收氢，因此该金属上的氧化反应应该通过一种特定机理进行，在该机理中，第一步是通过电子的提取，即生成硼氢化物自由基 $BH_4\cdot$：

$$BH_4^- - e^- \rightarrow BH_4\cdot \tag{6.29}$$

第二步包括将自由基氧化为 BH_3^- 和水，然后形成乙硼烷 B_2H_6，乙硼烷经历进一步的电子转移。

在其他金属（例如 Ni、Pt 或 Pd）上，硼氢化物自由基根据以下反应在表面上解离，其中 M 代表催化剂金属：

$$M + BH_4\cdot \rightarrow M-BH_3^- + M-H \tag{6.30}$$

然后被吸附的 BH_3^- 被表面和电子转移反应氧化。大多数金属不能实现 8 个电子的转移，这表明部分电子被氧化为中间产物，或者反应式（6.23）速率很高。

许多氢存储合金已作为硼氢化物燃料电池的阳极催化剂，例如 $ZrCr_{0.8}Ni_{1.2}$ 和 $M_mNi_{3.55}Al_{0.3}Mn_{0.4}Co_{0.79}$（$M_m$ = 混合金属）。氢由硼氢化物产生，然后被存储在合金晶格中。这样的电极在 0.7V 电压下可以有适度的高电流密度（最高 300mA/cm），但是效率会比较低（仅转移了 4 个电子）。

6.6.2 挑战

阳离子渗透膜和阴离子渗透膜在含 NaOH 电解质的 DBFC 上均已通过测试，每种类型的膜都会导致电池内的化学特性不同。阳离子可渗透膜（即 Na^+ 离子可渗透）导致化学不平衡——1mol $NaBH_4$ 的氧化使 8mol Na^+ 离子在膜上转移，从而增加了阴极区域中 NaOH 的浓度，同时阳极中的 NaOH 减少了。在后一种情况下，电池的长时间运行可能会引起问题，因为 BH_4^- 离子仅在强碱浓度的溶液中稳定。因此，对于阳离子膜有必要将 NaOH 从阴极循环到阳极。图 6.8a[b] 中给出了该操作的示意图。

---

[a] M_m 表示混合金属，是铈、镧、钕和其他稀土金属的合金。

[b] Ponce de Leon, C and Walsh, FC, 2009, Sodium borohydride fuel cells, in Garche, J, Dyer, CK, Moseley, PT, Ogumi, Z, Rand, DAJ and Scrosati, B (eds.), Encyclopedia of Electrochemical Power Sources, pp. 192-205, Elsevier, Amsterdam.

相比之下，对于每摩尔被氧化的硼氢化物，阴离子渗透膜可将 8mol OH⁻ 从阴极穿过膜转移到阳极。如图 6.8b 所示，该膜的化学物质处于平衡状态，并且为了维持发电，仅需要将硼氢化物供应给阳极。

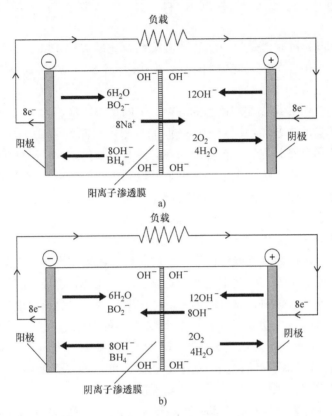

图 6.8　a）阳离子导电膜和 b）阴离子导电膜的 DBFC 的工作
原理，强调电极上反应的化学平衡

（资料来源：From Ponce de Leon, C and Walsh, FC, 2009, Sodium borohydride fuel cells, in Garche, J, Dyer, CK, Moseley, PT, Ogumi, Z, Rand, DAJ and Scrosati, B (eds.), Encyclopedia of Electrochemical Power Sources, pp. 192 – 205, Elsevier, Amsterdam. Reproduced with the permission of Elsevier）

DBFC 研究最广泛的阳离子渗透膜是 PEMFC 使用的各种 Nafion 材料，其在碱性溶液中很稳定。相比之下，目前尚无可商用的阴离子膜材料能够在不将 NaBH₄ 水解为氢的情况下，维持将 NaBH₄ 保持在溶液中所需的高碱度。

当然，可以使用液态碱性电解质而不使用离子传导膜来运行 DBFC，质量分数为 10% ~ 40% 的氢氧化钠或氢氧化钾溶液的效果就很好（其中质量分数为 10% ~ 30% 的硼氢化物溶液用作燃料）。然而，对于这些电解质，交换又成为一个问题。但是，含有阴离子膜的电池却很少引起关注。在阴离子膜电池中，膜可阻止 BH₄⁻

离子到达阴极。尽管有趋势，尤其是在低电流下 BH_4^- 离子会流向阴极，但是 OH^- 离子也会向相反方向流动保持电池电荷平衡。

6.7　直接液体燃料电池的应用

当前，DMFC 可以说是唯一已达到持续商业化阶段的 DLFC。目前也可以购买到其他直接液体电池的工具和专用系统，例如 Horizon Fuel Cells 出售的 DEFC，但它们并未构成很大的市场。

最先进的 DMFC 可以实现高达 $60mW/cm^2$ 的功率密度，这大大低于氢燃料电池的性能，故其应用限制在功率密度很低但能量密度很高的领域。换句话说，DMFC 适用于平均功率只有几瓦特，但提供功率必须要很长的时间——通常需要几天，如应用程序，包括手机、笔记本电脑、远程监控和传感设备以及移动设备。就消费类电子产品而言，不断增长的计算能力对电池提出了很高的要求，这些电池正在推动锂离子技术的进步。最先进的锂电池可提供约 $0.6W \cdot h/mL$ 的能量。通过与表 6.1 中给出的高能量密度燃料进行比较，不难看出为什么 DLFC 引起了人们的极大兴趣。液体能量密度明显高于电池的能量密度。即使考虑到燃料电池的转换效率，燃料电池系统的能量密度仍然高于电池的能量密度。此外，这还忽略了燃料电池的显著特点，即只要供应燃料，就可以继续产生功率。因此，燃料电池的大小取决于特定应用需要提供的最大功率（W）⊖。相比之下，可充电电池的大小则由其需要提供的电能（W·h）决定。已经放电至 10% 状态的锂电池充电可能需要几个小时，而燃料电池的充电则没有问题。一旦甲醇耗尽，可以在不到 1min 的时间内通过更换笔记本电脑 DMFC 系统的甲醇罐以重新提供动力。

摩托罗拉实验室、Energy Related Devices、三星高等技术学院、洛斯阿拉莫斯国家实验室和喷气推进实验室等组织以及大学中的各个研究小组已经证明：许多采用 Nafion 膜的 DMFC 电堆可用于便携式应用。德国的 SFC Energy AG 在 DMFC 系统产品的商业化方面拥有着最长纪录。该公司生产的 DFO 的 EFOY Comfort 系列 DM-FC 涵盖了 40～85W 标准输出的系统，这些系统可以 0.9L/（kW·h）的功率消耗甲醇。图 6.9a 中是位于移动房屋中的系统，图 6.9b 中是一系列更大的 EFOY Pro 系列 DMFC。Oorja Protonics（美国）正在努力为固定式设备和物料运输应用（如叉车）提供 1kW DMFC 系统，并在欧洲" Dreamcar"项目⊖开发出了用于车辆辅助动力装置的 5kW 系统，如图 6.10 所示。

⊖ 第 1 章中介绍的液流电池（例如钒氧化还原电池或溴化锌电池）的尺寸也是根据 kW 而不是 kW·h 来确定的——这是它们经常被归类为"燃料电池"而不是"电池"的另一个原因。

⊖ Liu，H and Zhang，J（eds.），2009，Electrocatalysis of Direct Methanol Fuel Cells，WILEY‒VCH Verlag GmbH & Co. KGaA，Weinheim.

a)   b)

图 6.9   a) 安装在移动房屋中的 EFOY Comfort 燃料电池，左侧装有甲醇容器

b) EFOY Pro 系列 （800 ~ 2400W） 系列

（资料来源：Reproduced with permission of Elsevier）

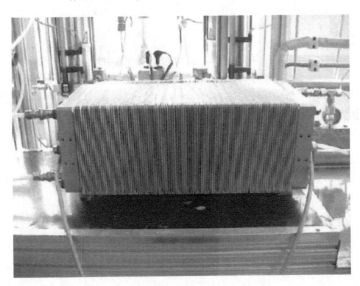

图 6.10   欧洲 "Dreamcar" 项目框架内开发的 5kW DMFC 电堆

（资料来源：Reproduced from Arico，AS，Baglio，V and Antonucci，V，2009，Direct methanol fuel cells：history，status and perspectives，in Liu，H and Zhang，J （eds.），Electrocatalysis of Direct Methanol Fuel Cells，WILEY – VCH Verlag GmbH & Co. KGaA，Weinheim. Reproduced with permission of Wiley – VCH）

扩 展 阅 读

Adamson, K-A and Pearson, P, 2000, Hydrogen and methanol; a comparison of safety, economics, efficiencies, and emissions, *Journal of Power Sources*, vol. 86, pp. 548–555.

Arico, AS, Baglio, V and Antonucci, V, 2009, Direct methanol fuel cells: history, status and perspectives, in Liu, H and Zhang, J (eds.), Electrocatalysis of Direct Methanol Fuel Cells, WILEY-VCH Verlag GmbH & Co. KGaA, Weinheim.

Badwal, S, Giddey, S, Kulkarni, A and Jyoti, G, 2015, Direct ethanol fuel cells for transport and stationary applications – a comprehensive review, *Applied Energy*, vol. 145, pp. 80–103.

Choi, WC, Kim, JD and Woo, SI, 2001, Modification of proton conducting membrane for reducing fuel crossover in a direct methanol fuel cell, *Journal of Power Sources*, vol. 96, pp. 411–414.

Dohle, H, Divisek, J and Jung, R, 2000, Process engineering of the direct methanol fuel cell, *Journal of Power Sources*, vol. 86, pp. 469–477.

Dohle, H, Schmitz, H, Bewer, T, Mergel, J and Stolten, D, 2002, Development of a compact 500W class direct methanol fuel cell stack, *Journal of Power Sources*, vol. 106, pp. 313–322.

Dyer, CK, 2002, Fuel cells for portable applications, *Journal of Power Sources*, vol. 106, pp. 31–34.

Hamnett, A 1997 Mechanism and electrocatalysis in the direct methanol fuel cell, *Catalysis Today*, vol. 38, pp. 445–457.

Jarvis, LP, Terrill, BA and Cygan, PJ, 1999, Fuel cell/electrochemical capacitor hybrid for intermittent high power applications, *Journal of Power Sources*, vol. 79, pp. 60–63.

Jung, DH, Cho, S, Peck, DH, Shin, D and Kim, JJ, 2002, Performance evaluation of a Nafion/silicon oxide hybrid membrane for direct methanol fuel cell, *Journal of Power Sources*, vol. 106, pp. 173–177.

第 7 章　磷酸燃料电池

7.1　高温燃料电池系统

在第 2 章中，注意到氢燃料电池的开路电压在较高温度下会降低。实际上，在大约 800℃ 以上，燃料电池的理论最大效率实际上低于热机。在此基础上，人们可能会问为什么燃料电池应该在更高的温度下运行？原因是，在许多情况下，高温带来的好处多于坏处：

- 电化学反应在更高的温度下进行得更快，因此由动电（"激活"）效应引起的电压损失更低。因此，通常不需要贵金属催化剂。

- 来自燃料电池堆的废气足够热，有利于从其他容易获得的燃料（如天然气）中产生氢气。

- 废气温度很高，因此是宝贵的热源，适用于燃料电池装置附近的建筑物、工艺和设施。换句话说，这些类型的燃料电池构成了极好的"热电联产"系统。

- 从废气和冷却液中提取的热量可用于驱动转向涡轮和发电机产生更多的电力。当涡轮机使用来自发电机（如燃料电池）的废热时，该方案被称为"底部循环"⊖。燃料电池和热力发动机的结合使两者的互补特性得到充分利用，从而以更高的效率发电。

磷酸燃料电池（PAFC）是在 200℃ 以上运行的最发达的普通竞争型技术。许多 200kW 的 PAFC 热电联产系统安装在世界各地的医院、军事基地、休闲中心、办公室、工厂甚至监狱。它们的表现是众所周知的。PAFC 的中等工作温度要求使用贵金属催化剂，而且和 PEMFC 一样，这些催化剂会因燃料气体中的一氧化碳而中毒。要达到可接受的低一氧化碳水平，需要一个稍微复杂的燃料处理系统。

一些系统设计问题是所有高温燃料电池共有的，值得在详细检查 PAFC 系统之前解决。这些问题主要涉及燃料电池产生的热量的去向，即热量是否用于重整燃料、驱动发动机或促进实际应用。因此，在评估 PAFC、熔融碳酸盐燃料电池（MCFC）和固体氧化物燃料电池（SOFC）堆的效用时，不应孤立地考虑这三种技

⊖　相反，在"顶部循环"中，电力主要由汽轮机产生。汽轮机排出的蒸汽被冷凝，释放的热量用于外部应用，如区域供暖或海水淡化。

术中的每一种，而应将其视为产生热量和电力的完整系统的组成部分。

高温燃料电池的共同特征如下：

● PAFC、MCFC 或 SOFC 几乎总是使用需要提炼或加工的燃料。第 10 章给出了燃料处理的详细审查，第 7.2.1 节解释了如何将该操作集成到燃料电池系统中并随后影响整体性能的基础知识。

● 燃料总是氢、碳氧化物和其他气体的混合物。在燃料气体通过电堆的过程中，氢气将被消耗掉，其在混合物中浓度的降低将降低局部电流密度。"燃料利用率"是一个重要的操作参数，在第 7.2.2 节中讨论。

● 高温废气携带大量热能，可用于涡轮机或其他热机的底部循环。第 7.2.3 节考虑了燃料电池和热力发动机的这种组合如何能够导致非常高的效率。

● 废气中的热量也可以在合适的热交换器的帮助下预热燃料和氧化剂。高温燃料电池系统中热量的最佳利用是系统设计的一个重要方面，通常被化学工程师称为"过程集成"。为了实现高的电气和热效率，系统需要设计成最小化（火用）损失，并且设计者可以引入"夹点技术"来实现过程集成的最佳结果。第 7.2.3 节涵盖了此类系统热管理方面。

7.2 系统设计

7.2.1 燃料加工

正如在第 10 章中详细描述的那样，在这一阶段，从烃中生产氢气通常包括"蒸汽重整"过程就足够了。该程序不应与石油工业中实施的碳氢化合物重整相混淆。在甲烷的情况下，蒸汽重整反应（通常称为 SMR）可以写成：

$$CH_4 + H_2O \rightarrow 3H_2 + CO \tag{7.1}$$

以 C_xH_y 为代表的包括其他碳氢化合物的一般表达式可以写成：

$$C_xH_y + xH_2O \rightarrow \left(x + \frac{y}{2}\right)H_2 + xCO \tag{7.2}$$

在大多数情况下，当然还有天然气，SMR 是吸热的。也就是说，需要供热来推动反应向前产生氢气。同样，对于几乎所有的燃料，重整必须在相对较高的温度下进行，通常远高于约 500℃。对于中高温燃料电池，重整反应所需的热量可以至少部分地由燃料电池本身提供，即由废气提供。就 PAFC 而言，200℃ 左右的热量必须通过燃烧新鲜燃料气体来补充。这一要求降低了整个系统的效率，因此，对于 PAFC，上限降至 40% ~ 45%（LHV）。相比之下，来自 MCFC 和 SOFC 的废气携带的热量可以在更高的温度下获得。如果所有来自 MCFC 或 SOFC 电堆的废热都用于提升 SMR（尤其是当该过程在电堆内进行时），结果是高的系统效率。对于 MCFC 或 SOFC 系统，通常可以实现超过 50%（LHV）的效率。

对于 PAFC，和 PEMFC 一样，蒸汽重整产生的气体混合物必须进一步处理，以降低混合物中一氧化碳的浓度。采用"水煤气变换"反应（通常简称为"变换反应"），将一氧化碳转化为二氧化碳，即：

$$CO + H_2O \rightarrow CO_2 + H_2 \tag{7.3}$$

该过程通常分两个阶段（见第 10.4.9 节）在不同温度下运行的反应器中进行，以达到 PAFC 电堆可接受的足够低的一氧化碳水平。

更复杂的是，天然气等燃料几乎总是含有少量的硫或含硫化合物。硫是一种众所周知的催化剂毒物，即它会优先吸附在催化剂金属上，降低蒸汽重整和变换反应的活性。以类似的方式，硫也将使所有类型的燃料电池的电极催化剂失活。因此，在将燃料气体送入重整器或电堆之前，必须将这种杂质从燃料气体中除去。脱硫在工业上已经很成熟，并且在许多碳氢化合物工艺中具有特征，不仅仅是燃料电池；该过程将在第 10.4.2 节中进一步讨论。

7.2.2 燃料利用

每当用于燃料电池的氢气作为反应气体的一种组分被供应或者由于内部重整而成为气体混合物的一种组分时，燃料利用的问题就会出现。考虑一种用于 PAFC 的净化燃料气体，它含有氢气、二氧化碳和水蒸气。当这种气体混合物流过电池时，氢被电化学消耗掉，CO_2 和 H_2O 只是简单地通过而没有反应。结果是，当燃料气体从电池入口流向出口时，氢气的分压下降。在电池阴极侧的空气中观察到类似的效果。

压力和气体浓度对燃料电池开路电压的影响已在第 2.5 节中进行了研究。作为式（2.36）引入的能斯特关系将开路电压 V_r 与氢气、氧气和蒸汽的分压联系如下：

$$V_r = V^\circ_r + \frac{RT}{2F} \ln \left(\frac{\frac{P_{H_2}}{P^\circ} \cdot \left(\frac{P_{O_2}}{P^\circ} \right)^{\frac{1}{2}}}{\frac{P_{H_2O}}{P^\circ}} \right) \tag{2.36}$$

如果只考虑氢的分压，并且压力从 P_{in} 变为 P_{out}，那么电池电压的变化由下式表示：

$$\Delta V = \frac{RT}{2F} \ln \left(\frac{P_{out}}{P_{in}} \right) \tag{7.4}$$

假设燃料气体中氢的分压由于电池内发生的反应而下降，P_{out} 总是小于 P_{in}，因此 ΔV 总是为负。开路电池电压以及负载下的电压在从入口移动到出口时可能会下降。这显然不是事实，因为双极板是良好的电子导体，因此燃料电池的两个电极之间的电压差在电池的整个面积上必须相同。在燃料入口测得的负载下的局部电池电压必须与在燃料出口测得的电压相同。为了发生这种情况，电池出口处的局部电流密度必须低于入口处的局部电流密度，以适应与入口相比在电池出口处可用于反应的氢气更少的事实。

　　假设上述情况特别适用于 SOFC 和 MCFC，其中每个电极的激活过电位相对较小，并且内部欧姆损耗在整个电池中是均匀的。最近的研究发现质子交换膜燃料电池不一定是这种情况。仔细的现场测量表明，这些燃料电池的电流密度和局部阻抗根据电池中的位置而变化。横流 PEMFC 中两个参数的示例数据如图 7.1（见彩插）所示。燃料和氧化剂入口拐角处的电流密度最高，燃料和氧化剂出口拐角处的电流密度也较高，如图 7.1a 中的段 17 和 33 所示。相比之下，图 7.1b 中给出的这两个段的交流阻抗谱明显不同，表明阻抗因电池位置而异。实际上，在这个例子中，电池（25）中心的部分表现出与电池出口（33）相似的阻抗谱。

　　式（7.4）显示，ΔV 也依赖于温度，这意味着对于在较高温度下运行的燃料电池，预期开路电压降以及由于通过阳极的氢气分压下降而导致的电流密度降低将更大。

　　在燃料电池的阴极，空气中氧气的分压在通过电池时也会降低。实际上这不是什么大问题，因为电池电压取决于氧分压的平方根，如式（2.36）所示。燃料和氧气利用率对开路电压 V_r 的影响如图 7.2 所示。最上面的虚线显示了一个典型的氢燃料电池的电压，它在 100kPa 的功率下工作，并且供给纯氢和氧。下方的虚线表示在阴极使用空气的电池四份氢气和一份二氧化碳的混合物，模拟从重整甲烷中获得的气体混合物。上部和下部实线分别是 80% 和 90% 燃料利用率下的"开路出口电压"图，两种情况下的空气消耗量均为 50%。这些数据适用于空气和燃料流

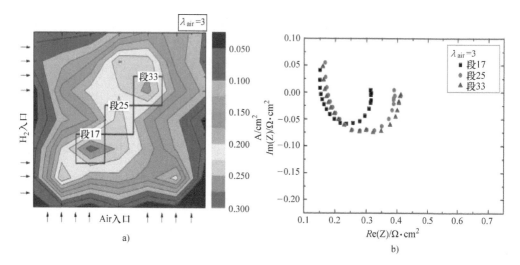

图 7.1　a）电流密度分布和 b）200℃下 PEMFC 选定电池段的电化学阻抗谱奈奎斯特图；
$\lambda = 3$ 的阴极化学计量。

（资料来源：博格曼，A，库尔茨，T，格特森，D 和赫布林，C，2010 年，空间分辨阻抗
在质子交换膜燃料电池高达 200℃，在：斯托尔滕，D 和格鲁贝，T．（编辑），第 18 届世界氢能大会，
WHEC 2010，平行会议第 1 册：燃料电池基础/燃料基础设施，WHEC 会议录，5 月 16–21 日）

向相同（同向）的情况。在这种情况下，开路电压的下降对于同向流配置来说是显著的，并且如预期的那样，随着温度和燃料利用率的增加而增加。

有时，通过高温电池的电流密度分布可以通过以相反的方向（即逆流操作）将空气和燃料送入电池而变得更加均匀。通过这种布置，电池的燃料出口区域具有最高的氧分压。然而，应该注意的是，特别是燃料电池采用的配置还取决于燃料和空气流如何影响电池组内的温度分布。反过来，这又受到用于电堆冷却的方法的影响。

应该记住，蒸汽是在 MCFC 和 SOFC 的阳极产生的，而不是像 PEMFC 和 PAFC 那样在阴极产生的。换句话说，在 MCFC 或 SOFC，燃料中的氢在被消耗时基本上被蒸汽取代。因此，如果氢气的分压在通过燃料电池阳极室时降低，蒸汽的分压将会增加，如前面的式（2.36）所示，结果将是开路电压下降。不幸的是，这种行为的影响很难建模，因为，例如一些蒸汽可以用于内部燃料重整。因此，实际情况可能比图 7.2 所示的更糟。

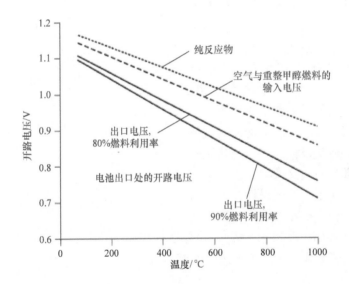

图 7.2　不同条件下氢燃料电池的开路电压。出口处的两条电压曲线显示了电压如何取决于燃料利用率和温度。在这两种情况下，氧气利用率都是 50%

可以得出这样的结论：在含有二氧化碳的重整燃料的情况下，或者当应用内部重整时，不可能消耗燃料电池堆中的所有氢。因此，如第 7.2.3 节所述，一些氢气必须直接通过未转化的电池，以便稍后用于提供能量来处理燃料或燃烧以增加可用于进一步操作的热能。在燃料电池发展的早期，PAFC、MCFC 和 SOFC 的燃料和空气利用的最佳值是通过实验确定的。近年来，随着能够模拟整个燃料电池系统的计算机模型的出现，这项任务变得更加容易。

7.2.3 热交换器

毫不奇怪，燃料电池系统各种组件的集成方式存在挑战。这种情况适用于所有类型的燃料电池，但是特别值得注意的是 PAFC、MCFC 和 SOFC 系统，其中一些工厂平衡项目在高温下运行。这些项目的例子有脱硫器、重整反应器、变换反应器、热交换器、循环压缩机和喷射器。在这些部件中的一些中，可能会产生或消耗热量。系统设计者面临的挑战是以一种方式来布置各种部件，该方式使得到外部环境的热损失最小化，同时确保热在系统内以最佳可能的方式被利用（即通过避免不必要的损失）。

7.2.3.1 设计

在任何燃料电池系统中，几个过程流都需要热量，例如，预热送入重整器的燃料、运行重整器本身以及提升和过热蒸汽。还有一些区域需要冷却，例如燃料电池堆，在 PEMFC 的情况下，还有变换反应器的出口。从一种过程流到另一种过程流的热传递是通过热交换器进行的。待加热的气体（或液体）通过被待冷却的气体（或液体）加热的管道。热交换器的常用符号如图 7.3 所示。当过程的出口流体被用来加热进入的流体时，热交换器通常被称为"换热器"。

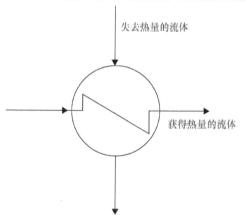

图 7.3　热交换器的通用符号。待加热的流体通过锯齿形元件

有几种类型的热交换器，包括管壳式、板翅式和印制电路式设计。任何特定应用的选择将由操作的温度范围、所涉及的流体（例如，液相或气相）、流体通量和成本来决定。结构材料、制造方法和应用所需的传热面积决定了换热器的成本。

7.2.3.2 㶲分析

㶲是系统通过一系列可逆过程与其周围环境达到热力学平衡时所能完成的最大功。因此，一个系统的（㶲）可以被认为是衡量它与周围环境平衡的"距离"。当系统及其周围环境处于平衡时，系统的㶲为零。因此，热（㶲）只是"可利用的热量"。经典定义的势能和动能也是㶲的形式，就像燃料燃烧的吉布斯自由能一样（符号改变）。能量在所有过程中都是守恒的（热力学第一定律），而㶲在可逆过程中是守恒的。真实的过程当然是不可逆的，因此㶲总是部分消耗以给出熵。

在诸如燃料电池系统的能量转换装置中，化学反应不断发生，系统的状态不能仅仅由温度、体积和压力来确定。认识到这一点，吉布斯定义了一个性质 μ，称为物质或系统的化学势。当一个系统中的能量变化也涉及化学反应时，吉布斯自由能的变化可以用下式表示：

$$\partial G = V\partial P - S\partial T + \sum \mu_i \partial n_i \tag{7.5}$$

式中，V、S 和 n_i 分别表示系统的广泛参数（体积、熵和不同化学成分的摩尔数）；P、T 和 μ_i 是环境的密集参数（压力、温度和组件的化学势）。可以看出⊖，系统从初始状态到参考状态的变化（ΔB）由下式给出：

$$\Delta B = S(T - T_o) - V(P - P_o) - \sum n_i(\mu_i - \mu_o) \tag{7.6}$$

显然，温度越高，系统的（㶲）就越大。例如，考虑 PEMFC 和 SOFC 系统具有相同功率输出和效率的情况。来自两个系统的排气流的热量，即焓含量将是相同的。PEMFC 中释放的热量温度约为 80℃，因此在系统内和外部应用中的价值有限。对于后者，它可以应用于建筑物中的空间加热，或者可能与吸收冷却系统集成以提供空气冷却。在设计 PEMFC 系统时，应注意确保热量得到有效利用，以便最大限度地利用余热。相比之下，SOFC 产生的热量将处于更高的温度，因此将具有更高的㶲，因此，比 PEMFC 产生的热量更有进一步利用的价值。例如，来自 SOFC 的废热可以在底部循环中为蒸汽轮机提供动力。

因此，所有燃料电池系统的配置都应使（㶲）损失最小化。这对于 PEMFC 和 PAFC 系统尤其重要，这两个系统在中等温度下运行，系统内任何低效利用的热量都会对外部可用的排热量产生更有害的影响。

7.2.3.3　夹点分析

夹点分析，或称夹点技术，是一种可应用于燃料电池系统的方法，用于确定热交换器和其他装置的最佳布置，以使㶲损失最小化。它最初由化学工程师设计，作为定义节能选项的工具，特别是在热交换器网络中，但后来被应用于燃料电池系统的开发。这个概念相当直截了当，但是对于复杂的系统，需要复杂的计算机模型。夹紧技术的程序大致如下。

在任何燃料电池工厂，无论热交换器位于何处，都会有需要加热（冷流）和冷却（热流）的工艺流。因此，系统设计的第一阶段是建立基本的化学处理要求，并产生一个显示和定义所有冷流和热流配置。

热量和质量平衡的计算使工程师能够确定每股流的焓含量。加热和冷却曲线可以从每股流所需温度的知识中产生；图 7.4 给出了 MCFC 系统的例子。然后将单独的冷却和加热曲线相加，形成两个合成图——一个显示所有需要加热的流所需的总加热，另一个显示需要冷却的流所需的总冷却。图 7.5 给出了通过对图 7.4 的曲线求和得到的合成图。通过沿 x 轴滑动，并在最小温度差（例如 50℃）的情况下"挤压"在一起，将合成图组合在一起；记录下温度。这个所谓的夹点定义了最佳

⊖　Dincer, I and Cengel, YA, 2001, Energy, entropy and exergy concepts and their roles in thermal engineering, *Entropy*, Vol. 3, pp. 116 – 149.

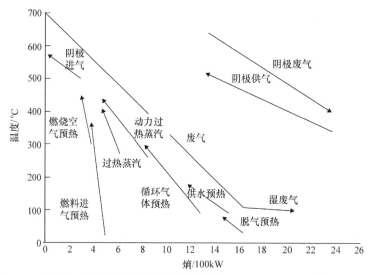

图 7.4　具有高压蒸汽发生的概念性 3.25MW MCFC 系统
的冷热加热图。蒸汽过热；锅炉给水

工艺设计的目标，因为在实际系统中，热量不能从这个夹点温度之上或之下传递。一旦知道了夹点，热交换器可以这样定位，使得需要加热的单元和需要冷却的单元之间实现最大的热传递。在一些燃料电池系统中，找不到夹点温度，在这种情况下，问题就变成了为系统定义温度上限。不管怎样，夹点技术为系统优化提供了一个极好的方法。许多计算机模型可用于计算系统周围的热量和材料流量，以及计算夹点温度⊖。一旦进行了这样的分析，就可以设计所需的热交换器和反应器。

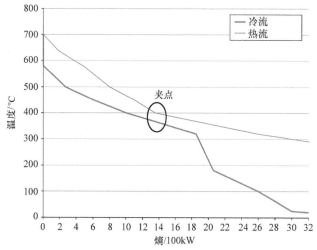

图 7.5　从图 7.4 中的数据得出的合成曲线

⊖　例如，阿斯彭科技公司生产了一套软件包，包括 Aspen Plus® 和 AspenTech Pinch™，它们广泛用于工艺和系统设计。

当然，在设计燃料电池工厂时，还需要考虑其他因素，例如，工厂平衡部件的材料选择和系统的机械布局。配置最初以工艺流程图（PFD）的形式绘制，该流程图显示了燃料电池堆和相关电厂平衡部件的逻辑排列。系统设计人员可以使用的许多其他技术不在本书的讨论范围之内。尽管如此，我们希望对高温燃料电池系统的共同要素的考虑将是一个良好的起点。

7.3 操作原则

如第 4 章所述，PAFC 的工作方式与 PEMFC 相似。采用质子传导电解质，阳极和阴极上发生的反应见第 1 章图 1.3。电化学反应发生在负载在炭黑上的高度分散的电催化剂颗粒上。和 PEMFC 一样，PAFC 使用铂（铂）合金作为两个电极的催化剂。电解质是无机酸——浓磷酸（质量分数 100%）。

7.3.1 电解液

磷酸（H_3PO_4）是唯一一种常见的无机酸，其在 150℃ 以上具有令人满意的热、化学和电化学稳定性，并且具有足够低的挥发性，可被认为是燃料电池的电解质。最重要的是，与碱性燃料电池中的电解质溶液不同，磷酸能耐受燃料和氧化剂中的二氧化碳。因此，联合技术公司选择了这种酸（一家美国公司，后来成为 ON-SI 公司的子公司）在 20 世纪 70 年代作为陆地应用中燃料电池发电厂的首选电解质。

磷酸是一种无色、黏稠、吸湿的液体。它通过毛细作用（接触角 > 90°）被包含在 PAFC 中，该毛细作用位于由约 $1\mu m$ 的碳化硅颗粒制成的基体的孔隙中，碳化硅颗粒与少量聚四氟乙烯结合在一起。自 20 世纪 80 年代初以来，燃料电池中一直使用的纯 100% 磷酸的冰点为 42℃。因此，为了避免因冻结和收缩而产生应力，PAFC 电池组在投入使用后通常会保持在该温度以上。尽管蒸汽压力较低，但在高温下长时间的正常燃料电池工作过程中会损失一些酸；该量取决于操作条件，尤其是气体流速和电流密度。因此，有必要在使用过程中补充电解液，或者确保在运行开始时，电池中有足够的酸储备来维持预期寿命。碳化硅基体足够薄（0.1 ~ 0.2mm），以将欧姆损耗保持在合理的低水平（即，给出高电池电压），同时具有足够的机械强度和防止反应气体从电池一侧交叉到另一侧的能力。后一种特性对所有使用液体电解质的燃料电池都是一个挑战。在某些条件下，阳极和阴极之间的压力差会显著升高，这取决于系统的设计。

燃料电池中磷酸的损失可以通过体积变化或蒸发以及电化学泵送转移来实现。在操作过程中，磷酸电解液的体积根据温度、压力、负载变化和反应气体的湿度而膨胀和收缩。MCFC 的电解液也会产生类似的效果，这将在第 8.2 节中讨论。为了替代可能因膨胀或体积变化而损失的电解液，PAFC 的多孔碳肋流场板充当了多余电解液的储槽。这些板的孔隙率和孔径分布经过精心选择，以适应电解液的任何体积变化。通过保持电池组合理的低的运行温度，电解质通过蒸发的损失被最小化，但是即使在200℃下，仍有一些电解质通过空气通道逸出。在实际的PAFC电堆中，通过确保阴极排出气体通过电池边缘的冷却冷凝区，蒸发损失得以减少。通过额外的冷却，该区域保持在160~180℃，该温度足够低以冷凝出大部分电解质蒸气。

电化学泵送是一种现象，其本身发生在使用任何液体电解质或溶解电解质的燃料电池中。在PAFC的情况下，电解质分解成带正电的阳离子（H^+）和带负电的阴离子（$H_2PO_4^-$）。在运行过程中，质子从阳极向阴极移动，而阴离子向另一个方向移动。因此，磷酸根阴离子在阳极积聚，并能与氢反应形成磷酸，从而导致电解质在每个电池的阴极积聚。毫不奇怪，在MCFC也会出现类似的效应，碱金属离子从阳极泵入阴极会在燃料电池阴极形成碳酸盐电解质。电化学泵送可以通过优化多孔部件的孔隙率和孔径分布来最小化，即在PAFC和MCFC的情况下分别为肋板和电极。PAFC隔板的退化会导致电解质从一个电池迁移到下一个电池堆电压的灾难性损失。酸的迁移也可能通过管汇密封的破裂发生，再次导致严重的电堆故障。

7.3.2　电极和催化剂

像PEMFC一样，PAFC也有气体扩散电极，其中催化剂是负载在碳黑上的铂。这种催化剂取代了20世纪60年代中期建造的第一批PAFC电堆中使用的聚四氟乙烯黏结的铂黑。在现代PAFC，催化剂层含有质量分数为30%~50%的聚四氟乙烯作为黏合剂，用于形成多孔结构。同时，碳催化剂载体提供了与PEMFC催化剂载体类似的以下功能：

- 分散铂以确保良好的利用率。
- 在电极中提供微孔，使气体最大限度地扩散到催化剂和电极–电解质界面。
- 增加催化剂层的导电性。

PAFC催化剂在正极和负极中的活性取决于铂的性质，即其微晶尺寸和比表面积。在最先进的电池组中，目前阳极和阴极的铂负载分别约为0.10和0.50mg/cm^2。低负载部分是纳米技术进步的结果——能够制备直径约为2nm的小晶粒，高比表面积高达100m^2/g；参见第1章图1.6。

PAFC的每个催化剂层通常与薄的气体扩散层（GDL）或碳纸制成的基底结合。一种典型的用于聚酰胺纤维复合材料的GDL有10毫米长的碳纤维嵌入石墨树脂中。该纸具有约90%的初始孔隙率，通过用质量分数为40%的聚四氟乙烯浸渍降低到约60%。所得的防潮碳纸包含直径为3~50m（中值孔径约为12.5m）的大孔，可用作磷酸的储库，以及中值孔径约为3.4nm的微孔，以允许气体渗透。

碳纸基底上的炭黑＋聚四氟乙烯层的复合结构在燃料电池中形成稳定的三相界面，电解质在电催化剂一侧，反应物气体环境在另一侧（碳纸）。

催化剂层碳的选择很重要，铂的分散方法也很重要，这两个领域的许多专业知识都是燃料电池制造商的专利。经过几十年的现场运行证明，PAFC 表现出良好的长期可靠性。例如，在电极性能的衰减达到不可接受的低水平之前，电池堆的工作时间可能会超过 40000h。

磷酸电极可能产生一氧化碳中毒，尽管其耐受性明显大于 PEMFC 催化剂。因此，与 PEMFC 的阳极催化剂相比，该阳极催化剂可以在燃料气体中仅接受百万分之几的一氧化碳，而 PAFC 阳极催化剂通常在 200℃ 下可以耐受高达约 2mol% 的一氧化碳。除了也会使催化剂中毒的硫之外，少量的氨和氯化物，即使在燃料中的百万分之几的水平，也会降低电池的性能。这些不会抑制铂催化剂本身，但会与磷酸反应形成盐，降低电解质的酸度，并会沉淀和堵塞多孔电极。避免不可接受的性能损失，主体电解质中磷酸铵（$(NH_4)H_2PO_4$）的浓度必须保持在 0.2mol% 以下。为了达到这一要求，通常在燃料处理器的出口和阳极的入口之间插入一个氨捕集器，以防止氨进入电堆。PAFC 催化剂也可以通过铂颗粒的聚集而降解。在操作过程中，颗粒倾向于迁移到碳表面并结合形成更大的颗粒，从而减少了可用的活性表面积。这种类型的降解速率主要取决于操作温度。一个不寻常的困难是，在高电池电压（约 0.8V 以上）下，碳的腐蚀成为一个问题。在实际应用中，电池电压高于 0.8V 的低电流密度和开路时的热空转最好用 PAFC 来避免。

7.3.3　电堆构造

PAFC 堆由肋状双极板、阳极、电解质基体和阴极的重复排列组成。如图 1.9 所示，与 PEMFC 所述的方式类似，肋状双极板用于分离单个电池，并将它们串联电连接，同时分别向阳极和阴极提供气体供应。如前所述，在 PAFC 还有一个额外的要求，即建造一个磷酸储罐。该特征可以位于电极基底或 GDL。当由多孔石墨碳制成时，肋状双极板也可以作为多余磷酸的储槽。这种能力在现代 PAFC 电池组中是通过构建"多层"双极板来实现的，在双极板中，石墨流场板结合在薄的无孔碳层的两侧，该碳层在相邻电池之间形成气体屏障。图 7.6 显示了一种通用布置，图 7.7 显示了由联合技术公司的子公司国际燃料电池公司（IFC）生产的水冷 PAFC 电堆的配置。在 IFC 设计中，催化剂层沉积在阴极和阳极的多孔碳纸基材上。这些依次是使用加热分解的聚合物黏合到流道被压入的流场板上。所得的"多层"双极板与以前采用的叠层结构相比具有以下优点：

● 催化剂层和 GDL 基底之间的表面促进气体均匀扩散到电极。

● 由于每个基板上的肋仅在一个方向上延伸，所以该板适合于连续制造过程；如果需要，可以轻松适应横流配置。

● 基板和流场板可以作为磷酸的储槽，从而提供一种延长电池组寿命的方法。

典型的 PAFC 电池组可以包含 50 个或更多串联的电池，以获得所需的实际电压水平。

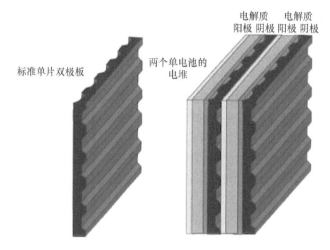

图 7.6　使用肋状基板（双极板）的电池排列

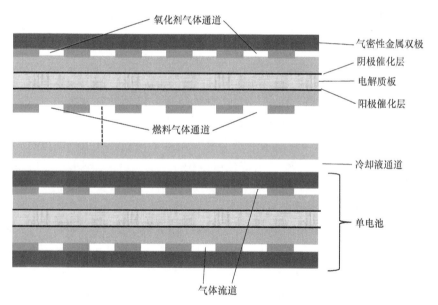

图 7.7　国际燃料电池公司（IFC）生产的水冷 PAFC 电堆的基本设计示意图。
该图显示了电池堆中两个电池的横截面

（资料来源：改编自 Kurzweil，2003，*Fuel Cell Technology*，Vieweg，Teubner 威斯巴登。）

7.3.4　电堆冷却和歧管

磷酸燃料电池堆可以用液体（通常是水或冷却液）、电介质（油）或空气冷却。冷却通道或管道可以位于电池中的电池之间。如图 7.7 所示，冷却也最容易通过在双极板的气密部件之间循环冷却液来实现。注意，冷却液不必在每个电池之间流动——通常，大约每 5 个电池之间就足够了。我们还生产了空冷 PAFC 电堆，具有简单、可靠和低成本的优点。然而，空冷电堆中的通道很大，这限制了电堆的实际尺寸。仅需要狭窄的液体就能获得更好的散热效果通道，导致更紧凑的堆栈设计。但窄通道设计复杂，制造成本高。

尽管小型 PAFC 电堆可以用空气冷却，但 50kW 以上的电堆总是使用沸水或加压水作为冷却剂。在前一种方法中，水的汽化热被用来除去电池中的热量。由于电池的平均温度约为 180 ~ 200℃，冷却水的温度约为 150 ~ 180℃。用沸水可以使电池堆达到相当均匀的温度，从而提高电池效率。如果采用加压水的替代方案，热量仅通过液态水的热容量从堆中移除，因此需要更大的冷却剂流量。然而，加压水更容易控制，尽管不如沸水有效，但它提供了比用油（电介质）或空气作为冷却介质获得的更好的整体性能。

水冷的主要缺点是水处理对于防止冷却管腐蚀和冷却回路堵塞是必要的。所要求的水质与传统火力发电厂的锅炉所要求的相似。尽管使用离子交换树脂不难实现，但这种水处理增加了 PAFC 系统的成本。

所有 PAFC 电堆都装有歧管，通常连接到电堆的外部，这些是所谓的外部歧管（将在第 8.4.1 节中注意到，MCFC 系统公司的一些开发人员更喜欢替代的"内部歧管"安排）。各自的入口和出口歧管系统使得燃料气体和氧化剂能够循环通过特定电池组的每个电池。为了使电池组内的温度变化最小化，从而确保长寿命，燃料气体的入口歧管经过精心设计，为每个电池提供均匀的供应。通常一个燃料堆由几个子燃料堆⊖组成，在这些子燃料堆中，燃料板水平安装在彼此的顶部，每个子燃料堆都有单独的燃料供应。如果燃料电池堆要在高压下运行，整个电池堆组件必须位于一个容器内，容器内充有压力略高于反应物压力的氮气。

7.4　性能

典型 PAFC 的性能（电压 – 电流）曲线类似于图 3.1 所示的中低温电池，尽管 PAFC 电池组的电流密度通常在 150 ~ 400mA/cm^2 的范围内。在大气压下工作时，输出的电池电压为 600 ~ 800mV。与 PEMFC 一样，主要的电压损失发生在阴极，空气（300mA/cm^2 时通常为 560mV）比纯氧（300mA/cm^2 时通常为 480mV）的过电压更大，因为前者用氮气稀释氧气。使用纯氢时阳极的电压损失非常低（每 100mA/cm^2 约为 4mV），当燃料气体中存在一氧化碳时这个电压损失会增加。功率

⊖　在燃料电池行业中，经常会提到"子电池堆"和"短电池堆"。这两个术语分别描述了一小组全尺寸电池（即完全组装电池堆中使用的相同电池面积）。制造商通常对"短电池堆"进行寿命测试，以避免制造整堆电池的成本。短堆栈和完整堆栈的性能预计非常相似。

放大器的欧姆损耗也相对较小，约为每 $100mA/cm^2$ 12mV。

7.4.1 操作压力

对于任何类型的燃料电池，性能都是压力、温度以及反应气体的组成和利用的函数。众所周知，工作压力的增加会提高 PAFC 以及所有其他候选燃料电池的性能。从 P_1 到 P_2 的系统压力变化导致的电池电压增加由公式给出（见第 2 章第 2.5.4 节）：

$$\Delta V = \frac{RT}{4F}\ln\left(\frac{P_2}{P_1}\right) \qquad (2.44)$$

然而，电压的变化并不是高压的唯一好处。在 PAFC 的工作温度下，由于氧气和产物水的分压同时增加，提高压力也会降低阴极的活化过电位。如果允许水的分压增加，较低的磷酸浓度将导致离子电导率的轻微提高，这反过来将导致较高的交换电流密度。第 3.4.2 节详细讨论了这一重要的有益效果，它促进了活化过电位的进一步降低，并且更大的电导率降低了欧姆损耗。最终结果是，对于 PAFC 来说，电压随压力的增加比式（2.44）预测的要高得多。根据在一段时间内收集的实验数据，美国能源部燃料电池手册⊖建议公式：

$$\Delta V = 63.5\ln\left(\frac{P_2}{P_1}\right)mV \qquad (7.7)$$

温度范围 177℃ < T < 218℃ 和压力范围 0.1MPa < P < 1.0MPa 时式（7.7）给出更合理的近似值。

7.4.2 工作温度

氢燃料电池的可逆电压随着温度的升高而降低，参见第 2.3 节。在 PAFC 可能的温度范围内，在标准条件下（氢气氧化的产物是水蒸气），效果是每摄氏度降低 0.27mV。另一方面，温度的升高对电池性能有有益的影响，因为活化过电位、传质过电位和欧姆损耗都降低了，如第 3 章所述。铂上氧还原的动力学也随着电池温度的升高而改善。上述《燃料电池手册》指出，对于在空气中运行的 PAFC 中等工作负载下的纯氢（约 $250mA/cm^2$），电压增益（ΔV_T）随温度的升高由下式给出：

$$\Delta V_T = 1.15(T_2 - T_1)mV \qquad (7.8)$$

为推导该方程而收集的数据表明，该方程在 18℃ < T < 25℃ 的温度范围内是合理有效的。该关系表明，电池温度每提高 1℃，性能就会提高 1.15mV。其他数据表明，该系数实际上可能在 0.55 ~ 0.75 的范围内，而不是 1.15。

尽管温度对阳极上的氢氧化反应只有最小的影响，但就阳极中毒而言，这个操

⊖ EG&G Technical Services, Inc., 2004, *Fuel Cell Handbook* (7th Edition), US Department of Energy, Office of Fossil Energy, National Energy Technology Laboratory, P. O. Box 880, Morgantown, West Virginia 26507 – 0880.

作参数很重要。如图 7.8 所示，提高电池温度会提高阳极对一氧化碳的耐受性，其好处是减少了气体的吸附。在图 7.8 中还可以看到模拟煤气（SCG）的强烈温度效应。

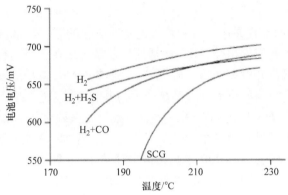

图 7.8　温度对不同燃料的 PAFC 电池电压的影响：H_2、$H_2 + 20 \times 10^{-6}$ H_2S、$H_2 +$ 一氧化碳和模拟煤气

（资料来源：转载自贾兰，V，普瓦里耶，J，德赛，M 和莫里森，B，1990，一氧化碳和 H2S 耐受性 PAFC 阳极催化剂的发展，第二届年度燃料电池承包商审查会议记录，1990 年 5 月 2-3 日，摩根敦，西弗吉尼亚州）

7.4.3　燃料和氧化剂成分的影响

如第 7.2 节所述，燃料和氧化剂的利用是 PAFC 乃至所有类型燃料电池的重要运行参数。在例如通过天然气的蒸汽重整获得的燃料气体中，CO_2 和未反应的烃（例如，CH_4）是电化学惰性的，并且充当稀释剂。因为阳极反应几乎是可逆的，所以燃料成分和氢气利用通常不会强烈影响电池性能。然而，电池电压将受到氢分压变化的影响，氢分压的变化可能是由燃料成分或利用的变化引起的。这种效应可以用类似于式（7.7）的关系来描述，即：

$$\Delta V = 55 \ln\left(\frac{P_2}{P_1}\right) \text{mV} \tag{7.9}$$

在阴极侧，使用含体积分数约 21% 氧气的空气代替纯氧，导致在恒定电极电位下电流密度降低约三倍。阴极的过电位随着氧气消耗的增加而增加。

7.4.4　一氧化碳和硫的影响

已经指出，PAFC 阳极催化剂中的铂可能因燃料气体中的一氧化碳中毒。在低一氧化碳浓度下，阳极电催化剂上的吸收是可逆的，如果温度升高，一氧化碳将被解吸。第 10.4.11 节讨论了限制一氧化碳浓度的方法。

燃料流中的硫，通常以硫化氢（H_2S）的形式存在，同样会毒害 PAFC 的阳极。最先进的 PAFC 电堆能够容忍燃料中高达 50×10^{-6} 的硫。硫中毒不会影响阴极，中度中毒的阳极可以通过提高温度重新激活。

7.5 技术发展

直到最近，PAFC还是唯一一种可以说是商业化的燃料电池技术。系统已准备好满足市场规格，并提供担保。IFC建造的许多系统现在已经运行了几年，因此有丰富的操作经验可供开发者和最终用户借鉴。早期PAFC电厂的现场试验中出现的一个重要方面是电池组的可靠性和系统产生的电能质量。这些双重属性使得系统成为所谓的"高级电源"应用的首选，例如在银行、医院和计算设施中。在全球范围内，总装机容量超过65MW的PAFC工厂已经过测试、正在测试或正在制造。大多数系统的容量范围为50~200千瓦，但也建造了1MW和5MW的大型系统。迄今为止运营的最大工厂是由IFC和东芝为东京电力公司建造的，该设施可产生11MW电网质量的交流电。美国和日本目前正致力于改进固定式分散电源和现场热电联产的功率因数校正系统。主要的工业开发商是美国的斗山燃料电池美国公司和日本的富士电机、东芝和三菱电机公司。

尽管PAFC现在已经达到了可以保证客户信心的成熟水平，但与替代发电系统相比，该技术的成本仍然太高，不经济，除了在前面提到的利基优质电力应用中，需要增加电池的功率密度并降低资本成本，这两个问题密不可分。系统优化也是一个关键问题。这项技术最近的发展大部分是专有的，但是下面的概述显示了过去几年取得的进展。

在20世纪90年代早期，美国设计和开发功率因数校正系统的目标是设计和演示一个功率密度为$0.188W/cm^2$，实际寿命为40000h，堆成本低于400美元/kW的大型电堆。此时出现了在820kPa和200℃下运行的改进技术堆的概念设计。该堆将由$355 \times 1m^2$的电池组成，在与为东京电力公司建造的11MW PAFC电厂的670kW机组堆相同的物理包线内产生1MW以上的DC电力。对设计所做的改进在单电池、亚尺寸和全尺寸短电池堆中进行了测试。这些测试的结果非常出色，超过了功率密度目标；也就是说，当以$645mA/cm^2$工作时，单个电池可达到$0.323W/cm^2$，每个电池最高可达0.66V。电池组的电池性能为$0.307W/cm^2$，在$431mA/cm^2$时，每个电池的平均电压为0.71V。相比之下，在1991年，11MW东京电力公司的系统在$190mA/cm^2$时，每个电池的平均性能约为0.75V。在4500h的测试中，电池组的性能退化率低于4mV/1000h。该计划的结果代表了迄今为止公布的全尺寸磷酸电池和短电池组的最高性能。

三菱电气公司还在单电池中展示了$300mA/cm^2$时0.65V的增强性能。三菱公司的部件改进导致PAFC退化率最低，这是众所周知的，即在面积为$3600cm^2$的短电池堆中，在$200~250mA/cm^2$时，10000h内退化率为2mV/1000h。

催化剂开发仍然是PAFC未来的一个重要方面。在过去10年中，已经研究了几种阴极用非贵金属催化剂，这些催化剂与 PEMFC 催化剂相似，如第 4.3.2 节所述。这些包括四甲氧基苯基卟啉（TMPP）、酞菁（PC）、四氮杂环烯（TAA）和四苯基卟啉（TPP）的过渡金属（例如铁或钴）有机大环。另一种方法是将铂与过渡金属如镍、钛、铬、钒、锆和钽合金化。约翰逊·马特在 21 世纪 00 年代早期的显著工作表明，铂镍合金催化剂比纯铂的比活度提高了 49%（质量分数）。这一进步转化为空气电极在 200mA/cm² 时的性能提高了 39mV。

PAFC 技术最近的其他重大进展是改进了气体扩散电极和材料的结构，提供了更好的防碳腐蚀保护。当然，系统设计有许多改变的余地，如更好的工厂平衡部件，如重整器、变换反应器、热交换器和燃烧器。自 20 世纪 90 年代建造早期装置以来，DC—DC 或 DC—AC 转换的电力电子设备在尺寸和性能方面均有显著改善（见第 12.2.1 节）。尽管如此，在斗山公司现在提供的 400kW 系统中，燃料处理部件的占地面积和重量与堆模块相比是非常重要的。

一些最早的 PAFC 系统演示是在 20 世纪 70 年代由美国天然气协会资助的"目标计划"下进行的。许多组织都参与了燃料电池组件的开发，但近年来商业化的推动力主要由两家公司承担，即总部位于美国康涅狄格州的联合技术燃料电池公司（以前以 ONSI 或国际燃料电池公司的名义进行贸易）和日本的富士电机公司。后者自 20 世纪 80 年代以来一直在开发功率因数校正系统，并于 20 世纪 90 年代开始在全球范围内供应 50kW 和 100kW 系统。超过 100 个这样的系统已经投入使用——这证明了它们的可靠性和耐用性。富士目前的研究旨在通过更好的重整催化剂和降低成本来提高性能，尤其是在工厂平衡设备方面。

联合技术燃料电池公司已经在全球提供了数百个型号为 PC25 的 200kW 系统。这项技术已经在一些高价值的地方找到了合适的应用，如阿拉斯加的邮局、日本的科学中心、纽约市警察局和奥马哈第一国家银行。最后提到的应用是特别有趣的，因为几个燃料电池与其他发电设备连接在一起，创造了一个超可靠的电力系统，以维持一个关键的负载。组装该设备的苏必利电力公司保证了整个电力系统 99.9999% 的可靠性，从而利用了 PAFC 技术的可靠性和鲁棒性。不存在单点故障[⊖]，并且"确定电源"产品具有极高的容错能力。

1987 年，印度巴拉特重型电气有限公司开始资助 PAFC 系统的研发。2001 年，该公司制造了一台 50kW 的样机，但不久之后，该公司削减了对 PAFC 的投入，转而支持 PEMFC。同样，韩国加德士石油公司在 20 世纪 90 年代参与了 50kW 系统的建设。这一承诺似乎也没有进一步推进。日本公司三洋、东芝和三菱电机都在 20 世纪 80 年代和 90 年代早期生产 PAFC 电池堆，但几乎没有证据表明这些公司继续

⊖ 单点故障（SPOF）是系统的一部分，如果它发生故障，将使整个系统停止工作。在任何以高可用性或可靠性为目标的系统中，无论是商业实践、软件应用还是其他工业系统，SPOF 都是不受欢迎的。

努力生产电池堆。随着 PEMFC 技术的进步，许多曾经参与过项目融资的组织已经搁置了他们的活动，或者利用这些活动来促进他们自己的 PEMFC 发展。

扩 展 阅 读

Behling, N, 2012, History of phosphoric acid fuel cells, in *Fuel Cells: Current Technology Challenges and Future Research Needs*, pp. 53–135, Elsevier, Amsterdam, the Netherlands.

Sammes, N, Bove, R and Stahl, K, 2004, Phosphoric Acid Fuel Cells: Fundamentals and Applications, *Current Opinion in Solid State and Materials Science*, vol. 8(5), pp 372–378.

第8章 熔融碳酸盐燃料电池

8.1 工作原理

熔融碳酸盐燃料电池（MCFC）的电解质是碱金属碳酸盐（通常是锂和钾或锂和碳酸钠的二元混合物）的熔融混合物，其保存在铝酸锂（$LiAlO_2$）的陶瓷基质中。在较高的工作温度（通常为 $600 \sim 700℃$）下，碱金属碳酸盐形成高导电性的熔融盐，而碳酸盐中的 CO_3^{2-} 离子则提供离子导电性。阳极和阴极反应如图 8.1 所示。值得注意的是，与其他普通类型的燃料电池不同，二氧化碳（CO_2）和氧气必须同时提供给阴极并转化为碳酸根离子迁移至阳极，在阳极处转化为 CO_2。因此，对于电池中每摩尔被氧化的氢，将在两个电极之间将净转移 1mol 的 CO_2 和两个法拉第电荷或2mol 电子。另外需要注意，对向 MCFC 供应的 CO_2 的要求与碱性燃料电池（AFC）不同，其必须去除 CO_2。因此，MCFC 的总体反应是：

$$H_2 + \frac{1}{2}O_2 + CO_2（阴极）\rightarrow H_2O + CO_2（阳极）\tag{8.1}$$

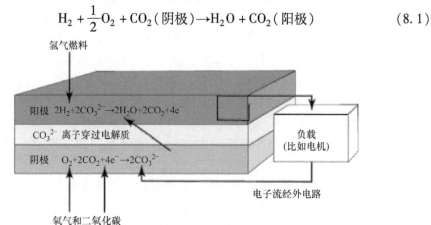

图 8.1　氢燃料 MCFC 的阳极和阴极反应。产物水在阳极，二氧化碳和氧气必须供应到阴极

考虑到 CO_2 的转移，MCFC 的能斯特可逆电压由下式给出：

$$V_r = V_r^{\circ} + \frac{RT}{2F}\ln\left(\frac{p_{H_2} \cdot p_{O_2}^{\frac{1}{2}}}{p_{H_2O}}\right) + \frac{RT}{2F}\ln\left(\frac{p_{CO_2c}}{p_{CO_2a}}\right)\tag{8.2}$$

其中，下标 a 和 c 分别指阳极和阴极气体室。通常，两个电极间的 CO_2 分压存在差异，但是当压力相同时，电池的电势只取决于 H_2、O_2 和 H_2O 分压。在 MCFC 系统中，通常的做法是将电池阳极产生的 CO_2 从外部循环到阴极消耗，但似乎循环回收又是一个复杂的问题。因此，与其他类型的燃料电池相比，MCFC 稍显不足，其可以通过将阳极废气供入燃烧器来实现。燃烧器将所有未使用的氢气或燃料气体（例如甲烷（CH_4））转化为水和二氧化碳，再将燃烧室的废气与新鲜空气混合，然后送入阴极入口，如图 8.2 所示。该过程并不比其他类型的高温燃料电池复杂，而且燃烧未使用的燃料用以预热反应空气，并将废热用于底层循环或其他目的。

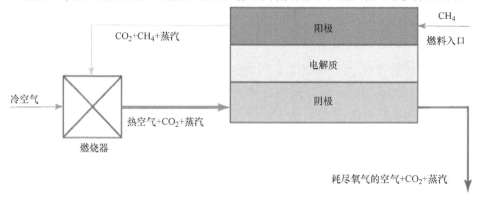

图 8.2 向阴极气流中添加二氧化碳并不复杂

将 CO_2 供应到阴极入口的另一种方法是使用某种装置（例如膜）将 CO_2 与阳极出口气体分离并将其转移到阴极入口气体。使用这种"传输设备"的优势在于任何未使用的燃料气体都可以循环到阳极入口或用于其他操作，例如为燃料处理提供热量。此外，另一种方法是从外部来源提供 CO_2，尤其是当可以随时提供气体时。

在 MCFC 的工作温度下，镍（阳极）和氧化镍（阴极）是促进各自电化学反应的理想催化剂。与磷酸燃料电池（PAFC）或质子交换膜燃料电池不同（PEM-FC），其不需要贵金属。MCFC 与 PAFC 或 PEMFC 的其他主要区别还包括一氧化碳（CO）电化学直接转化和内部重整烃类燃料能力的不同。如果将 CO 作为燃料送入 MCFC，每个电极处发生的反应如图 8.3 所示。

如第 2.1 节所述，以 CO 燃料运行时，燃料电池的电压的计算方法与氢燃料电池完全相同。图 8.3 中所示的是一个 CO 分子释放两个电子，正如每个 H_2 分子释放两个电子一样。因此，开路电压的公式相同，即

$$V_r = \frac{-\Delta \bar{g}_f}{2F} \qquad (8.3)$$

$\Delta \bar{g}_f$ 的计算方法在附录 1 中给出。值得注意的是，氢和一氧化碳的数值在 650℃ 时非常相近，如表 8.1 所示。

实际应用中不可能将纯一氧化碳用作燃料，燃料气体中需同时包含 H_2O 和

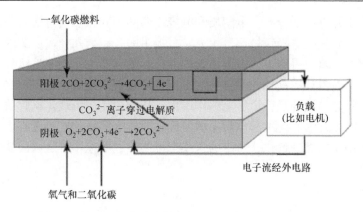

图 8.3 使用一氧化碳为燃料的 MCFC 的阳极和阴极反应

CO。在这种情况下，CO 的电化学氧化可能会按水煤气变换反应进行，即第 7 章中的式（7.3），这是一个在阳极镍电催化剂上发生的快速反应过程。此反应将 CO 和水蒸气转化为氢气再迅速氧化。CO 的直接氧化或者说水煤气变换反应和之后 H_2 的氧化完全相同。

表 8.1　氢和一氧化碳燃料电池在 650℃下的 $\Delta \bar{g}°_f$ 和 $V°_r$ 值

燃料	$\Delta \bar{g}°_f /$（kJ/mol）	$V°_r/V$
H_2	−197	1.02
CO	−201	1.04

与 PEMFC、AFC 和 PAFC 不同，MCFC 要在足够高的温度下运行以保证烃类燃料（如甲烷）能够进行内部重整，这是 MCFC 和固体氧化物燃料电池（SOFC）的一个特别重要的特征，具体内容将在第 9 章中讨论。在内部重整过程中，蒸汽在进入电堆之前要先加到燃料气体中，而电堆内部的燃料和蒸汽在合适的催化剂的存在下会按照第 7 章式（7.1）和式（7.2）给出的方程发生蒸汽重整反应。吸热重整反应的热量由电池电化学反应提供。内部重整反应将在第 10 章中详细讨论。

与低温燃料电池相比，MCFC 的较高工作温度为实现理想的整体系统效率和灵活使用现有燃料提供了可能性。然而，较高的温度对熔融碳酸盐电解质的侵蚀性环境下的电池组件的耐蚀性和寿命提出了更严格的要求。

PAFC 和 MCFC 的相似之处在于其均使用了固定在多孔固体基质中的液体电解质。如第 7.3.2 节所述，PAFC 中使用的 PTFE 既用作黏合剂，又作为防潮剂以保持电极结构的完整性，且可以在多孔电极中建立稳定的电解质界面。磷酸保存在位于阳极和阴极间掺杂着 PTFE 的 SiC 基质中。由于没有能够与 PTFE 相媲美的可以承受 MCFC 温度的材料，因此需要用不同的方法在 MCFC 的多孔电极中建立稳定的电解质界面，如通过毛细管压力的平衡实现稳定的界面边界。

多孔电解质基质通常具有相对较小孔的狭窄孔径分布。相比之下，电极则是直径更大的孔径的更广泛分布。电解质和电极之间的不同特点使电解质基体完全充满熔融碳酸盐，而多孔电极仅被部分填充。电极中的孔以与孔径成反比的方式部分填充，即孔越大，填充得越少。电解质管理即控制电解质在不同电池组件中的最佳分布，对于实现 MCFC 的高性能和良好的使用寿命至关重要。上述工作特性是 MCFC 所特有的，还应强调的是，由于毛细作用力，基质内使用的液体电解质会引起各种不良反应。例如腐蚀反应引起电解质的消耗，液体电解质的电势迁移或蠕变以及碳酸盐或氢氧化物之类的汽化，所有的这些都可能导致电池中熔融碳酸盐的再分布或者损耗。

8.2 电池组件

MCFC 开发的早期，贵金属通常用作电极材料。然而，在 20 世纪 60 年代和 70 年代，镍基合金成为阳极的首选，氧化镍成为阴极的首选。从那时起电极材料和电解质结构（$LiAlO_2$ 陶瓷基体中的熔融碳酸盐）就基本没发生过变化了。从 20 世纪 80 年代起，制造电解质结构的方法有了发展。表 8.2 总结了自 20 世纪 60 年代以来 MCFC 中使用的一些主要材料。

表 8.2 熔融碳酸盐燃料电池的电池组件技术的发展

零件	~1965	~1975	现状
阳极	Pt, Pd 或 Ni	Ni – 10Cr（质量分数）	Ni – Cr 或 Ni – Al 3 ~ 6μm 孔径 45% ~ 70% 初始孔隙率 0.20 ~ 1.5mm 厚度 0.1 ~ 1m^2/g
阴极	Ag_2O 或锂化 NiO	锂化 NiO	锂化 NiO 7 ~ 15um 孔径 70% ~ 80% 初始孔隙率 60% ~ 65% 氧化或锂化后 0.5 ~ 1mm 厚 0.5m^2/g
电解质	MgO	α –，β –，γ – $LiAlO_2$， 10 ~ 20m^2/g	α – $LiAlO_2$，β – $LiAlO_2$， 0.1 ~ 12m^2/g
电解质[①]	52Li – 48Na 43.5Li – 31.5Na – 25K "膏状"	62Li – 38K 质量分数约 60% ~ 65% 热压 1.8mm 厚	62Li – 38K 50Li – 50Na 带铸 0.5 ~ 1.0mm 厚

资料来源：Hirschen hofer, JJ, Stauffer, DB and Engelman, RR, 1998, Fuel Cell Handbook, 4th edition Report No DOE – FETC – 99/1076, Parsons Corporation, for U. S. Department of Energy.

① 此栏数字为摩尔分数。

8.2.1　电解质

MCFC 电解质通常是碱金属碳酸盐的混合物。由于锂较小的原子量及最佳的离子传导性，早期则使用碳酸锂 – 碳酸钠（$Li_2CO_3 – Na_2CO_3$）的低共熔混合物，之后又使用 Li – K（$Li_2CO_2 – K_2CO_3$），尤其是 62∶38 mol. % $Li_2CO_2 – K_2CO_3$ 的共晶混合物。事实证明，其增加的反应活性对大气压下的运行情况很有效果。此外，对 Li – K – Na 的三元混合物也进行了研究，但目前的趋势是回到 Li – Na 混合物的研究，因为与 Li – K 混合物相比，其蒸气压较低，可减少电解质损失并提高碱度。熔融电解质是存在于高表面积亚微米的铝酸锂（$LiAlO_2$）陶瓷纤维基质中的。以往的铝酸盐是由低温 γ 形式的氧化铝制备的，技术人员往往将其用于首选的流延铸造生产工艺。添加 α – 氧化铝或氧化锆颗粒可以增强机械强度从而增强基质。使用基于碳酸锂和碳酸钾的电解质时该材料似乎相当稳定。但是，如果使用碳酸钠（如 Li – Na 混合物），则 γ – $LiAlO_2$ 的粒径会随着时间的推移而增大并相变为 α – $LiAlO_2$。使用 α – $LiAlO_2$ 与 Li – K 碳酸盐混合物的系统中还存在着反相变化，这种相变会导致基质内部结构完整性的丧失，从而导致裂纹和电池降解。尽管浆体流延之前向浆体中添加氧化铝颗粒或微小尺寸的铝颗粒可以改善基质的机械强度，但仍尚未找到解决该问题的通用方法[⊖]。直至 20 世纪 90 年代时，基体通常由热压粉状材料制成瓷砖得到且常被称为电解质"砖"。如今，基体通常使用陶瓷和电子工业中普遍采用的流延铸造法制成。主要过程包括：将陶瓷材料分散在"溶剂"中，该"溶剂"包含溶解的黏合剂（通常为有机化合物）、增塑剂和添加剂，以实现混合物或"滑片"所需的黏度和流变性；然后再将滑片以薄膜形式浇铸在移动的光滑表面上，并用可调刀片（所谓的"手术刀片"组件）剪切获得所需的厚度；干燥后再将薄膜在空气中进一步加热，并在 250 ~ 300℃ 的温度下燃烧掉有机黏合剂；然后将未完全硬化的"绿色"成品组装到电堆结构中。电解质的流延铸造是制造大面积部件的有效方式，这里描述的方法也可以应用于阴极和阳极材料，用以制造电极面积最大约为 $1 m^2$ 的电堆。

与大多数其他燃料电池相比，MCFC 电解质尤其是陶瓷基体的欧姆电阻对工作电压有重要影响。在典型的工作条件下，电解质占 MCFC 中欧姆损耗的 70%[⊖]。损耗取决于电解质的厚度，可根据公式：

$$\Delta V_r = 0.533t \tag{8.4}$$

式中，t 是厚度，单位 cm。该式表明，0.025cm 电解质结构的燃料电池工作电压可

⊖ Kim, J, Patil, K, Han, J, Yoon, SP, Nam, S, Lim, T, Hong, S, Kim, H and Lim, H, 2009, Using aluminum and Li_2CO_3 particles to reinforce the α – $LiAlO_2$ matrix for molten carbonate fuel cells, International Journal of Hydrogen Energy, vol. 34, pp. 9227 – 9232.

⊖ Yuh, C and Farooque, JR, 1992, Understanding of carbonate fuel cell resistances in MCFCs. Proceedings of the Fourth Annual Fuel Cell Contractors Review meeting, U. S. DOE – METC, pp. 53 – 57.

比 0.18cm 电解质结构的电池高 82mV。如今，使用流延铸造方法可以将电解质基质制作得非常薄（0.25～0.5mm），这在降低欧姆电阻方面具有显著优势。然而，在低电阻和长期稳定性之间还需要权衡，因为长期稳定性是由较厚材料获得的。

对于电解质 MCFC 与所有其他类型的燃料电池之间存在一个重要区别，即一旦电堆组件装配好后就要进行电池的最终准备。电极、电解质和基质层以及各种无孔组件（集电器和双极板）组装在一起后，整个装配体要被缓慢加热到燃料电池的工作温度。当碳酸盐达到其熔融温度（超过 450℃）时，它会被吸收到陶瓷基体中，该过程会导致电堆的明显收缩，故整体组件需要严密的机械设计来适应这种收缩。加热过程中还必须将还原气体供应到电池的阳极侧以确保镍阳极保持化学还原状态。

8.2.2 阳极

最先进的 MCFC 阳极由多孔烧结镍和少量铬和铝或铝制成（见表 8.2）。通常阳极板的厚度为 0.4～0.8mm，孔隙率为 55%～75%，平均孔径为 4～6μm。制造过程要么是热压细分粉末要么是流延铸造粉末状材料及添加剂的浆液，以实现粉末黏合剂混合物所需的流体性能。流延铸造是一种低成本的湿法工艺。与热压粉末工艺相比，它可以生产出更薄的阳极从而可以更好地控制厚度和孔径分布。添加铬或铝（通常质量分数为 10%～20%）可减少电池运行过程中镍颗粒的烧结，提高多孔镍的机械稳定性。如若不加控制，烧结则会成为 MCFC 阳极的主要问题，因为其会导致孔径增大、表面积减小以及电解质中碳酸盐的损失。孔结构的变化还可能导致阳极在电池堆中的挤压作用下发生机械变形，进而降低电化学性能并导致电解质破裂。Ni - Cr 或 Ni - Al 合金阳极的稳定性尽管已达到商业应用许可要求，但其成本较高，因此技术人员一直寻求替代材料。例如，可以用铜部分代替镍来降低合金成本，但因铜相比镍有着更大蠕变，所以完全替代是不可行的。为了提高对燃料中硫耐受性，还对各种陶瓷阳极进行了研究，包括含或不含锰或铌的 $LiFeO_2$。

MCFC 阳极并不是只需要提供电催化活性，这是因为 MCFC 温度下阳极反应相对较快，所以与阴极相比不需要高表面积。因此可以接受熔融碳酸盐部分注满阳极且其效果更好，其不仅可以用作碳酸盐的储层（与多孔碳基质在 PAFC 中的作用大体相同），而且在长期使用时可补充有可能从电堆中流失的碳酸盐。在某些早期的 MCFC 电堆中，所谓的气泡屏障是位于阳极和电解质之间的。气泡阻挡层由 Ni 或 $LiAlO_2$ 的薄层组成，只有很小的孔，其起到防止电解液流动到阳极的作用及降低气体交叉的风险。如前所述，后一种问题是所有液体燃料电池所共有的，即电池其中一侧的压力过大可能会导致燃料气体穿过电解质。如今，采用流延铸造结构的方式时可以在制造过程中控制阳极材料中的孔分布使小孔分布在靠近电解质的位置，较大的孔靠近气体通道。然而，长期使用时的电解质损失仍是 MCFC 的一个重要问题，且尚未有一种完全令人满意的电解质管理方法。

8.2.3　阴极

纯氧化镍（NiO）是一种 n 型半导体，是阴极材料的首选。MCFC 环境中氧化物会被电解质中的 Li^+ 离子掺杂同时会产生额外的电子 - 空穴对，从而可用 Ni^{3+} 代替 Ni^{2+} 来增强导电性。然而，将 NiO 用作 MCFC 阴极的主要困难之一是它在熔融碳酸盐中的溶解度很小，但其影响很大。因此，一些镍离子会在电解质中形成并趋于向阳极扩散。当离子接近阳极处的化学还原条件时（注意燃料气体中存在氢），金属镍会在电解质中沉淀出来导致内部短路，进而使电池功率输出损失。此外，沉积的镍会充当离子的吸收体，从而促进金属从阴极的进一步溶解。通过以下反应，可在较高的 CO_2 分压下增强镍的浸出：

$$NiO + CO_2 \rightarrow Ni^{2+} + CO_3^{2-} \tag{8.5}$$

如果在电解质中使用碱性而不是酸性的碳酸盐，则该问题可得到缓解。常见的碱金属碳酸盐的碱度依次降低：（碱性）$Li_2CO_3 > Na_2CO_3 > K_2CO_3$（酸性）。研究发现，$62\% Li_2CO_3 + 38\% K_2CO_3$ 和 $52\% Li_2CO_3 + 48\% Na_2CO_3$（均为质量分数）的低共熔混合物有着最低的氧化镍溶解速率。研究表明，向碳酸盐中添加一些碱土金属氧化物（CaO、SrO、BaO）可使 NiO 的溶解度降低多达 50%。还有报道称，氧化镧$^{\ominus}$可进一步降低溶解度，有人认为这是由于形成了碳酸盐氧化物如 $La_2O_2CO_3$ 从而增加了电解质熔体的碱度。另外，这种稀土氧化物的添加还可以提高 MCFC 中的氧还原反应的速率。据观察，添加质量分数为 0.5% 的 CeO_2 和 0.5% 的 La_2O_3，$Li - K$ 碳酸盐熔体中的电荷转移电阻降低了一个数量级$^{\ominus}$。

如果使用最先进的 NiO 阴极，减少镍的溶解可通过：①使用碱性碳酸盐；②在大气压下运行且使阴极室中 CO_2 的分压保持在较低值；③使用相对较厚的电解质基质以增加 Ni^{2+} 的扩散路径。通过这些方式，电池工作寿命可超过40 000h。为了可以在更高的压力下运行，技术人员还对其他阴极材料进行了研究。其中，对于 $LiCoO_2$ 和 $LiFeO_2$ 的研究比较多。其中前者的溶解速率较低，比大气压下的 NiO 低了一个数量级。但与 NiO 相比，$LiCoO_2$ 的溶解对 CO_2 分压的依赖性更小。

20 世纪 90 年代初期，有关 $LiCoO_2$ 的早期工作集中在简单地将其用作 NiO 的替代品方面。但与 NiO 相比，钴的成本相对较高且 $LiCoO_2$ 的机械强度较小，故不可简单将其用作单相替代品。当技术人员将 $LiCoO_2$ 与 NiO 或 $LiCoO_2$、$LiFeO_2$ 与 NiO 结合使用时则取得了不小进步。近年来，对于涂有氧化物的 NiO 颗粒（即核 - 壳结构）或者精密氧化物分散于 NiO 颗粒制成的多种阴极，技术人员也进行了评估。例如，由聚合物前体路线制备的 NiO 颗粒上精密分散的 Ce 和 Co 可在短期内（最

⊖ Ota, KI, Matsuda, Y, Matsuzawa, K, Mitsushura, S and Karnia, N, 2006, Effect of rare earth oxides for improvement of MCFC, Journal of Power Sources, vol. 160 (2), pp. 811 – 815.

⊖ Scaccia, S, Frangini, S, Dellepiane, S, 2008, Enhanced oxygen solubility by Re_2O_3, Journal of Molecular Liquids, vol. 138, pp. 107 – 112.

多几百小时）显著降低 NiO 的溶解度⊖。长远来看，商用电堆中的 Ce – Co – NiO 阴极溶解的氧化镍是否是电池降解的主要因素还有待观察。

8.2.4　非多孔组件

MCFC 的双极板通常由不锈钢薄板制成。板的阳极侧涂有镍，该涂层在阳极的还原环境中是稳定的，其为电流收集提供了传导路径且不会被从阳极迁移来的电解质浸湿。电池的气密密封是通过基质中电解质与电化学活性区域外部的单电池边缘处的双极板接触来实现的，如图 8.4 所示。为了避免在"湿密封"区域腐蚀不锈钢，双极板镀有一层薄薄的铝，该薄层与电解液中的 Li_2CO_3 反应形成了 γ – $LiAlO_2$ 保护层。对于双极板的设计还有很多，主要取决于气体是在外部还是内部分歧。某些为内部重整而开发的双极板具有位于阳极气体流场中的重整催化剂（参见第 10 章图 10.4）。

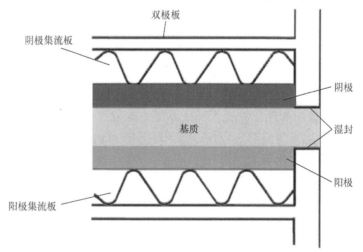

图 8.4　MCFC 的横截面示意图：暴露于高温热腐蚀环境的电池组件表明了
湿密封在电解质支撑基质的阳极和阴极侧的位置

8.3　电堆构造和密封

MCFC 的电堆构造与前几章中对 PEM、AFC 和 PAFC 所述的构造有很大不同，但也有一些相似之处，最主要的区别在于密封方法。如前一节所述，MCFC 电堆由各种多孔组件（基质和电极）和无孔组件（集电器和双极板）组成。在组装和密封这些组件时，至关重要的是要确保各单元间的气流分配均匀、各单元内的分布均匀和良好的热管理，以降低整个电池组的温度梯度。虽然电堆构造已有一些专有技术，但下文中将描述一些通用的方面并附上实际系统的示例。

⊖　Kim, MH, Hong MZ, Kim, YS, Park, E, Lee, H and Ha, W, 2006, Cobalt and cerium coated Ni powder as a new candidate cathode material for MCFC, Electrochimica Acta, vol. 51, pp. 6145 –6151.

8.3.1　歧管

反应气体必须通过公共歧管并行供给同一电堆中的所有电池。外部歧管的基本布置如第 1 章中图 1.11 所示。电极的面积与双极板的面积大致相同，反应气体被送入燃料电堆的相应面中或者从中去除。外部歧管的优点是其可简单实现歧管中的较低压降以及电池之间的良好流量分配，缺点则是两种气流会彼此垂直即存在交叉流，这会导致电极表面的温度分布不均匀。

此外，其还存在电解液的气体泄漏和迁移（"离子泵"）的问题。外部歧管必须具有绝缘垫片，以与电堆边缘形成密封，其通常是由氧化锆毡制成的，其具有弹性以确保具有良好的密封性。要注意的是，大多数电堆开发人员会将电池单元水平放置以使燃料和氧化剂以错流方式供应到电堆垂直侧。"热模块"是由 MTU Friedrich-shafen 率先提出的一种方法，电池垂直安装，阳极入口歧管位于电池组下方，这样整个电堆的重量可加强位于阳极入口处的垫圈密封。

内部歧管是指气体流过电堆中电池导管的分布方式。第 1 章的图 1.12 显示了这种布置方式。内部歧管的一个明显优点是气体的流动方向具有更大的灵活性。如第 7.2.2 节中所述，为了获得均匀的温度分布可以使用并流或逆流。电堆组件组装好后，构成 MCFC 电堆中内部歧管的管道由每个隔板上相互对齐的孔道形成。如图 8.5b 和图 8.5c 所示的 IMHEX 设计所示，MCFC 电堆的双极隔板在机械设计上非常复杂。在这种设计中，平行布置的通道允许并流或逆流气体。IMHEX 双极板由几块金属薄板组成，其中两张板具有瓦楞以形成流场，它们位于平面不锈钢板的上方

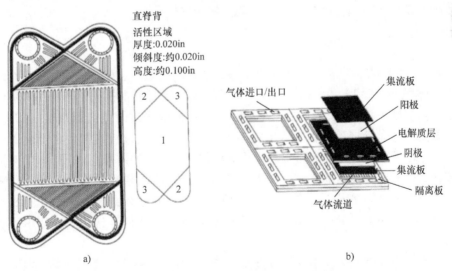

图 8.5　带有内部歧管的实际隔板设计示例

a）ECN 的 IMHEX 设计　b）Hitachi 的多电池电堆

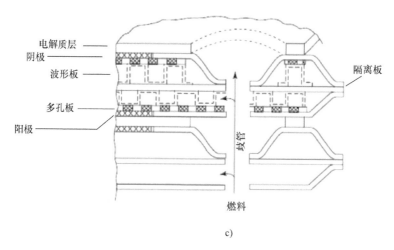

图 8.5　带有内部歧管的实际隔板设计示例（续）

c）内部歧管 MCFC 电堆中的湿密封区域横截面

和下方，该不锈钢板将燃料和氧化剂气体与相邻电池分隔开。波纹板的上方和下方是穿孔的集电器板，而这些板的上方和下方是用作相邻电池阳极和阴极组件的支架。电堆组装好后，电解质基体延伸到隔板末端，并且所有隔板都有气体导管的对应排列的孔。因此，电解质在熔融时可用于内部气体导管周围和每个电池周边周围的密封。这种使用电解质的方式可形成"湿密封"，只要电池组内部的气体压力接近外部大气压力即可防止气体泄漏或交叉混合。与外部歧管的电堆相比，双极板更加复杂的设计在一定程度上削弱了内部歧管的优势。

8.3.2　内部和外部重整

自 20 世纪 60 年代初以来，MCFC 一直主张内部重整。如果将甲烷和蒸汽的混合物（体积比为 2∶1）在 MCFC 的正常工作温度 650℃ 下重整且使产物气体达到热力学平衡，则甲烷的转化率通常约为 85%，其可以通过间接内部重整（IIR）获得，即简单地通过将重整板插入电池间来获得，每个重整板支持着常规金属催化剂。相比之下，则可以通过将金属催化剂颗粒插入电池的阳极室即阳极侧的双极板的流场通道实现直接内部重整（DIR）。直接内部重整可实现 100% 的甲烷转化率和更好的热利用率。或许，最佳的方式是将 IIR 和 DIR 技术组合起来，如图 8.6 所示。美国的 Fuel Cell Energy Inc.（FCE）的 Direct FuelCell™ 产品中就使用了这种方法。

显然，内部重整去除了外部重整器，降低了成本且提高了系统效率。但是，如前所述，其代价是电池结构的潜在复杂性以及催化剂寿命问题。因此，在内部和外部重整之间要考虑经济上的折中。

如果需要包括蒸汽重整催化剂，则内部重整只能在 MCFC 电堆中进行，这是因

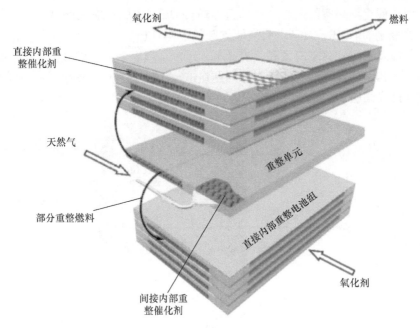

图 8.6　IIR 和 DIR 的组合实现了很高的电转换效率和燃料的高转换率

为镍尽管是良好的重整催化剂，但是常规的多孔镍阳极表面积小，其本身的催化活性不足以支持工作温度（650℃）下的蒸汽重整反应。正如将在第 9 章中讨论的那样，SOFC 则并非如此。在 SOFC 中，可以直接在阳极上进行完全的内部重整。对于 DIR - MCFC，重整催化剂需要靠近阳极以保证使反应以足够高的速率发生。几个研究小组在 20 世纪 60 年代使用 MCFC 进行了内部重整并明确了与催化剂降解有关的主要问题，其是由于碳沉积、烧结以及电解质中碱引起的催化剂中毒。在 20 世纪 90 年代，BG Technology 在由 BCN（荷兰燃料电池公司）领导、欧盟支持的项目中对内部重整进行了广泛的研究。该项目确定了可以耐受 MCFC 电解质中碳酸盐的新型催化剂组合物。MCFC 重整催化剂的关键要求如下：

● 实现所需的电池性能和寿命的持续活性。为了使催化剂在电池堆的要求使用寿命内提供足够的活性，任何催化剂的降解必须小于电池的电化学性能的降解。由于重整反应剧烈吸热，因此在内部重整的情况下会导致电池温度曲线明显下降。对于 DIR 版本，此现象异常严重。因此，优化重整催化剂的活性对于确保温度变化最小、减小热应力很重要，这也有助于延长电堆寿命。此外，还可以通过阳极气体或阴极气体或两者的再循环来实现整体电堆温度分布的改善。

● 耐燃料有毒物质。用于 MCFC 系统中的大多数粗烃燃料（包括天然气）都含有对阳极和重整催化剂有害的杂质（如硫化合物）。大多数催化剂对硫的耐受性非常低，通常在十亿分之一（ppb）的范围内。

● 耐碱或碳酸盐中毒。DIR 中存在催化剂位于阳极附近与电解质中碳酸盐或碱反应而使催化剂降解的风险。尽管钌已通过 DIR – MCFC 应用测试，但一般仍优先选择镍催化剂。DIR – MCFC 重整催化剂的中毒现已知是与液态碳酸盐接触而引起的，而液态碳酸盐移动有两种主要途径：①沿金属电池组件的蠕变；②以碱性羟基形式在气相中的迁移。图 8.7 对该问题在进行了说明，其还显示了一种可能的补救措施，即在阳极和催化剂之间插入保护性多孔防护层。

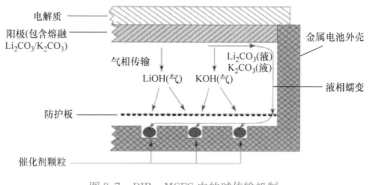

图 8.7　DIR – MCFC 中的碱传输机制

8.4　性能

MCFC 的工作条件基本上与 PAFC 的工作条件相同。电池组的尺寸、效率、电压、负载和成本都很重要，通常需要在这些因素之间进行权衡。性能曲线（电压与电流密度的关系）由气体成分、利用率、电池压力和温度定义。最先进的 MCFC 的工作范围通常为每个电池 $100 \sim 200 \text{mA/cm}^2$，$750 \sim 900 \text{mV}$。

与 PAFC 一样，MCFC 的阴极也存在明显的过电势，如果将使用空气作为氧化剂时的电池性能与使用纯氧时的电池性能进行比较，则其更显著。图 8.8 显示了该现象，其比较了 650℃下 MCFC 使用氧、氮和 CO_2 组成的氧化剂时阴极性能曲线[⊖]与使用无氮成分基准气体获得的阴极性能曲线。基准气体组成为化学计量比的 O_2 和 CO_2 反应物，即阴极进行电化学反应所需的化学计量比（参见图 8.1）。在这种气体组成下，阴极中几乎或者完全没有扩散约束，这是因为反应物主要是通过大流量流动提供的。而另一种（更实际的）气体组成的阴极性能受气体扩散和混合物中较低的氧气分压的限制。

8.4.1　压力的影响

增加 MCFC 的工作压力可以提高性能。如第 2.5.4 节所示，系统压力从 P_1 变

⊖　气体组成是使用新鲜空气燃烧阳极废气的产物，这是向 MCFC 的阴极入口供应 CO_2 的常规方法，所产生的混合物的氧氮比比新鲜空气低。

化到 P_2 时，根据能斯特方程式的可逆电压变化由下式给出：

$$\Delta V = \frac{RT}{4F}\ln\left(\frac{P_2}{P_1}\right) \qquad (8.6)$$

从中可看出，在 650℃时压力 5 倍和 10 倍的增加分别使开路电压增加 32mV 和 46mV。

但实际上，由于阴极过电势的减小，其增加得会更大。MCFC 的工作压力增加会导致电池电压升高，这是因为随之而来反应物分压、气体溶解度和传质速率也会增加。

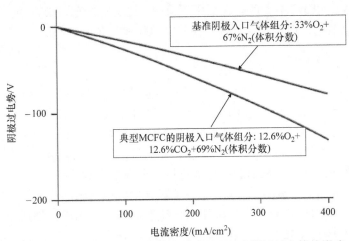

图 8.8　在 650℃下氧化剂气体成分对 MCFC 中阴极过电势的影响

（资料来源：Adapted from Bregoli, LJ and Kunz, HR, 1982, The effect of thickness on molten carbonate fuel cell cathodes, Journal of the Electrochemical Society, vol. 129 (12), pp. 2711 – 2715）

正如在压力影响下考虑 PEMFC 时所显示的一样（参见第 4.7.2 节），压缩反应气体需要寄生功率。另外，不宜增加压力是由于不良副反应的影响，如碳沉积（第 10.4.4 节所述的 Boudouard 反应）。此外，如果使用内部重整，较高的压力会抑制蒸汽重整反应，如第 7 章式（7.1）所示，这是不利的影响。如第 10 章所述，这些影响可以通过增加燃料中的蒸汽含量来减小。实际上加压操作仅在最高约 0.5MPa 时才有意义。

"微分压力"的问题是另一个需要考虑的因素。为了降低 MCFC 中阳极与阴极之间发生气体交叉的风险，应保持每个电池两侧之间的压力差尽可能小。出于安全考虑，通常阴极压力略高于阳极压力（约几 kPa）。约束电解质的陶瓷基体是易碎材料，如受到热循环、温度变化或阳极与阴极间的压力差而引起的应力则很容易破裂。电池组中阳极室和阴极室间的压力差一直是系统开发者关注的问题，这是因为通常需要将阳极燃烧废气再循环至阴极，但不可避免地其会存在与气体再循环有关的压力损失。另外，尽管从效率来看控制微小压力差或许存在优势，但其也会影响电堆在高压下的运转。

当在大气压或更大压力下运行时，还必须使电池室与电堆外部之间的压力差最小，这是因为熔融碳酸盐本身会在电池室与外部之间形成气密的湿密封。因此，如果要在更高的压力下运行 MCFC 电堆，则必须将其密封在装有非反应性加压气体（通常为氮气）的压力容器中。

另一个还要考虑与压力水平选择有关的是燃气涡轮的结合使用，其可以提高高温燃料电池系统的整体效率，通常需要 500kPa 的热气。固体氧化物燃料电池非常适用这项技术，因为其可以在加压模式下运行并且具有较高的废气温度，即使电堆的排气温度较低，熔融碳酸盐燃料电池也可以与燃气涡轮配合使用。但是，由于前面所述的原因，MCFC 不太适合在高压下运行。因此，尽管在 20 世纪 90 年代就设计了一些概念系统，但也不会有开发 MCFC 涡轮机设备的可能。

8.4.2　温度的影响

热力学计算表明，MCFC 的可逆电压应随温度升高而降低，其是吉布斯自由能变化（见第 2.1 和 2.2 节）和阳极气体组成变化的函数。其中，后一种的主要原因是气体组成取决于变换反应的平衡，即第 7 章式（7.3）所示，且该平衡可迅速达到。变换反应的平衡常数（K_c）随着温度的升高而增加，因此气体成分随温度和利用率的变化而变化，从而影响电池电压，如表 8.3 所示。

在实际的电池工作条件下，温度的影响通常由阴极过电势决定。随着温度升高，过电势将大大降低。MCFC 的工作电压通常随温度增加。然而，650℃ 以上温度的影响会很小，即仅约 0.25mV/℃。由于较高的温度还会增加不必要反应的速率，特别是电解质蒸发和材料腐蚀的速率，因此通常将 650℃ 作为最佳工作温度。

表 8.3　0.1MPa 的压力下初始阳极气体成分为 77.5%H_2、19.4%CO_2 和 3.1%H_2O，阴极气体成分为 30%O_2、60%CO_2 和 10%N_2（均为体积分数）下使用能斯特方程计算的燃料气体的平衡常数（K_c）、平衡气体成分及可逆电池电压（V_r）

参数	温度/K		
	800	900	1000
P_{H_2}	0.669	0.649	0.641
P_{CO_2}	0.088	0.068	0.052
P_{CO}	0.106	0.126	0.138
P_{H_2O}	0.137	0.157	0.168
$V_r(V)$	1.155	1.143	1.133
K_c	0.247	0.48	0.711

8.5　实际系统

8.5.1　Fuel Cell Energy（美国）

20 世纪最后几年，MCFC 在美国的开发是由两家公司进行的，即 MC Power 和

Fuel Cell Energy（FCE）。联合技术公司（UTC）的一项早期项目于 1992 年结束并在美国能源部的同意下把技术转让给了意大利公司 Ansaldo。MC Power 的工作源于芝加哥气体技术研究所于 20 世纪 60 年代开始并于 2000 年完成的研究，因而 FCE 成为美国唯一的 MCFC 系统制造商。该公司的总部设在康涅狄格州丹伯里，其在托灵顿（康涅狄格州）经营着一家制造工厂，年产能为 90MW。

FCE 制造的所有产品通常都包含 300 ~ 400 个电池的 MCFC 电池组，图 8.9 所示即为其中一个示例。DFC300® 系统中使用了一个 MCFC 电堆（见图 8.10），尺寸为 6m × 4.5m × 6m，重 19t，可达到 480V 300kW，370℃ 下排气流量约为 1800kg/h。该系统的热电联产能力为 140 ~ 235kW。

DFC1500®工厂（图 8.11）名义上可产生 1.4MW 的功率，尺寸为 16m × 12m × 6m，其按照可容纳四个电池堆的燃料电池模块为中心建造。该工厂还具有其他工序模块，例如水处理器、主流程设备、电气平衡设备以及燃料预处理和脱硫装置。其中 8300kg/h 的废气流可提供高达 1100kW 的热量。FCE 产品中最大的是 2.8MW 的 DFC3000® 系统（图 8.12），它围绕两个四电堆的模块建造。

2014 年，FCE 在全球范围内设立了 80 多个亚兆瓦级和兆瓦级 DFC® 发电厂，这些工厂成功使用了各种燃料，如天然气、源自工业及城市废水的生物沼气、丙烷和煤气，这里的"煤气"燃料包括

图 8.9　Fuel Cell Energy 生产的燃料电池堆
（资料来源：经 Fuel Cell Energy 许可转载）

在运营和已废弃的煤矿产生的煤气及经煤处理后的合成气。

使用沼气的做法对于 MCFC 来说很特别。例如，在废水处理设施中用污泥厌氧消化所产生的富含甲烷的沼气作为发电的燃料可为工厂提供动力，燃料电池产生的废气又可用于加热污泥以加速厌氧消化。此外，沼气是一种可再生燃料，使用沼气可在世界各地获得各种项目鼓励资金的资格。2012 年 FCE 对几台沼气池进行了现场测试，其中的 70% 用于废水处理，最大的是位于美国华盛顿州金县 1MW 的 DFC1500®。与质量极其稳定的天然气不同，厌氧沼气的组成受污泥的化学组成和处理方式影响。为了得到稳定运行 MCFC 电堆燃料，FCE 设计出了可使沼气自动与

Systems（Fraunhofer IKTS）（25%）合资成立。该合资企业将把 FCE 开发的 Direct Fuel Cell 技术的优势与 Fraunhofer IKTS 授权给该公司的"EuroCell"技术的优势相结合，继续努力开发 MCFC 技术。其中，后者建立在之前 CFC Solutions 获得的专利、资产和知识产权的基础上，现由 Fraunhofer IKTS 持有。其中包括由 MTU 制造并在整个欧洲配置的 250kW 热模块。因此，这家欧洲企业可以通过参照德国前 MCFC 的研发技术、陶瓷材料与加工技术来增值并为欧洲的 FCE 提供平台。另外，Fuel Cell Energy Solutions GmbH 在德国奥托布伦也拥有了新的欧洲 MCFC 系统的生产设施。

与 FCE 电堆（图 8.9 中所示）水平的单元不同，欧洲热模块是基于 MTU 的原始设计（参阅第 8.4.1 节），其使用的单元是垂直排列的。MTU 电堆的布置特点和热模块特点（图 8.13 所示）如下：

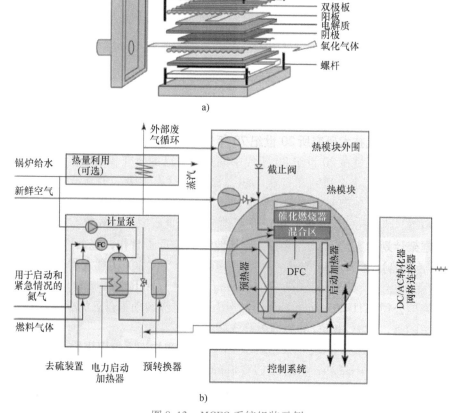

图 8.13　MCFC 系统组装示例

a）MTU"热模块"热电联产系统的电堆结构　b）MTU"热模块"热电联产系统的简化流程图

（资料来源：经 Fuel Cell Energy 许可转载）

c)

图 8.13　MCFC 系统组装示例（续）

c）MTU "热模块" 热电联产系统的正建的早期示范装置

（资料来源：经 Fuel Cell Energy 许可转载）

- 所有热组件都集成到一个普通容器中。
- 具有内部空气循环的隔热材料，可实现最佳温度平衡。
- 最小的流动阻力和压力差。
- 带有内部重整的水平燃料电池块。
- 利用重力密封的燃料歧管。
- 简单而精密的结构。
- 可由标准货车运输，最大功率为 400kW。

该设计可使所有需要在高温下运行的过程都位于热模块内，而辅助功能（如功率调节和天然气压缩）位于外部。热模块系统中一个由 292 单元电池组成的电堆可以产生约 280kW 的直流电，若转换功率则可转换为 250kW 的交流电，并且其考虑了寄生损失。另外，排热约 450℃，据报道，以天然气为燃料的系统的 LHV 效率可达 49%。

苏黎世发电厂和德国联邦研究部已部署了两个 250kW 的 "Eurocell" 系统（DFC®250 EU Reference Plant）。此外，伦敦摄政街和芬奇街的两个新开发项目中又安装了两个系统（DFC®300 EU Reference Plant）。

8.5.3　日本设施

1981—2004 年，日本进行了 MCFC 开发项目，其程度几乎与美国项目相当。日本经济产业省（METI）提供的资金总额约为 4.7 亿美元。该项目由新能源开发组织（NEDO）管理，富士电机、日立、石川岛教育重工（IHI）、三菱电机、三洋电机和东芝在内的多家公司参与了该计划。其中许多参与者寻求与美国 MCFC 开发人员建立伙伴关系以获得专利技术。例如，三菱电机与 FCE 建立了联盟，IHI 与 MC Power 也进行了合作。日本的 MCFC 计划被称为"月光计划"，分为以下三个阶段：

第 1 阶段：（1981—1986 年）专注于开发 10kW 电堆。

第 2 阶段：（1987—1999 年）旨在开发功率高达 200kW 的电池电堆以及电气平衡系统。

第 3 阶段：（2000—2004 年）旨在开发一系列高压高效率的小电堆并开发出 750kW 的系统。

日本的努力取得了显著成就：加压电堆可在电流密度为 $200mA/cm^2$ 的情况下工作，电压衰减率每 1000h 小于 0.3%，这有望使寿命超过 40 000h。然而，该项目尤其是最后一个阶段在相关项目中遇到了各种技术瓶颈。2004 年 NEDO 工作结束时，由于除 IHI 外所有合作伙伴均已退出该项目，因此预计 7MW 的电厂建设就被搁置了。作为仅剩的一家从事 MCFC 开发的日本公司，IHI 于 2005 年开始销售 MCFC 产品，然而销售量却很少[⊖]。IHI 似乎也不再进行 MCFC 业务。

8.5.4　韩国设施

POSCO Energy 是韩国最大的私人发电公司，在电厂建设和运营方面拥有 40 多年的经验。自 2000 年初以来，该公司在政府的支持下与韩国电力公司（KEPCO）合作，促进了 MCFC 的发展。其研究内容涉及开发外部重整的 MCFC 技术，利用该技术其在 2010 年成功运行了 125kW 的电厂。POSCO Energy 于 2007 年获得了在韩国生产和分销由美国供应的 FCE 电堆系统的许可，其目的是通过浦项市的新工厂生产电气平衡系统来降低成本。另外，其还建立了研发中心并于 2011 年 3 月增设了一个电池制造厂。目前的扩建计划预计将在 2016 年使年产量增加到 170MW。

POSCO 已为京畿道、吉安拉、庆尚和忠中省提供了 8.8MW 的 MCFC，并且在 2011 年向顺天、唐津、一山和仁川提供了 14MW 的 MCFC。随后，于 2012 年其在大邱市建设了 11.2MW 的发电厂，并于 2013 年启用了世界上最大的运行中的燃料

⊖　日本总共建设了 23 个 MCFC 的预商用示范电厂及商业电厂。截至 2012 年 4 月，IHI 已有 4 座 300kW 的电厂投入使用。同时，其安装了 13 座 FCE 工厂，所有工厂均基于 250kW 系统。有关更多详细信息，参阅本章结尾处列出的 Nobura Behling 的《燃料电池》。

电池发电厂——59MW 的 MCFC（见图 8.14），为华城市提供电力及地区供热。截至 2014 年底，韩国 18 个地方的 MCFC 工厂共产出了 144.6MW 电力。

图 8.14　位于韩国华城的世界上最大的运行中的 MCFC 发电厂（59MW），由 21 个 DFC3000® 系统组成，归京畿绿色能源所有

（资料来源：经 Fuel Cell Energy 许可转载）

8.6　未来研发

显然，FCE 和相关公司现在销售的 MCFC 产品可满足许多商业要求。在所有类型的燃料电池系统中，MCFC 发电厂是最大的，并且在全球范围内拥有 80 多个 DFC® 装置，迄今为止已产出超过 20 亿 kW·h 的电力。DFC® 产品的设计使用寿命为 20 年，电堆寿命为 5~7 年。目前系统有着 50%（LHV）效率，低噪声（低于 65dBA）和极低的排放（可以忽略不计的氧化硫 SO_x 和微粒及少于 $10×10^{-6}$ 的氮氧化物 NO_x）的优势。然而，尽管这些系统优于其他技术，但 MCFC 电厂商业应用仍缺乏令人信服的理由。

显然，20 世纪末期，尽管 MCFC 系统的资本成本低于其他某些燃料电池类型，但仍不足以使该技术具有商业竞争力，其在扩大规模和制造方面仍需要吸收投资，并且风险资本和其他资金来源也很难获得。由于上述原因，尽管在过去的 20 多年有着很好的技术进步，欧洲的计划也不得已停止了。日本也存在类似的情况。如果要使 MCFC 系统在商业应用上变得可行，则必须在构造电池和电池堆的材料以及系统设计方面进行改进。其中一个基本问题就是燃料电池研究的跨学科特点，这将在本书的第 12 章中讨论。但是，显然的是 MCFC 技术的某些方面明显将得益于更进一步的研究和调查，具体如下：

● 功率密度。与所有其他燃料电池相比，最新型的 MCFC 的功率密度非常低。对于内部重整电池，功率密度通常为 $0.16W/cm^2$。对于加压电堆来说，$0.5W/cm^2$ 应该也是合理的目标。

● 阴极超电势。与低温燃料电池一样，氧的还原速率很低，因此会导致电池性能下降。故应该研究其他阴极材料，包括金属、氧化物和半导体。

● 熔融碳酸盐电解质材料浸湿现象。熔融盐对金属和合金的腐蚀会缩短电池寿命。故需要对无源层的形成和溶解沉积机制有更好的了解，尤其是对于多孔或层状复合基底。

FCE 系统的当前配置是电池组件材料性能逐步增强的结果，但其也有着贝克（Baker）及其同事在 20 世纪 60 年代论述的内部重整的基本特征。如前所述，20 世纪 90 年代后期 ECN 引入了其他工业合作伙伴，为欧洲热电联产市场开发了先进的 DIR - MCFC 系统。该联盟提出了几个概念，其中包括图 8.15 所示的新的电堆连接方法。在此设计中，三个电堆在阴极侧串联并且在阳极侧并联，阳极气体可被再循环。计算表明，该系统不需要主要热交换器并具有高效率。该设计也适用于由两个或更多电堆组成的系统。

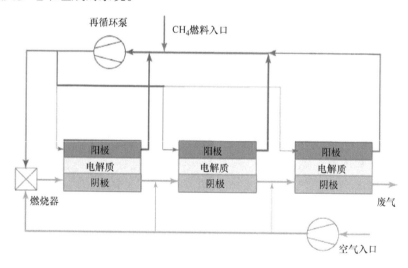

图 8.15　电堆网络可以简化系统设计并提高整体性能

欧洲（意大利、瑞典、波兰、德国和法国）、美国（康涅狄格大学和伊利诺伊理工学院）和韩国（KIST）的一些大学和研究所也正在对 MCFC 技术的各个方面进行研究。

8.7　制氢和二氧化碳分离

对于包含天然气或沼气重整的 MCFC 系统，阳极侧产生的氢气通常会被电池消耗以产出电能。如果维持燃料供应，系统电力需求减少，相应地，更多的氢气会出现在阳极废气中。在普通阴极燃烧器中消耗这种多余气体会增加入口处的温度，从而增大对空气冷却的需求。另一个更有效的做法是将氢与阳极废气分离，从而不需要改变阴极空气流量并保持系统的高能效，这正是 FCE 推广 DFC® 系统作为制氢机的基础。简而言之，MCFC 可以充当在全电负载下运行的发电机。另外，如果负载需求下降，则其可将多余的氢气分离并存储用以其他用途（如为燃料电池汽车充能）。MCFC 系统与间歇性可再生能源（如风力发电厂）一同运行的想法也很有吸引力。

MCFC 中二氧化碳以碳酸根离子的形式从阴极转移到阳极，这种转移也可以投入实际应用，这是因为 MCFC 可用于从电厂烟气中分离出 CO_2。FCE 也在推动这一想法实现，它基于这样一个事实，即典型的 MCFC 电池组的阴极废气包含体积分数约为 1% 的 CO_2，而在阴极入口处体积分数约为 10%。因此，如果化石燃料发电厂向阴极提供燃料气，则大部分 CO_2 会被燃料电池提取并以浓缩形式出现在阳极出口处。而在阳极出口处，CO_2 可能更易于分离和捕获，图 8.16 阐释了该概念。

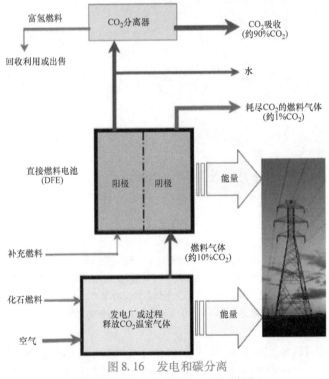

图 8.16　发电和碳分离

（资料来源：经 Fuel Cell Energy 许可转载）

8.8 直接碳燃料电池

1891 年，著名的托马斯·爱迪生（Thomas Edison）在美国申请了直接将碳进行电化学转化为电的专利。美国贝尔公司的 William W. Jacques 和 Lowell Briggs 证实了这个想法，他们在 1896 年展示了一种直接用煤生产直流电的装置。该仪器（图 8.17）由 100 个串联连接的电池组成，并放置在加热炉上，其将苛性钠电解质的温度保持在 400～500℃之间。在 90V 下装置测量的输出为 16A。但是，由于不是连续供应碳进行消耗且氢氧化物电解质根据式（8.7）反应形成碳酸盐，因此该系统实际上是电池而不是燃料电池。据报道最早的电池的电流密度高达100mA/cm²：

$$C + 2NaOH + O_2 \rightarrow Na_2CO_3 + H_2O \quad E_r^o = 1.42V \tag{8.7}$$

理论上，碳的直接电化学氧化可实现非常高的转化效率，这是因为与碳氢化合物氧化的熵变化相比，碳的完全氧化的熵变化（ΔS^o）非常小：

$$C + O_2 \rightarrow CO_2$$

$$\Delta G/\Delta H = 1.00; \Delta S^o = 2.5J/mol \cdot K; E_r^o = 1.0V; T = 800℃$$

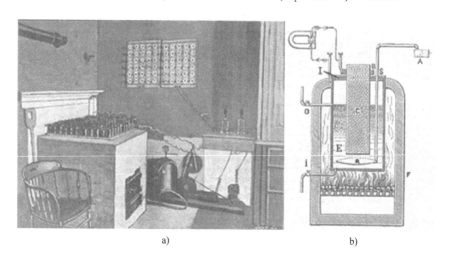

a)   b)

图 8.17　Jacques 和 Briggs 碳电池的插图

a）100 个电池放在燃煤炉顶部　b）单个电池的详细信息：碳 C 放入苛性钠 E 溶液中，泵 A 迫使空气进入带孔的喷嘴 R，该喷嘴将空气均匀地分配到电解质中。正极固定在装有溶液的铁制接收器 I 上，负极 B 固定在套环 S 并与接收器绝缘的碳上。两个管 i 和 o 用于电解液的进出

空气是首选的氧化剂，因此早期 Jacques 和 Briggs 电池中使用的熔融氢氧化物电解质后来被熔融的碳酸盐所替代。这种使用熔融碳酸盐电解质，所谓的直接碳燃

料电池（DCFC）可在 700 ~ 900℃下工作⊖。碳直接氧化成 CO_2，每个碳原子产生 4 个电子。半电池反应如下：

$$阳极：C + 2CO_3^{2-} \rightarrow 3CO_2 + 4e^- \tag{8.9}$$

$$阴极：O_2 + 2CO_2 + 4e^- \rightarrow 2CO_3^{2-} \tag{8.10}$$

与其他大多数类型的燃料电池（阳极反应物和产物都是气体）不同，DCFC 的电池电势不取决于碳的转化程度。因此理论上一次操作可以实现高达 100% 的碳转化率。相反，如果处理碳以产生合成气（如通过用蒸汽和氧气将煤汽化），再使合成气转化为氢气，再由燃料电池利用，则上述过程中每个步骤的可用能量的损失会相当大。

在 Jacques 最初的工作之后，对于碳酸盐 DCFC 的研究在 20 世纪上半叶几乎消失了，并且直至 20 世纪 90 年代后期才重新出现，这主要是由于直接碳氧化理论的高效率以及碳捕获和储存（CCS）的研究日益增加。与传统的煤汽化或燃烧系统不同，二氧化碳是 DCFC 阳极处的唯一产物，故而二氧化碳易于捕集，而传统的煤汽化或燃烧系统需要特定的过程来分离和捕获 CO_2。

与传统的 MCFC 一样，在 DCFC 碳酸盐中从阴极迁移到阳极的离子是 CO_3^{2-}。在实验室规模的单电池 DCFC 中，离子是空气鼓泡通过熔融的碳酸盐电解质而形成的，这些离子在其中与氧化镍阴极相互作用。在成比例放大的系统中，将多孔陶瓷氧化物如镧锶锰用作 SOFC 中的阴极材料可能更有效。

实际碳酸盐 DCFC 的开发所面临的挑战主要有：电解质中灰分的堆积、阳极反应速率低及生产运输碳至燃料电池的高成本。此外，还涉及燃料电池中碳分布的机械设计。碳的形式对电池性能影响很大。研究表明，具有高度无序结构的纳米级（2 ~ 30nm）碳比石墨具有更高的反应活性，这种材料通常称为"透层碳"，可以通过控制分解煤炭、石油或天然气来获得。

DCFC 的首要问题是将实验室批处理过程的概念扩展到真正的"燃料电池"过程中，其中，碳需要连续供给，而诸如灰分之类的任何杂质需被去除。如要更进一步，还必须说明如何通过碳的制备方法确定碳的结构以及如何最好地生产具有高电化学反应活性的碳。具体来说，DCFC 的关键设计要求是设计一种高效且价格合理的方法将碳源（例如煤或生物碳）转化为低灰分碳以用作优质燃料。

⊖ 已研究的 8 种 DCFC 的替代类型均基于 SOFC 材料，即 O^{2-} 是通过固体氧化钇稳定的氧化锆电解质从阴极迁移到阳极的离子。此类电池的工作温度为 800 ~ 1000℃。在此类电池中，阴极为镧锶锰（LSM），阳极可以为镍基固体，其直接与流态化的碳颗粒相互作用。阳极还可以是熔融金属，如锡或熔融碳酸盐，其中对熔融碳酸盐来说碳燃料会向其中供应。后者本质上是熔融碳或固体氧化物燃料电池的混合类型。

扩 展 阅 读

Behling, N, 2012, History of molten carbonate fuel cells, in *Fuel Cells: Current Technology Challenges and Future Research Needs*, pp. 137–221, Elsevier, Amsterdam.

Farooque, M and Maru, H, 2009, Full scale prototypes, in Garche, J, Dyer, CK, Moseley, PT, Ogumi, Z, Rand, DAJ and Scrosati, B (eds.), *Encyclopedia of Electrochemical Power Sources*, vol. 2, pp. 508–518, Elsevier, Amsterdam.

Leto, L, Della Pietra, M, Cigolotti, V and Moreno, A, 2015, *International Status of Molten Carbonate Fuel Cells Technology*, Advanced Fuel Cells Implementing Agreement, IEA Energy Technology Network.

McPhail, SJ, Aarva, A, Devianto, H, Bove, R and Moreno, A, 2011, SOFC and MCFC: Commonalities and opportunities for integrated research, *International Journal of Hydrogen Energy*, vol. 36, pp. 10337–10345.

Selman, JR, 2006, Molten-salt fuel cells—Technical and economic challenges, *Journal of Power Sources*, vol. 160, pp. 852–857.

第 9 章　固体氧化物燃料电池

9.1　工作原理

9.1.1　高温（HT）电池

固体氧化物燃料电池（SOFC）是使用氧化物离子导电陶瓷材料作为电解质的固态设备。因此，它在概念上比所有其他类型的燃料电池系统更简单，因为仅涉及两个相（气相和固相）。磷酸盐燃料电池（PAFC）和熔融碳酸盐燃料电池（MCFC）所引起的电解质管理问题不会发生，并且工作温度高意味着不需要贵金属电催化剂。与 MCFC 一样，氢和一氧化碳（CO）都可以用作 SOFC 的燃料，如图 9.1[⊖]所示。

SOFC 与 MCFC 相似，其中带负电的离子 O^{2-} 从阴极通过电解质流向阳极。因此，在阳极处产生水。它的发展可以追溯到 1899 年，当时 Nernst 第一个认识到氧化锆（ZrO_2）是氧离子的导体。直到最近，所有的 SOFC 都是基于氧化锆的电解质，并在其中添加了少量的氧化钇（Y_2O_3）来起稳定作用。当温度达到约 700℃ 时，氧化锆会成为氧离子（O^{2-}）的导体，而最先进的基于氧化锆的 SOFC 在 800～1100℃ 之间起作用。这是所有燃料电池的最高工作温度范围，因此在结构和耐用性方面提出了额外的挑战。固体氧化物燃料电池通常具有良好的电效率，以 LHV 计算其效率大于 50%，在联合循环方案中甚至具有更好的性能。事实上，无论是简单循环设备还是混合式 SOFC 设备，已经展现了在所有的发电系统中都堪称一流的效率。

SOFC 的阳极通常是由氧化钇稳定的氧化锆（YSZ）和镍制成的金属陶瓷[⊖]。选择镍主要是因为它具有良好的电子导电性，并且在化学还原条件下具有弹性。此外，它还比低温燃料电池中使用的贵金属催化剂具有更强的抗硫能力，也不会因一氧化碳而中毒。

⊖ 像 MCFC 一样，高温和蒸汽的存在也意味着通过转化反应（方程（7.3））产生的氢气总是在实际系统中发生。因此，使用一氧化碳可能更间接，但同样有价值，如图 9.1 所示。

⊖ 金属陶瓷是一种复合材料，由陶瓷和金属材料组成。

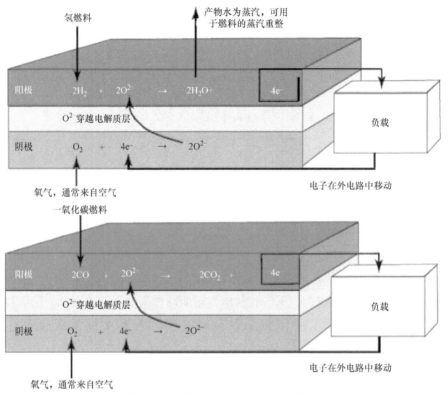

图 9.1　使用氢气和一氧化碳作燃料时 SOFC 的阳极和阴极反应

　　因此，SOFC 可以使用各种转化（重整）燃料，包括煤衍生的气体。事实上，镍的存在可以作为内部重整的催化剂——在 SOFC 阳极上执行此过程是可行的。相比之下，寻找适合阴极的材料更有挑战性。在 SOFC 开发的早期，贵金属曾被使用，但此后由于成本的原因而不再受到青睐。现在，大多数阴极是由具有导电性的氧化物或者具有离子及电子导电性陶瓷材料制成的。后一种类型最常见的阴极材料是掺锶的锰镧金属（LSM）$La_{1-x}Sr_xMnO_3$。

　　与 MCFC 不同，SOFC 不需要循环再利用 CO_2，从而简化了系统，如图 9.1 所示。阴极上没有 CO_2 意味着电池的开路电压（OCV）由能思特方程（即第 2 章的式（2.34））的简单形式给出。但是与 MCFC 相比 SOFC 有一个缺点，在较高的工作温度下，水形成的吉布斯自由能绝对值较小。因此，在 1000℃ 下的 OCV 大约比 650℃ 下的 MCFC 的 OCV 低 100mV（请参见第 2 章，特别是图 2.3 和表 2.2）。较低的 OCV 将会降低 SOFC 的效率。然而，实际上 SOFC 有较低的内部电阻并且可以使用比 MCFC 更薄的电解质，这种效果部分被抵消了。因此，SOFC 可以在相对较高的电流密度（高达 1000mA/cm^2）下运行。

　　随着西屋电气公司（Westinghouse Electric Corporation）引入管状设计，SOFC 的开发在 20 世纪 60 年代逐步升级。与平面对应物相比，管状形状更能承受高温运行下的热应力。最初，陶瓷材料亚铬酸镧（$LaCrO_3$）被用于管状电池互连。然而不幸的是，这种材料中的铬会迁移到阴极中，并导致电池严重降解。这也是最近开发低温 SOFC（IT – SOFC）的原因之一。

高温 SOFC（HT – SOFC）受到西屋电气公司、西门子股份公司（Siemens AG）和劳斯莱斯（Rolls – Royce）等公司的青睐，可用于以天然气为燃料的大规模（基本负荷）发电设施。进行内部重整的能力有望简化系统设计，并使效率大大高于使用天然气的 PAFC 系统所获得的效率。此外，从电堆中获得的热量可以用于大规模的热电联产或联合循环发电厂。

9.1.2　低温（IT）电池

在 20 世纪八九十年代，对 HT – SOFC 的研究确定了几个长期领域，尤其是与平面电堆有关的领域。由于在高温下遇到的热应力加剧了热膨胀系数之间的不匹配，导致电极与电解质发生分层。相邻电池与金属双极板之间以及电池与金属支撑硬件之间也存在密封问题（请参见第 9.2.3.3 节）。高于 800℃ 的工作温度需要使用昂贵的金属合金，例如铬镍铁合金钢，用于堆叠硬件和双极板。这些问题促使研究人员找到降低 SOFC 工作温度的方法。用于电解质和电极的新材料被发现后，一项使电池在 600 ~ 800℃ 之间运行的技术应运而生，现在通常被称为 "IT – SOFC"。在进行低温操作时，发现了以下优点：

● 现在可以使用在高温下会受到严重腐蚀的金属来互连，而不是基于 $LaCrO_3$ 的氧化物来互连；见 9.2.3.2 节。金属的使用有望显著降低成本并延长使用寿命。

● 重整气体（一氧化碳和氢）的热力学转化效率增加。

● 更多用于密封电池部件的方法可供选择。

● 低成本奥氏体钢可用于堆叠结构（即用于平面 SOFC 中的双极板），而不是用诸如铬镍铁合金的奇异合金。

● 电池组件不易因热膨胀差异而分层。

● 对于小型系统，电堆产生的辐射热损失会减少。因此，热量管理在较低的温度下变得更容易。

另一方面，降低工作温度会引起组件材料的其他问题：

● 随着温度降低，电解质材料的氧化物离子电导率迅速降低。因此，必须具有较快的氧化物离子导体或开发出制造电解质薄膜的良好方法。因此，如第 9.3.2 节所述，阳极支撑的电解质已被证明是比更常规的电解质支撑的电池更有前途的替代品。

● 必须使用活性更高的电极材料。例如，掺钪的氧化锆比 YSZ 更具导电性，并且允许 IT – SOFC 的工作温度进一步降低 50 ~ 100℃。

● 镍仍然是阳极的最佳选择，其硫中毒会变得更加严重。

● 用于阴极的镧锶锰金属的铬中毒加剧，超出预期。

近年来，另一类在 600℃ 以下工作的电池被称为 "低温 SOFC"（LT – SOFC）⊖。

⊖　Gao, Z, Mogni, LV, Miller, EC, Railsback, JG and Barnett, SA, 2016, A perspective on low – temperature solid oxide fuel cells, *Energy and Environmental Science*, vol. 9, pp. 1602 – 1644.

与高温电池相比，其拥有启动速度更快、运行更稳定的前景。由于它们还处于研究的初期阶段，故在此不再赘述。

9.2 组件

9.2.1 HT 燃料电池的氧化锆电解质

在 SOFC 中，电解质在高温下会同时暴露于氧化端（空气侧）和还原端（燃料侧）。因此，SOFC 长时间工作需要电解质具有以下特性：

- 足够的离子电导率，以最大程度减少欧姆损耗，且几乎没有电子电导率。
- 致密的结构，即不透气。如果将多孔阳极或阴极用作载体，则难以制造致密的薄电解质层。
- 化学稳定性——电解质在高温下会暴露于空气和燃料中，因此它必然发生氧化和还原过程。
- 两个电极的机械兼容性，即热膨胀系数必须在界面处匹配。

尽管已研究了其他几种氧化物，例如 Bi_2O_3、CeO_2 和 Ta_2O_5，但掺有 8% ~ 10%（摩尔百分比）的氧化钇的氧化锆（YSZ）仍然是最有效的 HT - SOFC 电解质。纯二氧化锆（ZrO_2）具有单斜晶体结构，在室温下是不良的离子导体。当加热到 1173℃ 以上时，它经历从单斜晶到四方晶的相变，然后在进一步加热到 2370℃ 时，变成立方萤石结构。这些相是离子导体。从单斜相到四方相的相变伴随着体积的明显变化（约 9%）。为了在较低温度下稳定立方结构并增加氧空位的浓度（通过空位跳跃传导氧离子需要氧空位），将受体⊖掺杂剂引入阳离子亚晶格。掺杂剂的示例是 Ca^{2+} 和 Y^{3+}，它们会分别产生氧化钙稳定的氧化锆（CSZ）和 YSZ，如图 9.2（见彩插）所示。每种掺杂剂都可以稳定立方萤石结构并改善氧化锆的氧离子传导性。

氧化锆在阳极和阴极的还原和氧化环境中都非常稳定，并且在约 700℃ 以上是快速的氧离子导体。传导 O^{2-} 离子的能力是由于萤石结构中的某些 Zr^{4+} 离子被 Y^{3+} 离子替代。当发生这种离子交换时，由于三个 O^{2-} 离子替代了四个 O^{2-} 离子，因此许多氧离子位变得空缺。氧离子的传输发生在位于晶格中四面体位点的空位之间，这一过程现在在原子和分子水平上都已被研究清楚。YSZ 的离子电导率（在

⊖ 在半导体物理学中，供体原子被引入半导体晶体后，会增加电子的密度，从而形成所谓的 n 型区域（n - type）。电子密度的增加是因为供体原子与其取代的金属相比，外壳中具有更多的电子。相反，受体原子在所谓的 p 型区域（p - type）中产生电子不足（称为空穴）。供体和受体都增强了材料的电子导电性。类似地，带正电的离子（例如 Y^{3+}）是氧化锆的受体掺杂剂，因为它增加了晶格中氧离子空位的数量。

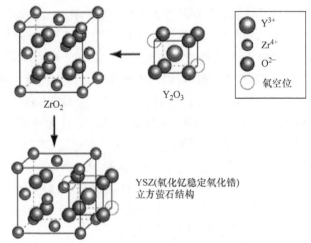

图 9.2　氧化钇稳定的氧化锆的结构

800℃下为 0.02S/cm，在 1000℃下为 0.1S/cm）类似于液体电解质。此外，YSZ 可以做得很薄（25~50μm），从而确保 SOFC 中的欧姆损耗可与其他类型的燃料电池在同一水平。可以将少量的氧化铝添加到 YSZ 中以改善其机械稳定性，并且也已经使用四方相氧化锆来增强电解质结构，从而可以制造甚至更薄的层。

　　掺杂也会影响氧化锆的氧离子传导性。研究发现掺杂剂的原子序数、离子半径和浓度均会影响电导率。在已研究的材料中，钪经常被促进作为 YSZ 的掺杂剂，因为钪氧化物中 Sc^{3+} 离子的离子半径为 0.87Å，因此与立方氧化锆中的 Zr^{4+} 阳离子的离子半径接近（0.84Å）。尽管用少量 Sc_2O_3 掺杂 YSZ 确实改善了其离子电导率，但这种材料的长期性能不及未掺杂的 YSZ。因此，从成本的角度出发，通常排除 Sc^{3+} 作为掺杂剂。

　　增强氧化锆的离子电导率和性能的另一种方法是采用电解质薄膜。可以通过电化学气相沉积（EVD）以及通过流延和其他陶瓷加工技术获得低至 40μm 的厚度。EVD 工艺是西屋电气公司率先开发的，用于生产难熔氧化物薄层，可适用于电解质、阳极和管状 SOFC 设计中使用的互连。然而，现在该技术仅用于制造管状 SOFC 的电解质。引入金属氯化物蒸气在管表面的一侧形成电解质，在另一侧引入氧气与蒸汽的混合物。管两侧的气体环境会形成两个电偶，最终结果是在管上形成致密且均匀的金属氧化物层。沉积速率由不同离子的扩散速率和电荷载体的浓度决定。

9.2.2　IT 燃料电池的电解质

9.2.2.1　二氧化铈

　　氧化锆基电解质适用于 SOFC，因为它们显示出纯的阴离子导电性。氧化铈（CeO_2）和氧化铋（Bi_2O_3）等材料也拥有相同的萤石晶体结构。这两种氧化物都具有比 YSZ 更高的氧离子传导性，但是它们在阳极氧分压较低的情况下不稳定。这种情况导致在氧化物中形成缺陷，并伴随着电子电导率的增加，进而降低了电池电压。

氧化铈（CeO_2）（也称为二氧化铈）的离子电导率可以通过掺杂钆来提高，并且在 600℃时可达到与 YSZ 相当的水平[⊖]。掺杂钆的二氧化铈在文献中也被称为 GDC、CGO。氧化钐（Sm_2O_3）同样可以用作掺杂剂，以生产掺杂氧化钐的二氧化铈（SDC）。正是 Gd^{3+}、Sm^{3+} 和 Ce^{4+} 的相似离子半径导致 GDC 和 SDC 材料的离子电导率提高。使用掺杂的二氧化铈的主要挑战，是还原条件下当温度高于约 650℃时随着电子传导的开始 Ce^{4+} 将被还原为 Ce^{3+}。随着 Ce^{4+} 还原为 Ce^{3+} 的进一步加强，也可能导致晶格膨胀和电解质中微小裂纹的发展。

对于氧化铋，某些掺杂剂可以改善化学稳定性并增强离子传导性，例如镧、钒、铜和锌。在高于约 600℃的温度时，钒和铜掺杂的氧化铋的电导率比掺杂的二氧化铈更大，但是随着温度升高其变得较不稳定。

9.2.2.2　钙钛矿

钙钛矿不仅像氧化物一样具有立方萤石结构，还具有有利于氧离子传输的晶体结构。立方钙钛矿结构由通式 ABO_3 表示，其中晶格角上的 A 位置离子通常为碱土或稀土元素，而晶格中心的 B 位置离子为 3d、4d 或 5d 过渡金属元素。A 和 B 阳离子都可以通过引入其他相同或不同的化合价的阳离子而被取代。用作电解质的钙钛矿结构中最著名的也许就是没食子酸镧，如图 9.3（见彩插）所示。这种材料在 A 位置掺杂锶，在 B 位置掺杂镁，即 $LaSrGaMgO_3$，于 1994 年[⊖]首次被报道。

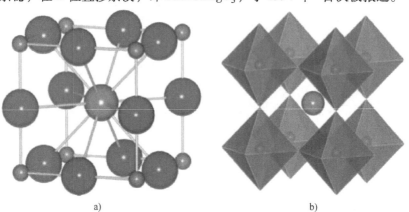

a)　　　　　　　　　　　　b)

图 9.3　$LaGaO_3$ 的立方钙钛矿结构的两种表示

a）以 La 为中心的晶胞　b）角共享 GaO_6 八面体（中心的 Ga 由 6 个原子包围），La 的中心位于 12 个

坐标位点。大红色球体 = O^{2-} 离子；浅绿色球体 = La^{3+} 离子；蓝色小球 = Ga^{3+}

（资料来源：Ishihara 1994. Reproduced with permission of American Chemical Society）

⊖　在 600℃下 $Ce_{0.9}Gd_{0.1}O_{1.95}$ 的离子电导率是 0.025/Ω·cm，而 YSZ 的离子电导率为 0.005/Ω·cm。

⊖　Ishihara, T, Matsuda, H and Takat, Y, 1994, Doped $LaGaO_3$ Perovskite type oxide as a new oxide ionic conductor, Journal of the American Chemical Society, vol. 116, pp. 3801 – 3803；also Feng, M and Goodenough, JB, 1994, European Journal of Solid State and Inorganic Chemistry, T31, pp. 663 – 672.

没食子酸镧是一种优异的氧化物离子电解质，在很宽的氧气分压范围内（$10^{-20} < pO_2 < 1$）具有良好的离子电导率。掺杂锶镁的没食子酸镧（LSGM），在800℃时的性能可以与 YSZ 在1000℃时的性能相媲美，如图9.4所示。不幸的是，其性能在较低温度下急剧下降，如图9.5所示。另一方面，LSGM 作为电解质也很有吸引力，因为它与多种活性阴极材料兼容，其优异的电化学性能已经被报导。使用 LSGM 的挑战是难以制造单相材料并同时提高其化学和机械稳定性。镓在高温下易挥发，镧可与镍反应（如常规 SOFC 阳极中所用），从而产生离子绝缘的 $LaNiO_3$ 相。

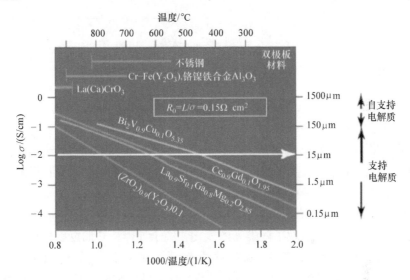

图 9.4　所选固体氧化物电解质的电导率与温度倒数的关系

以掺杂钆的二氧化铈、掺杂钐的二氧化铈、LSGM 或其他材料（如铋金属钒氧化物（BIMEVOX，$Bi_4V_2O_{11}$））为基础的电解质使研究人员能够将注意力集中在 IT-SOFC 上，并探索用于电极的各种材料和制造方法。

图 9.4 比较了某些 SOFC 电解质材料的电导率。为了确保电池（即电解质和电极的）$^{\ominus}$ 的总内阻足够小，电解质的区域电阻的目标值在图 9.4 被设定为 $0.15\Omega \cdot cm^2$。可以使用廉价的常规陶瓷制造工艺可靠地生产氧化物电解质膜，厚度低至大约 $15\mu m$。

因此，要实现上述 ASR 目标，电解质的电导率必须超过 10^{-2} S/cm。$Ce_{0.9}Gd_{0.1}O_{1.95}$ 电解质在500℃下、$(ZrO_2)_{0.9}(Y_2O_3)_{0.1}$ 电解质在700℃下可满足要

　$\ominus$　燃料电池的区域电阻（ASR）是通过其面积归一化的电阻，$ASR = R \times A$，以 Ωcm^2 为单位。ASR 比电阻更重要，因为燃料电池是按区域比较的。欧姆损失可以通过由 ASR 和电流密度相乘得到。理想的燃料电池的目标 ASR 为 $0.1\Omega \cdot cm^2$。

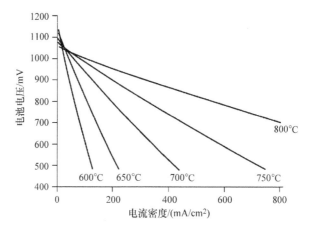

图 9.5　LSGM 电解质（500μm 厚）在一定温度范围内的典型单电池性能

求。尽管 $Bi_2V_{0.9}Cu_{0.1}O_{5.35}$ 电解质表现出较高的电导率，但在 SOFC 阳极区域中由燃料引起的还原环境下不稳定。

其他值得一提的基于钙钛矿的结构包括 $Ln_2NiO_{4+\delta}$（其中 Ln＝镧、钕或镨）。虽然 $Ln_2NiO_{4+\delta}$ 材料是混合的离子和电子导体，还是有望可以抑制它们的电子传导性，从而发现一系列颇具前景的新电解质材料。

9.2.2.3　其他材料

在过去的几年中，出现了两类新的氧化物离子导体，它们可以取代掺杂的二氧化铈和钙钛矿材料作为 IT - SOFC 的电解质。第一种是氧化钼镧（LAMOX，$La_2Mo_2O_9$）。该材料存在多个相，与大多数其他钙钛矿材料相比，其高温立方晶格具有极好的氧离子传导性。磷灰石型氧化物是另一类替代电解质材料。磷灰石氧化物的通式可以写为 $M_{10}(XO_4)_6O_{2\pm y}$，其中 M 是稀土或碱土金属阳离子；X 是 p 区元素，例如磷、硅或锗；y 是非化学计量的氧气量。这些氧化物与骨骼和牙齿中的羟基磷灰石材料具有相同的结构。如图 9.6 所示，掺有硅或锗的磷灰石是最有前景的新型的快速离子导体之一。

9.2.3　阳极

9.2.3.1　镍 - YSZ

在先进的 HT - SOFC 阳极的镍 - YSZ 金属陶瓷中，多孔 YSZ 用于抑制金属颗粒的粗化或烧结（否则会导致表面积损失）并为阳极提供类似于电解质的热膨胀系数。

通常在金属陶瓷中使用体积占比至少 30% 的镍，以便在保持所需的孔隙率的同时获得足够的电子导电性，从而不损害反应物和产物气体的传递。镍和 YSZ 在很宽的温度范围内都是非反应性的，并且彼此之间也不混溶。这两个特性简化了

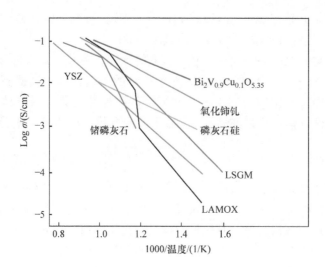

图 9.6　一些常见的氧化物离子导体的总电导率与温度倒数的关系：CGO，$Ce_{0.8}Gd_{0.2}O_{1.9}$；
锗磷灰石，$La_{10}(GeO_4)_6O_3$；LAMOX，$La_2Mo_2O_9$；LSGM，$La_{0.9}Sr_{0.1}Ga_{0.8}Mg_{0.2}O_{2.85}$；
磷灰石硅，$La_{10}(SiO_4)_6O_3$ 和 YSZ，$(ZrO_2)_{0.92}(Y_2O_3)_{0.08}$

YSZ 金属陶瓷的合成，并允许通过常规的 NiO 和 YSZ 粉末烧结来制备。将 NiO 在原位还原为 Ni 会导致高度多孔（20%～40%）的 YSZ 结构，该结构在 YSZ 孔的表面上包含相连的 Ni 颗粒。该结构提供了用于燃料氧化的基本三相边界以及用于从反应区到 SOFC 集电器的电子传导的路径。

传统上，通常根据所需的电池配置，通过将由 NiO 和 YSZ 粉末制成的墨水直接涂在 YSZ 电解质管或板上来制备阳极。涂漆的电解质干燥后，在约 1400℃ 的空气中烧结，在此期间，由于 NiO 和 YSZ 颗粒的生长，形成了上述多孔阳极结构。在这样的高温下烧结在所得的多孔阳极层和致密的 YSZ 电解质层之间也会形成良好的结合。

阳极支撑的电解质电池是 IT–SOFC 近期的创新。在这些电池中，阳极是通过将 NiO 和 YSZ 粉末挤压或压制成所需的形状来制备的，然后将其干燥烧结以产生可以支撑电解质薄层的相对较厚的板。将粉末状的电解质材料喷涂到阳极上，并像以前一样共同烧制这两层。

影响 Ni–YSZ 金属陶瓷阳极性能的因素包括原材料的性能、烧结温度和镍含量。另外，通过降低镍颗粒的烧结程度，对微观结构进行改进或用各种材料掺杂可以改善长期性能。

对此，MgO、TiO_2、Mn_3O_4 和 Cr_2O_3 均被证明可以减少镍的烧结，还可以充当阳极与电解质界面上镍的固定位点。

如前所述，可以直接在 SOFC 阳极上重整烃类燃料。尽管此功能在提高系统效率方面具有优势，但仍存在风险：特别是会通过鲍多尔德反应（Boudouard）或通过镍裂化（热解）形成碳（请参阅第 10.4.4 节）。研究表明，通过用钼或金掺杂金属陶瓷，可以降低在 SOFC 阳极上形成碳的倾向。

阳极与电解质之间的界面处存在一些欧姆损耗，一些开发人员已经研究了双层阳极，其中在 Ni – YSZ 金属陶瓷中添加了少量的二氧化铈。这提高了阳极对温度变化以及在表面上氧化和还原条件之间循环的耐受性（将阳极气体从还原性燃料气体变为氧化性气体，反之亦然）。控制 YSZ 的颗粒大小还可以改善阳极对氧化和还原条件的稳定性。

9.2.3.2 阴极

二氧化铈本身具有的一定的 O^{2-} 离子表面浓度，使其成为烃类氧化的良好催化剂。通过用某些稀土金属掺杂二氧化铈，增强了氧化物的催化活性。另外，掺杂的二氧化铈具有萤石结构，该萤石结构不仅具有对于氧离子的导电性，而且还具有一些电子导电性。因此，二氧化铈本身就被作为 SOFC 的阳极材料。尽管掺杂的二氧化铈具有良好的离子电导率，但是电子电导率相对较低，因此最常以金属陶瓷的形式使用该材料。掺杂的二氧化铈和金属的组合在低温下具有出色的离子传导性，并具有高电子传导性，因此该材料是 IT – SOFC 应用的理想选择。

掺杂氧化钆的二氧化铈与镍结合形成镍 – GDC 金属陶瓷，在低至 500℃ 的温度下对甲烷的蒸汽重整具有很高的电化学活性，而不会使催化剂焦化。该材料的主要问题是可能因晶格膨胀而导致机械降解，这是由于在低氧分压环境中可能发生的 Ce^{4+} 到 Ce^{3+} 的大量转变。当使用 YSZ 电解质时这尤其要被关注，因为在电解质界面处可能发生分层。用低化合价离子掺杂二氧化铈，例如 Sm^{3+}、Y^{3+} 和 Gd^{3+}，可能有助于防止降解，并在氧化铈阳极中掺入原子数含量 40% ~ 50% 的氧化钆，例如 $Ce_{0.6}Gd_{0.4}O_{1.8}$，可以在电导率和机械稳定性之间取得良好的平衡。

事实证明，掺杂的二氧化铈金属陶瓷可承受多个快速热循环和完整的氧化还原循环，而性能不会下降。它们可以在 HT – SOFC 和 IT – SOFC 中使用。金属陶瓷和 HT – SOFC 中的 YSZ 电解质之间的反应可以通过在电解质和二氧化铈金属陶瓷阳极之间插入掺杂氧化钆和氧化锆的氧化铈薄层来防止。

如前所述，使用结合有二氧化铈和二氧化铈电解质的金属陶瓷的问题是，Ce^{4+} 将被还原为 Ce^{3+} 以及随之而来的电子传导性的增加。为此，一些研究人员在 IT – SOFC 的阳极和电解质之间的接合处插入了一层薄薄的离子导电氧化物材料夹层。或者，与电解质结合的阳极表面可以对其进行功能化以限制其电子传导率。两种方法都可以保护二氧化铈电解质免受阳极还原条件的影响。

当使用烃类燃料时，阳极金属陶瓷中的镍虽然具有良好的电子导电性，但具有促进碳形成的缺点。镍也会硫中毒。如果进行烃的内部重整，则这两个问题都是令人关注的。为了消除这些问题，可以把掺杂稀土元素的二氧化铈金属陶瓷中的镍替换为铜，如第 10.4.6 节所述。由铜、二氧化铈和 YSZ 组成的复合阳极，对烃类的直接电化学氧化具有活性，而不会因碳沉积而降低性能。与 Ni – YSZ 阳极相比，该复合材料对一氧化碳和烃类燃料均显示出优异的性能。通过掺入贵金属如铂、铑或钯，可以进一步改善材料。

9.2.3.3　混合离子 – 电子导体阳极

随着用于 IT – SOFC 的电解质材料的发展，人们逐渐关注可以替代传统金属陶瓷的阳极材料。某些钙钛矿同时具有电子和离子电导率。这种材料被称为"混合离子 – 电子导体"（MIEC）。已经研究的例子包括钛酸酯，如掺杂有钇或镧的锶钛酸（$SrTiO_3$）、A 位置空缺且掺杂钕和镨的镧系元素和掺杂铁的钛酸钡。基于铬铁矿的钙钛矿也已经被研究了，例如掺有过渡金属例如 Co、Cu、Ni 和 Mn 的掺锶的亚铬酸镧。钒配合物和铁氧体已显示出一定的阳极作用，例如掺锶钒酸镧 $La_{1-x}Sr_x$ VO_3（表示为 LSV），以及铁氧体，例如镧锶钴铁氧体（LSCF）。不用说，寻找有效和稳定的 SOFC 阳极是一个非常活跃的研究领域。如图 9.7 所示，MIEC 材料不仅除去了金属（例如镍）并因此减少了碳沉积的机会外，还提供了一种扩展阳极和电解质之间的三相边界的方法。

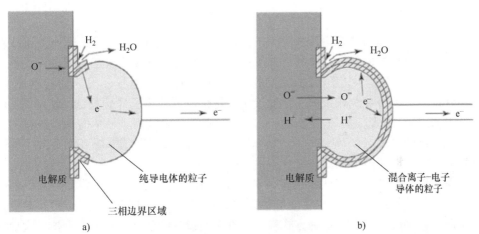

图9.7　a）不同 SOFC 阳极材料的三相边界区域示意图和 b）用混合导电阴极材料获得边界的扩展

a）导电金属陶瓷　b）混合离子 – 电子导体

9.2.4　阴极

最早的 SOFC 使用铂作为阴极，但是一旦有了导电陶瓷，这些陶瓷就受到欢迎。最早引起人们关注的是钙钛矿镧钴矿（$LaCoO_3$）。最初，该化合物表现出良好的性能，但进一步的测试表明，它与 YSZ 电解质发生反应，导致永久降解。尽管通过掺杂锶可以提高离子电导率，但是 $LaCoO_3$ 仍然可以与 YSZ 反应。它与掺杂的二氧化铈电解质不发生反应，但与 YSZ 的膨胀系数不匹配。研究的其他钴矿材料，其中包括钆锶钴矿 $Gd_{1-x}Sr_xCoO_3$，也适用于二氧化铈电解质。在探索了用于阴极材料的钴矿之后，研究人员转向了锰矿的研究，而 LSM 成了首选材料。尽管易与

YSZ 反应，特别是在高温下，掺锶的 LSM 在过去 20 年中已成为 SOFC（包括 HT 和 IT）使用最广泛的阴极材料。与许多钙钛矿一样，LSM 的晶体结构发生相变，从室温下的正交晶体结构变为在 600℃ 下的菱形。可以通过用 Sr^{2+} 代替某些 A 位置来增强 LSM 的混合离子电导率。特别值得注意的是，LSM 的缺陷结构和非化学计量氧含量取决于实际所施加的氧分压。与大多数钙钛矿氧化物相比，LSM 可能存在氧气过量或缺氧的事实是比较罕见的。该材料在很宽的氧气分压范围内都是稳定的，但是在非常低的水平上，它可以分解形成两个相，即 La_2O 和 MnO。

尽管 LSM 已证明可用于大多数 HT – SOFC，但还发现其他材料也适用于阴极，特别是具有钙钛矿结构且具有混合的离子和电子导电性的材料。混合电导率对于在较低温度下运行尤为重要，因为阴极超电势会随着 SOFC 温度的降低而显著增加。在 650℃ 下工作的电池中，使用具有混合导电性的氧化物的优势变得十分明显。在 IT – SOFC 工作温度下，镧锶铁氧体和钴酸镧锶都是 n 型半导体，它们是比最先进的镧锶锰矿更好的电催化剂。

9.2.5　互连材料

互连是将相邻的燃料电池连接在一起的方式。在电池的平面式设计中是双极板，但对于管状式形状，其排列方式有所不同，如第 9.3.1 节所述。掺杂的亚铬酸镧一直是 HT – SOFC 中互连的首选材料，尤其是在西屋电气公司的管状电堆中。纯铬铁矿的电子传导性非常低，但通过用化合价较低的离子（例如钙、镁、锶）取代 La^{3+} 或 Cr^{3+} 在亚铬酸镧晶格的位点，可以使之有所提高。不幸的是，该材料必须在相当高的温度（1625℃）下烧结以产生致密相。该要求暴露了 SOFC 的主要问题领域之一，即制造方法。

所有单元组件必须在化学稳定性和机械柔韧性方面要兼容（例如，它们都必须具有相似的热膨胀系数）。为了在高温烧结情况下获得良好的粘附力而不会使材料降解，各种层必须以一定的方式堆积。许多制造方法被公司专利所保护，大量对 SOFC 材料加工的研究也正在进行。

对于计划在较低温度（<800℃）下工作的电池，可以使用抗氧化的金属合金作为互连件。铁素体钢目前是首选。与亚铬酸镧陶瓷相比，金属合金具有诸如可制造性良好、原材料和制造成本显著降低以及优异的导电性和导热性等优点。合金，如 $Cr – 5Fe – Y_2O_3$ 普兰西材料和 Crofer22 APU（一种由 VDM Metals GmbH 开发的高温铁素体不锈钢）的热膨胀系数与 SOFC 陶瓷组件的热膨胀系数相匹配。不幸的是，在阴极的高氧分压下，此类合金中的铬趋向于汽化并沉积在 LSM – YSZ 三相边界上，从而导致阴极永久中毒。IT – SOFC 的另一个优点是，便宜的低镍材料（例如奥氏体钢）也可以用于电池的制造。

9.2.6　密封材料

SOFC（尤其是平面结构）的关键问题是密封陶瓷和金属部件以获得气密性的

方法。MCFC 中的湿密封装置无法使用，并且 SOFC 工作的较宽温度范围也是一个难题。密封件必须具有热化学稳定性，并且必须与其他电池组件兼容。它还应承受室温和工作温度之间的热循环。为了满足这样的要求，已经开发出许多不同的密封方法，其中一些方法比其他方法更成功，包括刚性黏结密封件（例如玻璃陶瓷和铜焊料）、顺应性密封件（例如玻璃）和压缩密封件（例如基于云母的复合材料）。

最常见的做法是使用转变温度接近电池工作温度的玻璃。这些材料随着电池的加热而软化，并在电池周围形成密封。玻璃密封在平面堆叠设计中采用，例如，其中多个电池可以组装在一层中。与使用玻璃密封件有关的一个特殊问题是二氧化硅从玻璃中的迁移，特别是迁移到阳极上，从而导致电池性能下降。全陶瓷叠层已经采用了玻璃陶瓷，但是二氧化硅组分的迁移在阳极和阴极侧仍然是一个问题。

钎焊尚未被广泛地用作密封剂，因为在进行钎焊操作所需的升高的温度下（即高于 800℃），合适的金属易于氧化。可以通过在钎焊金属中添加钛或锆等金属来减少氧化，但是在钎焊过程中需要还原性气氛会降低阴极组件的活性。

兼容的压缩密封件（即垫圈）在 SOFC 中的应用受到限制，因为大多数合适的金属在工作温度下受到持续的压缩力往往会氧化或过度变形。对于短期的实验室测试来说，这通常不是问题，因为实验时通常使用金垫片。具有更高弹性的云母复合材料已用于单电池测试，并且可能会在未来的平面堆叠结构中得到应用。

9.3 实际设计和堆放布置

9.3.1 管状设计

管状 SOFC 由西屋电气公司（现为西门子西屋电力公司（Siemens Westinghouse Power Corporation））在美国首创。原始设计使用的多孔 CSZ 支撑管的厚度为 1 ~ 2mm，内部直径约为 20mm，圆柱形阳极沉积在其上。通过掩膜工艺，将电解质、互连材料以及最后的燃料电极沉积在阳极的顶部。在 20 世纪 80 年代初期，该过程被逆转，空气电极成为沉积在氧化锆管上的第一层，而燃料电极在外面。这种管状燃料电池成为未来 15 年的标准。从一开始，管状设计就受到诸如低功率密度和惩罚性制造成本之类主要问题的困扰。低功率密度是由于电力通过每个电池的路径较长（如图 9.8 所示）以及堆叠结构内（即管之间）的空隙较大所致。在真空室内进行分批过程的由静电气相沉积制备电解质和电极，会产生更多成本。

最近，氧化锆支撑管已被通过以下方式代替：挤压多孔形式的掺杂 LSM 制成管，通过 EVD 将电解质沉积在其上，然后进行阳极等离子喷涂。这种布置被称为"空气电极支撑"（AES）燃料电池，例子如图 9.9 所示。这种管状电池在 1000℃ 下具有约 0.2W/cm^2 的功率密度，即远低于平面电池的功率密度。

SOFC 的管状设计的一个重要优点是消除了高温气密性密封，如图 9.10 所示。

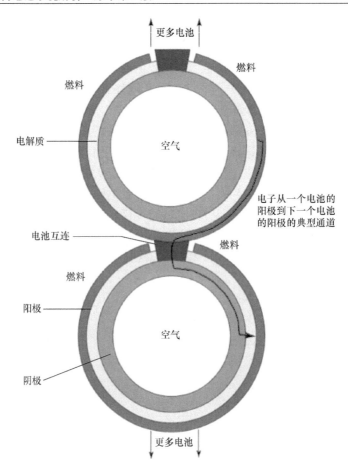

图 9.8　西门子西屋电气公司生产的管状 SOFC 的端面图。电解质和阳极都建在空气阴极上

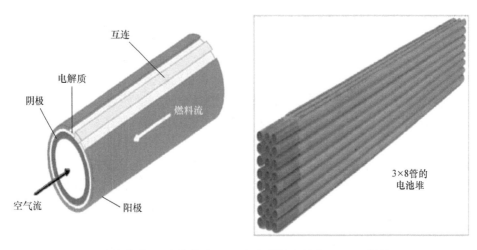

图 9.9　小电堆的 24 个管状 SOFC。每个管的直径为 22mm，长约 150cm

（照片经西门子西屋电力公司的许可转载）

每个燃料电池管都以大型试管的形式制造，一端密封。燃料沿着管子的外部（阳极侧）流向开口端。空气通过一根细的氧化铝供应管进入，该供应管位于每个管状燃料电池内部的中央。电池内部产生的热量使空气达到工作温度。空气然后流过燃料电池，回到开口端。此时，空气和阳极废气中未消耗的燃料会立即燃烧，从而使电池出口温度高于 $1000℃$ 。这种燃烧提供了额外的热量来预热空气供应管。因此，管状 SOFC 具有内置的空气预热器和阳极废气燃烧器，并且不需要高温密封。而且，通过允许燃料电池管周围的不完善密封，阳极产物气体（既包含蒸汽又包含 CO_2）会发生一些再循环，从而允许 SOFC 阳极上的燃料气体进行内部重整。

西门子西屋电力公司目前生产的 SOFC 管的长度为 150cm，直径为 2.2cm。使用 H_2 体积占比 89%、H_2O 体积占比 11% 的燃料，燃料利用率为 85%，空气作为氧化剂，单管电池在 $900℃$、$940℃$ 和 $1000℃$ 下的电压相对于电流密度的特性以及功率相对于电流密度的特性如图 9.11（见彩插）所示。

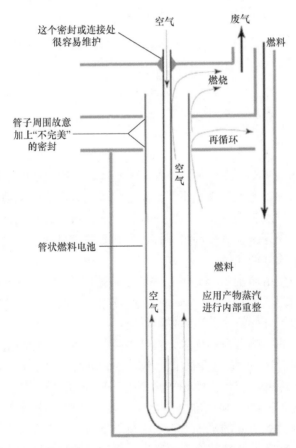

图 9.10　该图显示了如何构造（几乎）没有密封的管状 SOFC

其他一些值得注意的公司如日本的三菱重工（Mitsubishi Heavy Industries）、

TOTO 公司（TOTO Ltd.），英国的阿德兰有限公司（Adelan Ltd）和美国的阿库门崔克斯公司（Acumentrics）、瓦燃料电池公司（Watt Fuel Cell），也一直在开发管状 SOFC。为了避免昂贵的 EVD 工艺，TOTO 公司（TOTO Ltd.）已采用湿法烧结作为电池制造方法。

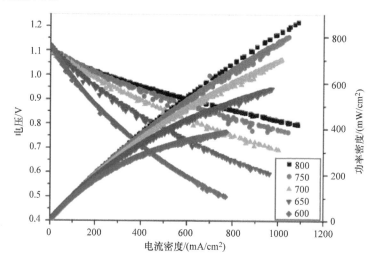

图9.11　温度对西门子西屋电气公司管状燃料电池性能的影响

9.3.2　平面设计

人们研究管状 SOFC 的替代品已经数年，尤其是几种类型的平面设计和整体式设计。在平面设计中，电池是薄的平板，电连接以实现所需的堆叠电压和电流。最早的平面电池以电解质为支撑物，电极沉积在其上。最近，特别是对于 IT – SOFC，阳极支撑的结构更受青睐，其中阳极直接沉积在金属双极板上，电解质沉积在阳极上方。有几种平面设计的变体。

在一个示例中，由瑞士 Sulzer Hexis AG 公司推广的 SOFC 呈圆盘形式，从中轴供给燃料，而在西门子股份公司（Siemens AG）和其他公司更偏爱的另一种设计中，电池采用一块正方形板，从边缘供给燃料。

平面设计提供的一些潜在的优势，包括更简单、更便宜的制造工艺以及比管状 SOFC 更高的功率密度。但是与管状电池不同，平面设计要求 SOFC 堆栈中组件之间的高温气密性。因此，密封仍然是平面 SOFC 商业化的最大的技术障碍之一。同样值得关注的是在不同电池和电堆材料之间的界面处的热应力会导致力学性能下降。特别具有挑战性的是薄的平面 SOFC 的拉伸脆性。对于平面 SOFC，热循环是另一个问题，相反管状电池在热方面更坚固。最后，热应力问题和非常薄的组件的制造难度主要限制了平面 SOFC 的尺寸。早期的配置采用厚的电解质作为载体，为了达到足够的电流密度，通常需要在900℃以上的温度下工作。

陶瓷加工技术的进步已通过低成本的常规陶瓷加工技术（如流延、带压延、浆料烧结和丝网印刷或等离子喷涂）实现了可重现的薄电解质的制造，即 $10\mu m$ 或更薄的电解质。制造稀薄电解质的能力引起了人们对阳极支撑电池的关注。多年来，单个平面 SOFC 的最大尺寸为 $5cm \times 5cm$。现在，可以通过将大型单元格构建为窗格框架，以便将多个单元格放置在同一层中来常规地制造并组装成更大面积的堆栈。图 9.12 显示了在每个层中使用四个单元的示例排列。

图 9.12　一层中有四个 $10cm \times 10cm$ SOFC 的堆栈（窗口框架设计 FY520）

（资料来源：From Blum, L, Batfalsky, P, Fang, Q, deHaart, LGJ, Malzbender, J, Margaritis, N, Menzler, NH and Peters, R, 2015, SOFC stack and system development at Forschungszentrum Jülich, Journal of the Electrochemical Society, vol. 162（10）, pp. F1199 – F1205）

9.4　性能

当氢气为燃料时，SOFC 的 OCV 低于 MCFC 和 PAFC 的 OCV。然而，在 SOFC 的工作温度下，阴极的过电势要低得多，从而为该技术提供了出色的工作电压。SOFC 中的电压损耗主要取决于电池组件的电阻，其中包括与电流收集相关的电阻。当这些组件的厚度分别为 $2.2mm$、$0.1mm$、$0.04mm$ 和 $0.085mm$ 时，电阻率在 $1000℃$ 分别为 $0.013\Omega \cdot cm$、$3 \times 10^{-6}\Omega \cdot cm$、$10\Omega \cdot cm$ 和 $1\Omega \cdot cm$，对于管状电池中的欧姆电压损耗的贡献通常为阴极占 45%，阳极占 18%，电解质占 12%，互连占 25%。使用管状 SOFC，尽管电解质和电池互连的电阻率都较高，但阴极的欧姆损耗仍占主导地位。之所以出现这种情况，是因为通过后两个部件的传导路径比在阴极平面上的电流路径要短得多，如图 9.5 所示。对于平面电池，没有长的电流路径，因此电堆可以获得更高的功率输出。

与其他类型的燃料电池一样，SOFC 在电池压力增加时表现出增强的性能。但是，与低温和中温电池不同，这种改善主要是由于能斯特电压的增加。在第 2.5.4 节中提到，压力从 P_1 升高到 P_2 时的电压变化非常接近理论方程

$$\Delta V = 0.027\ln\left(\frac{P_2}{P_1}\right) \tag{2.45}$$

当西门子西屋电力公司与安大略水电技术公司（Ontario Hydro Technologies）在氢气和天然气的压力高达 15 个大气压（1.52MPa）的情况下联合测试 AES 管状电池后，这种关系在实践中得到了证实。当在具有燃气轮机的联合循环系统中使用 SOFC 时，在这样的压力下工作特别有利。在其他情况下，与质子交换膜燃料电池（PEMFC）一样，压缩反应物所涉及的电力成本使收益变得微不足道。

SOFC 的温度对其性能有非常显著的影响，尽管在电池类型和所用材料不同时，影响的细节会发生很大变化。图 9.11 中给出的数据证明了西屋电力公司的管状燃料电池在将温度从 900℃ 提高到 1000℃ 时性能的提高。主要的影响是高温提高了材料的电导率，这降低了电池内的欧姆损耗，正如第 3.6.5 节所讨论的，这是 SOFC 中最重要的损耗。

对于 SOFC 联合循环或混合系统，保持较高的工作温度是有益的。对于其他应用，例如热电联产和可能的运输应用（例如，作为车辆的辅助电源），在较低的温度下运行会更加有益，因为较高的温度会带来材料和结构上的困难。正如图 9.11 所示，不幸的是对于一组给定的电池组件，随着温度降低，SOFC 的性能会大大降低。

9.5　开发和商业系统

在第 8 章中提到了欧洲和日本的重要 MCFC 开发计划，尽管多年来投入了大量公共和私人资金，但这些计划已被放弃。SOFC 研究也遇到了类似的情形。1977 年，美国能源部开始为西屋电气公司的管状燃料电池的开发提供资金。面对上一节中描述的问题（例如，长电流路径导致了低堆栈功率和低功率密度），西屋电气在整个 20 世纪 80 年代取得了良好的进展，该公司认为在 20 世纪 90 年代初可以实现商业化。挫折的一部分是技术上的，一部分是由于 21 世纪初公司的重组而造成的，这减慢了技术的进步，但研究一直持续到 2010 年。到那时，如前所述西门子已经接管了西屋电气公司（西门子西屋电力公司的创立）对燃料电池的兴趣，并对其研究进展做了许多回顾之后，决定 SOFC 开发不是母公司（德国西门子）的核心业务。因此，停止了进一步的活动，燃料电池企业被抛售了。Behling 对西门子和各种 SOFC 开发人员的历史的更多详细信息进行了分类[⊖]。

在美国能源部的帮助下，人们对该技术的兴趣不断增强，该部门于 2001 年发起了一项计划，该计划的重点是平面 SOFC。该计划被称为"固态能源转换联盟"（SECA），旨在开发一种 SOFC 系统，使其到 2010 年其成本仅为 400 美元/kW。尽管大多数情况下 SECA 计划未能达到预期，但它确实重新带动了对 SOFC 的研究

⊖　Behling, N, 2023, History of solid oxide fuel cells, in Fuel Cells, Current Technology Challenges and Future Research Needs, Elsevier, Amsterdam. ISBN 9780444563255.

（尤其是平面系统），无论是在美国还是在世界范围内。

SOFC 的当前状态与 MCFC 的状态非常不同。就 MCFC 开发而言，剩下的参与者很少，而对于 SOFC，许多参与者仍然活跃于研究、示范以及商品化，此外，其中一些参与者对于该领域来说还比较陌生。

以下选定的 SOFC 系统目前正在开发中或正在商业化。这些示例并非要详尽列出，而是要说明公司采用的各种方法。除西门子西屋电力公司外，其他一些技术很先进的公司近年来也退出了 SOFC 的开发。因此，应该认识到该行业非常脆弱。在未来几年中，随着一些研究团队的推进和其他一些研究团队的退出，商业格局可能会迅速发生变化。

9.5.1　管状 SOFC

尽管西屋电气公司放弃了燃料电池研究，但仍有几家管状 SOFC 的开发商。大多数活动都集中在用于远程备用电源的小型系统、车辆辅助电源装置和便携式电源上。参加的公司包括美国的瓦特燃料电池公司、阿库门崔克斯公司和 Protonex Technology Corporation，以及英国的阿德兰公司。

阿库门崔克斯公司成立于 1994 年，致力于开发严酷环境下使用的可靠的不间断电源，该公司一直参与 SECA 计划直到 2010 年。阿库门崔克斯公司拥有最先进的管状 SOFC 技术之一，其技术形式可能最接近于西屋电气公司管状电池。该公司已在整个北美的各个地点部署了 350 多台远程发电机，2015 年燃料电池业务成功地被剥离给了一家新公司——Atrex Energy，Inc。该公司拥有四种 SOFC 产品组合，其分别输出 250W、500W、1000W 和 1500W 的功率，这些产品已经被销往欧洲和亚洲，并正在满足北美不断增长的需求。该技术与原始的西屋电气公司的管状电池的不同之处在于，燃料而非空气通过管的中心进料，因此阳极在管的内部，阴极在外部。此外，阳极（Ni – YSZ）遍布在管的整个内部，而阴极（LSM）则被分割成多个离散的分隔壁，以便能够在不同阶段从阳极进行有效的电流收集。这种布置避免了电子必须流过电池的整个长度，否则将导致更大的欧姆损耗。$LaCrO_3$ 绕电极隔板缠绕的电线充当集电器；此外，阳极周围的紧密盘绕可防止在空气流中不必要的暴露，过度的暴露可能会导致镍基体的再氧化，并进而产生机械应力。图 9.13 显示了一束 Atrex Energy/阿库门崔克斯公司设计的管状电池。由 Atrex Energy 和其他如 Protonex 公司生产的固体氧化物燃料电池旨在用于远程固定系统，并且燃用丙烷。

一些日本公司也正在进行 SOFC 的研究。京瓷公司（Kyocera Corporation）和三菱日立电力系统公司（Mitsubishi Hitachi Power Systems，MHPS）在燃料电池领域深耕几十年，在日本中央政府的支持下，已开发出各种不同的技术。京瓷还与其他日本公司（例如大阪煤气有限公司（Osaka Gas Co.，Ltd.））合作生产了一种"扁平管状"SOFC，该 SOFC 由一个陶瓷片中的一系列平行管组成。如图 9.14 所示，这

图 9.13　阿库门崔克斯公司的管状 SOFC 束，1.5kW 系统，在 RP1500 中使用
（资料来源：经阿库门崔克斯公司许可转载）

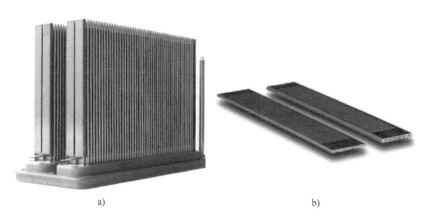

a)　　　　　　　　　　　　　　　　　b)

图 9.14　a）京瓷－大阪燃气发电单元（左）和使用 SOFC 废热的加热单元（右）和 b）京瓷扁平管状电池
（资料来源：经京瓷许可转载）

种坚固的配置被用作许多日本微型热电联产（CHP）单元的核心燃料电池技术。相比之下，MHPS 的策略是在联合循环或混合系统中实现 SOFC 堆栈，如第 9.6 节所述。京瓷和 MHPS 电堆均设计为以天然气为燃料。

　　三菱重工有限公司（长崎）和东京煤气有限公司（Tokyo Gas Co.，Ltd.）也已就管状 SOFC 技术进行了合作。在 2003 年，一个由日本碍子公司（NGK Insulators）制造的"扁平管状"SOFC 在 650℃ 下达到了 0.6W/cm² 的功率密度，在 750℃ 为 1.6W/cm²，创造了当时的世界纪录。TOTO 公司于 1989 年启动了一个有关管状 SOFC 的项目，到 2001 年已经生产了 10kW 的电堆。TOTO 公司的燃料电池的外观与西屋电气公司的管状 SOFC 相似，但其电池组件是通过湿化学工艺沉积的而非 EVD。

9.5.2　平面 SOFC

目前参与平面 SOFC 的研究、开发和商业化的组织太多，无法在此处一一列举。

很多早期研究在美国进行，随后 20 世纪 80 年代在欧洲和日本进行。一些在美国早期的入局者，如联信航太公司（Allied Signal Aerospace）和 SOFCo EFS⊖不再继续燃料电池业务，而其他诸如 Versa Power Systems 公司、赛琅泰克公司（Cera-matec）和德尔福汽车公司（Delphi Automotive LLP）在 SECA 项目的支持下，仍较为活跃。

在商业化方面，美国主要的平面 SOFC 供应商现在是布鲁姆能源公司（Bloom Energy）。该公司成立于 2001 年，名称为"Ion America"，总部位于美国加利福尼亚州。它在 2006 年获得了 4 亿美元的投资，随后更名。同年，布鲁姆将其首个 5kW 示范装置运往田纳西大学查塔努加分校。在田纳西州、加利福尼亚州和阿拉斯加州进行了 2 年的现场试验后，首款商用前原型产品于 2008 年 7 月交付给 Google。该公司在过去几年中通过生产以下型号的模型继续扩大其系统的尺寸：ES – 5000、ES – 5400 和 ES – 5700 分别对应 100kW、105kW 和 210kW。每个发电机都由 1kW 的电堆组成，该电堆由 40×25W 的电池组成，并以天然气为燃料。通过电堆的组合以提供给定的功率输出，并且该系统的市场定位为"Bloom Box"。该公司已为美国各地的知名客户安装了许多系统。自 2011 年 1 月起，布鲁姆开始提供大胆的创新服务，称为"Bloom Electrons"，该服务使客户能够以固定价格购买 Bloom Box 提供的电力，为期 10 年，而不会产生任何其他费用。

在日本，平面 SOFC 的开发商包括富士电机有限公司（Fuji Electric, Co., Ltd.）、东京煤气有限公司、三菱重工有限公司、三井造船株式会社（Mitsui Engi-neering and Shipbuilding, Co., Ltd.）、村田制作所（Murata Manufacturing, Co., Ltd.）、三洋电机有限公司（Sanyo Electric, Co., Ltd.）、东燃化学公司（Tonen）。在欧洲，有良好业绩记录的平面固体氧化物燃料电池的创新团队一直属于以下企业联合：Haldor Topsoe A/S 和 Riso National Laboratory（丹麦），Forschungszentrum Jülich 与 Sunfire GmbH（德国），Wärtsilä Corporation（芬兰），Hexis Ltd.（瑞士）和 Ceres Power（英国）。当然，各种技术之间存在许多差异。例如，Ceres Power 专注于 IT – SOFC，即"Steel Cell"。尽管许多平面单元使用阳极支撑的结构，但"Steel Cell"中的组件直接沉积在多孔不锈钢基材上。该电池旨在以天然气为燃料，工作温度范围为 500~600℃，能够快速启动，并且比陶瓷支持的 SOFC 更好地承受热循环。Ceres Power 目前正在向英国、韩国和日本的原始设备制造商（OEM）提

⊖ 2007 年，劳斯莱斯燃料电池公司（Rolls – Royce Fuel Cells）从 McDermott International 手中收购了 SOFCo EFS Holdings LLC。

供电堆。

劳斯莱斯"集成平面"SOFC 是一项特别独特的技术。有关此概念的工作于 20 世纪 80 年代中期在英国德比开始。一开始目标就是针对低成本制造，以使人们能够构建负担得起的 MW 级的系统。劳斯莱斯电池以丝网印刷在多孔挤出的陶瓷基板上，该基板具有较窄的电池间距，以减少欧姆损耗；图 9.15 给出了该装置的示意图。20 世纪 90 年代在英国的研究稳步推进，在 2001 年制造出了 300mm，由 40 个电池单体组成的模块，产生 27.3W 的功率，并取得 155mW/cm^2 的功率密度，平均电池单体电压为 0.62V，模拟重整燃料气体利用率为 43%。

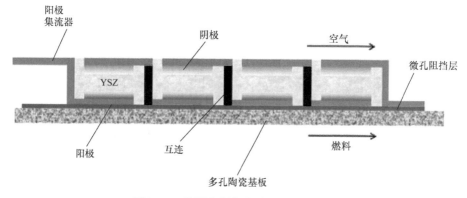

图 9.15　劳斯莱斯集成平面 SOFC 概念

2012 年 6 月，韩国 LG 电子公司（LG Electronics Inc.）收购了劳斯莱斯燃料电池业务，该业务现称为 LG 燃料电池公司（LG Fuel Cell Systems Inc.）。

最后值得一提的是一家意大利公司 SOLIDpower S. p. A，在 2006 年收购瑞士伊韦尔东的一家私营公司 HTCeramix SA 之后成立，这家公司对固体氧化物燃料电池的工作开始于 4 年之前。后者是洛桑瑞士联邦技术学院（EPFL）的衍生。在 2015 年，SOLIDpower S. p. A 还收购了澳大利亚 SOFC 开发商 Ceramic Fuel Cells Ltd.（CFCL）的欧洲资产和员工，该公司由于缺乏资金而于当年早些时候停止交易。该公司是 1992 年从英联邦科学和工业研究组织（CSIRO）中剥离出来的，已为澳大利亚市场生产了一套以天然气为燃料的热电联产系统"BlueGen"（2.5kW$_{电}$，2.0kW$_{热}$）。

9.6　联合循环及其他系统

在前面的章节中已经提到，高温燃料电池可以在底部循环中与蒸汽轮机结合。从概念上讲，将燃气轮机和蒸汽轮机与 SOFC 组合使用的能力已为人们所知。然而，直到最近，SOFC 电堆的加压运行才被证明可以长时间维持，从而使 SOFC - 燃气轮机（SOFC - GT）系统切实可行。西门子西屋电力公司的 SureCell^{TM} 概念处于先驱地位，三菱重工等其他开发商目前正在探索结合 SOFC – GT 的思想。基本的工艺特征在图 9.16 中进行了图解说明。

在对 SOFC 状态进行的回顾过程中，值得指出的是，新颖的系统设计有很多机会，而且系统工程师可以进行大量创造。文献中已经报道了许多例子。例如，在美国能源部的项目支持下，通过串联连接电堆开发了多级 SOFC（"UltraFuelCell"）。

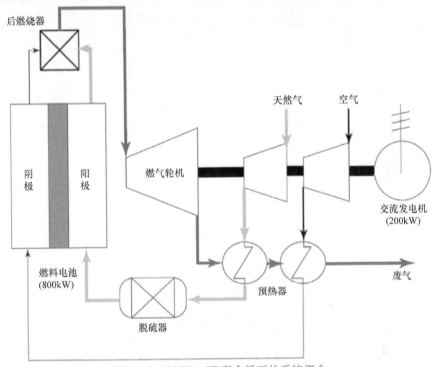

图 9.16　SOFC – GT 联合循环的系统概念

有人还描述了一种新颖的混合系统概念，将 SOFC 和 PEMFC 技术相结合$^{\ominus}$。通过协同工作，每种燃料电池的优势都得到增强，系统如图 9.17 所示。IT – SOFC 在低燃料利用率的条件下运行，从而在相对较小的电堆尺寸下实现了高功率输出。未消耗的重整燃料出现在阳极排气中，在阳极排气中发生转化反应，随后是最后耗尽一氧化碳的过程阶段。在这一阶段，气体主要包括氢气和二氧化碳以及一些蒸汽。这种气体一旦冷却，就适合作为 PEMFC 电堆中的燃料。该系统的气体成分列于表 9.1。使用两个不同类型的电堆进行发电可提高整体电力效率。该系统在经济方面特别具有吸引力。初步计算表明，由于预期的 PEMFC 电堆成本相对较低，因此该系统比仅使用 SOFC 的系统更具竞争力。另一方面，与使用天然气的单独 PEMFC 系统的效率相比，该系统提供的效率要高得多。在下一章中，将讲述在使用

　　⊖　Dicks, AL, Fellows, RG, Mescal, CM, Seymour, C 2000, A study of SOFC – PEM hybrid systems, Journal of Power Sources, vol. 86（1 – 2）, pp. 501 – 506.

天然气的 PEMFC 的燃料处理技术复杂，笨重且昂贵。那么，使用 SOFC 作为燃料处理器要好得多！

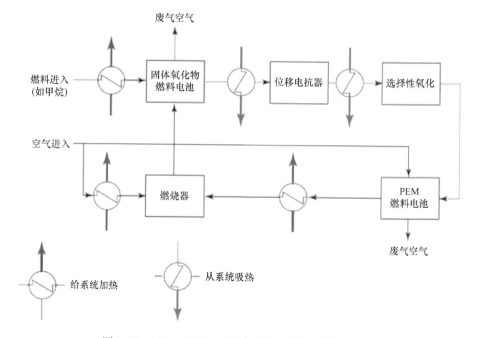

图 9.17　SOFC – PEMFC 混合系统（另请参见表 9.1）

表 9.1　图 9.17 中所示的混合动力系统的输出功率汇总

SOFC 电功率/kW	369.3
PEM 电功率/kW	146.7
燃气轮机功率/kW	100.3
压缩机功率/kW	−100.8
净输出功率/kW	515.5
输出电功率/kW	489.7
总效率（%）（LHT）	61

扩 展 阅 读

Atkinson, A, Barnett, S, Gorte, RJ, Irvine, JTS, McEvoy, AJ, Mogensen, M, Singhal, SC and Vohs, J, 2004, Advanced anodes for high-temperature fuel cells, *Nature Materials*, vol. 3, pp. 17–27.

Cowin, P, Petit, C, Lan, R, Irvine JTS and Tao, S, 2011, Recent progress in the development of anode materials for solid oxide fuel cells, *Advanced Engineering Materials*, vol. 1, pp. 314–312.

Fergus, JW, 2005, Metallic interconnects for solid oxide fuel cells, *Materials Science and Engineering: A*, vol. 397, pp. 271–283.

Irvine, JTS, Neagu, D, Verbaeke, MC, Chatzichristodoulou, C, Graves, C and Mogensen, MB, 2016, Evolution of the electrochemical interface in high-temperature fuel cells and electrolysers, *Nature Energy*, vol. 1, 15014, available online at http://palgrave.nature.com/articles/nenergy201514 (accessed 24 September 2017).

Oishi, N, Rudkin, RA, Steele, BCH and Brandon, NP, 2002, *Thick Film Stainless Steel Supported IT-SOFCs for Operation at 500-600°C*, Scientific Advances in Fuel Cells, Elsevier Science Ltd, Amsterdam.

Singhal, SC, 2007, Solid oxide fuel cells, *The Electrochemical Society, Interface*, Winter **2007**, pp. 41–44.

Singhal, SC and Kendall, K (eds.), 2003, *High Temperature Solid Oxide Fuel Cells – Fundamentals, Design and Application*, Elsevier, B.V, Amsterdam.

Steele, BCH and Heinzel A, 2001, Materials for fuel cell technologies, *Nature*, vol. 414, pp. 345–352.

Wei, T, Singh, P, Gong, Y, Goodenough, J, Huang, Y and Huang, K, 2014, $Sr_{3-3x}Na_{3x}Si_3O_{9-1.5x}$ (x=0.45) as a superior solid oxide ion electrolyte for intermediate temperature solid oxide fuel cells. *Energy and Environmental Science*, vol. 7, pp. 1680–1684.

第 10 章　燃料电池的燃料

10.1　综述

本章介绍可用于燃料电池的主要燃料类型。氢气已经作为一种解决能源问题的"灵丹妙药"被推广到全世界，因为氢气本身就是一种清洁燃烧的燃料，不会向大气排放温室气体，它最终可能会取代或至少大大减少对化石燃料的依赖。氢是宇宙中含量最多的元素，是恒星的主要组成成分，但是氢在地球上极少以游离态的氢单质存在，而是主要与氧组成化合物——水，或与碳组成化石燃料而存在。必须消耗化学能、热能或电能才能从这些化合物中提取氢气。因此，氢气不是一种新的一次能源形式，而是一种储存和转运能量的载体，将多种来源中的能量转化为可利用的能量。表 10.1 给出了有关氢气和一些其他适合燃料电池的燃料的基本化学和物理数据。

表 10.1　用于燃料电池的氢气和其他代用燃料的一些性质

	氢气	甲烷	氨气	甲醇	乙醇	汽油
	（H_2）	（CH_4）	（NH_3）	（CH_3OH）	（C_2H_5OH）	（C_8H_{18}）[①]
摩尔质量/g	2.016	16.04	17.03	32.04	46.07	114.2
熔点/℃	-259.2	-182.5	-77.7	-98.8	-114.1	-56.8
沸点/℃	-252.77	-161.5	-33.4	64.7	78.3	125.7
25℃时燃烧生成焓/（kJ/mol）	241.8	802.5	316.3	638.5	1275.9	5512.0
气化潜热/（kJ/kg）	445.6	510	1371	1129	839.3	368.1
液态密度/（kg/L）	77	425	674	786	789	702
比热/（J/mol·K）	28.8	34.1	36.4	76.6	112.4	188.9
空气中爆燃极限（%）	4~77	4~16	15~28	6~36	4~19	1~6
自燃温度（℃）	571	632	651	464	423	220

① 汽油是碳氢化合物的混合物，其特征随生产商、用途和季节的变化而变化。正辛烷可以合理地代表除蒸汽压力以外的特性，因为蒸汽压力是通过引入轻质石油馏分有意提高的。

　　氢气以其易于在燃料电池阳极被氧化，并且唯一的化学产物是水而优于其他各种燃料。因此，氢气已成为燃料电池汽车（FCV）的首选。使用氢质子交换膜燃料电池（PEMFC）的汽车和其他车辆能实现"零排放"，因为从车辆排气管排出的唯一废气是水或水蒸气[⊖]。

　　10.2 节详细介绍了可用于产生氢气的主要化石燃料。这些烃类燃料包括天然气、石油产品（例如汽油和柴油）、煤气和煤。生物燃料也是氢气的一种可能来源，此类燃料的使用将在 10.3 节中分别进行了介绍。从碳氢化合物中获取氢气的过程和化学转化技术，无论是从化石燃料还是从生物燃料中获取，都已有工业实例，这些在 10.4 ~ 10.6 节中进行介绍。对于固定式燃料电池发电厂，有必要要求尽可能靠近燃料电池堆来生产氢气。除了安全方面的考虑之外，这样燃料电池堆中产生的热量也方便用于某些燃料处理过程。因此，如第 10.5 节所述，燃料电池堆和燃料处理器的集成是系统设计的重要方面。

　　在 FCV 研发的早期，一些概念车和公共汽车使用甲醇（CH_3OH）驱动——车载重整器将甲醇转化为燃料电池可用的富氢气体。在美国能源部（DOE）的支持下，甚至进行了车载汽油的重整研究。但是，近年来由于制氢既复杂又效果不大，这种实践在很大程度上已不受欢迎。而且，免除车载燃料处理可大大简化车辆传动系统的设计，并确保水是唯一的排放产物。从车载燃料重整转移到车外燃料重整的意义将在第 10.7 节中进行了讨论。

　　氢气显然可以通过水的电解产生，此过程与燃料电池反应相反。由于燃料电池的目的是发电，因此这种方式乍看起来似乎是不可行的。然而，在许多情况下，对于小型移动燃料电池甚至车辆，电解制氢是一种非常方便的方法。作为一种储存可再生能源的手段，通过电解大规模制氢目前正受到关注。为此，已经建立了几种实验性的可再生能源发电（P2G）项目，其中可利用太阳能或风能电解产生氢气，见第 10.8 节。

　　制氢的热化学方法在第 10.9 节中进行了评估。本章最后（第 10.10 节）讨论了采用酶、细菌和阳光的生物系统制氢的过程。

　　从前面的概述中可以明显看到，有许多方法可能为燃料电池制氢。图 10.1 展示了不同燃料处理方式之间的关联，其中包括本章和其他章节中的相关信息。

⊖　在内燃机或燃气轮机中，不仅氢气被氧化成水（或蒸汽），而且空气中的氮气也被氧化生成氮氧化物（NO_x）。

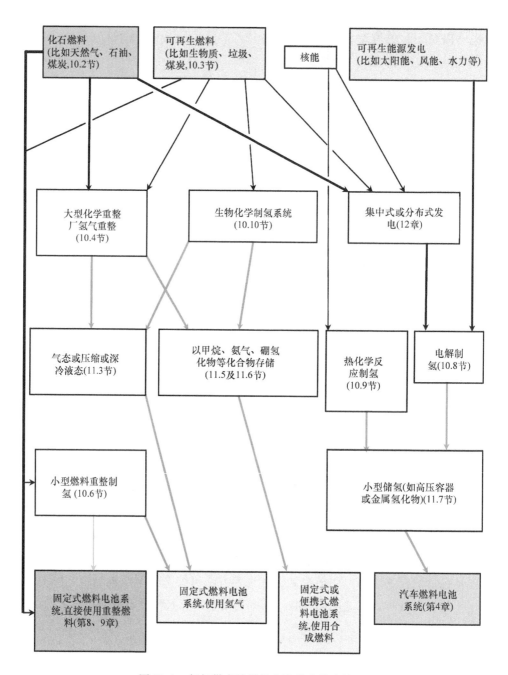

图 10.1 氢气供应给燃料电池的多种途径

10.2　化石燃料

10.2.1　石油

　　石油是一种气态、液态和固态烃类化合物的混合物，存在于世界各地的沉积岩中。原油的价值不大，但经过精炼后，可产生高价值的液体原料、溶剂、润滑剂和其他产品。石油衍生燃料占世界能源供应总量的一半，包括汽油（gasoline/petrol）[⊖]、柴油燃料、航空燃料和煤油。如图 10.2（见彩插）所示，用简单蒸馏方法能够将原油分离成不同沸点范围的普通馏分。从原油中获得的馏分数量取决于原油来源。

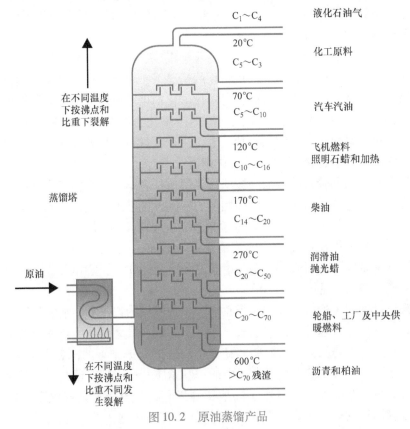

图 10.2　原油蒸馏产品

　　石油的每种馏分含有不同比例的正构烷烃、支链烷烃、单环烷烃和多环烷烃（环烷烃）以及单核芳香烃和多核芳香烃等化合物。石脑油馏分（$C_7 \sim C_{11}$）主要

⊖　口语上，"petrol" 一词用于描述英国、澳大利亚和其他国家/地区的汽车燃料，"gasoline" 一词则在美国更常用。

包括正烷烃和一些单环烷烃（如环戊烷和环己烷）。低沸点馏分通常比高沸点馏分含有更多的低分子量烷烃。类似地，多环烷烃和芳香烃的含量从低沸点馏分到高沸点馏分逐渐增加。一些馏分无须进一步精炼即可使用，称为"直馏"馏分。例如，在汽车发展早期，汽油便是一种直馏馏出物。随着对燃料需求的增加，更多的汽油（通常是由每个分子中含有 4 ~ 12 个碳原子的烷烃组成）是通过化学裂解含有高分子量碳氢化合物的馏分并将产物与直馏馏分混合而成。目前，车用燃料是由原油直接蒸馏、催化热裂解、加氢裂解、催化重整、烷基化、聚合等方法得到的几种炼油工艺蒸气混合而成。另外，汽油中可以掺入各种化合物，以改善内燃机的润滑，减少腐蚀，减少内燃机"爆燃"或点火提前⊖的危险。其他可添加的发动机性能增强剂包括抗氧化剂、金属失活剂、铅清除剂、防锈剂、防结冰剂、洗涤剂和染料。在精炼过程的最后，成品汽油通常含有 150 多种不同的化合物，但在一些混合汽油中发现了多达 1000 种化合物。显然，汽油和其他石油产品是一种复杂的化学混合物，但本书不对它们的生产和组成进一步讨论。

　　由于制氢工艺的选择需要考虑燃料的化学组成、物理特性和燃烧特性，因此有必要先讨论车用燃料的组成。在催化转化的情况下，可能需要重点关注燃料中存在的各种微量化合物，因为它们可能会对转化催化剂以及燃料电池中的阳极催化剂产生毒害。比如，化石燃料中会产生此问题的微量化合物是含有硅和硫的有机化合物，以及有机金属化合物，例如各种卟啉。硫是一种持久性的催化剂毒物，从初始燃料中去除硫的方法将在 10.4.2 节中详细讨论。

　　石油中的汽油和较重的柴油均被广泛地用作从客车到重型货车、公共汽车和铁路机车等车辆的燃料。由于提供此类燃料的基础设施已经成熟，因此完全可以将这些燃料用于 FCV。目前为防止爆燃或润滑而添加到汽油或柴油中的成分在此类车辆上将不再需要，以便简化今后的炼油操作。然而，技术经济研究和"油井到车轮（well to wheel）"分析表明，与内燃机相比，在 FCV 中使用汽油的好处不如使用氢气甚至甲醇（参见第 12.4 节）。

　　越来越苛刻的车辆排放标准使得欧洲和美国使用的汽油和柴油燃料中的含硫量持续下降，预计这一趋势将继续下去，并可能导致合成燃料或生物燃料的更广泛使用。例如，通过植物油或动物脂肪的酯交换制成的合成柴油的硫含量本来就很低。其他生物来源——特别是藻类和废水中的一些脂质——也正在研究，以寻找未来的替代燃料。生物燃料不仅可以用于陆地交通工具，如汽车、公共汽车、货车和火车，还可以用于飞机。车辆使用生物燃料可以明显减少碳排放。

　　其他低分子量的碳氢化合物，如丙烷（C_3H_8）和丁烷（C_4H_{10}），常与原油矿

　　⊖　在 20 世纪 20 年代，常将四乙基铅（CH_3CH_2）$_4$Pb 添加到汽油中以提高辛烷值，从而避免提前点火。由于含铅量的问题，这种含铅燃料从 70 年代开始逐步淘汰。现代精炼工艺可以生产出具有足够高辛烷值（98 辛烷）的无铅汽油，适用于所有高压发动机。

藏有关。当它们被蒸馏时，这些碳氢化合物以气态产品的形式出现，在市场上被称为液化石油气（LPG）。作为炼油厂的副产品，液化石油气是一种常压气体，在适当升高的压力下会液化，因此可以很容易地运输。这种燃料广泛应用于野营燃气灶和车辆推进等各种场合。此外，液化石油气适用于不需要管道供气的远程固定电源的燃料电池系统，也可用于一些燃料电池汽车。

10.2.2　来自油砂、油页岩和天然气水合物的石油

石油可存在于地壳中，一般以固态或者近似固态沉积于深度小于 2000m 的砂岩中。一些也可能在地表的露头中被发现。这种"沥青砂"大量存在于加拿大和美国的很多地方，但是高沥青含量（非常高的分子量）使得其开采不如从更传统的石油矿藏中开采有吸引力。类似地，"油页岩"也是一个重要但基本上尚未开发的石油原料来源。油页岩是一种致密的层状沉积岩，含油气。可以通过蒸馏从岩石中得到石油。据估计，全球页岩油储量约为 5×10^{12} 桶，明显高于原油资源储量，后者仅为 1.5×10^{12} 桶⊖。然而，与原油相比，页岩中只有一小部分是可以通过常规技术轻易回收的；大部分油具有高分子量和沥青性质。虽然油页岩在未来可能成为一种重要的能源，但对这种材料加工的讨论超出了本书的范围。

在普遍压力高、温度低的天然石油储层中（如永久冻土下），甲烷（CH_4）和其他通常是气态的碳氢化合物与水形成冰状氢键复合物，称为"天然气水合物"。甲烷水合物是一种远距离输送天然气的方法。

10.2.3　煤与煤气

煤是所有化石燃料中最丰富的。就化学组成而言，该物质是最复杂的，因为它是由地质时代，特别是在石炭纪（3.45～2.8 亿年前），各种植物遗骸的压实和硬化形成的。腐烂和固结的第一个产物是泥煤，它的碳含量相对较低，水分含量较高。在热力和压力的作用下，泥煤首先逐渐转化为烟煤，最后转化为硬煤（无烟煤）。原始植物的多样性、沉积环境的变化和煤自形成以来的年龄（煤的"等级"）已有详细文献记载，这些文献根据煤的外观（宏观和微观）、化学成分、吸附的矿物质和物理性质对煤进行了分类。

值得指出的是，除了燃烧之外，煤的进一步加工生产液体、气体和焦炭在很大程度上取决于原煤材料的性质。例如，含质量分数为 20%～30% 的挥发性有机物的煤主要适合生产焦炭。相比之下，烟煤最适合碳化，即加热至 750～1500℃，形成"煤气"，又称"民用燃气"。大多数类型的煤都可以气化，尽管煤的等级和其他特性会影响不同气化炉设计下的气化产物组合。

煤的碳化是 19 世纪英国和北美最早的煤气生产方法。简单的碳化，即在没有

⊖　World Energy Resources, 2013, World Energy Council. ISBN: 978 0 946121 29 8.

空气的情况下，煤的破坏性蒸馏会产生气体（主要是氢和碳氧化物的混合物）、有机液体（焦油和酚类物质）和残余焦炭。煤的部分热解也在焦炉中进行，焦炉的主要目标是为钢铁工业生产焦炭。这种焦炉产生的可燃气体也可以用于工业。另一种煤气被称为"发生炉煤气"，是在高温下将空气和蒸汽吹过热焦炭而得到的。这些气体制造工艺大多数现在已经过时了。20 世纪 50 年代，英国和美国发展了从石油中生产天然气的方法。通过所谓的催化富气（CRG）工艺生产煤气已经被英国的工程师在实验规模上证明了，但是随着北海天然气的出现，此方法的进一步开发受到限制。尽管如此，CRG 工艺仍然在世界各地需要人工煤气的地方被应用。

如今，煤的碳化已被各种煤气化过程取代，以便于大规模的煤气生产。气化和碳化的不同之处在于加热的煤在高温下与蒸汽和氧气（或空气）发生反应。原煤气化的产物主要是气体，以及少量的液体和固体。产物的相对比例取决于煤的类型、反应的温度和压力，以及注入气化炉的蒸汽或氧气的相对数量。过程中不会生成焦炭，唯一的废料是惰性灰或炉渣。也可以对原始煤气进行进一步的化学处理，例如，增加 CH_4 的含量或改变氢与一氧化碳（CO）的比例，以适应煤气的最终应用。

现有的许多气化系统可以大致分为三种基本类型的气化炉：①移动床；②气流床；③流化床。移动床气化炉在低温（450～650℃）下产生含有 CH_4 和乙烷（C_2H_6）的气体，这些气体是由煤的挥发作用产生的，同时还会产生含有石脑油、焦油、润滑油和酚类液体的烃类液体流。气流床气化炉在较高的温度（>1200℃）下产生气体，其气体流中几乎没有碳氢化合物，液态碳氢化合物的含量也低得多。事实上，气流床气化炉产生的气体几乎完全由氢、一氧化碳和二氧化碳（CO_2）组成。从组成和温度（925～1050℃）来看，流化床气化炉产生的气体介于其他两种设计的反应器产生的气体之间。对于所有这三种气化炉，煤的部分氧化（POX）可以有效地提供煤和蒸汽反应所需的热量。气体的温度，以及此情况下气体的组成，取决于氧化剂和蒸汽的比例，以及反应堆的设计。表 10.2 给出了几种主要类型气化炉的典型煤气的化学组成。这些气体总是含有污染物，在用于燃料电池之前必须清除。下一节将介绍气体净化的方法。

表 10.2　典型的煤气成分（摩尔百分比）

成分	气化炉（不结渣）匹兹堡 No. 8	气化炉（结渣）匹兹堡 No. 8	移动床吹氧（气化炉）伊利诺斯 No. 6	流化床（温克勒）德克萨斯褐煤	气流床吹氧（德克萨）伊利诺斯 No. 6	气流床吹空气（德克萨）伊利诺斯 No. 6	气流床吹氧气（壳牌）伊利诺斯 No. 6
Ar	微量	微量	微量	0.90	1.10	微量	1.15
CH_4	9.43	6.55	3.26	5.93	0.12	1.08	0.00

（续）

成分	气化炉（不结渣）匹兹堡 No. 8	气化炉（结渣）匹兹堡 No. 8	移动床吹氧（气化炉）伊利诺斯 No. 6	流化床（温克勒）德克萨斯褐煤	气流床吹氧（德克萨）伊利诺斯 No. 6	气流床吹空气（德克萨）伊利诺斯 No. 6	气流床吹氧气（壳牌）伊利诺斯 No. 6
C_2H_6	0.78	0.09	0.10	0.00	0.00	0.00	0.00
C_2H_4	0.33	0.18	0.20	0.00	0.00	0.00	0.00
H_2	32.30	35.49	20.75	36.47	37.18	9.68	27.99
CO	19.98	50.50	5.73	42.65	48.59	17.20	66.14
CO_2	34.52	3.55	11.66	19.97	13.25	6.45	1.57
N_2	2.66	3.64	0.20	0.77	0.86	66.67	4.30
NH_4	0.00	0.00	0.40	0.13	0.12	0.00	0.00
H_2O	0.00	0.00	61.07	21.65	20.25	5.38	2.10
H_2O	0.00	0.00	0.49	0.26	1.23	0.00	1.36
总计	100.00	100.00	100.00	100.00	100.00	100.00	100.00

10.2.4　天然气和煤层气

天然气是可燃的，存在于地壳中的砂岩等多孔岩石中。一般在原油储层或接近原油储层处被发现，但也可能存在于不同的储层中。最常见的是它存在于石油储层的液态石油和不透水岩层（"盖层"）之间。如果压力足够高，这种气体就会与原油密切混合或溶解在原油中。

天然气是由低沸点的碳氢化合物组成的。通常，甲烷的浓度最大，乙烷、丙烷和高阶烷烃的含量较少。除了碳氢化合物外，天然气还含有不等量的氮气和二氧化碳（CO_2），以及微量的其他气体，例如氦气（通常以商业可采量存在）。硫也或多或少地以硫化氢（H_2S）的形式存在。天然气常被描述为干气或贫气（主要含CH_4）、湿气（含相当浓度的高分子量碳氢化合物）、酸气（含大量 H_2S）、低硫气（含 H_2S 低）和套管头气（从油井表面采出）。表 10.3 列出了世界不同地区的一些典型的天然气组成。

表 10.3　不同地区的典型天然气组成

成分	北海	卡塔尔	荷兰	巴基斯坦	埃科菲斯克，挪威	印度尼西亚
CH_4	94.86	76.6	81.4	93.48	85.5	84.88
C_2H_6	3.90	12.59	2.9	0.24	8.36	7.54
C_3H_8		2.38	0.4	0.24	2.85	1.60
$i-C_4H_{10}$	0.15	0.11		0.04	0.86	0.03
$n-C_4H_{10}$		0.21	0.1	0.06		0.12
C_{5+}		0.02		0.41	0.22	1.82
N_2	0.79	0.24	14.2	4.02	0.43	4.0
S	4×10^{-6}	1.02	1×10^{-6}	无	30×10^{-6}	2×10^{-6}

注：除非另有说明，否则数值均为体积百分比。

煤层甲烷（CBM），有时也被称为煤层气（CSG），被吸收在地下煤层的固体基质中。煤层气近年来才被认为是一种巨大的能源资源。例如，澳大利亚昆士兰州已经投资了200多亿美元用于基础设施建设，以从大面积的地下煤田中开采煤层气，然后将来自不同矿井的输出物合并后转移到液化天然气（LNG）终端。位于格拉德斯通（Gladstone）的液化天然气接收站已经建成，以满足亚洲日益增长的燃料需求。与天然气不同的是，煤层气通常含有很少量的硫和其他碳氢化合物，如乙烷和丙烷。有时，会有相当高浓度的 CO_2 和 N_2 伴随 CBM 而生，在运输气体之前必须将其去除。然而，主要的问题在于气体从煤中释放出来时带出地表的水，但这些水必须通过灌溉、蒸发或重新注入地下水库来分离和分配。

因此，在天然气或煤层气进入传输系统之前，可能需要在接近采出点的地方进行一些处理。对天然气是要大部分去除硫（脱硫），去除高分子量碳氢化合物、氮、酸性气体、液态水和液态碳氢化合物。对于煤层气，通常只需要去除氮气、酸性气体和水。

如表10.3所示，运往世界各地输电系统的天然气成分有很大差异。即使在同一地理区域内，同一季节，根据开采地区不同，天然气组成成分可能有很大的变化。在较冷的月份，由于高分子碳氢化合物的浓度下降，气体的热值可能会下降。在这种情况下，通常的做法是通过混合乙烷、丙烷和丁烷的混合物来丰富气体，以确保这种分布式气体具有全年一致的燃烧特性和热值。这给燃料电池的开发者提出了一个基本问题。也就是说，燃料处理工艺的设计是受气体成分的影响，而不是受其燃烧特性的影响。天然气公司可能将丙烷－空气或丁烷－空气的混合物加入天然气，以便在季节性需求高峰期间提高热值，但这会使情况更加恶化。因为很明显，重整催化剂——如广泛用于天然气蒸汽重整的 Johnson Matthey CRG 催化剂（*v. s.*）（见第10.4.3节）——只能容许原料气中很小比例的氧气。

天然气没有明显的气味（除了非常酸的气体），因此，出于安全考虑，管道公司和公用事业公司通常会在气体进入传输系统时或在当地分配区域内对气体进行气味处理[⊖]，可以使用各种气味，最常见的是噻吩和硫醇。例如，四氢噻吩（THT）在欧洲和美国被广泛使用（在美国被称为 Pennwall 气味剂），而在英国和澳大利亚，常用一些化合物的混合物（乙基硫醇、叔丁基硫醇和二乙基硫化物的混合物）。

煤层气与天然气的不同之处在于，在油井的整个使用寿命中，煤层气的组成（在干燥的情况下，甲烷的组成通常大于92%）是非常一致的。这种气体的硫含量也很低，因此一旦移除相关的水或酸性气体，只有可能被注入的气味才能被燃料电池工程师注意到。

10.3 生物燃料

生物物质（或生物量）是与生物有机体相关的自然有机物质的统称，包括

⊖ 液化石油气也进行气味处理，通常用乙基硫醇。

陆地和海洋植物物质——从藻类到树木——以及动物组织和粪便。在全球范围内，每年大概产生超过 150 亿 t 的植物生物量。生物质材料的产量通常以每公顷吨数表示（t/ha）；$1ha = 10^4 m^2$。该产量在约 13t/ha 水葫芦到 120t/ha 象草的范围围之间变动。由于其能量含量高，生物量是可再生燃料的一个重要来源，可通过下列途径获得：

- 直接燃烧。
- 通过热解，加氢气化或厌氧消化转化为沼气。
- 通过发酵转化为乙醇（C_2H_5OH）。
- 热化学法转化为合成气。
- 通过氢化转化为液态烃。

框 10.1　合成气

合成气是蒸气转化炉产生的气体，主要由氢、一氧化碳和一些二氧化碳组成。事实上，这个术语可以用于任何含有氢和一氧化碳的气体混合物，例如，煤的气化所产生的气体。该名称指的是它用于合成替代（或合成）天然气（SNG）和氨，或通过费托工艺生产合成液态烃燃料，例如合成柴油和合成汽油。后者现在通常被称为"气 – 液（GTL）"过程，在 200℃ 的镍、钴或钌基催化剂上进行，即

$$nCO + (2n+1)H_2 \rightarrow C_nH_{2n+2} + nH_2O$$

生物燃料的另一来源是城市废物，即污水污泥和城市固体废物（MSW）。后者是家庭或商业固体垃圾的总称。废水处理厂利用生物消化工业废料来生产甲烷已经进行了多年。许多情况下，甲烷被用来作为发电机的燃料，为处理厂的运行提供辅助动力。燃料电池系统已在整个欧盟（EU）和美国的几次演示实验中用于这种发电。

从垃圾填埋场和其他形式的垃圾中消化产生的气态燃料也可以构成非常适合燃料电池系统的有用能源。根据欧盟委员会的数据，在整个欧盟范围内，目前约有 42% 的城市垃圾被回收利用，有 24% 的垃圾被焚化以产生能源，其余的 34% 则被运往垃圾填埋场。在一些成员国，特别是德国、比利时、奥地利和荷兰，通过建立鼓励循环利用和能源生产⊖的强有力的立法，垃圾填埋场几乎已不再需要。相比之下，在美国，只有 23% 的家庭垃圾被回收利用，6.4% 用于堆肥，7.6% 的垃圾被焚烧以产生能量，而 63% 的垃圾被填埋⊖。

城市固体废物的可燃成分可以通过气化（产生气体、液体和焦炭）或厌氧热

⊖　Eurostat 2012 website. http：//ec. europa. eu/eurostat.

⊖　Shin，D，2014，Generation and Disposition of Municipal Solid Waste（MSW）in the United States – A National Survey，Columbia University Earth Engineering Center.

解进行化学提取。或者，可以采用厌氧消化通过特定细菌的作用从固体废物中产生甲烷。目前实践中的厌氧消化需要氮含量相对较高的湿废料。因此，可通过添加动物粪便、污水污泥或其他富含氮的废弃物，使大多数植物生物量的氮碳比（通常为0.03）增加到0.07。与通常仅在兆瓦规模上应用的热解气化炉相比，厌氧消化池的建造规模相对较小（几千瓦）。这类厌氧消化装置正越来越多地用于无法连接配电网络的国家（例如印度）偏远地区的发电。

直接从垃圾填埋场产生的沼气，或通过厌氧消化生物质产生的沼气中包含CH_4、CO_2和N_2的混合物以及各种其他有机化合物。各沼气的成分差异很大，就垃圾填埋场而言，取决于场地的存在时间。新场地通常会产生高热值的气体，但是随着时间的流逝，这种趋势会减少。表10.4列出了一些沼气成分。

表10.4 沼气成分示例

来源 （体积分数）	生物[1] 沼气	生物[2] 沼气	生物[3] 沼气	生物[4] 沼气	地层[5] 沼气
	农业淤泥		农业淤泥	酒厂废水	
甲烷（%）	55~65	55~70	50~70	65~75	57
乙烷（%）		0			
丙烷（%）		0			
二氧化碳（%）	33~43	30~45	30~40	25~35	37
氮气（%）	1~2	0~2	少		6
硫氢化物（×10^{-6}）	<2000	~500	少	<5000	
氨气（×10^{-6}）	<1000	~100		<1	
氢气（%）			少		
高热值/[MJ/(Nm^3)]		23.3	>20		
比重/[kg/(Nm^3)]		1.16			

[1] Paper BP-12 20th World Gas conference 1997.
[2] Jemsen, J, Tafdrup, S and Chrisensen, J, 1997, Combined utilization of biogas and natural gas, 20th World Gas Conference, 1997, Paper BO-06,
[3] *Renewable Energy World*, March 1999, p. 75.
[4] CADDET, *Renewable Energy Newsletter*, July 1999, pp. 14–16 (Biogas used in Toshiba 200-kW phosphoric acid fuel cell)
[5] CADDET, Renewable Energy Technical Brochure, No. 32, 1996.

由于碳氧化物和氮的含量相对较高，大多数沼气的燃烧热值较低，因此不适合用于燃气发动机或涡轮机。但是这对于燃料电池而言却并非主要问题，尤其是对于能够处理非常高浓度的碳氧化物的熔融碳酸盐（MCFC）和固体氧化物燃料电池（SOFC）系统。磷酸燃料电池（PAFC）也是如此，但程度较小。已经建立并成功运行了许多以垃圾填埋气和/或来自废水处理厂的气体为燃料的MCFC和PAFC系统。

如第6.1和6.2节所述，生物液体燃料，如甲醇和乙醇，可用于某些燃料电池系统。甲醇可以从生物质或天然气的合成气中提取，而乙醇则可以直接通过生物质发酵生产。醇类因其很容易转化成富氢气体而很有吸引力。这使得醇类适合于诸如固定式备用电源系统之类的应用，例如用于远程电信塔。

10.4 燃料基本处理

10.4.1 燃料电池的需求

燃料处理可定义为将提供给燃料电池系统的原始燃料转换为燃料电池堆所需的燃料气体。如表 10.5 所示，每种类型的电池堆都需要特定品质的燃料。从本质上讲，电池堆的工作温度越低，对燃料品质的要求就越严格，因此对燃料处理的需求也就更大。例如，供 PAFC 电池堆使用的燃料必须富含氢，其 CO 含量不得超过 0.5%（体积分数），而 PEMFC 则必须基本不含 CO。相比之下，MCFC 和 SOFC 燃料电池都能够通过"水气转换（WGS）"反应在内部利用这种气体。此外，与 PAFC 和 PEMFC 不同，SOFC 和内部重整式 MCFC 可以使用甲醇燃料。然而尽管性能较差，PEMFC 可使用某些烃类（如丙烷）作燃料，这一点少有人知[⊖]。

表 10.5 主要燃料电池类型的燃料品质

气体组分	质子交换膜式	碱性	磷酸	熔融碳酸盐	固体氧化物
氢气	燃料	燃料	燃料	燃料	燃料
一氧化碳（CO）	中毒（$>10 \times 10^{-6}$）	中毒	中毒（$>0.5\%$）	燃料[①]	燃料[①]
甲烷（CH_4）	稀释剂	稀释剂	稀释剂	稀释剂[②]	稀释剂[②]
CO_2 及 H_2O	稀释剂	中毒	稀释剂	稀释剂	稀释剂
S（H_2S 等）	毒化	未知	中毒（$>50 \times 10^{-6}$）	中毒（$>0.5 \times 10^{-6}$）	中毒（$>1.0 \times 10^{-6}$）

① 实际上，CO 通过转换反应与 H_2O 生成 H_2 和 CO_2（参见第 8 章中的反应（8.3）），并且 CH_4 与 H_2O 反应生成 H_2 和 CO 的速度比它在阳极作为燃料氧化的速度快。

② 甲烷是内部重整型 MCFC 和 SOFC 的燃料。

以下各节将对各种燃料处理技术进行基本说明。当然，私人的反应堆和系统的详细设计是专有的，但是我们可以从参与燃料电池系统开发的各种组织那里可以获得大量的信息。

10.4.2 脱硫作用

如前所述，天然气和液态石油包含有机硫成分，通常必须在进一步处理燃料之前将其除去。蒸汽重整用的催化剂在含硫量小于 0.2×10^{-6} 的情况下会失活，WGS 催化剂的耐受性更差。对于燃料电池本身，已经证明仅 1×10^{-9} 的水平足以永久毒

⊖ Baker, BS, 1965, Hydrocarbon Fuel Cell Technology, Academic Press, New York and London.

化 PEMFC 中的阳极催化剂。

化石燃料和生物燃料通常包含多种硫化物。以天然气为例，硫可能以 H_2S 的形式存在，也可能存在于公用事业公司出于安全原因引入的气味中。石油馏分中的硫化物本身是强烈气味的，一般汽油含有约 $300 \times 10^{-6} \sim 400 \times 10^{-6}$ 的硫在有机化合物中。

为了减少车辆的排放，已引入法规以限制汽油和柴油燃料中的硫。例如，在美国，2004 年的 Tier 2 含硫量标准允许炼油厂生产含硫量在一定范围内的燃料，前提是企业生产燃料的年平均含硫量保持在 30×10^{-6} 以下，且每批单独不超过 80×10^{-6}。从 2017 年初开始，当前的 Tier 3 计划将所有汽油的含硫量降低到最高 10×10^{-6}。欧盟于 2000 年 1 月发布的欧 3 标准将柴油的含硫量限制为 350×10^{-6}，汽油的含硫量限制为 150×10^{-6}。欧 5 于 2009 年生效，并将两种燃料中的含硫量限制为 10×10^{-6}。进一步降低标准可能需要改进目前用于脱硫的方法，甚至可以达到完全除硫的阶段。

基本上有两种给燃料脱硫的方法。最常见的工业方法是称为加氢脱硫（HDS）。在 HDS 反应器中，任何有机含硫化合物均会通过氢解反应，以镍 - 钼氧化物或钴 - 钼氧化物作为催化剂，转化为 H_2S：

$$(C_2H_5)_2S + 2H_2 \rightarrow 2C_2H_6 + H_2S \tag{10.1}$$

氢解的速率随温度增加。在 $300 \sim 400℃$，且存在过量氢气的情况下，该反应基本上进行到完全。还应注意的是，在一定的温度下，较轻的硫化物容易发生氢解，而相应的气味剂如噻吩（C_4H_4S）和 THT（C_4H_8S）的反应速率要慢得多。反应生成的 H_2S 随后被氧化锌吸收，转化为硫化锌，即：

$$H_2S + ZnO \rightarrow ZnS + H_2O \tag{10.2}$$

原料气体的操作条件和组成决定了选择镍催化剂还是钴催化剂。大多数 HDS 催化剂的最佳工作温度为 $350 \sim 400℃$，并且催化剂和氧化锌可以放在同一容器中。Johnson Matthey 工艺技术公司出售了传统工业 HDS 工艺的一种流行变体，称为 $PURASPEC^{TM}$ 工艺。

加氢脱硫是将硫去除到极低水平的一种方法，非常适合 PEMFC 或 PAFC 系统。在这种技术中，反应（10.1）所需的氢气是通过将少量富含氢气的重整产物回收到重整装置的 HDS 反应器上游而获得的。然而，HDS 难以直接应用于内部重整的 MCFC 或 SOFC 系统，因为没有富氢流供入反应器。有些高温燃料电池的开发人员通过在其设备中安装一个小型重整反应堆来解决此问题，以便为 HDS 产生氢气。

如果 HDS 不可行，则可以借助吸收性材料从燃料气体中去除含硫化合物。活性炭特别适合用于小型系统，并且可以用金属促进剂浸渍，以增强特定化合物（例如硫化氢）的吸收。也可以使用分子筛，例如 ZSM - 5 型和八面沸石。但是，此类材料的吸收能力非常低，必须定期更换吸收剂床。这些问题可能会对大型系统造成严重不利的经济影响。

一些组织声称开发了耐硫催化剂用于重整或 POX。例如,阿贡国家实验室(Argonne National Laboratory)已为其柴油自热重整装置开发了耐硫催化剂,但仅用于处理工业用低硫柴油。如果使用 POX 而非蒸汽重整来处理燃料,那么气体产物中仍可能含有百万分之几的硫,在将气体送到 PEMFC 的阳极之前,硫的去除将是一个必需且重要的额外处理步骤。可以使用氧化锌(ZnO)去除 POX 反应器出口中释放的微量 H_2S,尽管该氧化物可再生,但它会随着时间的推移而降解。因此,需要设计可以在适当温度且燃料流中有高浓度的蒸汽的情况下运行的脱硫系统,以便净化由 POX 产生的合成气。为了解决这个问题,美国的 McDermott 在可再生氧化锌床上进行了测试,一些研究小组还试图将高活性氧化锌纳米粒子负载在氧化铝、二氧化硅和碳上来提高其热耐久性。涂有氧化锌的陶瓷块也已用于移动燃料电池系统。

10.4.3 蒸汽重整

蒸汽重整是一项成熟的制氢技术。该技术的一些详细介绍已有发表[⊖],Twigg 提供了系统设计的有用数据[⊖]。甲烷和一般碳氢化合物 C_nH_m 的基本重整反应分别为

$$CH_4 + H_2O \rightarrow CO + 3H_2 \quad \Delta \bar{h}_f^c = 206 kJ/mol \quad (10.3)$$

$$C_nH_m + nH_2O \rightarrow nCO + \left(\frac{m}{2} + n\right)H_2 \quad (10.4)$$

$$CO + H_2O \rightarrow CO_2 + H_2 \quad \Delta \bar{h}_f^c = -41 kJ/mol^{-1} \quad (10.5)$$

重整反应(10.3)和(10.4)以及相应的 WGS 反应[式(10.5)]通常在镍催化剂上进行,温度通常高于 500℃。反应(10.3)和(10.5)是可逆的,在活性催化剂上通常处于平衡状态,因为在这样高的温度下反应速度非常快。此外,对反应(10.3)有活性的催化剂几乎总是促进反应(10.5)。这两种反应的结合意味着总的产物气体是 CO、CO_2 和 H_2,以及未转化的 CH_4 和水蒸气的混合物。

重整产物的实际组成取决于反应器的温度、操作压力、进料气的组成和伴随的水蒸气的比例。从热力学数据得出的图形和计算机模型可用于确定不同操作条件下平衡产物气体的组成。举例来说,100kPa 时输出气体的组成如图 10.3 所示。

由反应(10.3)可知,每反应一个 CH_4 分子,生成 3 个 H_2 分子和 1 个 CO 分子。根据 Le Chatelie 原理,如果将反应器中的压力保持在较低水平,则该反应的平衡将向右移动(即有利于产生氢气)。相反,在重整过程中增加压力将有利于 CH_4 的生成,因为向平衡方程左侧移动会减少系统中的分子数量。相比之下,压力对 WGS 反应(10.5)平衡位置的影响很小。反应(10.3)和(10.4)通常是强烈吸

⊖ Rostrup – Nielsen, JR, 1993, Production of synthesis gas, Catalysis Today, vol. 18, pp. 305 – 324; also: Trimm, DR, 2009, Fuel cells — hydrogen production — natural gas conventional steam – reforming, in Garche, J, Dyer, CK, Moseley, PT, Ogumi, Z, Rand, DAJ and Scrosati, B (eds.), Encyclopedia of Electrochemical Power Sources, pp. 203 – 299, Elsevier, Amsterdam.

⊖ Twigg, M, 1989, Catalyst Handbook, 2nd edition, Wolfe, London.

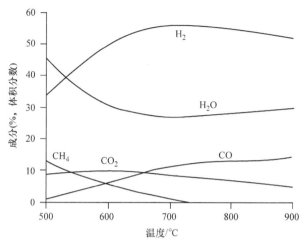

图 10.3　100kPa 压力下，甲烷蒸汽重整过程中产物和反应物的平衡浓度随温度的变化

热的，因此需要为重整反应提供热量以推动其向前生成 H_2 和 CO。因此，高温（最高 800℃）有利于形成 H_2，如图 10.3 所示。

需要注意的是：尽管 WGS 反应（10.5）在大多数催化剂上与蒸汽重整反应同时发生，但在制氢所需的高温条件下，该反应的平衡点恰好位于方程的左侧。因此，并不是所有的 CO 都会转化成 CO_2。所以需要对要求低水平 CO 的燃料电池系统进行处理，这一部分将在 10.4.11 节中进一步研究。

很明显，蒸汽重整并不总是吸热的。例如，对于石油烃如石脑油而言，如经验公式 $CH_{2.2}$，当烃与蒸汽反应仅生成碳氧化物和氢气时，该反应吸热性最强。因此，石脑油的蒸汽重整在高温下最容易吸热。随着温度降低，吸热降低，最终变为放热（释放热量），因为降温有利于反应（10.3）的逆转，即生成 CH_4。表 10.6 中列出的反应表明，根据反应器的温度和压力，石脑油的蒸汽重整可以是吸热的，也可以是放热的。

表 10.6　石脑油重整在不同温度、压力和蒸汽/碳比例下的典型反应热

压力/kPa	温度/℃	蒸汽/碳比例[①]	反应式	焓变(25℃)/(kJ/mol $CH_{2.2}$)
2070	800	3.0	$CH_{2.2} + 3H_2O \rightarrow 0.2CH_4 + 0.4CO_2 + 0.4CO + 1.94H_2 + 1.81H_2O$	+102.5
2760	750	3.0	$CH_{2.2} + 3H_2O \rightarrow 0.35CH_4 + 0.4CO_2 + 0.25CO + 1.5H_2 + 1.95H_2O$	+75.0
31050	450	2.0	$CH_{2.2} + 2H_2O \rightarrow 0.75CH_4 + 0.25CO_2 + 0.14H_2 + 1.5H_2O$	-48.0

资料来源：Kramer, GJ, Wieldraaijer, W, Biesheuvel, PM & Kuipers, HCPE, 2001, The determining factor for catalysts selectivity in Shell's catalytic partial oxidation process, American Chemical Society, Fuel Chemistry Division Preprints, vol. 46 (2), pp. 659 - 660.

① 蒸汽的摩尔数与蒸汽 + 反应器进料中碳的摩尔数之比。

　　总之，蒸汽重整对燃料电池系统具有以下意义：天然气的重整始终是吸热的，并且必须在足够高的温度下向重整器提供热量以确保合理的转化率；石脑油和类似的石油馏分（例如汽油、柴油）也会在吸热条件下反应，这时氢气是主要产物且工作温度保持较高水平；但是，如果石脑油的蒸汽重整是在较适中的温度（最高600℃）下进行的，则产物中将含有大量的 CH_4，反应的吸热性也会降低。

　　如果没有现成的蒸汽来源，也可以进行"干重整"（也称为"二氧化碳重整"），反应如下：

$$CH_4 + CO_2 \rightarrow 2CO + 2H_2 \quad \Delta \bar{h}_f^c = 247kJ/mol \qquad (10.6)$$

当含有二氧化碳和水的阳极废气再循环到燃料电池的入口时，内部重整式的燃料电池（例如 MCFC）中可能发生这种反应。"混合重整"一词有时会用来描述一种将蒸汽和二氧化碳都用于燃料重整的混合方法。与传统的蒸汽重整相比，干重整和混合重整具有节能和环保的优势。该反应是由镍催化的，但可能由于碳的形成和镍的烧结而导致特别严重的失活。

　　诸如甲烷、轻馏分和石脑油之类的碳氢化合物并非唯一适合蒸汽重整的燃料。醇类也会与蒸汽发生反应生成氢气和碳氧化物。以甲醇为例：

$$CH_3OH + H_2O \rightarrow 3H_2 + CO_2 \quad \Delta \bar{h}_f^c = 49.7kJ/mol \qquad (10.7)$$

该反应是温和吸热的，这也是一些汽车制造商青睐甲醇作为燃料电池汽车的可用燃料的原因之一。此外，甲醇是一种适用于远程固定式电源系统的燃料。需要提供少量的热量来克服固有的热损失，同时维持甲醇的重整反应，甲烷重整反应在中等活性的催化剂（如负载在氧化锌上的铜）、中等温度（例如 $250 \sim 300℃$）下即可很容易发生。尽管 CO（10.7）不是反应的主要产物，但这并不意味着它不存在。WGS 反应（10.5）是可逆的，并且使用活性催化剂，即使在中等温度下，也会通过反向转化反应从 CO_2 中产生一些 CO。尽管如此。甲醇重整中的 CO 含量在PAFC 和高温 PEMFC 仍是可接受的。对于低温 PEMFC，必须使用 10.4.11 节中所述方法之一降低 CO 含量。

10.4.4　碳的形成和预重整

　　燃料电池系统运行过程中可能遇到的最关键的问题之一是燃料气体分解生成碳。该反应可以在系统中存在热燃气的多个区域中发生。例如，天然气会在不存在空气或蒸汽的情况下，通过热解反应在高于约 650℃ 的温度下加热分解，如

$$CH_4 \rightarrow C + 2H_2 \quad \Delta \bar{h}_f^c = 75kJ/mol \qquad (10.8)$$

较高级的烃比甲烷更易于分解，因此，与天然气相比，汽化的液态石油燃料形成碳的可能性更大。

　　碳的形成的另一个来源是通过 Boudouard 反应的 CO 歧化，即

$$2CO \rightarrow C + CO_2 \qquad (10.9)$$

该反应是由诸如镍之类的金属催化的，因此很有可能发生在含镍的蒸汽重整催化剂

上以及不锈钢反应器壁上。幸运的是，有一个简单的方法可以降低通过反应（10.8）和（10.9）的碳形成程度，即向燃料流中添加过量的蒸汽。这样做的主要作用是促进 WGS 反应（10.5），从而降低燃气流中 CO 的分压。而且，蒸汽促进了碳的气化反应，该反应也非常快，反应式如下：

$$C + H_2O \rightarrow CO + H_2 \tag{10.10}$$

通过对系统的热力学分析，可以计算出为避免碳沉积而需要添加到烃类燃料气体中的最小蒸汽量。该程序基于以下假设：给定的燃气和蒸汽混合物通过反应（10.3）、（10.4）和（10.5）相互作用，在特定的操作温度和压力下生成相对于反应（10.3）和（10.5）处于热力学平衡状态的气体。测量或观察到的 CO 和 CO_2 分压用于计算 Boudouard 反应（10.9）的平衡常数。如果对于观测到的温度，计算得出的常数大于理论值，则根据热力学原理可推断出碳沉积的发生。但是，如果计算出的常数低于理论预测值，那么气体就被认为处于安全区域内，碳沉积将不会发生。在实际应用中，蒸汽重整系统的蒸汽 – 碳比例通常为 2.0 ~ 3.0，这样可以在足够安全的范围内避免碳沉积。

一种特殊类型的碳的形成可能发生在金属上，称为"渗碳"，并可能导致金属剥落，这被称为"金属粉化"。需要强调的是，在燃料电池系统中减少这种现象发生的可能性是很重要的，一些开发商在其燃气预热器中使用镀铜不锈钢以最大限度地减少这种现象的发生。

蒸汽重整催化剂上碳的形成一直是研究的热点而且很容易理解。通过热解反应（10.8）和 Boudouard 反应（10.9）产生的碳有不同的形式，其中最具破坏性的是似乎长在催化剂内镍微晶上的长丝。比如说，如果突然切断了向重整反应器的蒸汽供应，这种碳丝会非常迅速地生长。在这种情况下，后果可能是灾难性的，几秒钟之内就会形成碳，从而导致催化剂永久性分解，进而导致反应器堵塞。这种危害强调了在燃料电池系统运行期间过程控制的重要性，特别是如果蒸汽来自于电池堆中的产物回收。商用蒸汽重整催化剂包含抑制催化剂表面上的碳形成的元素，例如钾和钼。

也可以在燃料气体供入重整反应器之前对其进行"预重整"来降低碳形成的倾向。预重整是工业上常用的术语，用于描述在相对较低的温度（通常为 250 ~ 500℃）下通过蒸汽重整将高分子量碳氢化合物优先转化为氢和碳氧化物的过程。该处理步骤在绝热反应器中进行，即既不施加外部热量也没有外部冷却作用的反应器。因此，来自预重整器出口的气体主要由甲烷和蒸汽以及少量的氢和碳氧化物组成。具体的组成取决于反应器的温度。

为演示内部重整 SOFC 堆而设计的预重整装置如图 10.4 所示。建造该设施的目的不仅在于重整天然气中的高级碳氢化合物，而且还用于转化约 15% 的 CH_4，从而在电池堆入口处提供足够的氢气，以保持 SOFC 阳极处于还原状态。正因为只有 85% 的 CH_4 在内部重整，因此预重整还具有减少电池堆内部热应力的作用。

10.4.5　内部重整

在前面关于燃料处理的讨论中，假设蒸汽重整是在燃料电池堆外部的一个或多个反应器中进行的，因此被称为"外部重整"。多年以来，开发人员已经意识到，通过电池堆中的电化学反应可以提供热量来维持低分子量碳氢化合物（例如天然气）的吸热重整。这一特征引出了各种精致的内部重整概念，且已经被应用到具有较高操作温度的 MCFC 和 SOFC 上。但这种方式不适用于低温工作的 PEMFC、碱性燃料电池（AFC）和 PAFC 系统。

与蒸汽重整反应（10.3）和（10.4）相比，燃料电池反应总是放热的，这主要是由于电池内部电阻引起的发热。在实际条件下，电池电压为 0.78V 时，燃料电池释放的热量为 470kJ/mol CH₄。

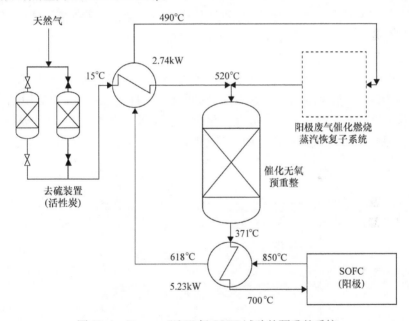

图 10.4　Siemens 50kW 级 SOFC 试验的预重整系统

通过在 MCFC 或 SOFC 堆中进行 CH₄ 的蒸汽重整，燃料电池反应释放的大约一半热量可以被蒸汽重整反应（10.3）利用。显然，这大大减少了对电池组冷却的需要，而以往冷却通常是通过使过量的空气流过阴极来实现的。内部重整型电池堆所需的较低气流显著提高了整个系统的电气效率。

内部重整型燃料电池的开发人员通常采用以下两种方法之一：通常称为直接内部重整（DIR）和间接内部重整（IIR），如图 10.5 所示。在某些情况下，两种方法都可采用。

与外部重整相比，采用内部重整的优点如下：

- 由于不需要单独的外部反应器，因此降低了系统成本。
- DIR 所需的蒸汽更少，因为 SOFC 和 MCFC 中的阳极反应都会产生蒸汽。
- 在 DIR 电池的阳极上产生的氢气使整个电池的温度分布更加均匀。
- 甲烷转化率较高，尤其是在 DIR 系统中，电极反应会消耗产生的氢气。
- 系统效率较高，因为内部重整可以冷却电池堆，从而减少了阴极上过量空气的需求。这一优点同时也降低了对空气压缩和再循环的需求。

10.4.5.1　间接内部重整（IIR）

IIR 也称为"综合重整"，其中 CH_4 在重整反应器中进行转化，电池堆与重整反应器有紧密热接触。因此，重整反应和电化学反应是分开的。一个应用实例是将板式重整器与五六个电池组交替排列。重整气体进入相邻的燃料电池组。尽管在电池和重整板之间具有高热转换效率，但 IIR 系统也有缺点：只能从最靠近重整器的电池组有效传递热量，而且用于重整的蒸汽必须分别储备。另外需要通过多种设计将重整催化剂放置在每个电池的气体分配路径中。

10.4.5.2　直接内部重整（DIR）

在 DIR 方法中，重整反应在电池堆中每个电池的阳极附近进行，如图 10.5 所示。对于 MCFC，重整催化剂放置在阳极的气体流道内。对于 SOFC，由于具有较高的工作温度，且阳极通常具有高镍含量和高表面积，故蒸汽重整可以直接在阳极上进行，因此实际上可能不需要重整催化剂。

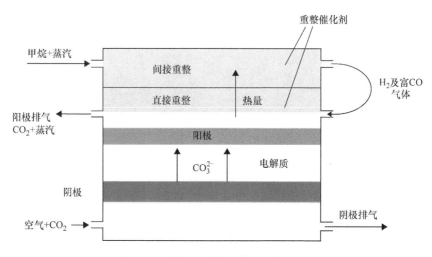

图 10.5　直接和间接内部重整的示意图

直接内部重整具有显著的优点：不仅在燃料电池和重整反应之间提供了良好的传热，而且还利于化学集成，即阳极反应产生的蒸汽产物直接用于重整反应。

虽然吸热重整可以吸收一些内部重整型 MCFC 或 SOFC 堆产生的热量，但还不足以完全满足电池堆冷却的需要。实际上，在电池堆中发生的吸热和放热反应与内部重整的结合，促进了电池和电池堆硬件中的较大温度梯度的产生。这种现象产生的原因在于蒸汽重整既快速又吸热，从而导致靠近阳极入口的温度急剧下降。与此相对，放热的燃料电池反应导致阳极出口处的温度升高。为了使内部重整型 MCFC 或 SOFC 堆中的温度变化最小化，通常使燃料和氧化剂逆流通入，而不采用并流方式。

最后，原则上内部重整可以使用包括天然气和诸如石脑油、煤油的汽化液体等几种烃类作为燃料。煤气对于内部重整型 MCFC 和 SOFC 堆特别有吸引力，因为不仅可以直接消耗 CO 和 H_2，而且残留的 CH_4（可能存在于 BG – Lurgi 排渣气化炉的产物中；请参见表 10.2）也可被内部重整。

10.4.6　碳氢化合物直接氧化

碳氢化合物直接氧化是指将碳氢化合物燃料直接转化为蒸汽和 CO_2，而无须先通过蒸汽重整或 POX 转化为氢气。CH_4 转化为 CO_2 和水蒸气的直接氧化反应的吉布斯自由能变化量为 – 796.5kJ/mol，非常接近焓变（$\Delta \bar{h}° = -802.5$kJ/mol）换句话说，如果 CH_4 直接被氧化，则大部分反应热将直接转化为电能，最大效率为

$$\frac{\Delta \bar{g}}{\Delta \bar{h}} = \frac{-796.5}{-802.5} \times 100\% = 99.2\% \qquad (10.11)$$

通过甲烷直接氧化产生的 H_2O 和 CO_2，可以与新鲜甲烷在 MCFC 中镍催化剂上或 SOFC 含镍阳极上进行重整反应，因此有较高的反应效率。也正因此，唯一可以确定直接氧化是否真的发生在燃料电池中的方法是在阳极使用不促进蒸汽重整反应的催化剂。用铜金属陶瓷⊖代替通常用作 SOFC 阳极的镍金属陶瓷可以验证甲烷直接氧化的可行性。铜金属陶瓷还解决了碳形成的问题。如第 10.4.4 节所述，即使在最低 600℃ 的温度下，碳也有沉积在含镍材料上的倾向。但是，使用铜金属陶瓷阳极可避免形成碳，同时又能发生直接氧化。此外，已经发现只要温度受到限制，铜金属陶瓷在碳氢化合物环境中是稳定的。

直接氧化除了能提高转换效率外，另一个好处是不需要同时提供蒸汽与燃料，从而使系统的设计更为简单。如第 9.2.3.3 节中所述，高转化效率、低蒸汽需求以及抗碳污染的优点鼓励了科学家们对混合离子 – 电子导体（MIEC）材料制成的 SOFC 新型陶瓷阳极的研究。

众所周知，碳氢化合物直接氧化可以发生在使用酸性电解质溶液的燃料电池中。例如，在 20 世纪 60 年代曾发现丙烷在中等温度（低于 200℃）下在铂催化剂上分解形成质子、电子和 CO_2（通过与酸性电解质溶液中的水反应）。与 PEMFC 和 PAFC 系统一样，质子迁移到阴极，在此它们被空气和电子氧化形成水。重新审

⊖　Park, S, Vohs, JM and Gorte, RJ, 2000, Direct oxidation of hydrocarbons in a solid – oxide fuel cell, Nature, vol. 404, pp. 265 – 267.

视早期工作中的某些研究对研究人员来讲是很有必要的，从中可以检验这些早期研究成果中是否有为燃料电池提供新燃料的关键。

10.4.7　部分氧化和自热重整

作为蒸汽重整的替代品，甲烷和其他碳氢化合物可以通过"部分氧化"转化为合成气，从而制备燃料电池所需的氢气，即：

$$CH_4 + \frac{1}{2}O_2 \rightarrow CO + 2H_2 \quad \Delta \bar{h}_f^c = -247kJ/mol \quad (10.12)$$

在不使用催化剂的情况下，在高温气相（通常为 1200 ~ 1500℃）中进行部分氧化。与催化法相比，该方法的优势在于，它不需要去除硫化合物等物质，但如果要将其送入燃料电池堆，硫必须在后期从产物中提取出来（如 SO_2）。相比催化方式，高温 POX 还可以处理更重的石油馏分，因此适合用于处理柴油、其他液体燃料和残油馏分。已有多家公司在大型设施中进行了气相 POX 的操作，但是这种方法无法很好地按比例缩小，反应过程的管理也存在问题。

通过降低温度并使用催化剂，可以更好地控制 POX 反应，该过程称为"催化部分氧化"（CPO）。CPO 的催化剂往往是铂族金属或负载在陶瓷氧化物上的镍。在大约 1000℃ 的温度下，CPO 反应非常快，故而 Eni S. p. A 开发的工业版本的该过程称为"短接触时间催化部分氧化（SCT - CPO）"。CPO 反应发生在几毫秒内，发生在高温、稀薄且围绕着催化剂颗粒的（<1μm）固气相间区域中，且该区域不会发展成气相。这些条件有利于一级反应产物（H_2 和 CO）的形成，并允许使用仍可能含有硫或芳族化合物的几种烃原料。在过去的 10 ~ 15 年中，催化部分氧化一直是许多研究工作的主题，Haldor Topsøe A／S 和 Eni S. p. A 已经建立了用于工业制氢、天然气制油（GTL）和精炼的技术。

应当指出，与蒸汽重整反应（10.3）相比，POX 反应（10.12）的每个 CH_4 分子生成的氢气更少。因此，对于燃料电池应用，POX（气相或 CPO）通常比蒸汽重整效率低。反应（10.12）实际上是蒸汽重整和氧化反应的总和。可以认为转化为氢气的燃料中约有一半被氧化以提供蒸汽重整所需的热量。POX 或 CPO 反应器不利用燃料电池产生的热量，其最终结果是降低了整个系统的效率。POX 的另一个缺点是，当使用空气作为氧化剂时，空气中氮气的存在会降低燃料电池中氢气的分压，进而降低电池电压（由能斯特方程式可知），从而再次降低系统效率。除了这些负面影响，利用空气的 POX 的主要优点是不需要蒸汽，并且该过程可以在比蒸汽重整反应器小得多的反应器中完成。因此，对于那些更看重系统简单性，而不是高电气转换效率的应用，可以考虑使用 POX，例如，在小型热电联产系统中。

如果蒸汽重整和 CPO 反应在同一反应器和同一催化剂上进行，则该过程通常称为"自热重整"。然而，需要指出的是，"自热重整"和"部分氧化"这两个术语在文献中经常被不严格地使用，在比较不同燃料处理系统报告中的数据时必须格外小心。自热重整将燃料、蒸汽和氧气（或空气）同时供入反应器。通过调节这些反应物的气流，同时允许热量从反应器到产物气体的传递和传到环境中的不可避免的热损失，便可以维持一种热中性条件，其中 POX 产生的热量与蒸汽重整消耗的热量相当。

就反应机理而言，一些研究已经确定了在不同催化剂上同时进行蒸汽重整和 CPO 反应的相对速率。从这些工作中可以得出结论，在许多情况下，CPO 反应比蒸汽重整反应更快地达到平衡。这一顺序被称为 POX 的"间接机制"，是由镍基催化剂促进的。相比之下，钌基和铑基催化剂会激活另一种"直接机制"，从而使氧化、蒸汽重整和转化反应并行进行。

在某些 CPO 过程中，蒸汽和氧化剂都由燃料提供，Shell POX 就是这样一个例子（Kramer et al.，2001）⊖。该工艺采用专门的垂直管式反应器，其中含有铂族催化剂床。部分氧化反应发生在床的顶部，该处的速率受反应物的质量转移的限制。在床的下方，蒸汽重整和 WGS 反应使气体达到平衡。在蒸汽氧化和重整反应平行进行的其他 CPO 过程中，反应速率不受质量转移的限制，并且可以在没有热量增加或损失的情况下达到平衡。

与传统的蒸汽重整相比，自热重整和 CPO 的优点是，所需蒸汽更少，并且重整反应的所有热量均由燃料的部分燃烧提供。两种方法都非常适合于 PEMFC 和 AFC，因为这些电池产生的热量均足以使燃料进行蒸汽重整反应。

10.4.8　太阳能热重整

原则上，用于碳氢化合物（例如甲烷）蒸汽重整的热量可以直接来自太阳。由于生成的合成气将包含大量的隐含太阳能（高达 25%），太阳能热重整未来可能会提供高热效率并大幅减少二氧化碳排放。而且由于排放物是浓缩形式，因此更适合于气体分离。在过去的 20 年中，一些国家在太阳能热重整方面已经进行了大量工作，并且提出了三种类型的太阳能接收反应器⊖，分别是：

1）熔融钠，回流加热管接收反应器。

2）受直接辐射的容积式接收反应器（DIVRR）。

3）具有传统管式催化反应器的腔式接收器。

在每种设计中，太阳能直接集中在接收反应器上，或通过传热流体从太阳能接收器传送到反应器。为了达到所需的高温，通常采用三种方法：

⊖ Kramer, GJ, Wieldraaijer, W, Biesheuvel, PM and Kuipers, HCPE, 2001, The determining factor for catalysts selectivity in Shell's catalytic partial oxidation process, American Chemical Society, Fuel Chemistry Division Preprints, vol. 46 (2), pp. 659–660.

⊖ Stein, W, Edwards, J, Hinkley, J and Sattler, C, 2012, Natural gas: solar-thermal steam-reforming, in Garche, J, Dyer, CK, Moseley, PT, Ogumi, Z, Rand, DAJ and Scrosati, B (eds.), Encyclopedia of Electrochemical Power Sources, pp. 300–312, Elsevier, Amsterdam.

1）一个简单的碟式抛物面装置将太阳光线聚焦到装在碟式装置焦点上的热接收器上。

2）在高塔顶部的中央接收器周围，布置成千上万个独立的反射镜（"定日镜"）。

3）槽式抛物面反射镜，可追踪太阳划过天空的过程，其焦点处安装有接收器。

三种方法如图 10.6 所示。

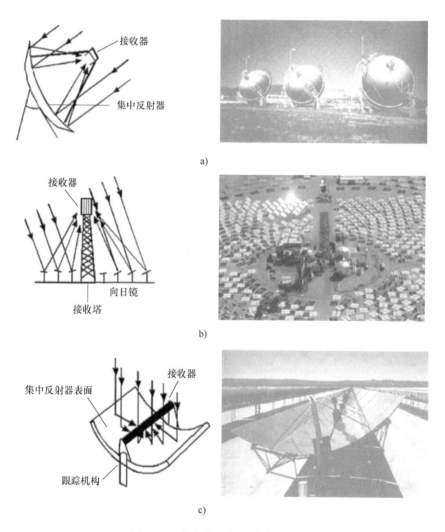

图 10.6　太阳能炉的三种主要设计

a）碟式抛物面　b）中央接收器　c）槽式抛物面

太阳能热重整面临许多挑战。首先，必须有大面积的土地来容纳碟式、槽式或定日镜式接收器。另一个问题是，太阳能在一天中变化很大，而且在晚上不可用。因此，必须有储能或蓄热手段，以确保氢气的持续产出。重整催化剂也存在问题，传统的重整催化剂需要高于850℃的温度才能获得足够的氢气产率，并且如果允许温度降低和过度波动，系统性能和催化剂完整性都会受到影响。可以使用含有更多活性贵金属的催化剂，如钌或铑，或在膜反应器中进行重整来改善这种情况，实现氢气的直接分离。

10.4.9　吸附强化重整反应

通过将CO_2的固体吸收剂（例如煅烧的白云石、CaO）与重整催化剂混合，可以将蒸汽重整和 WGS 反应合并为一个步骤，同时将前者的温度从900℃左右降低到400~500℃。从反应区域内除去CO_2会影响合并反应的平衡，从而提高氢气的产量，同时 CO 被氧化为CO_2。CH_4的吸附强化重整反应的产物气体一般由体积分数分别为90%的H_2和约10%的未反应的CH_4组成，其中有少量的CO_2和微量的 CO。

当吸附剂吸收二氧化碳饱和时，可通入蒸汽进行再生。由于出口气流被压缩，释放出的二氧化碳可以被捕获，进而压缩并输送到地下油气库。为了保证系统连续运行，需要两个平行的反应器——一个进行反应，另一个用于再生。吸附强化处理提供了一种无须进行二次转换和气体分离的绝妙方法。而且，较低的操作温度可减少热损失，并允许使用更便宜的结构材料。在过去的 20 多年中，吸附强化重整反应一直是许多国家研究的主题，但是在商用之前，还需要克服一些技术挑战。其中包括吸附剂和催化剂的长期耐用性，以及输送到两个反应器的反应物气流的放大和转换问题。

10.4.10　高温分解制氢或碳氢化合物的热裂解

除了上述从碳氢化合物中制氢的方法外，还有一种方法是在没有空气的情况下加热燃料，这一过程通常被称为"高温分解"，碳氢化合物"裂开"或分解成氢气和固态碳（煤烟）。该工艺适用于简单的烃类燃料，否则会形成各种副产物（如乙炔和其他烯烃）。热裂解的优点是产生的氢气非常纯净，如果没有催化剂存在，碳可以以固态分离，这比气态的CO_2更容易处理。反之，如果在催化剂的作用下热解，则碳的提取将成为一个问题。原则上，可以通过切断燃料供应，并让空气进入反应堆，将碳燃烧成CO_2，从而达到除碳的目的。理论上很容易改变燃料和氧化剂的流动，但实际存在困难，尤其是在高温下燃料和空气进入反应器时的安全问题。热解的控制至关重要，否则，过多的碳会积累起来，从而不可逆转地损害任何可用的催化剂。过量的碳也可能在没有催化剂的情况下形成——事实上，达到这样的程度，反应器就会堵塞，从而造成清除固体和/或建立足够的氧化气流来燃烧沉积物质的困难。尽管存在这些实质性的问题，热解仍不失为燃料电池系统的一种选择。

例如，丙烷热裂解已被提议作为小型 PEMFC 系统的制氢方式[⊖]。

热等离子体技术的应用可以避免热解过程中的碳堆积问题（见框 10.2）。这是因为电弧产生的热等离子体具有温度在 3000 ~ 10000℃之间的特征，在这种条件下不再需要催化剂。另一个优点是这种反应非常快，因此比传统的催化处理器更紧凑、更轻便。通过添加蒸汽和氧气，等离子体反应器可以充当重整器并产生合成气。非热等离子体（特别是滑动放电反应器；见框 10.2）也被研究以用于燃料重整[⊖]。

等离子体的一个引人注目的特点是它们能够分解高分子量的碳氢化合物。然而，在大多数情况下，等离子体的控制既困难又需要能量，因此会产生转换不良和产品组成变化的问题。最近，研究人员试图通过结合等离子体反应器内部或外部的重整催化剂来克服这些限制。尽管仍处于实验室阶段，这种方法可能会建立一种节能装置，满足燃料电池系统中小型氢发生器的需要[⊖]。

框 10.2　什么是等离子体？

等离子体是一种部分或完全电离的气体，由正离子和自由电子按比例组成，最终对外不显示电荷。根据电子、离子和中性粒子的相对温度不同，等离子体被分为"热的"和"非热的"。热等离子体中的电子和较重的粒子具有相同的温度（即它们彼此处于热平衡）。非热等离子体的离子和中性离子的温度要低得多（如室温），而电子则"更热"。当电弧在两个电极之间放电时，热等离子体形成。非热等离子体的示例如下：

● 当反应器中的气体处于低压（0.01 ~ 1.0kPa）时，在反应器金属电极之间施加高直流电压就会产生辉光放电——我们熟悉的霓虹灯和荧光灯管就是这样的例子。辉光放电也可以由射频电流形成。

● 静音放电，也称为"电晕"放电，是在低压或中压气体中产生的，放电发生在圆形或尖头导体之间。

● 介质阻挡放电发生在两个被施加高压的电极之间，且该电极具有防止产生电弧的非导电涂层。

● 容性放电发生在当射频（RF）功率施加到一个与接地电极距离很小的电极上时，通常为 1cm。

● 无电极或微波放电发生在缠绕在反应堆周围的线圈产生的电场中。

⊖　Wang, Y, Shah, N and Huffman, GP, 2003, Production of pure hydrogen and novel carbon nanotube structures by catalytic decomposition of propane and cyclohexane, Prepr. Pap. – Am. Chem. Soc., Div. Fuel Chem., vol. 48 (2), p. 901.

⊖　Paulmier, T and Fulcheri, L, 2005, Use of non – thermal plasma for hydrocarbon reforming, Chemical Engineering Journal, vol. 6, pp. 59 – 71.

⊖　Tu, X and Whitehead, C, 2014, Plasma dry reforming of methane in an atmospheric pressure AC gliding arc discharge: Co – generation of syngas and carbon nanomaterial, International Journal of Hydrogen Energy, vol. 39 (18), pp. 9658 – 9669.

10.4.11　燃料进一步处理：去除一氧化碳

一种常压下工作的天然气蒸汽重整装置在出口温度为 800℃ 的干燥的条件下产生含有约 75% H_2、15% CO 和 10% CO_2（均为体积分数）的气体。在将气体通入 PAFC 或 PEMFC 之前，有必要降低 CO 的浓度。

如前所述，WGS 反应（10.5）与基础蒸汽重整反应（10.4）均发生在活性催化剂上。如果两种反应都处于热力学平衡状态，高温有利于 CO 的生成，即反应（10.5）向左平移。因此，降低重整燃料中 CO 含量的第一种方法是冷却蒸汽重整器的产物气体，然后用仅促进 WGS 反应的催化剂使其通过反应器，以便将 CO 转化为 CO_2。根据来自重整器的产物气的成分，可能需要一个以上的转换反应器将 CO 含量降低到可接受水平。研究发现，铁铬催化剂在相对较高的温度（400 ~ 500℃）下可以有效促进 WGS 反应，之后在气体进入第二个低温反应堆（200 ~ 250℃）之前用铜催化剂进一步冷却气体。在这个较低的温度下，离开反应器的 CO 的体积分数通常约为 0.25% ~ 0.5%，因此经过这两个阶段的转换后 CO 的含量足以满足 PAFC 的需要。然而，该含量相当于 2500×10^{-6} ~ 5000×10^{-6}，超出典型的 PEMFC 限值两个数量级，相当于甲醇重整器产生的一氧化碳含量，因此对于 PEMFC 系统仍需要做进一步的燃料处理。

直到最近，千瓦级燃料电池系统中的 WGS 反应器还在使用工业用的铁和铜催化剂，它们很容易被硫污染；当还原状态的催化剂暴露在空气中时会发生自燃，这也造成了安全隐患。此外，与电池堆、重整反应器和核电厂配套设施组件相比，这些反应器很大。为了改善这种情况，一些燃料电池的研发人员正在研究能够在低温下，以更高的空间速度运行（即更活跃）的新型催化剂。Engelhard 公司提供的 Selectra™ Shift 催化剂是一种非自燃的贱金属材料，可以替代传统的低温 ZnO 催化剂。氧化铝负载的氧化钴和氧化钼也被用作低成本、低温的硫化物型 WGS 催化剂。这种特殊的成分对硫不敏感，这一特点使得它与传统的锌铜材料相比更具吸引力。

贵金属催化剂，如美国耐信公司开发氧化铈（CeO_2）上的铂、铈-镧混合氧化物上的铂、氧化铈上的金等，均为非自燃型，对硫有较强的耐受性，只要成本保持在较低水平，便可能成为可行的选择。一些过渡金属碳化物也具有耐硫性和较高的 WGS 活性。尽管如此，燃料电池系统的 WGS 催化剂显然还有改进的空间，目前对该领域的研究也非常活跃。最后，在成本和表现性能之间可能会有一个权衡，这对于燃料处理的其他催化步骤也是一样。

对于 PEMFC，在 WGS 反应之后，有必要进一步去除 CO。通常采用以下三种方法之一：

1) 优先氧化（PROX）反应，在反应器中加入少量空气（体积分数约为 2%）到燃料流中，继而流经贵金属催化剂。典型的催化剂包括 Pt - Al_2O_3、Ru - Al_2O_3、

$Rh-Al_2O_3$、$Au-MnO_x$、$Pt-Ru-Al_2O_3$ 和 Ir 基材料（如质量分数为 5% 的 Ir－$(CoO_x-Al_2O_3)-C$）。催化剂优先吸收 CO，而非 H_2，并与空气中的氧气反应产生 CO_2。除了贵金属催化剂的成本问题外，由于 PROX 反应是放热的，因此反应器可能需要冷却，这样就会存在温度控制问题。由于使用贵金属催化剂在高温下会存在 H_2、CO 和 O_2，必须采取措施以避免产生爆炸性混合物。在气体流量变化很大的情况下，例如在车辆上的 PEMFC 系统中，这种可能性会是一个特别令人担忧的问题。

2）CO 的甲烷化是一种降低产生爆炸性气体混合物概率的方法。该反应与 CH_4 的蒸汽重整反应（10.3）相反。即，

$$CO + 3H_2 \rightarrow CH_4 + H_2O \quad \Delta\bar{h}_f = -206kJ/mol \quad (10.13)$$

该反应在靠近燃料电池入口的小型催化反应器中进行。甲烷化有一个明显的缺点，即它会消耗一些氢气，这会使燃料电池系统电效率降低。反应（10.13）产生的甲烷仅仅稀释了堆内的燃料，不会毒害 PEMFC 催化剂。在 PEMFC 系统中，这种轻微的影响是可接受的，在该系统中，一个在 200℃ 左右温度下工作的简单甲烷化催化剂可以将 CO 的浓度降低到 10×10^{-6} 以下。对于重整甲醇，甲烷化催化剂还能确保任何来自重整反应器的未转化甲醇分别转化为 CH_4、H_2 和 CO_2。

3）钯或铂膜可用于分离和纯化 H_2。尽管这种膜价格昂贵，但这项成熟的技术已被使用了很多年，可生产出纯度极高的氢气。关于膜的进一步讨论详见 10.5 节。

美国国家可再生能源实验室的工作人员一直试图通过使用细菌来改善 WGS 反应，近年来，其他研究小组也在进行这项研究。一旦这种方法被成功证实，那么最后的 CO 清理阶段可能就不再需要了。但是，迄今为止，生物方法的反应速率比传统催化系统的反应速率低两个数量级。关于生物系统的进一步讨论见第 10.10 节。

电化学氧化是 PEMFC 去除 CO 的另一种与众不同的方法。有两种方式，①在位于燃料电池之前的反应器中氧化[⊖⊖]；②在 PEMFC 电池堆本身的阳极室内氧化[⊖]。这两种方法都涉及两个反应步骤：在催化剂上吸收 CO，然后将吸收的 CO 氧化成 CO_2，之后解吸。在方法①中，催化剂是电化学电池的阳极，在该极上靠通电产生表面氧。在方法②中，第一步是直接在燃料电池阳极的 Pt 基上吸收 CO，第二步是暂时断开燃料电池上的负载并向阳极施加正电位。后者的作用是直接在阳极电催化剂的表面产生氧气（主要是通过电池内水的电解，即将电池由燃料电池转换为电解池模式）。阳极上的原子氧直接将 CO 氧化为 CO_2，完成此过程后，恢复成燃料电池模式。电池内的电化学氧化尽管概念简单，但是仍存在挑战，在氧化和还原条件之间的切换会导致催化剂降解增加，并且降低了电池效率，因为氧化成 CO_2 实际上会对燃料电池堆施加额外的寄生负载。

⊖ Balasubramanian, S, 2011, Electrochemical oxidation of carbon monoxide in reformate hydrogen for PEM fuel cells, PhD Thesis, University of South Carolina.

⊖ US Patent 6245214 B1, Electro-catalytic oxidation (ECO) device to remove CO from reformate for fuel cell application.

⊖ US Patent 5601936, A Method of operating a fuel cell.

变压吸附法（PSA）是氢气净化的另一种方法，可用于重整反应。在这个过程中，重整产物气体被送入含有优先吸收氢气材料的反应器中。经过给定时间后，将反应器隔离，并将原料气体转移到一个平行反应器中。然后给第一个反应器减压，从而使纯 H_2 从材料中解吸。通过给两个反应器交替加压和减压重复该过程。

10.5　气体分离膜的发展

目前正在研究 WGS 反应后从 CO_2 中分离氢气的有效方法，以替代 PSA 和第 10.4.11 节中所述的其他气体净化方法。特别地，最好是在热环境下把这些气体分开，这样可以节省热能。这项工作主要针对对 H_2（一个小分子）的扩散有选择性的膜的使用，而不包括 CO_2 和其他物质。使用陶瓷膜可以在接近 WGS 反应甚至重整反应温度的条件下进行分离。各种类型的膜重整器和膜 WGS 反应器已经被提出，尽管这些已在一定程度上得到了应用，但在提高性能和降低用于气体分离的膜的成本方面仍有待改善。

一般来说，膜可分为①致密膜，如基于金属、合金、金属氧化物或金属陶瓷复合材料的膜；②有序微孔材料，如致密二氧化硅、沸石和聚合物。

10.5.1　致密膜

基于金属的致密膜可以产生可直接用于燃料电池的非常高纯度的氢气流，分离过程依赖于金属仅允许 H_2 扩散的能力。H_2 通过金属如钯及其合金的渗透通过几个步骤进行，即：吸附氢分子，解离成单原子形式，电离，氢离子或氢原子在一个浓度梯度下通过金属晶格间隙的扩散，重新组合，以及最终解吸。钯及其合金的表面性质决定了其对吸附、解离和解吸的高催化活性。氢通量密度（以及膜性能）是材料固有的扩散特性的函数，厚度超过约 $10\mu m$ 的膜的性能受到扩散的限制。因此，近年来，更薄的钯及钯合金膜的制备成为研究的热点。这也有利于降低成本。很薄的钯及其合金薄膜（$<10\mu m$）可以负载在多孔金属或陶瓷基底上。通过提高金属温度可以获得更好的性能。实际上，已发现将钯及其合金保持在临界温度（纯钯为 293℃）以上是有利的，这样可以避免在低温下共存的不同晶体结构的氢化钯（PdH）之间的相互作用所引起的应力。这样的相互作用会导致金属的机械降解和失效，这一过程被称为"氢脆"。

与钯及其合金的结晶体性质不同，一种用于 H_2 高温分离的非晶态合金膜正在兴起。它们主要由镍和早期过渡金属（即钛、锆、铌、铪、钽）组成。这种合金具有无规的原子结构，并且，与晶体合金膜一样，H_2 通过金属原子间的空隙在合金中迁移。首次报道的镍基非晶合金膜是 $Ni_{64}Zr_{36}$。在类似条件下，该合金的磁导率约为钯的 10%，且其工作温度相对较低，一般在 400℃ 以下。

10.5.2　致密陶瓷膜

另一类致密膜是基于钙钛矿族的质子传导金属氧化物。这些陶瓷材料的通式是 ABO_3 或 $A_{1-x}A'_xB_{1-y}B'_yO_{3-\delta}$，其中 x 和 y 分别是 A 位和 B 位的掺杂物分数，δ 是氧空位的数量。对掺杂了不同三价阳离子（如钇、镱或钆）的 $SrCeO_3$ 和 $BaCeO_3$ 已经进行了大量的研究，这些氧化物可以在比金属膜更高的温度（高达 $800℃$）下工作，适合用于膜重整反应器。然而，氧化物很难制造，而且机械强度低，H_2 通量差，在存在 CO_2 和水的情况下化学稳定性低。这些特性使得它们不太适用于中等温度的氢气分离，比如，与 WGS 反应器结合使用。相比之下，锆酸盐（如锆酸钡（$BaZrO_3$））具有更好的化学稳定性，但其导电性较低。目前已开发出集各优点于一身的铈酸盐 – 锆酸盐固体溶液。

金属陶瓷材料也是正在研究的一种 H_2 分离膜。如第 9.2.3.3 节讨论的 MIEC 氧化物一样，可以给金属陶瓷加入导电金属来增强陶瓷氧化物的质子传导性，从而表现出更高的性能。

10.5.3　多孔膜

多孔氢分离膜通常由一层薄的微孔筛材料构成，如在更厚的多孔载体上的硅、碳或沸石。为了使通量最大化，微孔材料需要比之前讨论的致密膜更薄，一般是几十到几百纳米的数量级。氢主要以分子扩散的方式通过膜的孔隙运动，分子扩散是一个纯物理过程，其性能取决于膜的孔径。为了有效分离 H_2，孔的直径必须小于 1nm。

各种已有的制造技术可用来制造金属或大孔陶瓷元件上的微孔膜。例如，二氧化硅膜是将二氧化硅基化学前体涂于多孔材料的表面制成的。可以采用两种方法：一种方法是将合适的多孔负载浸入含有二氧化硅前体（如正硅酸四甲基或正硅酸四乙酯）的溶胶 – 凝胶中。通常需要多次操作来消除膜上的针孔缺陷。也可以用类似的前体替代，但需要通过化学气相沉积（CVD）来应用。在这两种方法中，加热可以形成具有所需的孔径分布的干凝胶，使所形成的二氧化硅部分致密化。如果进一步加热，微孔会关闭，膜会失效。因此，微孔膜通常仅限于 $600℃$ 以下的气体分离。

膜分离器通常采用"管 – 壳"结构，并在多管模块中组装，以便有效分配进料气和产品气，如图 10.7 所示。

10.5.4　氧气分离

到目前为止讨论的膜均是用来分离混合气中的氢气的。与燃料电池系统相关的还有能将氧气从空气中分离的膜。如果用氧气替代空气被提供给 CPO 反应器或自热重整装置，那么产物合成气中将不含氮气。这有两个好处：首先，不含氮气可以

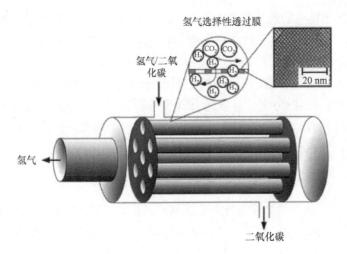

图 10.7　膜反应器示意图

确保在加工过程中不会形成氨。氨对 PEMFC 有害，并可能导致永久性降解，第 11.6.3 节将进一步讨论氨；氮气本身通常是燃料气流中的稀释剂，它可以穿过大多数堆而不发生任何化学反应。然而，从能斯特方程可以看出，氮气对反应气体的稀释作用不可避免地会降低所有燃料电池的性能。氮气还会降低利用合成气的其他工艺的效率，如 GTL。

在工业上，氧气是通过深度冷冻或 PSA 从空气中分离出来的，在 PSA 工艺中，气体被吸附在交替加压减压的沸石层上。变压吸收也用于医用氧气浓缩器。用于 SOFC 电解质的氧离子导电膜也可用于氧分离，这种方式已经开始用于燃料电池系统。为了避免离子迁移引起膜上的电荷分布，最好使用 MIEC 材料。

10.6　实用的燃料处理过程：固定式布置

10.6.1　工业蒸汽重整

在研究燃料电池系统的实用燃料处理过程之前，先思考一个具有启发性的典型的工业蒸汽重整厂的处理过程。此类设施已经建立了数十年，为炼油厂和化工厂提供 H_2（主要是为化肥工业生产氨）。工业重整系统通常每天产生 700 万 ~ 3000 万标准立方米（Nm^3）的氢气。该系统由许多装有催化剂颗粒的管式反应器组成，工作温度高达 850℃，压力高达 2500kPa。反应器通常长约 12m，必须由昂贵的合金钢制成，以承受高温和还原性气体条件。这样的重整系统易于按比例缩小规模，使 H_2 的产量约为每天 10 万 ~ 30 万 Nm^3。

第 2.3 节指出，H_2 燃烧焓的 LHV 为 – 241.8kJ/mol。因此，燃烧时以

1.0Nm³/h的速率供应的氢气将产生大约3kW的热能。如果H_2不用来燃烧，而是供给一个整体电效率为40%（LHV）的燃料电池系统，那么很明显，以1.0Nm³/h供给H_2的燃料电池系统所产生的能量将是$0.4 \times 3 = 2.4kW$。

不幸的是，将日产几百万Nm³的工业重整器缩小到仅提供几Nm³/hH_2的规模并不是一个切实可行的方案。传统的管式重整器很昂贵，因为需要在高温和高压下运行，并且它们的占地面积和重量都很大。因此，必须提供替代方案，以适应燃料电池系统小得多的需求。

10.6.2　天然气蒸汽重整

对于使用PEMFC和PAFC的固定发电厂来说，天然气蒸汽重整是制氢的首选，因为它可为整个系统提供较高的燃料转换效率。这项技术已经在大约50kW至几MW的设施中应用了很多年。在PEMFC和PAFC系统中，均可以通过HDS来实现脱硫。对于PAFC系统，需要两个转换阶段以降低重整气体中的CO含量。而对于PEMFC系统，也需要进一步去除CO。

对于这样的系统，需要一定程度的集成处理，以便将燃料电池的热量用于各种预热过程。化学处理过程（脱硫、蒸汽重整、WGS和CO去除）均在不同的温度下进行。因此，需要进行许多温度变化。对温度的最低要求如下：

- 在HDS之前，将干燃气加热到大约300℃。
- 进行蒸汽重整之前，将气体和蒸汽加热到600℃或更高温度。
- 将重整后的气体冷却至约400℃，以进行高温WGS反应。
- 进一步冷却至约200℃以进行低温WGS反应。
- 去除CO之前或直接供入燃料电池前（取决于燃料电池类型），进行温度调节。
- 加热水以产生蒸汽重整所需的蒸汽。

除了这6种温度变化外，蒸汽重整还需要高温热量。因为阳极废气总含有一些未转化的燃料，故可通过燃烧阳极废气来满足热量要求。进一步加热阳极废气可能会更有利。同样，在燃烧器中将空气预热也会产生更高的燃烧温度。因此，在这种燃料电池系统中，有些气体必须加热，有些则必须冷却。加热和冷却可以通过热交换器转换（见第7.2.3节）。

天然气PAFC燃料处理系统的简化流程如图10.8所示。PAFC需要220℃左右的重整燃料气体，且CO含量低于0.5%（体积分数）。整个过程如下：

- 天然气在20℃左右进入燃料处理器，在热交换器E中加热到适合脱硫的温度（280℃），然后将足以进行重整和WGS反应的蒸汽与脱硫燃料混合。蒸汽-甲烷混合物在进入蒸汽重整器之前，通过热交换器C进一步加热。在这里，它被燃烧器加热到850℃左右，并转化为合成气。注意，合成气中也含有一些未反应的蒸汽。

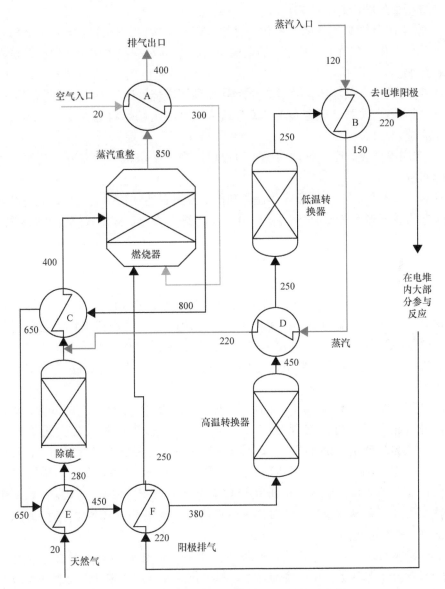

排气出口

蒸汽入口

空气入口

蒸汽重整

去电堆阳极

燃烧器

低温转换器

高温转换器

除硫

天然气

阳极排气

在电堆内大部分参与反应

蒸汽

图 10.8　磷酸燃料电池的燃料处理系统示意图

注：数字表示近似温度（℃）。

- 之后，合成气通过热交换器 C 的另一侧，并传递热量给输入的燃料气，更多的热量被传递给了 E 处的输入气体和 F 处的阳极废气。

- 此时传到第一个 WGS 转换器的气体温度已经足够低，大部分的 CO 被转化为 CO_2。在 D 区，气体通过将其热量释放给进入的蒸汽而进一步冷却，然后通过低温 WGS 转换器将剩余的 CO 转化为 CO_2。之后在 B 处输入的蒸汽给输入的气体加热，进行最后的冷却。

- 富含H_2的燃料气体随后被传递到 PAFC 堆。这里大部分（但并非全部）氢气被转化为电能。仍在 220℃ 左右的阳极废气被送到热交换器 F，在到达燃烧器之前进行预热。
- 将空气通入燃烧器，通过热交换器 A 利用燃烧器废气中的能量进行预热。
- 到达热交换器 B 处温度为 120℃ 的蒸汽可以利用燃料电池冷却系统的热量从水中生成。
- 燃烧器排放的废气仍然很热，也可以用来产生蒸汽，为需要驱动这一过程的压缩机提供动力。

还有许多其他方法来配置气体流量和热交换器以达到预期的效果，但是商业系统的工艺流程图通常是专有的。第 12.4.4 节将进一步分析固定式燃料电池系统。

10.6.3　重整和部分氧化设计

10.6.3.1　传统的填充床催化反应器

早期的 PAFC 工厂，如 20 世纪 80 年代由联合技术公司（UTC）、国际燃料电池公司和富士电机开发的工厂，采用了相当传统的燃料处理器设计，包括用于脱硫、蒸汽重整和 WGS 反应的固定催化床。传统燃烧器中燃烧天然气产生的热量主要通过辐射传递到重整反应器中，与典型的大型精炼厂一样，重整反应器的工作温度高于 850C。

1989 年，WS Reformer GmbH 的研究人员发现，通过增加燃烧器的流量并对产生的气体进行再循环，可以使天然气与空气稳定燃烧。该过程被称为无焰氧化或FLOX™，与常规燃烧器设计相比，该设计使整个燃烧器的温度更低更均匀，且燃烧器废气中的氮氧化物（NO_x）含量很低。WS Reformer GmbH 将 FLOX™ 应用于燃料电池客车的 H_2 生成系统，该客车正在 HyFLEET 欧洲清洁城市运输（CUTE）计划中进行试验。FLOX™ 重整器也已在瑞典 Serenegy 的 1kW 高温 PEMFC 中进行了试验。

10.6.3.2　紧凑型重整器

所有重整系统中的脱硫装置、WGS 反应器和一氧化碳净化系统都可能是传统设计的填充床催化单元。在许多情况下，石油化工业常用的催化剂是颗粒型或者挤出型，现在被涂层陶瓷单体取代用于燃料电池。目前对于燃料电池系统的重整反应器设计正在追求一些新的特性，特别是在集成传热功能方面。

Haldor Topsøe 为 PAFC 系统生产的紧凑型重整器如图 10.9 所示。在该设计中，稀薄阳极废气燃烧给重整反应提供热量，稀薄阳极废气可用新鲜的燃料气体补充。燃料在位于压力容器底部的中央燃烧器中加压燃烧，压力约 450kPa。进料气向下通过第一催化床，燃烧产物和重整产物气形成组合逆流，将进料气对流加热到约 675℃。在离开第一催化床时，部分重整的气体穿过一系列导管传送到第二床顶部。气体向下流过催化剂，受顺流燃烧产物气体的对流加热和燃烧室的辐射加热温度升高到 830℃。顺流和逆流传热的结合有助于调节反应器的温度，这是高温重整器设计中的一个重要考虑因素。这种重整器用于燃料电池应用的优势是：①体积小，适合小规模使用；②稀薄阳极废气的加压燃烧使燃料电池具有良好的过程集成性；③改善了负荷；④降低成本。除 Haldor Topsøe 外，另有多家公司也开发了这种类型的重整装置、如国际燃料电池（现为斗山燃料电池）、巴拉德动力系统、三洋电机、大阪燃气和雪佛龙德士古。

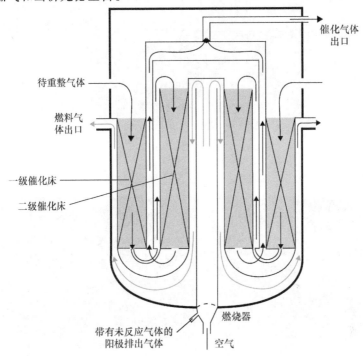

图 10.9　Haldor Topsøe 热交换重整器

10.6.3.3　板式重整器和微通道重整器

　　板式重整器由许多相互堆叠的箱形反应器组成。薄金属板将每个反应室隔开。隔室交替填充有适当的催化剂，以促进燃烧和蒸汽重整反应。另一种方法是，在每个隔板的一侧涂覆蒸汽重整催化剂，另一侧涂覆燃烧催化剂，燃烧反应的热量可用于促进重整反应。板式重整器具有非常紧凑和最大限度传递热量的双重优势。燃烧催化剂的使用使得具有低热值的气体（例如，阳极废气）不需要补充燃料就可以燃烧。板式重整器由石川岛播磨重工业有限公司（IHI）于 20 世纪 80 年代早期开发；催化剂以球形颗粒的形式存在于热交换器表面的两侧⊖，此后，Gastec、Plug Power、Osaka Gas 和其他几家公司相继建造了用于燃料电池系统的板式重整器。

　　最先进的板式重整器采用紧凑型热交换器硬件，催化剂直接以几微米厚的薄膜

⊖　Hamada, K, Mizusawa, M and Koga K, 1997, Plate reformer, US Patent No. 5,609,834.

形式涂覆于其上[⊖]，如图10.10所示。此类设备是由美国太平洋西北国家实验室和阿贡国家实验室的研究人员开发的，前者完成了1kW级蒸汽重整试验，后者正在开发一种用于处理柴油的整体式催化剂重整器。甲醇的板式重整器已经被IdaTech、三菱电机、InnovaTek Inc.、NTT电讯实验室和Honeywell等多个组织制造。实物如图10.11所示。

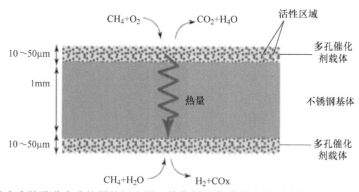

图10.10　板式或微通道式重整器的概念图，催化剂以薄膜形式涂覆在热交换材料的一侧或两侧

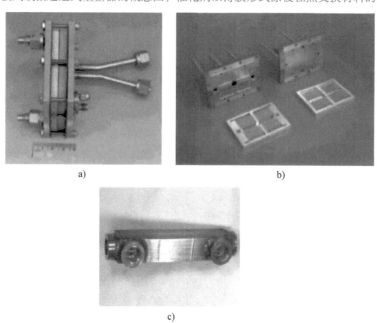

图10.11　实验性紧凑型重整反应器

a)、b) 西北太平洋国家实验室液体燃料重整器（由太平洋西北国家实验室提供）

c) 概念验证Advantica天然气重整器，扩散结合的多通道反应器块（3cm×3cm×10cm）

（资料来源：Courtesy of Advantica Technologies Ltd.）

⊖　Goulding, PS, Judd, RW and Dicks, AL, 2001, Compact reactor, Patent No. WO/2001/010773.

微通道反应器（MCR）是紧凑型反应器技术的另一个术语，可以应用于燃料处理器的其他单元，例如燃料蒸发器和气体净化反应器。然而不幸的是，MCR 系统有两个明显的缺点：①催化剂降解和碳沉积造成通道堵塞；②催化剂被永久并入反应器中，在其退化时难以轻易更换。

10.6.3.4 膜反应器

一种由商业公司 Air Products 开发的膜反应器是离子迁移膜（ITM）技术，该技术在单体陶瓷膜反应器中结合了空气分离和高温生成合成气（通过自热重整）的功能。ITM Syngas 工艺采用了 MIEC 氧化物的平面膜。工作时，来自热空气流的氧气在 ITM 膜的一个表面被还原为氧离子，该氧离子在化学势梯度下通过膜扩散。在膜的另一表面，氧气部分氧化了热天然气和蒸汽的预制混合物，形成合成气。

Praxair 正在探索一种类似的策略，其主要区别在于使用的是管状膜。该技术针对目标是 GTL，但是原则上也可用于燃料电池系统。

2009 年，Tokyo Gas（东京燃气）展示了一种膜重整系统，该系统能够以 40Nm³/h 的速率从天然气中产生 H_2。反应器系统使用了尺寸为 1200mm × 50mm × 1350mm 的绝缘层，由 112 个管状膜组件组成，每个组件均由多孔不锈钢制成，并在其上涂覆了 20μm 的钯层。据称 H_2 的生产效率超过 81%，大大高于一般重整反应器的效率。Tokyo Gas 的当前研究重点是使用沉积在氧化钇稳定氧化锆上的薄膜型钯 - 银合金，该合金既是碳氧化物的扩散屏障，又是重整催化剂的载体。到 2020 年的工作计划是以管式反应器的使用为基础，主要研究针对 FCV 的 H_2 制备系统，如图 10.12（见彩插）所示。

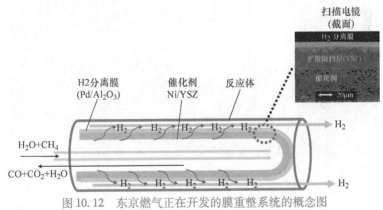

图 10.12 东京燃气正在开发的膜重整系统的概念图

10.6.3.5 非催化部分氧化反应器

德士古和壳牌在工业上采用非催化部分氧化（NCPO）技术将重油转化为合成气。在壳牌的工艺中，液体燃料与氧气和蒸汽一起进入反应器，在反应器中发生部分燃烧，并在约 1150℃ 下产生产物。正是这种高温给传统的 POX 提出了特别的问题：反应器必须由昂贵的材料制成，并且产物气体需要冷却以使未反应的碳材料与气流分离。高温还意味着热交换器需要昂贵的结构材料。另外，反应器的流出物总是含有污染物（例如，硫化合物）以及碳和灰，所有这些都需要适当处理。因此，鉴于成本高昂且操作复杂，NCPO 并不是燃料电池应用的首选。

10.6.3.6　催化部分氧化反应器

催化部分氧化反应器仅需要一个催化床，燃料和氧化剂（通常是空气）被注入其中，在设计上可以非常简单。通常还添加蒸汽，此时会同时进行蒸汽重整。如第 10.4.7 节所述，CPO 和蒸汽重整的组合通常称为"自热重整"，过程中没有净热量提供给反应器或从反应器散失。用于重整的所有热量是通过燃料的部分燃烧提供的。根据燃料的性质和用途，有时会使用两种类型的催化剂——一种主要用于 CPO 反应，另一种用于促进蒸汽重整。

在 20 世纪 90 年代后期开发的 HotSpot™ 反应器便是一个 CPO 反应器的例子，Johnson Matthey 推动了这项技术的发展，该技术利用天然气制取氢气，可用于小型固定式系统以及车用液体燃料的重整。反应器采用的是在陶瓷载体上的铂铬氧化物催化剂。三个反应器如图 10.13 所示。它由空气 - 烃混合物通过一根插入催化床中心的细管点喷产生热点而得名。这种布置在进行中不需要对燃气和空气进行预热，但在天然气重整器启动时，需要将燃料预热至 500℃ 左右。也可以通过引入启动燃料（例如甲醇或富氢气体）以环境温度启动反应器。这些燃料在催化剂上方的环境温度下被空气氧化，从而使床层升至天然气反应所需的温度（通常超过 450℃）。

图 10.13　Johnson Matthey HotSpot™ 反应器，对甲醇、甲烷或汽油的处理以不同形式制成

（资料来源：By courtesy of Johnson Matthey plc.）

10.7　实用的燃料处理过程：移动设备的应用

汽车燃料改革可能源于 1974 年的世界石油危机，这次危机激励了人们发展所有类型的燃料电池，并对发展"氢经济"产生了兴趣。20 世纪 90 年代 PEMFC 的迅速发展以及领先汽车制造商的采用，推动了戴姆勒 - 克莱斯勒、通用汽车、福特等公司与 PEMFC 堆制造商的合作，并启动了一些令人印象深刻的研发项目。甲醇被认为是一种合适的能量载体，不仅仅因为它是液体，易于运输，而且它还能在相对较低的温度下与蒸汽发生催化反应。因此，20 世纪 90 年代，包括约翰逊·马蒂、戴姆勒－克莱斯勒、通用汽车、巴拉德电力系统、日产和丰田在内的几家集团和组织都在进行车载甲醇重整的研究，许多样车被制造，到 20 世纪 90 年代末期，Arthur D. Little、ExxonMobil、Nuvera 和 Shell 也对车载汽油重整的催化剂和工艺进行了研究。

随着 21 世纪的到来，许多人质疑车载燃料改革是否可行。因为不仅启动时间和能量、瞬态响应差等带来了技术难题，而且成本高昂。此外，在欧洲和北美进行的各种 "well－to－wheel" 研究表明，与内燃机车（ICEV）或混合动力电动汽车（HEV）相比，用于 FCV 的车载汽油重整并没有实现特别高的总能量转换效率。2004 年，美国能源部将各种利益相关方召集在一起，决定是否进行车上燃料改革[⊖]。美国能源部委员会一致决定放弃对车上改革项目的所有支持，这一结果得到了全世界的普遍认可。

美国能源部的决定中唯一值得注意的例外是车用的燃料处理器，它是重型货车、军用车辆和露营车等休闲车辆的辅助动力单元（APU）的组成部分。这些车即使停止不动，也有巨大的能源需求，对全球排放和能源浪费有相当大的贡献。例如，据估计，仅在美国，闲置的柴油车（包括拖车和公共汽车）每年就要消耗 10 亿 USgal 的柴油燃料。在 CPO 反应器中，柴油燃料或较重的备用燃料可以转化为合成气，而且除了脱硫之外，该系统本身就足以为使用 SOFC 发电的车载系统提供燃料。对于这种应用而言，任何其他类型的燃料电池在燃料处理方面都存在较大问题。因此，采用 CPO 和 SOFC 的组合对重型货车和类似尺寸车辆提供辅助动力是一种很不错的方法。特别是与电池储能相结合时，CPO－SOFC 不需要表现出快速的动态响应，因为辅助系统需要相当恒定的功率负载。

德尔福公司一直是集成燃料处理器的车载 SOFC－APU 技术的主要倡导者之一。20 世纪 90 年代，该公司与宝马（BMW）、Los Alamos 国家实验室、巴特尔（Battelle）和全球热电公司合作开发了一种柴油燃料的 APU。2001 年，宝马在一款 7 系轿车中展示了一种以汽油为燃料的 APU。

除了用于车辆的 APU 系统外，汽油和柴油处理工艺也被建议为船舶上的酒店负载提供动力，即当船舶停泊在海港内时仍然需要的电力。有关这些燃料的蒸汽重整和 CPO 的文献很多[⊖]。与处理天然气或甲醇等较简单的燃料相比，这些对于催

⊖ DOE Team Decision Report, August 2004, On－board fuel processing go/no－go decision. Available on-line: http://www1.eere.energy.gov/hydrogenandfuelcells/pdfs/committee_report.pdf（accessed on 27 September 2017）.

⊖ Schwank, JW and Tadd, AR, 2010, Catalytic reforming of liquid hydrocarbons for on－board solid oxide fuel cell auxiliary power, Catalysis, vol. 22, pp. 56－93.

化剂的要求更高。更高的温度需求、更强的抗碳或硫污染的能力通常使简单的镍基催化剂不再适用。一般来说，燃料（如煤油）的蒸汽重整需要去除硫化合物，并采用较高的蒸汽/碳比例。在使用 CPO 的情况下，蒸汽的缺乏导致重整产品中 H_2 的浓度较低，且形成碳的风险较高。氧碳比和高放热的 CPO 反应促进了更耐受碳形成的催化剂的发展。在这些催化剂中，首选的活性金属是以铈为载体的铑和钌。与更传统的镍基催化剂相比，铂族金属在形成碳的反应中活性较低，氧化铈可为高芳香烃的裂解提供富氧表面。

10.8 电解槽

10.8.1 电解槽的使用

电解槽是利用电将水分解成氢气和氧气的装置，因此与燃料电池相反。电解槽的基本原理及其电极上的反应与燃料电池相同，只是反应过程相反。像燃料电池一样，电解槽也可以使用不同的电解质，并且为了最大限度地减少电力消耗，应选择具有最大电导率的电解质。电解槽技术是在 19 世纪发展起来的，到 20 世纪初，已经有 400 多个工业电解水装置投入使用。1939 年，由挪威公司 Norsk Hydro Electrolyzers 建造的第一个 H_2 产量高达 10 000Nm³/h 的大型水电解工厂投入使用。

大多数工业电解槽都使用碱性电解液，和 AFC 一样，通常使用氢氧化钾水溶液（质量分数为 30% ~ 40%）。溶液必须用非常纯的水配制，否则在电解过程中会积累杂质。常存在于水中的氯离子特别有害，因为它会导致在碱性溶液中金属表面形成的保护膜出现点蚀。

工业碱性电解槽被用于从食品工业的脂肪氢化到集中发电的大型燃气轮机的冷却等工艺的氢气生产[⊖]。原则上，电解槽非常适合使用风能、太阳能和水电等可再生能源发电。然而实际上，碱性电解器需要在相当恒定的电力供应下运行，因此对于间歇性的可再生资源可能需要开发专门的电力控制和调节设备。商用电解槽的效率也不是特别高，一个能够生产 500Nm³/hH_2 的大型工业工厂将需要大约 2.3MW的电力。由于资本成本为 600 ~ 700 美元/kW，除非有低成本的电力供应，否则电解制氢并不经济。据估计，使用可再生电力，H_2 的生产成本约为 7 ~ 10 美元/kg，即比化石燃料高出 3 ~ 5 倍[⊖]。

⊖ 在同步发电机或交流发电机中，氢气由鼓风机和风扇通过转子和定子循环，然后通过发电机壳体内的冷却线圈。线圈上有油或水以便从循环的氢气中吸取热量。氢气的优点是密度低（空气的7%）和高导热率（空气的6.7倍）。与空气相比，它在冷却交流发电机或发电机方面具有多个优势，例如，它可使相同尺寸的机器的输出容量提高 20% ~25%，氢冷交流发电机所需的活性物质（钢和铜）比风冷机器少20%。

⊖ The Hydrogen Economy: Opportunities, Barriers and R&D Needs, 2004, National Academic Press, Washington, DC. ISBN: 978 – 0 – 309 – 09163 – 3.

传统的碱性电解槽可采用单极或双极结构。单极（或"储罐式"）装置由交替的正电极和负电极组成，并由微孔隔板隔开。正极和负极并联在一起，整个组件浸入单个电解液或槽中以形成一个单元电池。相比之下，双极结构使用金属双极板来连接相邻的单元，与 PEMFC 堆中类似。在双极碱性电解槽中，用于负极的电催化剂涂覆在双极板的一个面上，而用于相邻电池的正极的电催化剂涂覆在反面上。串联的双极电池堆构成一个模块，相比单极设计，该模块的工作电压更高，工作电流密度更低。

在碱性电解槽中，水离子被转化为质子和氢氧根离子，即

$$H_2O \rightarrow H^+_{aq} + OH^-_{(aq)} \qquad (10.14)$$

氢氧根离子迁移到正极产生电子并释放氧气：

$$4OH^-_{(aq)} \rightarrow 2H_2O + O_2 + 4e^- \qquad (10.15)$$

随之在负极上产生氢气：

$$2H^+_{(aq)} + 2e^- \rightarrow H_2 \qquad (10.16)$$

很明显，这些反应与 AFC 中的相反。

尽管碱性电解槽得到了广泛的应用，但人们对另外两种有一定优势的技术表现出了极大的兴趣，即质子交换膜（PEM）电解槽和高温蒸汽电解槽。

第一台 PEM 电解槽由通用电气公司在 1966 年生产。虽然电极要求不同，但其基本结构与质子交换膜燃料电池相同。电解水在酸性电解质（如 PEM）中的反应如下：

负极：

$$4H^+ + 4e^- \rightarrow 2H_2 \qquad (10.17)$$

正极：

$$2H_2O \rightarrow O_2 + 4H^+ + 2e^- \qquad (10.18)$$

这些反应与图 1.3 所示相反。

PEM 电解槽成功的原因之一是 PEMFC 存在的许多问题在这里都不会出现。冷却过程就非常简单，因为供给阴极的水可以被泵送到电解槽周围以除去热量；由于正极必须充满水，因此 PEMFC 的另一个关键问题——水的管理也得到了极大的简化。使用 PEM 的电解槽在以下方面也比碱性电解槽更具优势：

- 工作范围广，能够满足较大的需求变化。
- 由于没有碱性溶液，因此具有更高的安全性。
- 由于电流密度更高，因此设计更加紧凑。
- 能够在较高压力下运行。
- 所需维护最少。

由这种电解槽产生的 H_2 纯度极高，但由于质子将水分子拖过电解液，所以可能会有很高的湿度。也就是说，H_2 的水含量可能很高，以至于会发生冷凝，如果要加压或以固态氢化物形式存储 H_2，那么水的存在可能会是一个严重的问题。

由于压缩水所需的能量少于压缩 H_2 所需的能量，因此高压 PEM 电解槽（HPE）已成为近年来发展的课题。氢气压力可以达到 12～20MPa，这样便无须使用维护成本高昂且效率低下的气体压缩机。HPE 中使用的堆如图 10.14 所示。

图 10.14　ITM Power HGas 电解槽堆，均工作在 8 MPa 压力下
（资料来源：Reproduced with permission of ITM Power）

根据理论推测，升高电解温度可以提高效率，因为用来分解水的部分能量以热的形式提供，并且能减少电极上的过电势。如果如 SOFC 中那样，使用固体陶瓷电解质（例如稳定的氧化锆），则可以将温度大幅提高到 700～1000℃。在 SOFC 和其他高温电化学反应器发展的同时，关于高温"蒸汽电解器⊖"概念的研究也进行了多年。

10.8.2　应用

最初，以电制氢，再用于燃料电池，将其转换为电能似乎是有悖常理的。在每个转换步骤中，效率都有损失，因此，将电能转换为 H_2 再转换回电的"往返"效率可能低至大约 40%。然而，如果为了避免多余电力的浪费，通过使用这部分电力来制造可以储存的氢气以满足未来的能源需求，那么就可能使电解变得经济。通常，H_2 成本是电力成本和相关设备（即电解器和压缩机）的资本成本的函数。在小规模生产中，太阳能或风能可用于产生 H_2，供燃料电池汽车使用。在这种情况下，电力成本主要由光伏（PV）面板和相关的控制装置、逆变器设备的资本成本

⊖　Zahid, M, Schefold, J and Brisse, A, 2010, High – temperature water electrolysis using planar solid oxide fuel cell technology: a review, in Stolten, D (ed.), Hydrogen and Fuel Cells, pp. 227 – 231, Wiley – VCH, Weinheim.

控制。一些制造商正在研制用于为 FCV 加气站制氢的系统，包括 ITM Power、Hydrogenics 和 Proton OnSite。两个示例如图 10.15 所示。

a)

b)

图 10.15 加氢站

a) 位于英国南约克郡高级制造园的带有 ITM Power PEM 电解槽和风力涡轮机的加氢站

b) 德国斯图加特的 Hydrogenics HySTAT 碱性电解槽，每天 130kg，分配 70MPa 的 H_2

（资料来源：Reproduced with permission of ITM Power）

在更大规模上，可以从风能或太阳能发电厂产生的过剩或非峰值功率中电解产生氢气，然后将其存储以备将来使用。该概念被称为"电转气"（通常缩写为 P2G）。P2G 系统中产生的 H_2 可以通过 CO_2 的甲烷化进一步转化为代用天然气（SNG），也可以通过费托（GTL）工艺转化成合成气和液体燃料。另一方面，可以在气体传输或分配网络中对 H_2 进行简单的压缩并与天然气混合$^{\ominus}$。天然气管道可以为大量能量的存储提供一种战略手段，且能接受低浓度的氢气。例如，在德国，天然气网络的容量超过 200 000GW·h，足以满足数月的国家能源需求。相比之下，德国所有抽水蓄能电站的容量仅为 40GW·h。需要注意的是，如果要安全地用它来分配纯氢，那么就必须对天然气管道进行修改，以确保这些网络建设中使用的材料不会被逐渐降解。传输系统中使用的高碳钢在纯氢气中经受压力循环时，容易发生氢脆和脱碳，并且低压配电系统中使用的聚乙烯与氢气不兼容。

对于 P2G 系统，PEM 电解槽之所以受到青睐，是因为它具有在足够高的压力下运行的能力，因此所产生的氢气可以直接混入天然气网络中。另一个优点是与碱性系统相比，PEM 电解槽的响应速度更快。随着越来越多的可再生能源被馈入传统的电力供应网络，间歇性可再生能源将与消费者的需求步调失调。传统的涡轮发电机不能足够迅速地做出反应以平衡网络上的负载，结果导致网络上的电压忽高忽低，并且交流频率可能会超出规定的极限，从而可能导致灾难性的后果。众所周知，随着可再生能源的普及，将会需要某种形式的电网存储。但是，大多数存储方式（例如充电电池）每千瓦时都非常昂贵，而抽水蓄能电站对需求变化的响应太慢。为了解决电力网络的负载平衡问题，ITM Power 生产了 HGas 快速响应 PEM 电解槽，如图 10.16 所示。HGas 系统是模块化的，可以提供 70kW（每天产生 20kg H_2）以上的一系列规格。启动 HGas 系统仅需要几秒钟，其中输送 H_2 的压力为 8MPa，该 H_2 既可以存储也可以直接供入天然气网络，而无须进行进一步压缩。

在过去 20 年左右的时间里，已经启动了许多项目，以研究使用 PV 或风能供给电解槽来生成 H_2 的可行性，之后再以压缩气体或氢化物的形式存储 H_2。燃料电池系统——通常为 AFC、PEMFC 或 PAFC——与氢化物耦合。大多数情况下，铅酸电池也被纳入系统，以协助保持负载平衡。例如英国的 Beacon Energy 和拉夫堡大学进行的 HARI 演示试验以及在希腊进行的 RES2H2 项目。这些系统的一些常见问题如下：

- 来自碱性电解槽的氢气必须经过提纯才能用于氢化物的储存（请参见第 11.5 节）。
- 在设备处于待机模式时，需要采取措施以尽量减少对 H_2 的污染。
- 电解槽可以处理来自光伏或风力涡轮机的间歇性电能，前提是电池被用作存储缓冲器。

$\ominus$　替代天然气可以直接混合到气体传输网络中，但氢混合的极限浓度通常为百分之几（体积）。氢的容许浓度根据国家和注入点的不同而不同。

a)

b)

图 10.16　ITM Power HGas 快速响应电解槽

a) 安装在德国法兰克福的 P2G 系统中　b) PEM 电池堆

(资料来源：Reproduced with permission of ITM Power)

- 需要经过适当的过程集成以最大限度地减少热损失并确保高的整体效率。
- 通过循环使用 PEMFC 产生的水，可以大大减少甚至消除对水净化的要求。
- 辅助机械设备（例如，水软化器、空气压缩机、惰性气体供应）比电解槽和存储组件更容易出现问题。

10.8.3 电解效率

在等温条件下，水电解的热力学"可逆"电压 V_r° 在标准温度（298.15K）和压力（101.325kPa）下为1.229V。当温度升高至573K（300℃）时，该值几乎呈线性下降到1.0V。伴随的自由能 ΔG 的减少在很大程度上被熵项 $T\Delta S$ 的增加所抵消，因此反应的焓 ΔH 基本与温度无关。电解槽效率的计算方式基本与燃料电池相同。如果 V_c 是燃料电池堆中单个电池的工作电压，那么如第2.4节中所示，效率（在较高的热值（HHV）基础上）由下式得出：

$$\eta = \frac{V_c}{1.48} \tag{10.19}$$

对于电解槽，取该表达式的反函数，即

$$\eta = \frac{1.48}{V_c} \tag{10.20}$$

除了没有燃料交叉的问题以外，电解槽中的电压损耗和第3.3节所述的燃料电池具有完全相同的模式，即正极和负极的激活损耗（过电位），电极和电解质中的总电阻（"欧姆"）损耗。使用非贵金属电极在90℃和大气压下运行时，碱性电解槽通常总体上需要 2.1V 电压才能产生 200mA/cm² 的电流密度。由于PEM电解槽的冷却和水管理问题非常容易解决，因此其性能通常要比碱性电解槽高。实际上，当它与最佳PEMFC匹配时，通常可实现约 1.0A/cm² 的电流密度。为了保持较低的资本成本，应使电解槽在尽可能高的电流密度下工作，但是，与PEMFC一样，这种做法必须以降低电池效率为代价。工业碱性电解槽的效率通常为60%～75%，而小规模系统的最佳成绩据称接近80%～85%，使用氧化锆电解液的德国HOT ELLY高温电解槽的效率达到90%以上。尽管具有如此高的效率，但高温电解槽制氢成本约为天然气蒸汽重整的4倍。

10.8.4 光电化学电池

太阳能电池（PV电池）可以收集太阳光来为电解水提供直流电源。光伏太阳能电池本身已被广泛用于发电，它是由半导体材料（例如硅）的薄层制成的。半导体材料的一侧带负电（n型），另一侧带正电（p型），当光照射到n型半导体时，松散的电子被释放，如果连接了集电器，这些电子可以通过外部电路发送到p型侧，并被其上的空位或"空穴"接受，由此便产生电流。但是由单个pn结产生的电压很低，并且由于不是所有的光能都被捕获（只有一部分光谱具有足够的能量将电子从"导带"释放到"价带"），PV电池的效率往往很低。其他用于PV电池的半导体包括砷化镓（GaAs）、碲化镉（CdTe）和二硒化铜铟镓（Cu（In，Ga）Se₂）。

将PV电池串联可以产生足够高的电压来电解水，但是另一种在单个电池中收集太阳能来直接分解水分子的系统在吸引着人们研究。该过程称为"电化学光解",或简称为"光解",可在任何有生命的植物叶子中有效进行,这便是"光合作用"过程的第一步。在标准条件下水电解需要 1.293V 的电压,该需求排除了大多数金属氧化物和硫化物。多年来人们一直在搜寻能够在正常工作条件下产生至少 1.6~1.7V 的水分解电压的半导体材料。

1972 年,藤岛和本田首次证明氢气和氧气可以直接在光电化学电池(PEC)中产生[⊖]。他们的电池使用了单晶二氧化钛(TiO₂)电极,该电极通过导线连接到铂的反电极上,并释放出氢气。

但是,二氧化钛仅吸收紫外线区域的光,即波长低于约 385nm。为了促进在可见光区域的吸收,开发了染料敏化太阳能电池(DSSC)。其基础操作是在多孔二氧化钛电极表面吸收染料,通常是钌基染料。当光照射染料时,电子在染料被氧化的同时被释放到二氧化钛的导带中。然后,电子可以跳入二氧化钛的价带,该价带与通常在玻璃上涂有氧化锡的集电器紧密混合。电子围绕外部电路流动,染料通过"氧化还原介质"被还原,氧化还原介质通常是溶解在乙腈或某些其他有机溶剂中的碘化物-三碘化物对(I^- – I^{3-})。介质扩散到带负电的电极,在该处被围绕外部电路运动的电子所还原。

DSSC 可以与传统的 PV 电池一起使用,制成一个"串联"电池,将标准 PEC 放置在 DSSC 的前面(图 10.17)。PEC 中的光电极吸收太阳光中的高能紫外线和蓝光后释放氧气,而光谱中的绿到红区域中较长波长的辐射穿过 PEC 并被 DSSC 吸

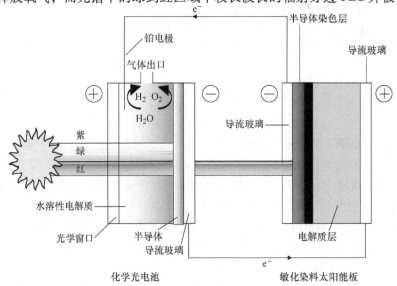

图 10.17 串联电池提高氢气产量的操作原理

⊖ Fujishima, AK and Honda, K, 1972, Electrochemical photolysis of water at a semiconductor electrode, Nature(London) vol. 238, pp. 37 – 38.

收，这样促进了电子的流动，这些电子被反馈回 PEC 中的反电极上产生氢气。据报道这种布置下的光子效率高达 12%。

自从发现二氧化钛的光化学活性以来，也发现了其他几种具有所需活性的材料，但是仍需要做大量工作来生产具有耐长期降解性的候选材料。2008 年的报道中一种负载铑和铬光催化剂的钆半导体（$Ga_{0.82}Zn_{0.18}$）（$N_{0.82}O_{0.18}$）在可见光下的量子产率为 5.9%。然而，此类材料在超过 440 nm 的范围内几乎没有吸收活性，因此总的太阳能转化效率仅为 0.1%。2015 年，一种新型的基于氧化钴的低成本光电化学催化剂被证明具有约 5% 的出色效率，因此可能为其他价格低廉的半导体纳米材料铺平道路[⊖]。

10.9　热化学制氢和化学循环

10.9.1　热化学循环

由于水分子的稳定性导致其热分解需要非常高的温度，因此人们试图通过一种间接途径在更适中的高温（即 < 1000℃）下完成该过程。总体思路是通过与一个或多个化学物质反应来分解水，同时这些化学物质可以通过一系列循环的热化学反应再生。通过这种方式，氢气和氧气的释放反应得以分离。显然，从实用和效率的角度考虑，涉及的反应越少越好。尽管从热力学上来看，这种想法有其合理性，但它在工程和材料方面仍存在问题。

自 20 世纪 70 年代中期以来，核工业界对硫 - 碘循环进行了大量研究。在该循环中，碘促使 S（IV）氧化为 S（VI），如下：

$$I_2 + SO_2 + 2H_2O \rightarrow 2HI + H_2SO_4 \tag{10.21}$$

$$H_2SO_4 \rightarrow SO_2 + H_2O + \frac{1}{2}O_2 \quad 吸热：850 \sim 900℃ \tag{10.22}$$

$$2HI \rightarrow I_2 + H_2 \quad 吸热：300 \sim 450℃ \tag{10.23}$$

首先会形成两个互不相溶的相。上层相几乎包含所有硫酸，而下层稠密的相则包含大部分的碘化氢和碘。由此可分离这两相，再通过反应（10.22）分解上层相，同时根据反应（10.23）将下层相中的碘化氢转化为氢气和碘。之后将两个反应的产物（分别为 SO_2 和 I_2）回收到反应（10.21）中。

为了将热化学循环中的步骤数量由 3 减到 2，同时避免使用高度腐蚀性的试剂如硫酸，出现了更简单的循环，在此，水被金属（M）或处于较低氧化态的金属氧化物（MO_{red}）还原为氢气。即：

⊖　Liao, L, Zhang, Q, Su, Z, Zhao, Z, Wang, Y, Li, T, Lu, X, Wei, D, Feng, G, Yu, Q, Cai, X, Zhao, J, Ren, Z, Fang, H, Robles - Hermandex, F, Baldelli, S and Bao, J, 2014, Efficient solar water - splitting using a nanocrystalline CoO photocatalyst, Nature Nanotechnology, vol. 9, pp. 60 - 73.

$$M/MO_{red} + H_2O \rightarrow MO_{ox} + H_2 \tag{10.24}$$

在循环的第二步中，处于较高氧化态的氧化物产物受热分解释放出氧气，并还原成其原始形式，即

$$MO_{ox} \rightarrow M/MO_{red} + \frac{1}{2}O_2 \tag{10.25}$$

典型的例子是铁基氧化物，如下

$$3FeO + H_2O \rightarrow Fe_3O_4 + H_2 \quad 放热 \tag{10.26}$$

$$Fe_3O_4(l) \rightarrow 3FeO(l) + \frac{1}{2}O_2 \quad 吸热：>1600℃ \tag{10.27}$$

注意，氧化物在 1600℃ 时为液体。为避免反应（10.27）所需的高温，可用混合氧化物 $(Ni_{0.5}Mn_{0.5})Fe_2O_4$ 代替锰酸盐（Fe_3O_4），该混合氧化物会部分还原为缺氧状态。循环的第一步在约 800℃ 时进行，生成氧化物并释放氢气。但是即便温度可以降低，仍然存在一些具有挑战性的问题，比如需要设计一个可以从氧化环境循环到还原环境的反应器，以及需要寻找经过反复氧化和还原后不会显著降解的材料。

如表 10.7 所示，已有的热化学循环通常分为四类。最近的研究主要集中在低温反应上，例如氯化铜系统。

热化学循环的一种变化形式是利用烃类气体将氧化物还原回金属。如可以将反应（10.24）替换为

$$CH_4 + MO_x \rightarrow M/MO_x + CO_2 + 2H_2O \tag{10.28}$$

特别是在铁/氧化铁的情况下：

$$CH_4 + Fe_3O_4 \rightarrow 3Fe + CO_2 + 2H_2O \tag{10.29}$$

表 10.7　目前正在研究的热化学循环

	反应步骤数	最高温度/℃	低热值效率（%）
硫循环：			
混合硫循环	2	900	43
（西屋 ISPRA，MarkII）		（1150 无催化剂）	
硫 - 碘			
（普通原子层，ISPRA Mark16）	3	900	38
挥发性金属/氧化循环：		（1150 无催化剂）	
锌/氧化锌	2	1800	45
混合钙	2	1600	42
非挥发性金属氧化：			
氧化铁	2	2200	42
氧化铈	2	2000	68
铁氧体	2	1100 ~ 1800	43
低温循环：			
杂化氯化铜	4	530	39

给还原的铁加热，便可以将蒸汽还原为纯氢，即

$$3Fe + 4H_2O \rightarrow 4H_2 + Fe_3O_4 \qquad (10.30)$$

因此,式(10.29)和式(10.30)为从碳氢化合物(例如甲烷或天然气)制备纯氢奠定了基础。与本章中讨论的处理碳氢化合物燃料的方式相比,使用碳氢化合物气体具有以下三个优点:

- 通过单个反应器的循环运行,节省了用于 CO 去除和其他相关纯化装置的资本成本。
- 使用廉价材料氧化铁可以节省资本和运营成本。
- 高质量的氢气产物。

铁/氧化铁工艺的问题之一是还原反应(10.29)非常慢。最近的研究集中在如何在提高反应速率的同时,保持适当的温度。方法是将其他材料或促进剂与铁结合或作为反应堆中单独的一层催化剂。氧化铈和氧化锆的混合物可以促进甲烷的快速 POX 反应生成 CO 和 H_2,从而根据以下反应可以减少铁材料:

$$4CO + Fe_3O_4 \rightarrow 4CO_2 + 3Fe \qquad (10.31)$$

$$4H_2 + Fe_3O_4 \rightarrow 4H_2O + 3Fe \qquad (10.32)$$

即使有了这样的强化,仍然需要关注铁/氧化铁的长期性能和机械完整性。

10.9.2　化学循环

化学循环燃烧(CLC)类似于热化学制氢,不是在单个反应阶段中进行碳氢化合物燃烧,而是使用了两个(或更多)的反应。该过程需要另外的物质在两个反应之间循环。这种额外的物质通常是金属,可以在反应之间输送氧,即与先前描述的铁/氧化铁基本相同的功能。例如,使用镍基反应方案的以下两个反应代表甲烷的 CLC 过程:

$$4Ni + 2O_2 \rightarrow 4NiO \qquad (10.33)$$

$$CH_4 + 4NiO \rightarrow CO_2 + 2H_2O + 4Ni \qquad (10.34)$$

如果将反应(10.33)和(10.34)加起来,那么镍只是在两个反应之间单纯地循环。因此,从总体质量和能量平衡的角度来看,这两个反应简化为基本的甲烷氧化反应,

$$CH_4 + 2O_2 \rightarrow CO_2 + 2H_2O \qquad (10.35)$$

如果两个反应(10.33)和(10.34)在单独的容器中进行,那么氧气便不会与燃料接触。如果如往常一样以空气来提供氧气,这种方式便会带来直接的好处。产物气体 CO_2 不会被氮气稀释,即这种工艺过程可以直接将产物气体中的 CO_2 分离[水相对容易从反应(10.34)产物中除去]。因此,人们对 CLC 进行了深入研究,并将其应用于工业燃烧过程中,作为在埋存之前分离二氧化碳的一种手段。

化学循环燃烧也被提议与烃(包括煤)的气化结合以产生氢气,这种过程包括以下步骤:

1)使用合适的氧载体从蒸汽中产生氢气。

2）在存在 H_2 - 蒸汽混合物的情况下进行燃料气化。

3）在存在氧载体的情况下，气化产生的燃料废气的燃烧。

4）氧载体的再生。

对于上述系统，使用的载体是铁基氧载体（Fe_2O_3/Fe_3O_4），实验表明，与采用 CLC 的常规煤的气化方式相比，该工艺具有几个方面的优势，如更低的气化炉温度（1068℃与1700℃）、氢气产量的增加和冷煤气效率的提高[⊖]。该方法还具有双重优点，即在埋存之前可直接分离 CO_2，并且省去了气化炉的空气分离装置。同样，使用氧载体可确保产生高纯度的氢气，因此适用于 FCV 和 PEMFC 的其他应用。

10.10 生物制氢

10.10.1 简介

本章已经提及从生物燃料中制取氢气（参见第10.3节），对各类生物燃料以及如何将它们用于燃料电池进行了介绍，主要是通过蒸汽重整和第 10.4、10.5 和 10.6 节中介绍的其他过程将生物燃料转化为富氢气体。相比之下，本节研究如何采用生物方法从各种燃料（天然气和生物燃料）中提取氢气。生物系统一般通过以下三种代谢过程中的一种进行：

1）利用氢化酶或固氮酶催化的单细胞微生物的光合作用。

2）通过细菌的厌氧消化产生氢气。

3）各种逐步的过程：利用细菌的组合来简化复杂的有机分子，从而产生较不复杂的有机材料，之后再用产氢生物进行转化。

由于下列原因，这些过程的进展较为缓慢：

• 生物的生长被微生物培养中形成的分解代谢物抑制。

• 氢气的产生受到限制，因为随着氢气浓度的增加，生物的生长通常会减慢。

• 生物只能在有限的几种原料上发挥作用。

• 其他气体的产出率高，或氢气的产出率低。

生物制氢是一个活跃的研究领域，现在的生物活性酶已经可以被分离和修饰。生物制氢是否可行的结果开始浮出水面，可能会对氢成为未来燃料产生深远影响。

10.10.2 光合作用与水分解

光合作用包含两个过程：①通过光化学反应将光能转换为生物化学能；②将大

⊖ Zhang, Y, Doroodchi, E and Moghtaderi, B, 2012, Thermodynamic assessment of a novel concept for integrated gasification chemical looping combustion of solid fuels, Energy & Fuels, vol. 26, pp. 287 - 295.

气中的二氧化碳还原为糖类等有机化合物。在第一个过程中，光被叶绿素吸收，叶绿素在水的氧化中起介质的作用。

$$2H_2O + 2h\nu \longrightarrow 4H^+ 4e^- + O_2 \qquad (10.36)$$

在第二个过程中，有机化合物烟酰胺腺嘌呤二核苷酸磷酸酯（NADP）被电子还原成通常称为 NADPH 的状态。NADPH 与 $5'$ – 三磷酸腺苷（ATP）一起，是二氧化碳光合固定的重要中介。质子和电子通过这两个介质与二氧化碳反应生成糖。绿色植物中发生的整个光化学过程由下式表示：

$$nCO_2 + 2nH_2O + ATP + NADPH \longrightarrow n(CH_2O) + nH_2O + nO_2 \qquad (10.37)$$

其中 n 由所得碳水化合物的结构决定。

像植物中的叶绿素一样，某些类型的藻类中的色素可以在一定条件下吸收太阳能。少数藻类和蓝细菌（以前称为"蓝绿藻"）通过光合作用产生氢气而并非糖。蓝细菌含有氢化酶或固氮酶，正是这些具有催化生成氢气的能力。

在 1942 年，有科学家观察到在厌氧条件下，持续待在黑暗环境中的绿藻（Scenedesmus）暴露于光照后会产生氢气[一]。为阐明该过程的机理，经过进一步的研究发现氢化酶为关键酶，该酶将水还原为氢气，同时伴随着电子载体铁氧化还原蛋白的氧化。因此，绿藻被称为"水分解"生物，在光化学细胞中进行的过程被称为"生物光解"。不幸的是，绿藻中的氢化酶对氧非常敏感，会迅速使酶失活。2007 年，研究人员发现，通过向藻类中添加铜可以阻止氢化酶产生氧气。硫也具有类似的作用。同时，由比勒费尔德大学（德国）和昆士兰州（澳大利亚）的科学家合作的太阳能生物燃料团队设法对单细胞绿藻莱茵衣藻进行了基因改造，从而产生了相当大量的氢气。研究表明，这种藻类的产量是野生藻类产量的 5 倍，能源效率高达 $1.6\% \sim 2.0\%$[二]。

尽管其他物种也表现出良好的产氢活性，例如衣藻和圆藻鱼腥藻，但是赖氏梭菌受到研究人员的最大关注，藻类生物反应器的规模化研究正在进行。

单细胞有氧固氮菌 Synechococcus sp. 迈阿密 BG043511 是另一个具有光合作用活性的生物系统。基于光合有效辐射（PAR，波长范围是 $400 \sim 700nm$）并使用人工光源，它的转换效率估计约为 3.5%。某些其他细菌也能够进行光合作用，但不通过水氧化。这些作为电子供体与有机化合物或还原的硫化合物一起作用。在这样的系统中，光能向氢的转化效率可能远远高于蓝细菌，例如，Rhodobacter sp. 在实验室里显示出 $6\% \sim 8\%$ 的效率，可能很快就能达到 10% 的太阳能转化效率。

○ Gaffron H. and Rubin J, 1942, Fermentative and photochemical production of hydrogen in algae, Journal of General Physiology, vol. 26, pp. 219 –240.

○ Hankamer, B, Lehr, F, Rupprecht, J, Mussgnug, JH, Posten, C and Kruse, O, 2007, Photosynthetic biomass and H_2 production by green algae: from bioengineering to bioreactor scale up. Physiologia Plantarum, vol. 131, pp. 10 –21.

10.10.3　生物转化反应

1997 年，研究表明某些细菌（红螺螺旋藻）可以通过 WGS 反应利用一氧化碳和水产生二氧化碳和氢气。随后，美国能源部资助了这种生物过程的研究和开发。在生物反应器中进行 WGS 反应的意义很重要，因为通常需要高温工作的催化剂才能确保合理的速率。如果该反应可以在接近室温的温度下进行，那么产物气体中将几乎不含 CO，因此可以消除或至少大大减少 PEMFC 的后续昂贵的气体净化过程。

在最近的一项研究中，WGS 反应被分为两个半电池电化学反应，即 H^+ 还原和 CO 氧化。前一个反应是由大肠杆菌中的氢化酶 Hyd - 2 催化的，后一个反应是由氢氧甲烷中的一氧化碳脱氢酶（CODH I）催化的，两种酶都附着在导电碳颗粒上。与更常规的 WGS 高温负载型金属催化剂相比，所得的电催化剂对 WGS 具有较高活性[⊖]。

10.10.4　消化过程

氢气可以在没有光能的情况下通过微生物消化有机物来产生。在相对温和的温度和压力条件下，许多细菌很容易与乙酸和其他低分子量有机酸一起产生氢气。但是反应速率通常较低，并且由于两个缓和因素的存在，不会大量产生氢气。首先，随着氢气积累，可能会抑制微生物氢化酶。第二，氢气可能与存在的其他有机物或系统中的二氧化碳发生反应，导致甲烷的产生。随着氢气分压的增加，有机物制氢的正向反应在热力学上变得不利。因此使用消化过程的挑战是：在防止甲烷形成的同时，提高制氢速率。氢的产生通常是通过有机废物中富含碳水化合物的物质的发酵，并且由一些厌氧细菌，如肠杆菌、芽孢杆菌和梭状芽孢杆菌等来进行反应。最近，嗜热的嗜热栖热菌也已显示出了相当大的前景，这种细菌有利用各种有机废物的潜力，并且是一种可以产生大量氢气的经济有效的方法。

在没有光照的情况下进行微生物消化（"暗发酵"）会产生主要包含氢气和二氧化碳的混合沼气。为了最大限度地提高产氢量，有必要优化氢化酶的活性。在这方面，最近的研究表明，pH 值应保持在 5~6.5 的范围内，最佳值为 5.5。消化法对于处理污水污泥以及原本价值不高的农业废料（如干酪乳清和奶牛粪便）很有吸引力。不幸的是，厌氧消化法制氢（例如，与甲烷相比）的产率很低。

尽管正在积极开发用于生产氢气的生物过程，但是目前已有的基本生化过程仍存在许多问题。光合作用藻类或光合作用细菌似乎是首次技术应用的最佳候选者。根据目前的迹象表明，它们的制氢成本可达到 12 美分/kW·h_{H_2} 或者更低。

⊖　Lazarus, O, Woolerton, TW, Parkin, A, Lukey, MJ, Reisner, E, Seravalli, J, Pierce, E, Rags-dale, SW, Sargent, F and Armstrong, FA, 2009, Water - gas shift reaction catalyzed by redox enzymes on conducting graphite platelets, Journal of the American Chemical Society, vol. 131 (40), pp. 14154 - 14155.

扩 展 阅 读

Brown, RC and Stevens, C, 2011, *Thermochemical Processing of Biomass: Conversion into Fuels, Chemicals and Power*, John Wiley & Sons, Inc., Hoboken, NJ. ISBN:978-0-470-72111-7.

Carmo, M, Fritz, DL, Mergel, J and Stolten, D, 2013, A comprehensive review on PEM water electrolysis, *International Journal of Hydrogen Energy*, vol. 38(12), pp. 4901–4934.

Dincer, I and Joshi, AS, 2013, *Solar Based Hydrogen Production Systems*, Springer, New York. DOI 10.1007/978-1-4614-7431-9_2. ISBN 978-1-4614-7430-2.

Hallenbeck, PC (ed.), 2012, *Microbial Technologies in Advanced Biofuels Production*, 15, Springer US, Boston, MA. DOI 10.1007/978-1-4614-1208-3_2.

Hoogers, G, 2003, *Fuel Cell Technology Handbook*, CRC Press, Boca Raton, FL. ISBN 0-8493-0877-1.

HTGR-integrated hydrogen production via steam methane reforming (SMR) process analysis, 2010, Technical Evaluation Study Project No. 23843, Idaho National Laboratory.

Kahn, MR, 2011, *Advances in Clean Hydrocarbon Fuel Processing: Science and Technology*, Series in Energy, Woodhead Publishing, Philadelphia, PA. ISBN-10: 1845697278.

Kidnay, AJ, Parrish, WR and McCartney, DG, 2010, *Fundamentals of Natural Gas Processing*, 2nd edition, CRC Press, Boca Raton, FL. ISBN-13:978-1420085198.

Kolb, G, 2010, *Fuel Processing: For Fuel Cells*, Wiley-VCH, Weinheim. ISBN: 978-3-527-31581-9.

Rand, DAJ and Dell, RM, 2008, *Hydrogen Energy: Challenges and Prospects*, The Royal Society of Chemistry, Cambridge. ISBN: 978-0-85404-597-6.

第 11 章 氢气的存储

11.1 从能源战略出发进行思索

人类社会已经很容易应用许多不同的燃料，例如石油、柴油、石脑油、煤炭和生物燃料（例如合成柴油、乙醇－汽油混合物），但是氢却不同。作为常温常压下以气体存在的物质，氢作为燃料对人类如何使用它提出了自己的挑战。氢气必须通过从另一种含氢燃料，或通过电解或热解水来得到。

随着无处不在的供应网络电力已成为常规能源，但是与电力不同，氢气可以比较容易地大量存储。近年来，氢因为其作为长期储能的优势（相对于电池储能）而得到重视，作为存储可再生能源的潜在手段可能会逐步得到推广。

在过去的十年中，气候变化问题使零排放成为必要，规模如此庞大的汽车能源，几乎已普遍将氢用作燃料电池汽车（FCV）的首选燃料。考虑到与氢基础设施发展相关的巨大技术、环境和财政挑战，这种能源的使用将会带来非凡的挑战。表11.1总结了一些已在使用中的氢气应用以及当前的示例系统。

表 11.1 基于氢气存储技术的应用

应用	氢气存储方案	举例
燃料电池汽车	压缩氢气，70MPa	丰田，Mirai，2015
氢内燃机汽车	液氢，−252℃	宝马 7 系
燃料电池客车	压缩氢气，70MPa	梅赛德斯·奔驰 Citaro
燃料电池自行车/摩托车	压缩氢气	Palcan，智能电源
火车	低温氢化物	南非迪沙巴矿山的英美铂金矿机车
飞机	液氢	波音飞机 Phantom－Eye
燃料电池充电器	低温氢化物	智能能源，Upp 和 Horizon MiniPak 便携式充电器
可再生能源存储	低温氢化物	澳大利亚塞缪尔·格里菲斯爵士中心（30MW·h）
天然气＋氢气混合物	混合气体	ENEA，意大利艾米利亚－罗马涅地区，氢气压缩天然气（HCNG）公共汽车试验
工业气体	中温氢化物	氢化镍－氯化镁，氢化镁
太空飞船	液氢	中国，欧洲，印度，俄罗斯和美国的政府太空机构

对于50kW级或更高的系统，将燃料处理器直接与燃料电池堆耦合是具有成本效益的，而小型质子交换膜燃料电池（PEMFC）则不是这种情况，因为数千瓦及以下的小型燃料电池系统通常设计为使用存储的氢气运行，因为很难按比例缩小氢气生成装置。因此，除非使用直接甲醇燃料电池（DMFC），否则本地的少量氢气存储是便携式应用燃料电池系统的基本组成部分。

往往在有些地方的发电量很可能与消耗不符，需存储来自风力发电机和水力发电等来源的电能，氢气是一种合适的方式。在高供应和低需求期间，电解槽会将电能转换为氢。通常，用于固定应用的氢气的存储要求比对交通运输系统存储要求低。在交通运输系统中，在可接受的质量和体积、充放电速度、存储系统的热量管理等方面存在更为严格的限制。为车载氢气寻找满意的解决方案是开发燃料电池汽车的主要挑战。

氢具有很高的质量能量密度（W·h/kg），这使其成为太空飞行的首选燃料，但氢的体积能量密度（W·h/m³）却非常低。与大多数其他燃料相比，后一个特征是一个很大的缺点。能量密度可以通过压缩气体来改善，通常使用高达70MPa的压力容器存储在燃料电池汽车上。与液化石油气（LPG）或丁烷不同，液化石油气或丁烷可以在日常环境温度下通过升高压力来液化，而氢气只能通过将气体冷却至大约22K来液化。作为液体，氢气的密度非常低，仅为71kg/m³。它必须存储在隔热的"杜瓦瓶"中，但是即使采用最佳设计，也不可避免地会因蒸发而损失液态氢（"沸腾"）。

氢气也可以存储在各种化学化合物中，如果以质量比功率计，它们可以容纳大量的氢。为了能够供人们使用，给定的化合物必须满足以下三个测试条件：

1）该化合物必须易于释放氢。否则，以前面第10章中所述的一种方式使用重整燃料没有任何优势。

2）制造过程必须简单且吸收很少的能量。换句话说，掺入化合物中氢的能量和成本必须低。

3）该化合物必须可以安全处理，因为涉及大量公共领域的使用。

工程师和科学家们已经发现并测试了大量有潜在储氢前途的化学品。表11.2列出了一些品种及其关键属性。可惜的是，许多化合物无法满足实际应用的要求，因为它们未能通过这三个测试中的一项或多项。例如，肼通过了第一个测试条件（极易释放氢气，已在燃料电池系统中成功应用证明，参见第5.2.3节），但是带有剧毒且制造所需的能量非常高，因此对第二、第三个测试条件不满足。

已经发现了其他几种氢化合物，并在实际中得到应用，将在后面详细描述。其中最重要的是金属氢化物。主要有两种形式：第一种是"稀土"金属氢化物化合物，可以反复存储和输送氢，第二种是与水反应生成氢气的碱金属氢化物。

表 11.2　可用的储氢方法或化学材料

名称	化学式	储氢比例	密度 /(kg/L)	储氢/kg 的 体积[①]	备注
液态储氢					
液氢	H_2	100	0.07	14.0	深冷，$-252℃$
液体甲烷	CH_4	25.13	0.422	9.6	深冷，$-175℃$
氨	NH_4	17.76	0.682	8.5	有毒，$>100×10^{-6}$
水	H_2O	11.11	1.00	8.9	
肼	N_2H_4	12.58	1.011	7.8	
甲醇	CH_3OH	12.5	0.79	10.0	
乙醇	C_2H_5OH	13.00	0.79	9.7	
钠硼氢化物溶液	$NaHBH_3+H_2O$	6.30	1.06	15.0	昂贵，但有效
简单氢化物					
锂氢化物	LiH	12.68	0.82	6.50	腐蚀性的
钠氢化物	NaH	4.30	0.92	25.9	腐蚀性的，但便宜
乙硼烷	B_2H_6	21.86	0.417	11.0	有毒
氢化铍	BeH_2	18.28	0.67	8.2	剧毒
硅烷	SiH_4	12.55	0.68	12.0	有毒，$>5×10^{-6}$
氢化钙	CaH_2	5.00	1.90	11.0	
氢化铝	AlH_3	10.8	1.30	7.1	
氢化钾	KH	2.51	1.47	27.1	腐蚀性
氢化钛	TiH_2	4.40	3.90	5.8	
复合氢化物					
硼氢化锂	$LiBH_4$	18.51	0.666	8.1	微毒
硼氢化铝	$Al(BH_4)_3$	16.91	0.545	11.0	微毒
氢化钛铝	$LiAlH_4$	10.62	0.917	10.0	
氢化钯	Pd_2H	0.47	10.78	20.0	
氢化钛铁	$TiFeH_2$	1.87	5.47	9.8	

① 容纳或处理混合物所需的额外设备并没有计算在内。因此，每个条目都不是最终储氢的总体积数，仅作为参考。例如，所有的碱金属氢化物都需要大量的水，氢才能从中释放出来。

因此，本章将描述的主要储氢方法是：
- 基于高压容器的压缩氢气。
- 低温液体氢气。
- 可逆金属氢化物。
- 与水反应的金属氢化物。

在讨论这些方法各自的优缺点之前，必须先考虑安全问题。

11.2　氢气的安全

与所有气体相比，氢气具有：①最低的分子量；②最高的导热率、声速和平均分子速度；③最低的黏度和密度。因此，氢气通过小孔泄漏的速度比所有其他气体都快，比甲烷和空气分别快2.8倍和3.3倍。此外，氢气是一种高度挥发性和易燃的气体，在某些情况下，氢气和空气的混合物会发生爆炸。因此，在任何燃料电池系统的设计中，安全因素都必须具有重要意义。应采取一切措施避免氢气逸出的危险，并且系统应配备传感器，在发生泄漏时提醒人员，并能自动切断气体供应。

尽管安全应该是优先考虑的问题，但也并没有那么耸人听闻，与其他各种常规燃料相比，氢的危险性在某些方面还没有那么可怕。表11.3列出了与氢气和广泛使用的其他两种气体燃料（甲烷和丙烷）的安全性有关的关键特性。氢气点火的下限、浓度下限与甲烷基本相同。对于丙烷，点燃时必须降低浓度。氢气和甲烷的着火温度相似，但均高于丙烷。但是，氢气的最小着火能量非常低，因此暗示着起火非常容易。实际上，所有气体的点火能量都比大多数实际情况低。火花可能会点燃这三种燃料中的任何一种。此外，必须为此设定引爆空气中氢气所需的更高的最低浓度。

表11.3 氢气和其他两种常用气体燃料安全性有关的属性

	氢气	甲烷	丙烷
密度/(kg/m^3)（标准条件）	0.084	0.65	2.01
空气中的点火极限(%)（体积分数）	4.0~77	4.4~16.5	1.7~10.9
点火温度/℃	560	540	487
最低点火能量/MJ	0.02	0.3	0.26
最大燃烧速率/(m/s)	3.46	0.43	0.47
空气中的爆炸极限(%)（体积分数）	18~59	6.3~14	1.1~1.3
反应计量比	29.5	9.5	4.0

另一个难以控制的危害，是因为引起氢气爆炸的浓度范围更大。因此必须注意防止氢气在密闭空间内积聚。所幸的是，高浮力和高平均分子速度意味着所有常见气体中氢的扩散速度最快，因此与其他气体相比，氢积累到爆炸所需水平的可能性较小。

比较表11.3中给出的数据，从潜在危险的角度看，氢气看起来与其他燃料几乎相同。从安全角度来看，正是超低的密度使氢具有优势。甲烷的密度类似于空气，这意味着它不会迅速分散，而是会与空气充分混合。

丙烷的密度大于空气，因此容易使丙烷下沉并聚集在低点，例如地下室、下水道和船体，它们可能爆炸或着火，并具有破坏性作用。另一方面，氢是如此之轻，以至于它会迅速向上扩散。因此，与其他燃料相比，氢在敞开空间或通风良好的地方，几乎不可能达到点火或引爆所需的浓度水平。

像所有燃料一样，氢必须小心处理。但是它没有比今天遇到的任何其他易燃液体或气体更大的危害。燃料电池的开发者或使用者应始终牢记的一个独特特征是，一旦点燃，氢就会以无形的火焰燃烧。

11.3　压缩氢气

11.3.1　存储容器

当氢气以集中的方式生产时，既可以将其散装存储，然后再分发给客户；也可以先分发然后再在本地存储，直到需要时再使用。无论采取何种形式的输送，例如作为气瓶或管道中的气体或作为液态氢，首先都必须压缩该气体。为此必须完成压缩且消耗能量。广义上讲，压缩氢气所需的能量介于其高热值（HHV）的 5% ~ 15% 之间，这取决于最终压力以及该过程是绝热还是等温进行。实际工业生产上，可能会采用多级压缩过程，如果包括机械和电气损失，压缩中浪费的总能量可能达到 20%。

将氢气存储为压缩气体的主要优点如下：

- 简单。
- 不确定的存储时间。
- 氢的纯度没有限制。

在钢瓶中以压力存储氢气是技术上最简单的氢气存储方法，也是用于少量气体存储的常用方法。管式拖车是将压缩气体存储在水平钢瓶中，是商用氢气的常规输送方法，所输送的氢气量往往比较大。钢瓶永久固定在拖车上并就地卸出，即不卸载，如图 11.1 所示。

图 11.1　用于输送压缩氢气的试管拖车——30 个容器和 1225m³（105kg）的容量

（资料来源：经 Coregas 许可转载）

小规模氢气消费者，例如实验室，使用的储气罐容量仅为几立方米（加压至20MPa），可以用简单的手推车进行运输和存储。表11.4将一个这样的气瓶的规格与用于存储在公共汽车或其他道路车辆上的较大气瓶的规格进行了比较。后者由6mm厚的铝制内衬构成，其周围包裹着芳族聚酰胺纤维和环氧树脂的复合材料。这种材料具有很高的延展性，因此具有良好的破裂性能，因为它会撕裂而不是分解成很多碎片。破裂压力为120MPa[⊖]。

表11.4　两个用于高压存储氢气的气瓶的数据比较

	2L 钢瓶（20MPa）	147L复合材料瓶（30MPa）
空瓶质量/kg	3.0	100
储氢质量/kg	0.036	3.1
存储效率（%）[①]（H_2的质量分数）	1.2	3.1
质量比能量/(kW·h/kg)	0.47	1.2
体积/L	2.2	220
氢气体积密度/(kg/L)	0.016	0.014

① 此处的存储效率定义为存储的氢气总质量除以空气瓶的质量，以 H_2 的质量百分数表示。

11.3.2　储能效率

在考虑将氢存储在燃料电池汽车上时，可以预期，就存储的氢的特定质量而言，较大的存储系统将比较小的存储系统更有效率。因此，预计表11.4中的较大容器（147L）将比（2L）容器按比例容纳更多的氢气。但是，必须将大型储罐固定在车辆中，因此在评估效率时应考虑支撑结构的重量，该效率定义为储氢质量除以储氢存储介质总质量。在欧洲早期公交车中其中一辆使用氢气为内燃机（ICE）燃料，车顶空间安装了13个复合燃料箱。储罐和公交车结构加强件的总质量为2550kg，即每个储罐196kg。应将其与表11.4给出的100kg空复合罐的质量进行比较。质量从100kg增加到196kg，具有将特定系统的"存储效率"降低到1.6%（质量分数）的负面效果，即与表11.4中列出的（2L）钢瓶没有太大区别。另一个要点是，无论系统是围绕钢制气瓶还是复合式气瓶建造，都必须考虑连接阀、减压调节器和其他必要硬件的重量。当使用2.2L钢瓶时，这些组件通常会增加系统重量约2.15kg，从而将存储效率从1.2%降低到0.7%。低密度的氢气造成了较低的质量存储效率，即使在如此高的压力下。在环境温度和压力下，氢气的密度为0.084kg/m³，而空气约为1.2kg/m³。在实践中，压缩氢气通常不到存储系统总质量的2%。

11.3.3　储氢成本

对于小型燃料电池，考虑到所有支出，例如气瓶折旧、管理和购买减压阀，估计氢燃料的成本约为2.2美元/g[⊖]。使用附录2第A2.4节中给出的数据，该支出相

⊖ 但是，应该指出的是，目前复合材料气瓶的价格约为相同容量的钢质气瓶的三倍。

⊖ Kahrom, H, 1999, *Clean hydrogen for portable fuel cells*, Proceedings of the European Fuel Cell Forum Portable Fuel Cells Conference, 21－24 June 1999, Lucerne, pp. 159－170.

当于 56 美元/kW·h，或者对于效率为 45% 的燃料电池来说，约为 125 美元/kW·h。与市电相比，这非常昂贵，但比当前的电池存储便宜得多$^{\ominus}$。

11.3.4 安全方面

储氢容器制造中使用的金属需要仔细选择。氢是非常小的分子，能够扩散到其他气体不可渗透的材料中。氢气分子的一部分可在材料表面解离，然后原子氢可能扩散到材料中并损害其机械完整性。气态氢会在材料中积聚形成内部气泡，进而导致裂纹扩展。对于含碳金属（例如钢），氢可以与碳反应以生成甲烷气泡。产生的内部空隙中的气压会产生内部应力，该应力足以在钢中引起裂缝、裂纹或气泡。这种现象是众所周知的，被称为"氢脆"。幸运的是，如前所述，某些富铬钢和铬钼合金具有抗氢脆性，复合增强塑料也可用于较大的储罐。

除了与储存容器相关的质量过高的问题外，在高压下储存氢气也存在重大危险。当气体释放时，从这样的储罐泄漏会产生很大的力。这样的圆柱体有可能成为基本上由喷气推进的"鱼雷"，从而造成相当大的损失。此外，容器破裂极有可能伴随着空气中释放的氢的自燃，并引起燃烧，这种燃烧一直持续到破裂或意外打开的容器中的氢被消耗掉为止。但是，正确遵循既定的程序和准则，可以广泛而安全地使用压缩氢气。例如，在车辆中，装有泄压阀或爆破片（请参阅以下第 11.4 节），可在发生火灾时安全地排放气体。同样，安装在氢气瓶上的压力调节器也装有阻火器，以防止气体着火。

压缩存储氢的方法最广泛用于需求适中但变化多样的地方。它也用于带有 ICE 和燃料电池系统的公路车辆。FCV 上复合压缩氢储罐示例如图 11.2 所示。

图 11.2 本田 FCV 燃料电池汽车底盘上的复合储氢罐

⊖ Lead – acid and lithium – ion batteries cost around US＄250 and US＄300 perkWh, respectively, in 2015. Nykvist，B and Nilsson，M，2015，Rapidly falling costs of battery packs for electric vehicles，Nature Climate Change，vol. 5, pp. 329 – 332.

11.4 液态氢

目前，在大约 20K 环境下以液体形式存储氢（表示为 LH_2）是广泛用于存储大量氢的唯一方法。以这种方式冷却到液态的气体被称为"低温液体"，目前在石油精炼和氨生产等过程中需要大量的气体。

美国宇航局 NASA 是另一个著名的客户，它拥有 $3200m^3$（85 万 USgal）的大型储罐，以确保为太空探索提供持续的供应（见图 11.3a）。

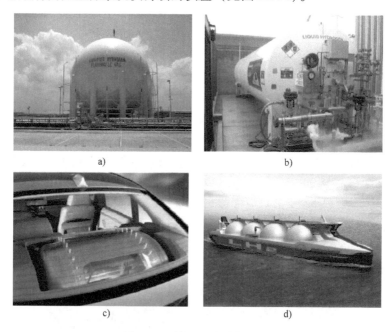

a)   b)

c)   d)

图 11.3 低温 LH_2 储罐示例

a）用于太空飞行的 NASA 大容量存储 b）在加利福尼亚州埃默里维尔市安装 AC Transit 加氢站
c）宝马 7 系汽车后部的燃料箱 d）川崎重工从澳大利亚到日本的散货海运建议
（资料来源：经川崎重工许可复制）

用于存储低温液态氢的容器或罐是一个大型的、坚固的真空（杜瓦瓶）瓶。如果容器未完全绝缘，则液态氢将缓慢蒸发并导致容器中的压力升高。某些较大的储罐可以设计用于更大的压力，但最大允许压力通常低于 300kPa。如果蒸发速率超过要求，则不时对储罐排气，以确保压力不会升高得太高。弹簧式安全阀将开启释放，然后在压力下降时再次关闭。在非常大的系统中，氢气可能会通过火炬烟囱排出并燃烧，如果涉及少量氢气通常会直接释放到大气中。

低温液态储氢系统通常安装防爆片作为备用安全装置。该设备由一个覆盖有厚度受控的环状膜片组成，该膜可以承受一定的安全压力。当系统中的压力超过爆破片的允许压力时，膜片破裂，气体被释放并安全地排出直到更换了爆破片。通常只有从存储系统中排出所有气体后，才能排除故障。

当给 LH$_2$ 燃料箱加燃料时，以及当燃料被抽出时，最重要的是不允许空气进入系统。否则可能形成爆炸性混合物。因此，在填充之前，应先用氮气吹扫储罐。图 11.3b 显示了一个 LH$_2$ 储罐的示例，该储罐安装在加利福尼亚 AC Transit 的汽车加氢站的一部分。

尽管不是专门用于燃料电池汽车，但在汽车 LH$_2$ 储罐的设计和开发方面已付出了巨大的努力。早些年几家已经投资了氢燃料内燃机的汽车公司，其中大多数都使用了 LH$_2$。例如，宝马氢能汽车的储气罐（见图 11.3c）是圆柱形的，具有传统的双层真空烧瓶类型的结构。其壁厚约为 3cm，由 70 层铝箔与玻璃纤维交错缠绕而成，最大工作压力为 500kPa。该罐中存储了 120L 的低温氢气，由于 LH$_2$ 的密度非常低（约 71kg/m^3），因此重量仅为 8.5kg。表 11.5 给出了宝马公司低温储罐的关键特性。

表 11.5　宝马汽车用低温氢气容器的详细信息

空容器质量/kg	51.5
存储氢气质量/kg	8.5
存储效率（%）（质量分数）	14.2
质量比能量/(kW·h/kg)	5.57
容器体积/m^3	0.2
氢气体积比质量/(kg/L)	0.0425

液化过程往往需要几个阶段，与低温液氢有关的问题之一是液化过程非常耗能。在压缩的初始阶段之后，气体在液氮的作用下冷却至约 78K。然后，氢气通过涡轮膨胀进一步冷却。最后，执行磁热过程将邻位 H$_2$ 转换为对位 H$_2$⊖。液化气体所需的总能量约为氢比热值的 40%。

除了常规的氢气安全问题外，低温存储还存在许多特殊的困难。所有装有流体的管道都必须绝缘，所有与这些管道良好接触的部件也必须绝缘。如果使人体皮肤与系统接触，则必须采取这种预防措施以最大限度地减少冻伤的机会。为了防止周围的空气凝结在管道上，还必须进行保温。否则，如果液体空气滴到附近的可燃物上，则可能会引起爆炸。例如，在液态空气的存在下，沥青会燃烧。因此，混凝土铺路被放置在静态设备周围。但是，总的来说，与加压气体相比，LH$_2$ 对氢气的危害要小一些。例如，如果容器出现故障，燃料往往会留在原处，并缓慢地排入大气。

当然，LH$_2$ 燃料箱已被批准用于欧洲的汽车中。日本川崎重工公司设计了一种

⊖　正相氢分子中的两个原子都具有平行的核自旋。在仲相对氢中，自旋是反平行的。正相氢转化为仲相氢的过程是放热的，如果自然发生，将导致液体蒸发。

远洋油轮，将氢从澳大利亚运到日本（概念见图 11.3d）。

在美国、日本和欧洲的许多地方，燃料电池汽车的加气站已开始建立起来。其中大多数装有高压容器存储氢气，有些还存储液态氢。图 11.4 显示了英国加气站的一个示例，该加气站输送由电解产生的压缩氢气。

图 11.4　加氢站

（资料来源：http：//theconversation. com/hydrogen‑car‑progress‑hasntstalled）

11.5　可逆的金属氢化物

某些金属和合金具有储氢能力，即通过形成氢化物的方式可逆地吸收和释放气态氢的能力，即

$$M + \frac{x}{2}H_2 \leftrightarrow MH_x + 热量 \tag{11.1}$$

氢分子首先分解成两个原子，这些原子被化学吸附在金属/合金的表面，然后扩散到整体晶格中。溶解的原子可以采取无规固溶体的形式，也可以反应生成化学计量组成固定的氢化物。所吸收的氢的量以氢化物组成表示，基于摩尔（MH_x）或基于质量百分数。

在氢化物形成过程中会释放热量，因此必须添加热量以使其随后分解并释放出氢。吸收和释放的速率可以通过调节温度或压力来控制。氢化物可定制为在较宽的温度和压力范围内运行。为了最有效地用作储氢器，金属或合金应在或接近环境温度且压力不太高的情况下与气体反应。吸收的热量也不应太高，否则传热成为问题，尤其是在大型氢化物反应容器中。最后，该系统应能够维持实际数量的吸收‑解吸循环而不会劣化。$LaNi_5$ 的卓越氢化性能是在 1969 年左右在荷兰的飞利浦实验室发现的，它已成为其他研究人员开发的许多氢化合金的基准。在随后的几年中设计和开发的金属合金通常属于以下类型之一：AB_5、A_2B_7、AB_3、AB_2（Laves 相）、AB 和 A_2B。在这些合金中，A 表示对氢具有强亲和力（即吸收氢的能力）的金属元素，B 是对氢具有弱亲和性但催化 H_2 分子解离为 H 原子的活性强的金属元素。在这些材料中，研究最多的可能是 AB_5 合金，其中 A 为钙或稀土元素，B 通常为过渡金属（例如，Fe、Co、Ni、V、Mn、Cr）。这些合金之所以出色，是因为可以通过将 A 或 B 与其他过渡金属元素合金化来"微调"其氢化性能。氢化物是可逆的，具有良好的动力学和适中的工作压力。

表 11.2 中的最后一个条目氢化钛铁是经过充分研究的材料的一个示例。就质量而言，这似乎不是非常有前途的材料，而是通过体积测量使此类氢化物优于其他存储方法。在表 11.2 的所有示例中，氢化钛铁存储 1kg 氢所需的体积是最小的。实际上，这种氢化物每单位体积所含的氢要比纯液态氢多，这似乎违反直觉。在液态氢中，分子具有相对较高的迁移率，导致材料的相对较低密度——仅 0.07kg/L。相比之下，尽管氢化物材料的密度更高，为 5.47kg/L，但与氢化物中的金属原子键合的氢分子之间的结合更紧密，因此每单位体积的储存容量更高。

典型的可逆金属氢化物系统的功能如下。氢气在略高于大气压的压力下被压缩到容器内部粉末形式的金属合金中，反应式（11.1）向右进行以形成氢化物。考虑到该过程温和放热，对于大型系统，必须对氢化物容器进行冷却。氢化物形成阶段在大约恒定的压力下进行，需要几分钟，具体取决于系统的大小和容器的冷却方式。在此情况下，如果将容器中气体的压力 P（或通常为以 $\log P$ 来标度）与所吸收的氢气量 H_{ads} 与材料的最大吸收量 M 之比（即吸收量）作图，可获得等温线，将其称为"压力组分等温（PCT）"曲线。图 11.5 显示了金

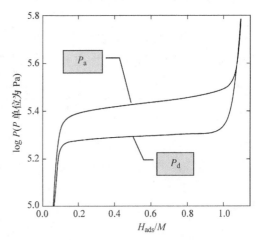

图 11.5 LaNi$_5$ 合金氢气吸收和解吸的 PCT 曲线。吸收和解吸在关系的几乎水平部分具有不同的压力（P_a，P_d），压力单位为 Pa

属氢化物表现出的典型行为的一个例子。一旦所有金属与氢发生反应，即 $H_{ads}/M = 1.0$，容器中的压力就会开始上升。此时，由于容器已达到其容量并且需要密封，因此氢气供应必须断开。

当存储的氢气需要使用时，将容器连接到例如燃料电池的进气口。只要燃料电池的压力低于解吸压力 P_d，那么金属合金就会释放氢气。如果压力超过 P_d，反应

将减慢或停止。现在该过程是吸热的，因此必须提供热量。从周围环境取走的氢气排放期间，容器会稍微有所冷却。通过使用来自燃料电池冷却系统的热水或空气，可以将其稍微加热以增加供应速度。一旦反应完成并且所有氢都被抽出，整个过程则可以重复。

不同的氢化物将表现出它们自己的特征 PCT 曲线。每条曲线通常显示出吸收和解吸之间的磁滞，即 P_a 通常高于 P_d。还应注意，等温线的有用部分是几乎水平的截面，该截面显示了氢气吸收和解吸的氢气吸收范围（H_{ads}/M）。此范围始终小于材料可以吸收的最大量。氢化反应（11.1）的焓变 ΔH 可以通过范德霍夫方程[⊖]与氢化物的平衡解离压力 P 相关，即

$$\ln P = \frac{\Delta H}{RT} - \frac{\Delta S}{R} \tag{11.2}$$

式中，ΔS 是熵的变化；T 是绝对温度；R 是气体常数。因此，解离压力对绝对温度的倒数的对数图应与斜率呈线性关系，该斜率是形成或分解氢化物所必须提供的热量的量度。图 11.6 给出了在 $-20 \sim 400$℃ 温度范围内各种氢化物的一系列曲线图。数据清楚地表明，$LaNi_5H_6$、$TiFeH$ 和 $MmNi_5H_6$ 氢化物在接近常温和常压下显示出良好的特性。这些是在低温燃料电池中最受关注的材料示例。高温材料（例如各种氢化镁）具有吸引力，因为其存储容量要大于低温材料。但是，由于在吸附－解吸循环中金属晶格的反复膨胀和收缩，它们更易于发生疲劳失效。因此实际应用方面，必须在容器的设计中采取措施以控制这种行为。

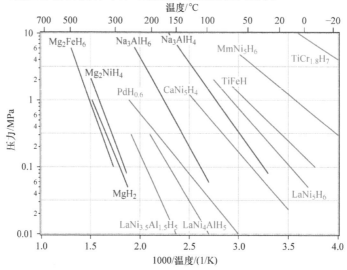

图 11.6　各种金属氢化物的离解压力。注意，$MmNi_5H_6$ 中的 Mm 表示混合稀土，
它是碱土元素的混合物

⊖　Jacobus Henricus van't Hoff（1852 – 1911）是现代物理化学的奠基人之一，他是 1901 年诺贝尔化学奖的第一位获得者。

通过探索各种金属合金，已在改善长期性能和吸收 - 解吸动力学方面进行了大量研究。例如，使镁和镍合金化以提供 Mg_2Ni 提供了一种比纯镁更易于活化的材料，以产生氢化物 Mg_2NiH_4（$3.6\% H_2$，质量分数）。在用于中低温储氢的氢化物材料中，铝酸盐合金可能受到研究人员的最多关注。

通常，氢化物材料可以承受数百次充放电循环。但是与可充电电池一样，这些系统也可能被错误使用。如果氢化物在太高的压力下填充，则充氢反应将进行得太快，并且材料可能会过热并降解。氢中的杂质也可能损坏氢化物，必须净化碱性电解槽产生的氢以去除任何痕量的水、碱或氧气。

装有氢化物的容器应能够承受相当高的压力，尤其是如果可能要从高压气源注满的情况下。例如，由美国 Horizon Fuel cell 公司制造的小型 Hydrostik™ 装置，如图 11.7 中所示，额定充气压力为 3.0MPa。如第 4.9.1 节中所述，该设备旨在与用于燃料电池的 "MiniPak" USB 充电器一起使用。Horizon Fuel cell 公司采用 AB_5 型金属氢化物，预期使用寿

图 11.7 Horizon 的 MiniPak 燃料电池 USB 充电器随附的 Hydrostik 氢罐（左）（用于为智能手机等便携式电子设备供电）

（来源：经 Horizon 燃料电池许可复制）

命为 10 年，据称，存储的能量相当于 10 个一次性 AA 电池，不同的是可以为该设备充氢电。进一步的细节在表 11.6 中给出。体积度量（即每升氢气的质量）几乎与 LH2 的体积度量相同，重量度量与小瓶压缩气体的体积度量非常相似。

表 11.6 手持电子设备充电的美国 Horizon Hydrostik 氢容器

尺寸/mm	22（直径）×8（长）
空容器质量/g	105
储氢/g	1
存储效率（%）（质量百分比）	0.9
比能量/（W·h/g）	0.133
容器体积/L	0.033
氢气比重/（kg/L）	0.03

可逆金属氢化物储存氢的支持者指出，它比加压钢瓶更安全，钢瓶在发生故障或损坏时会迅速排放从而造成不可控危险。如果氢化物容器中发生泄漏，则氢化物的温度将下降，这将阻止气体的进一步释放。但是，容器中可能有空气进入，可能导致氢化物粉末燃烧。

当与燃料电池连接时，氢化物所需的低压有助于简化氢气供应系统的设计。因此，氢化物对于存储少量氢气的应用具有很大的吸引力。该材料还特别适合于需要

空间而不是重量的应用。例如，在以燃料电池为动力的船上，氢化物储存船可位于船体底部附近，这增加了重量，通常是优势，但空间又有限。

当要在车辆中存储大量氢气时，可逆氢化物的缺点特别明显，即质量比能量指标很差。而且，随着氢化物量的增加，填充期间的加热问题和氢释放期间的冷却问题变得更加严重。因此，反应物容器应该具有高的热导率。大型系统已经过车辆测试，对于约5kg的容器，典型的加氢时间约为1h。另外如前所述，金属氢化物的另一个主要缺点是氢必须具有很高的纯度。

11.6 简单的含氢化学物质

11.6.1 有机物质

某些有机化学物质含有可被回收的大量原子氢，因此可被视为潜在的储氢材料。例如，有人提出了环己烷（C_6H_{12}），因为它很容易根据以下方法催化分解为氢和苯（C_6H_6）：

$$C_6H_{12} \rightarrow C_6H_6 + 3H_2 \tag{11.3}$$

尽管从理论上讲，该反应可以在中等温度下在气相中地进行，但通常在500~600℃的催化剂上才能完成。氢气的回收率很高，但是苯有裂化的危险，会产生多余的副产物，并且产物的性质取决于催化剂。相反，在铂催化剂上，液相或气相中的相当适度的温度（150~200℃）下，很容易发生逆反应（即苯与氢之间的反应）。苯和环己烷在环境温度和压力下均为液体。通过环己烷转化为苯而储存的氢气量为7.1%（质量分数），因此受到了研究人员的高度重视，甲基环己烷（C_7H_8）和十氢化萘（$C_{10}H_{18}$）的回收率为6.1%（质量分数），氢（H_2）的为7.2%（质量分数）。直到最近，由于所涉及的高温反应的控制以及副产物形成的风险，通常都排除了此类材料用于车辆的可能性。尽管如此，环己烷的改性形式双BN环己烷（$C_2B_2N_2H_{12}$）可能会提供更好的前景。该材料在高达150℃的温度下似乎非常稳定，并且具有4.7%（质量分数）的H_2[⊖]的存储容量，在室温下已被催化剂轻易分解产生氢气，并且没有可检测到的副产物。

目前已经研究了杂环化合物，主要是正乙基咔唑和二苄基甲苯作为存储材料。尽管这类化合物的潜在存储效率很高，但是在其实际应用方面存在许多问题，例如过低的反应动力学、毒性和难以有效逆转脱氢的问题。实际上，反向脱氢问题已经排除了好几种有机化学物质。例如，甲酸存储了4.3%（质量分数）的H_2，并且

⊖ Chen, G, Zakharov, LN, Bowden, ME, Karkamkar, AJ, Whittemore, SM, Garner, EB, Mikulas, TC, Dixon, DA, Autrey, T andLiu, S-Y, 2015, Bis-BN cyclohexane: a remarkably kinetically stable chemical hydrogen storage material, Journal of the American Chemical Society, vol. 137（1）, pp. 134-137.

可以在催化剂上分解成氢和一氧化碳（CO），但是逆转该过程，即从氢和 CO 或 CO_2 中分离甲酸不是简单的过程。

11.6.2　碱金属氢化物

已有的科学家提出了用于生产氢气的氢化钙系统[⊖]，其反应如下：

$$Ca\,H_2 + H_2O \rightarrow Ca\,(OH)_2 + 2\,H_2 \tag{11.4}$$

可以说，氢是由氢化物从水中释放出来的。氢化钠和氢化锂也都与水反应释放出氢气，并在 20 世纪 90 年代后期在美国能源部的支持下作为储氢材料进行了研究。在每种情况下，碱金属氢化物都是高反应性的，必须防止其与大气中的水意外接触。一种建议是将氢化钠的粒料包裹在聚乙烯中，然后将其在水下切开。另一种方法是将氢化锂与有机材料（如轻质矿物油）制成浆液。该氢化锂的氢含量是所有氢化物中最高的，是氢化钠的三倍。

然而，由于生产氢化物和回收废料所涉及的困难和成本，没有出现基于碱金属氢化物的商业产品。

11.6.3　氨、胺和硼烷

氨分子式为 NH_3，表明其作为氢载体的潜力（它含有质量分数为 17.7% 的可用 H_2），经常被作为氢分配和储存的一种手段。在正常情况下，氨是剧毒的无色气体，具有刺鼻的臭味，易于识别。它的产量很高，目前每年约 1 亿 t（仅在美国就超过 1600 万 t）。化肥的生产是化学工业中氨的许多用途中最重要的，约占其消耗量的 80%。氨在室温和几个大气压下是液体，因此与今天分配的液态石油气或丙烷一样，它对于在钢瓶和管道中运输具有吸引力。

从氨中回收氢涉及简单的解离，即：

$$2NH_3 \rightarrow N_2 + 3H_2 \quad \Delta H = +46.4kJ/mol \tag{11.5}$$

为了使该反应以实际可用的速率发生，必须将氨加热至 $600 \sim 800°C$ 并使其通过催化剂。如果转换器的输出要使燃料电池（离子膜或磷酸）系统要求氨的残留水平为 10^{-6} 级，则需要更高的温度。因为解离是吸热的，如果最初以液体形式供应氨，则还需要大量能量才能将其汽化为气体（$+\Delta H = 23.3kJ/mol$），这也是为什么将氨气作为制冷剂的原因。如果将氨的摩尔比热定为 36.4kJ/mol，则将反应 (11.5) 的温度从 0 升高到 800°C 所需的热量为

$$\Delta H = 800 \times 36.4 = 29.1kJ/mol \tag{11.6}$$

该过程导致每摩尔 NH_3 产生 1.5mol 氢气，其形成摩尔焓（HHV）为 $-285.84kJ/mol$。因此，将氨分解为氢的最佳工艺效率为

⊖ Bossel, UG, 1999, Portable fuel cell battery charger with integrated hydrogen generator, Proceedings of the European Fuel Cell Forum Portable Fuel Cells conference, 21 – 24 June 1999, Lucerne, pp. 79 – 84.

$$\frac{(285.4 \times 1.5) - (23.3 + 29.1 + 46.4)}{285.4 \times 1.5} = 0.77 (或 77\%) \tag{11.7}$$

应该将其视为使用氨作为存储介质的效率上限，因为它没有考虑到由氢和氮生产氨的情况。同样，将氨升高至反应（11.5）的高温所需的热量和反应本身的热量对于低温燃料电池系统也可能具有挑战性。

潜在的改变氨作为氢提供者的途径是另一种"裂解"途径，可以在较低的温度下进行，此外，不使用贵金属催化剂，而是使用大量化学酰胺化钠（$NaNH_2$）作为催化剂。最近，英国牛津的研究人员通过为小型燃料电池供电来证明了这种方法[⊖]。它所涉及的反应是：

$$NaNH_2 \rightarrow Na(固) + \frac{1}{2}N_2(气) + H_2(气) \tag{11.8}$$

$$Na(固) + NH_3(气) \rightarrow NaNH(固) + \frac{1}{2}H_2(气) \tag{11.9}$$

基本上，碱性酰亚胺（$NaNH_2$）分解以产生酰胺（$NaNH$）和氢。氨是两个反应的"介体"。随后的实验表明，形成酰亚胺的酰胺具有很高的活性，而酰胺化的酰亚胺化锂每单位质量的活性要比钠的更高。分解氨气时还会产生另外两个问题。首先是由分解反应形成的氮需要与氢分离。否则，氮气将在燃料电池中充当稀释剂，并导致系统效率损失，如第 10.5 节所述。第二个问题是，如果正在运行 PEMFC 或 PAFC，则残留在其中的任何氨气体可能会与这些燃料电池中的酸性电解质发生反应，从而导致燃料电池系统最终故障。克服使用液态氨困难的一种方法是将其转化成氨化物，例如 Mg（NH_3）$_6$ Cl_2，它是一种惰性固体，其容纳质量分数为 51% 的 NH_3 并因此容纳质量分数为 9.1% 的 H_2。该化合物操作安全，可压制成致密的片剂，该片剂在环境温度下具有较低的氨蒸汽压，按体积计算，其氢含量比 LH_2 高 60% ~ 70%。与氨相反，水合肼（$N_2H_4 \cdot H_2O$）具有质量分数为 80% 的可回收氢含量，是一种吸热化合物，因此比氨容易分解，属于爆炸性分解。肼虽然难以制造或散装处理，但已用作火箭燃料，并在多年前已在实验性碱性燃料电池中进行了测试。长期以来，氨硼烷（NH_3BH_3）一直被用作氢载体和存储介质。氨硼烷分子的化学特性与乙烷（CH_3CH_3）相似，但为固体而不是气体。在 100 ~ 200℃ 分解时，它会产生质量分数高达 12% 的 H_2，从而形成聚合的亚氨基硼烷（$NHBH$）$_n$，原则上可以将其转化为氨硼烷。然而，实际上，聚合物的形式在很大程度上取决于分解条件和催化剂的选择，因此，对再转化过程提出了挑战[⊖]。

⊖ Hunter, H, Makepeace, J, Wood, T, Kibble, M, Nutter, J, Jones, M and David, B, 2015, Demonstrating hydrogen production from ammonia — powering a 100 W PEM fuel cell, Proceedings of the World Hydrogen Technology Convention, 11 – 14 October 2015, Sydney.

⊖ Peng, B and Chen J, 2008, Ammonia borane as an efficient and lightweight hydrogen storage medium, Energy and Environmental Science, vol. 1, pp. 479 – 483.

11.7　复杂含氢化学物质

有一类无机金属氢化物,本质上是离子性的而不是金属性的。例如硼和铝分别形成氢化物离子 $[BH_4]^-$ 和 $[AlBH_4]^-$。当与碱金属阳离子结合时,形成可溶的离子盐,例如 $LiBH_4$、$LiAlH_4$、$NaBH_4$ 和 $NaAlBH_4$。这些化合物通常被称为"复杂的化学氢化物"。硼氢化锂和硼氢化钠以及相应的氢化铝在有机化学中用作还原剂。

11.7.1　丙酸酯

作为储氢应用,铝氢化物(所谓的丙氨酸盐)通常优于硼氢化物,铝酸盐 $NaAlH_4$ 的热分解分两个步骤进行:

$$3NaAlH_4 \rightarrow Na_3AlH_6 + 2Al + 3H_2 \qquad (11.10)$$

$$Na_3AlH_6 \rightarrow 3NaH + Al + \frac{3}{2}H_2 \qquad (11.11)$$

纯化合物的反应是可逆的,但仅在高于 $NaAlH_4$ 熔点(183℃)的温度和 10 ~ 40MPa 的氢气压力下才可实现。幸运的是,通过在铝酸酯中包含钛催化剂,可以显著降低氢的排放和再填充温度。钛催化的 $NaAlH_4$ 具有与经典低温氢化物如 $LaNi5H_6$ 和 $TiFeH$ 相当的热力学性质(见图 11.6)。反应(11.10)在 50 ~ 100℃ 下进行,相当于释放了质量分数为 3.7% 的 H_2,第二步,反应(11.11)在 130 ~ 180℃ 下又产生了质量分数为 1.9% 的 H_2。而且,即使仅可以使用第一步反应,$NaAlH_4$ 的重量储氢密度也比大多数简单金属氢化物所提供的大一些。相比之下,由于 Na_3AlH_6 释放氢需要更高的温度,因此它可能被证明适用于除燃料电池以外的其他应用,例如热泵和储热器。$NaAlH_4$ 的研究仍处于初步阶段,替代催化剂的开发及其性能的优化还有相当大的空间。这些材料要解决的两个主要问题是,它们具有发火性(即它们易于自燃的倾向)并且生产成本高。

11.7.2　硼氢化物

近年来,燃料电池的开发人员对四氢硼酸钠表现出了极大的兴趣,四氢硼酸钠更通常称为硼氢化钠($NaBH_4$)。该化合物在第 5.2.3 节中作为潜在的碱性燃料电池的燃料引入,在第 6.5 节中又作为硼氢化物燃料电池的燃料引入。一般而言,碱金属硼氢化物比丙二酸酯包含更多的氢,例如,相应的锂($LiBH_4$)和钠($NaBH_4$)类似物的存储效率为 18.5% 和 10.6%(均为质量分数),但更稳定,因此作为需要即时使用的储氢应用不太可行。化合物仅在相对较高的温度下分解($LiBH_4$ 高于 300℃,$NaBH_4$ 高于 350℃),但可以通过在材料中掺入催化剂来降低这些温度。硼氢化钠可以固体形式提供,在这种情况下,通常将其与用作干燥剂的氯化钴混合。该物质是危险的,如果不小心接触到水,会自发释放出氢气。然而,它能够在不反应的情况下溶于碱性水溶液（例如氢氧化钠）中，并且以这种形式长期稳定。鉴于固态分解的局限性（即高温要求和催化剂的使用），硼氢化钠通过与水反应生成氢而引起了人们的最大关注，其表达方式如下：

$$3NaBH_4 + 2H_2O \rightarrow NaBO_2 + 4H_2 \quad \Delta H = -218kJ/mol \qquad (11.12)$$

该反应不是可逆的，但具有的优势是50%的氢来自水——实际上，$NaBH_4$是一种"水分解"剂。鉴于$NaBH_4$在水中的碱性溶液非常稳定，通常需要催化剂来促进分解，因此，氢气的生成是可控的，反应（11.12）的显著特征如下：

- 该过程是放热的，氢的热量为54.5kJ/mol。
- 氢气是唯一产生的气体，即无须进行气体分离，例如氨或甲醇分解时。
- 如果将水加热，则水蒸气将与氢混合，这是PEMFC系统的理想功能。

较弱的硼氢化钠溶液比强溶液更稳定，但是它们作为氢载体的有效性下降。这种硼氢化物溶液也很稳定，尽管放出氢确实很慢。经验证明，此类解决方案的"半衰期"遵循以下关系：

$$\log_{10}(t_{1/2}) = pH - (0.34T - 192) \qquad (11.13)$$

其中半衰期（$t_{1/2}$）以min为单位，温度T以K为单位。质量分数为30%的$NaBH_4$＋质量分数为3%的NaOH的溶液在20℃下的半衰期约为2年。1L这样的溶液在水解时将产生67g的氢，这比从任何一种实用的金属氢化物获得的氢的产率要好。

制备用于氢存储的硼氢化物介质的另一种方法是将干燥的固体$NaBH_4$粉末与轻质矿物油和分散剂混合，以产生"有机浆料"。油会覆盖固体颗粒，并在处理和运输过程中防止固体颗粒与水意外接触，并且在引入水时会降低氢化物的分解速率。需要更多的开发工作来控制反应动力学，以便以所需的速率产生氢。除了先前通过反应（11.12）提供的优点清单之外，还应认识到$NaBH_4$溶液的以下优点：

- 可以说，它是所有含氢液体中最安全的运输方式。
- 除低温氢气外，它是唯一能提供纯氢气作为产品的液体。
- 释放氢的反应器不需要任何能量输入，并且可以在环境温度和压力下运行。
- 氢气的产生速率可以简单地控制。

然而，在使用硼氢化物进行储氢方面存在两个明显的缺点。首先是硼酸钠产品不能就地重复使用，这意味着一旦释放出所有的氢气，就必须用新鲜的材料代替。已经证明，在车辆上的该过程可能非常迅速，但是将硼酸盐运输到加工厂进行再生时，不仅昂贵，而且需要大量能量。因此，构成了广泛吸收硼氢化物的主要障碍。看起来，再生成本必须降低约50倍，$NaBH_4$才能用作车辆燃料。但是，从质量和体积的角度来看，该种技术方法作为燃料电池汽车的储氢方案在表面上都令人满意。戴姆勒－克莱斯勒（Daimler－Chrysler）应用并展示了由美国千禧电池公司（Millennium Cell）在美国设计的$NaBH_4$系统，可以提供续驶里程为480km的小型货车（Natrium）。尽管如此，Millennium Cell还是在2008年停止了$NaBH_4$系统的开发。

在过去的几年中，英国的 Cella Energy Ltd 公司承担了使用硼氢化物的研发。该公司开发的储氢材料基于一种专有的复杂化学氢化物，该氢化物被制成具有聚合物混合物的颗粒，从而为材料提供机械完整性。药丸表面涂有一层薄的（<50μm）的氢可渗透或选择性渗透聚合物，例如聚乙烯或聚甲基丙烯酸甲酯。一旦加热，保护膜仅允许氢从材料中扩散出来。Cella Energy 材料可以轻松运输并分配到汽车的燃料供应系统中。聚合物保护膜还可以防止氧气或水进入，从而使材料具有较长的保存期限。

11.8　纳米结构储氢材料

1998 年，发表了一项关于碳纳米纤维中氢吸收的研究[⊖]。作者提出的结果表明，这些材料可吸收质量分数超过67% 的 H_2。这一惊人的数量震惊了学术界，因为它提供了在环境温度和压力下材料中储氢水平的前景，这将确保氢在车辆上有一定的发展前景。当其他研究小组试图重复发现时发现，最初的欣喜并没有得到延续，发现由于存在金属污染物和/或吸水而导致测量误差。尽管如此，仍在评估所谓的"纳米结构"材料的储氢和其他催化性能。

纳米技术已成为应用科学的一个广泛领域，其重点是控制和开发特征几何尺寸低于 10^{-7}m 的材料以及纳米结构带来的新特性。它利用了胶体科学、器件物理学、分子生物学和超分子化学等广泛领域，以解决广泛的潜在应用。由于它们的大的表面体积比，某些纳米材料可以通过弱的分子表面相互作用（所谓的物理吸附）以分子状态吸附大量的氢。这与金属和复合氢化物的化学吸附过程相反，在氢和金属氢化物中，氢被分解成与存储介质的晶格化学键合的原子。显然，物理吸附是优选的，因为它会调节氢各自吸收和释放所需的温度和压力。此外，由于物理吸附键很弱，通常 H_2 吸附热焓为 $-10 \sim -20$kJ/mol，所以没有大的传热问题。另一方面，通常仅在低温下才能看到大量的氢吸收，这是主要的不便。

已经注意了氢在以纳米纤维或纳米管形式存在的碳基材料中储氢的可能性。这些结构源自基本碳实体 C_{60}（buckminsterfullerene），该结构具有球形的笼状结构，由六边形和五边形组成，如图 11.8a 所示[⊖]。通用术语"富勒烯"用于描述由 60 个或更多碳原子的空笼组成的纯碳分子。石墨纳米纤维是通过碳氢化合物或一氧化碳在金属催化剂上的分解制备的，并且由在特定方向上排列的石墨烯片组成，该石墨烯片由催化剂的选择决定。可以形成三个不同的结构：小板型、窄带型和人字型

⊖ Chambers, A, Park, C, Baker, RTK and Rodriguez, NM, 1998, Hydrogen storage in graphite nanofibre, Journal of Physical Chemistry B, vol. 102, pp. 4253 – 4256.

⊖ 从理论上讲，buckminsterfullerene 分子可以氢化到 $C_{60}H_{60}$，这相当于吸收了质量分数近7.7% 的 H_2。在美国，MER Corporation 公司已证明在富勒烯上吸收的氢质量分数可以高达 6.7%，但吸收非常缓慢，迄今为止尚未发现实际应用。

（见图11.8b）。其结构是柔性的，并且可以膨胀以容纳氢。石墨纳米纤维的长度为50～1000nm，直径为5～100nm。

　　碳纳米管是富勒烯的圆柱形或环形变体，长度为10～100μm。单壁纳米管仅由一张石墨烯片组成，典型直径最大为2nm。多壁纳米管由同心环（直径为30～50nm）或石墨烯片的螺旋形组成；图11.8c说明了不同类型的纳米管。碳纳米管最早由学者Iikima于1991年鉴定，该碳纳米管是在两个碳电极之间绘制电弧时偶然获得的。如今，采用了激光烧蚀和化学气相沉积法以获得更多的控制。当然，利用这种高科技的制备方法意味着碳纳米管是昂贵的材料。

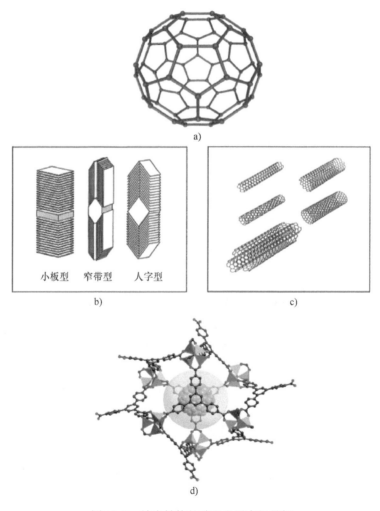

a)

小板型　　窄带型　　人字型

b)　　　　　　　　　　　　　　c)

d)

图11.8　纳米结构的碳和金属有机骨架

a）巴克敏斯特富勒烯　b）碳纳米纤维　c）单壁和多壁碳纳米管　d）金属氧化物框架的示意图

　　自2001年本书第一版出版以来，许多研究小组对碳纳米纤维和纳米管进行了研究，结果各有不同。问题之一是很难通过实验确定少量材料上的氢吸收，这主要是由于测量样品量的不准确性所致⊖。尽管已清楚地证明了物理吸附作用，但有用的氢吸收水平（质量分数高达约 3%）只有在极高的表面积的低温条件下才能实现。一些工作人员声称，掺杂钛或铂的材料可以吸收质量分数约 1% 的 H_2，但是对于碳纳米纤维和纳米管，仍需要长期保持稳定的性能。分子模型表明，石墨烯片的间距可能比石墨片宽，并且经过适当的功能化处理，可以提供所需的特性，以满足在环境条件下储氢的目标，但是这一预测尚未得到实验验证⊜。

在研究碳的同时，许多其他具有高表面积的多孔材料和复合材料也正在作为可能的存储介质进行研究。其中包括：

● 沸石：具有工程孔径和高表面积的复杂铝硅酸盐。

● 金属有机骨架（Metal Organic Framework，MOF）：通常为氧化锌结构，与苯环桥接。图 11.8d 中示意性地展示了一个例子。这些材料具有极高的表面积，用途广泛，并可以进行许多结构修改。与碳结构一样，MOF 倾向于仅在高压和低温（通常为 77K）下吸收大量氢。

● 笼形水合物：水（冰）笼状结构，通常包含诸如甲烷和二氧化碳之类的客体分子（请参见第 10.2.2 节）。笼状水合物中的氢被首次报道于 2002 年，需要非常高的压力才能保持稳定。

2004 年研究人员表明，在室温和高压下，通过添加少量促进物质（例如四氢呋喃）可形成固态的含 H_2 的水合物⊜。这些包合物的理论最大吸氢质量分数约为 5%，最大吸氢量为 40kg/m^3。

11.9　储氢技术评估

燃料电池汽车是氢存储要求最苛刻的应用。目前在公路车辆上存储氢的唯一可行的技术是作为压力容器中的高压气体。如前所述，现代轻型复合材料气瓶是对传统钢制容器的显著改进。其他选择，例如低温液态氢、有机化学物质或金属氢化物，至少在短期内可能不经济。与水反应的不可逆化学氢化物可能会取得一些成功，但是需要大大降低制造和回收成本。为此，有必要在基础科学水平以及车辆工程、氢气回收厂和整体物流方面进行进一步深入研究。

⊖　Webb, CJ and Gray, EMacA, 2014, The effect of inaccurate volume calibrations on hydrogen uptake measured by the Sieverts method, International Journal of Hydrogen Energy, vol. 39, pp. 2168 – 2174.

⊜　Tozzini, V and Pellegrini, V, 2013, Prospects for hydrogen storage in graphene, Physical Chemistry Chemical Physics, vol. 15, pp. 80 – 89.

⊜　Florusse, LJ, Peters, CJ, Schoonman, J, Hester, KC, Koh, CA, Dec, SF, Marsh, KN and Sloan, ED, 2004, Stable low – pressure hydrogen clusters stored in a binary clathrate hydrate, Science, vol. 306 (5695), pp. 469 – 471.

用氢代替液态烃燃料的任务是艰巨的。这在图 11.9 中以图形方式说明，在表 11.7 中以数字方式说明。后者比较了容纳氢气量（11.75kg）的系统的可能质量和体积，该气量氢气的能量含量（1.4GJ）与 45L 汽油相当，这通常是指汽油箱中的燃料容量。第 3 列和第 5 列分别以汽油为单位将这些质量和体积关联起来。对于甲醇，还应考虑机载重整器的质量和体积。由于对容器和辅助设备进行适当的预留很复

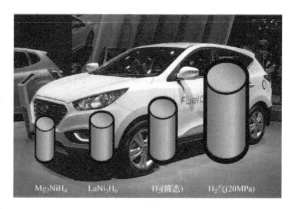

图 11.9　两种氢化物，液态氢和压缩气体（20MPa压力）的相对体积的示意图，其中 4kg 氢气用于 400km 的续驶里程

杂，因此数据可能仅是近似值，但是该信息确实表明了问题的严重性。可以看出，就质量和体积而言，汽油远远领先于各种储氢方案。该分析还揭示了为什么还需要认真考虑车载甲醇重整的方案，以及硼氢化物溶液为什么还具有一定的吸引力，如果不是因为处理材料的困难和再生成本的问题。在这种情况下，应该指出的是，燃料电池汽车的油箱到车轮的效率（见第 12.4.1 节）明显优于传统的汽油或柴油发动机[一]。

表 11.7　等效能量含量（1.4GJ）的汽油的质量和体积以及氢气的存储形式的近似比较

	储能总质量/kg	指标	储能体积/L	指标
汽油（45L）	41	1	45	1
压缩氢气（20MPa）传统钢瓶	约 1150	28	约 1080	24
压缩氢气（70MPa）传统钢瓶	约 200	4.9	约 170	3.8
LH_2 深冷状态	约 100	2.4	约 350	7.8
铁钛氢化物及反应床	约 1050	25.6	约 275	约 6.1
甲醇及重整器	约 1140	27.7	约 294	约 6.5
硼氢化钠（$NaBH_4$）	约 553	13.5	约 192	约 4.3

总之，在做储能分析时，应提及可充电电池中存储的能量以及与氢存储能量的比较。例如，考虑图 11.10 中所示的小型金属氢化物容器，其中装有 1.7g 氢。根据附录 2 A2.4 节中给出的数据，对于在 $V_c = 0.6V$ 时工作的燃料电池而言，其效率约为 40%，氢化物容器将提供 $26.8 \times 0.6 \times 1.7 = 27W \cdot h$ 的电能（表 A2.1 中给出的氢的比电能为 $26.8 \times V_c kW \cdot h/kg$）。这大约与 6 个 D 级镍镉电池的容量相同，

⊖　Davis, C, Edelstein, W, Evenson, W, Brecher, A and Cox, D, 2003, Hydrogen Fuel Cell Vehicle Study, A Report Prepared for the Panel on Public Affairs（POPA）, American Physical Society, College Park，MD.

每个电池的容量与图 11.10 中的氢存储量大致相同。换句话说，储存的氢获得的能量密度约为镍镉电池的 6 倍（W·h/L）。

最先进的锂离子电池的比能量约为 900kJ/kg。氢本身的比能为 142MJ/kg，这表明氢提供了惊人的更好的储能选项。但是当考虑到储存容器的重量时，这些数字变得不太引人注目。表 11.7 中数据的处理将显示，在传统的 20MPa 气瓶中，压缩氢气的比能约为 1.2MJ/kg。如果将储存压力提高

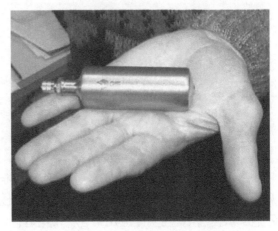

图 11.10　用于小型便携式电子设备燃料电池的小型金属氢化物氢存储器

到 70MPa，则比能量将增加到 7MJ/kg。这仍然是锂离子电池比能量的 8 倍，这也是氢在车载储能方面如此有吸引力的原因之一。进一步的考虑发现，以氢化物形式存储的氢的比能甚至可能更高，但如前所述，还有其他考虑因素（主要是热量管理和缓慢的反应速率）使氢化物目前不适合用于车辆上的存储。

燃料处理和氢存储是燃料电池系统设计的重要方面，但是它们并不是唯一的子系统，下一章讨论与反应气体在系统中流动相关的问题。

扩 展 阅 读

Broom, DP, 2011, Hydrogen Storage Materials — The Characterisation of Their Storage Properties (Green Energy and Technology), Springer-Verlag, London. ISBN: 978-0-85729-220-9.

Gray, EMacA, 2007, Hydrogen storage — status and prospects, *Advances in Applied Ceramics*, vol. 106(1–2), pp. 25–28.

Hirscher, M, ed., 2010, Handbook of Hydrogen Storage: New Materials for Future Energy Storage, Wiley-VCH Verlag GmbH, Weinheim. ISBN: 978-3-527-62981-7.

Rand, DAJ and Dell, RM, 2008, Hydrogen Energy — Challenges and Prospects, RSC Publishing, Cambridge. ISBN: 978-0-85404-597-6.

Thomas, CE, 2009, Fuel cell and battery electric vehicles compared, *International Journal of Hydrogen Energy*, vol. 34, pp. 6005–6020.

Varin, RA, Czujko, T and Wronski, ZS, 2009, Nanomaterials for Solid State Hydrogen Storage (Fuel Cells and Hydrogen Energy), Springer, New York. ISBN: 978-0-387-77711-5.

Walker, G, ed., 2008, Solid-State Hydrogen Storage: Materials and Chemistry, Woodhead Publishing, Cambridge. ebook ISBN: 9781845694944.

Zhang, JZ, Li, J, Li, Y and Zhao, Y, 2014, Hydrogen Generation, Storage and Utilization, Wiley-Science Wise Co-publication, John Wiley & Sons, Inc., New York. ISBN: 978-1-118-14063-5.

第 12 章 氢燃料电池系统及未来

　　燃料电池系统包括三个要素：①用于向堆提供燃料的处理系统；②堆本身；③用于将原始直流电转换为其他形式电能（比如交流电）的功率调节器。电堆是系统的核心，但要在实际应用中进行发电运行，还需要许多其他组件。例如，必须使用辅助系统（Balance of Plate，BOP）零部件，比如泵、风扇和鼓风机等往系统中输入燃料，提供冷却并向阴极供应氧气。另外，废气中的能量有时可以被回收利用，而不是简单地浪费掉。鉴于这种机械设备在其他领域已经充分开发，并长期用于其他的产品技术中，它们已经相对成熟。因此，燃料电池系统的设计人员将选择主要针对特定应用和产品需要定制的设备。"气体压缩设备"的大小和应用可能会大相径庭，因此在考虑它们对特定燃料电池系统的适用性时，有必要调查各种可行的候选设备。本章的第一部分将介绍压缩空气和燃料气体所需的各种机械辅助系统零部件，即空气压缩机（以下简称空压机）、涡轮机、喷射器、风扇/鼓风机和泵。然后，第 12.2.2 节将解决与电气组件相关的问题，或如何将来自燃料电池堆的直流电转换为更有用的交流电。第 12.4.1 节涵盖了电池与燃料电池的集成——这一领域不仅对于公路车辆而且对于固定式可再生能源系统也都越来越重要。第 12.4.2 节介绍了燃料电池系统的分析，并将前 11 章所有内容汇总到一起。最后几节回顾了完整燃料电池系统的商业地位和未来前景。

12.1　辅助系统零部件

12.1.1　空压机

　　燃料电池系统中使用的四种主要压缩机类型及主要运行方式如图 12.1 所示。基本的罗茨压缩机如图 12.1a 所示，是最简单的容积泵之一，经常用作柴油机中的增压器，通过传动带、链或齿轮直接从发动机曲轴驱动。该设备工作时通过带有一对啮合的凸角轮来泵送气体，凸角轮与拉伸齿轮不同，流体被捕获在凸角周围的囊中，从进气侧被带到排气。罗茨压缩机的生产成本非常低，并且可以在很宽的流量范围内工作。但是，它仅在传递较小压力比的流体时才具有适度的效率，也就是说通常在 1.1 的压力比时，大约具有 90% 的效率，因此通常用于输送大流量气体。

通过将转子的数量从 2 个增加到 3 个或 4 个，以及将转子扭转 60% 形成部分螺旋，可以提高性能。这种改进在增加成本的同时，还大大减少了气体中的压力波动，并在效率上略有提高。即使这样，这样的压缩机仍然仅适合于小压力增加，典型地比如压力比上限约为 1.8。

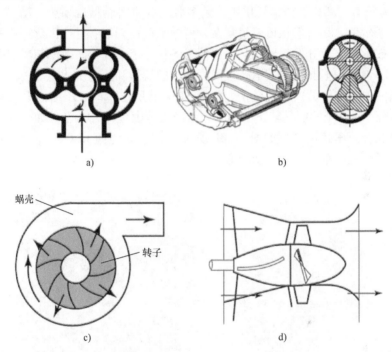

图 12.1 一些不同类型的压缩机

a）罗茨正排量泵   b）双螺杆 Lysholm 空压机   c）离心（径向）空压机   d）轴流式空压机

图 12.1b 的双螺杆 Lysholm 压缩机有两个螺杆，它们反向旋转，从而向上驱动气体通过两个螺杆之间的区域，同时对其进行压缩。该设备可以被认为是对"阿奇米德斯螺杆"的改进，该螺杆自古以来就被用于抽水。双螺杆压缩机有两种变体。第一个变体是外部电动机仅驱动一个转子，第二个转子由第一个转子驱动旋转。该布置要求转子接触并因此用油润滑，不可避免地与空气一起带走少量润滑油，对于许多工业应用而言都无关紧要；双螺杆压缩机在为气动工具提供压缩空气方面有着广泛的应用。在第二种变体中，两个转子通过同步齿轮连接——一对单独的齿轮提供了从一个转子到另一个转子的驱动链接。反向旋转的两个螺杆不会接触，尽管效率很高，但它们会彼此非常靠近。该版本提供无油输出，这对于燃料电池系统是必需的；它也用于其他设施，例如在制冷系统中循环流体。

通过改变螺杆的长度和螺距，Lysholm 压缩机可以设计成覆盖多种压缩比——出口压力可以高达输入压力的 8 倍。另一个优点是，在较宽的流速范围内，效率仍然很高。然而不幸的是，由于转子、同步齿轮和轴承所要求的精度很高（螺杆压

缩机的轴上存在较高的横向和轴向机械负荷），这种类型的压缩机的制造成本
很高。

图12.1c所示为离心或径向设计压缩机，是压缩机或鼓风机中较常见的一种。
气体在叶轮中心被吸入，并被高速径向排出到周围的蜗壳中。在这里，动能被
"转换"为压力。离心式压缩机用于绝大多数发动机涡轮增压系统。图12.2a显示
了一个转子示例。尽管形状可能很复杂，但通常可以铸成一件。因此，这种类型的
压缩机的成本低廉，开发完善并且可适用于各种流速。此外，效率与其他类型的压
缩机相比非常好，但必须将其运行在明确定义的流量和压力变化范围内，以实现高
效率。离心式压缩机的实际问题是，如第12.2节所述，离心压缩机根本无法在低
流量下运行；另一个问题是转子必须以非常高的速度旋转（典型值如80 000r/min），
而双螺杆和罗茨压缩机（例如图12.2b所示）被限制为约15 000r/min。因此必须
注意离心压缩机中轴承的设计和润滑。

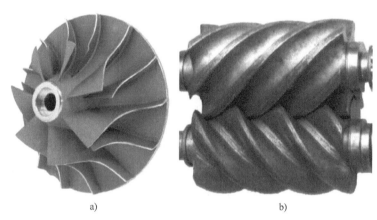

a) b)

图12.2 转子示例

a）典型的离心空压机转子 b）双螺杆压缩机转子

如图12.1d所示，轴流压缩机通过高速旋转大量叶片来驱动气体。从本质上
讲，通常是火力发电厂中运行的涡轮机的倒置。与涡轮机一样，叶片端部与壳体之
间的间隙必须尽可能小。该要求大大增加了制造成本。轴流压缩机仅在相当窄的流
量范围内效率很高。经验表明，对于那些输出功率应超过几兆瓦的燃料电池来说，
轴流压缩机是燃料电池的一种良好的选择，可以在任何给定的时间内在全功率和半
功率之间运行。轴流压缩机在某些工业操作中还用于空气管理。在成本方面轴流压
缩机优于螺旋压缩机。不过，它不太可能用于燃料电池系统，因为旋转叶片的尖端
必须用一层薄薄的油润滑来进行密封，即使经过过滤，输出气体中总会有一些油
尘，如前所述，对质子交换膜燃料电池来说通常是不可接受的。在绝大多数类型的
压缩机的工艺流程图中，采用的符号如图12.3a所示，而涡轮的互补符号如
图12.3b所示。

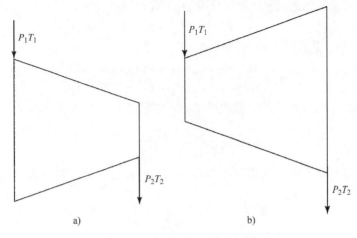

图 12.3 压缩机和涡轮机的符号

a) 压缩机符号 b) 涡轮机符号

12.1.1.1 效率

如同燃料电池的效率一样，在定义压缩机的效率时需要格外小心。每当压缩气体时都会因气体其温度将升高而产生能量消耗，除非压缩过程进行得非常缓慢或需要大量冷却。在可逆且绝热（无热量损失）的过程中，可以很容易地知道，如果压力从 P_1 变为 P_2，则温度将根据以下关系从 T_1 变为 T_2'：

$$\frac{T_2'}{T_1} = \left(\frac{P_2}{P_1}\right)^{\frac{\gamma-1}{\gamma}} \tag{12.1}$$

其中 $\gamma = C_P/C_V$，即恒压比热容（C_P）和恒容比热容（C_V）之比。对于等熵过程，即该系统的熵保持不变，该公式给出了由于压力变化而导致的气体温度变化。实际上，新温度 T_2' 将高于式（12.1）给出的温度，因为压缩机的叶片的某些运动（比如摩擦、扰流）在压缩气体方面无效，因此会观察到气体温度的小幅上升。另外，某些气体可能会在压缩机周围"搅动"，从而变得更热而不被压缩。如果实际的新温度为 T_2，则以下两个数量之间的比率将能够推导压缩机效率：

1）将压力从 P_1 提高到 P_2 的实际功耗。

2）如果过程是可逆的，其所需的理论功耗，即"等熵工作"的功耗。为了找到这两个数量，通常可以使用以下假设：

— 来自压缩机的热量流可以忽略不计。

— 流入和流出压缩机的气体动能没有变化，或者至少任何变化都可以忽略不计。

— 气体是"理想气体"，因此在恒定压力下的比热容 C_p 是恒定的。

根据这些假设，首先可以计算气体压缩前后的实际功耗，即使气体焓变：

$$W = C_p(T_2 - T_1)m \tag{12.2}$$

式中，m 是压缩气体的质量。等熵功 W' 由下式给出：

$$W' = C_p(T_2' - T_1)m \tag{12.3}$$

等熵效率 η_c 是这两个量的比值 W'/W。因此：

$$\eta_c = \frac{\text{等熵功}}{\text{实际功}} = \frac{C_p(T_2' - T_1)m}{C_p(T_2 - T_1)m} = \frac{T_2' - T_1}{T_2 - T_1} \tag{12.4}$$

如果将式（12.4）中的等熵温度 T_2' 代入等式（12.1），则：

$$\eta_c = \frac{T_1}{(T_2 - T_1)}\Big[\Big(\frac{P_2}{P_1}\Big)^{\frac{\gamma-1}{\gamma}} - 1 \Big] \tag{12.5}$$

式（12.5）也可以重新排列以给出压缩时的温度变化，如下所示：

$$\Delta T = T_2 - T_1 = \frac{T_1}{\eta_c}\Big[\Big(\frac{P_2}{P_1}\Big)^{\frac{\gamma-1}{\gamma}} - 1 \Big] \tag{12.6}$$

等熵效率的这种定义不考虑驱动压缩机的轴上所做的功。为了包括这项工作，还应考虑机械效率 η_m，因为它考虑了轴承中或转子与外壳（如果有）之间的摩擦。对于离心式和轴流式压缩机来说，机械效率非常高，通常超过98%，因此总效率 η_T 可以合理地表示为

$$\eta_T = \eta_m \times \eta_c \tag{12.7}$$

等熵效率 η_c 是最有用的效率度量，因为它与温度升高（ΔT）直接相关，并且可能很高。例如，使用20℃（293K）的空气，其 $\gamma = 1.4$，将压力加倍并且将 η_c 的典型值替换为式（12.6），则得出：

$$\Delta T = \frac{293}{0.6}(2^{0.286} - 1) = 170K \tag{12.8}$$

对于某些燃料电池，温度升高是有利的，因为它可以预热反应物。另一方面，对于低温燃料电池（温度在100℃以下），这意味着压缩气体需要再进行冷却。位于压缩机和燃料电池之间的此类冷却器通常称为"中冷器"。

12.1.1.2 功率

从压缩前后温度的变化和关于气体比热容量知识，可以很容易地找到驱动压缩机所需的功率。从而有

$$P_{功率} = C_p \times \Delta T \times \dot{m} \tag{12.9}$$

式中，$\dot{m}$ 是气体的质量流量系数，单位为 kg/s。温度差 ΔT 由式（12.6）给出。因此

$$P_{压缩机功率} = C_p \times \frac{T_1}{\eta_c}\Big[\Big(\frac{P_2}{P_1}\Big)^{\frac{\gamma-1}{\gamma}} - 1 \Big] \times \dot{m} \tag{12.10}$$

对于大多数燃料电池系统都具有的特征的空气压缩机，空气的 C_p 可以取为 1004J/(kg·K) 且 $\gamma = 1.4$，因此空气压缩机所需的功率为

$$P_{压缩机功率} = 1004 \times \frac{T_1}{\eta_c}\Big[\Big(\frac{P_2}{P_1}\Big)^{0.286} - 1 \Big] \times \dot{m} \tag{12.11}$$

12.1.1.3　空压机性能图

压缩机的效率和性能将取决于许多因素，其中包括：

—入口压力，P_1。

—出口压力，P_2。

—入口温度，T_1。

—气体密度，ρ。

—气体黏度，μ。

—气体质量流量系数，$\dot{m}$

—压缩机转子转速，N。

如果要针对所有这些变量，都要绘制某种压缩机性能图表显然是一项困难的任务。因此，有必要将部分变量消除或分组在一起。通常以以下方式进行简化：

—入口和出口压力组合成一个变量，即压力比 P_2/P_1。

—对于任何气体，密度由 $\rho = P/RT$ 给出，因此在考虑 P 和 T 时可以忽略不计。

—考虑到通常使用的气体范围有限，气体的黏度影响也可以忽略。

通过尺寸分析过程可以进一步简化，这可以在涡轮机和涡轮增压器的教科书中找到。结果是将变量按"无量纲"分组。这两个组分别是：

$$\dot{m}\frac{\sqrt{T_1}}{P_1} \text{和} \frac{N}{\sqrt{T_1}}$$

它们分别被称为"质量流量系数"（Mass Flow Factor，MFF）和"转速系数"（Rotate Speed Factor，RSF）。它们有时也称为"无量纲质量流量"和"旋转速度"。绘制不同压力比和 MFF 的效率图表以及恒定转速系数的线。图 12.4 给出了典型的双螺杆压缩机（如 Lysholm 压缩机）的图表。恒效率线类似于地理地图的轮廓线——不是表示丘陵，而是表示操作效率同样高的区域。

P_1 通常使用的单位是 bar（1bar = 0.1MPa），温度使用的单位是 K，质量流量系数与燃料电池的功率相关。假设燃料电池的典型运行条件（即空气化学计量比 = 2，平均电压 = 0.6V），则根据附录 2 中的式（A2.9），得出 250kW 燃料电池空气质量流量系数为：

$$\frac{3.58 \times 10^{-7} \times \lambda \times P_e}{V_c}\text{kg/s} \tag{A2.9}$$

式中，P_e 是燃料电池的功率（W）；λ 是空气化学计量比；V_c 是电池电压。从而：

$$\dot{m} = \frac{3.58 \times 10^{-7} \times 2 \times 250000}{0.6} = 0.3\text{kg/s} \tag{12.12}$$

如果假定空气为标准条件（即 $P_1 = 1\text{bar}$，$T = 298\text{K}$），则 MFF 为

$$\text{MFF} = \frac{0.3 \times \sqrt{298}}{1.0} = 5.18\text{kg} \cdot \text{K}^{\frac{1}{2}}/(\text{s} \cdot \text{bar}) \tag{12.13}$$

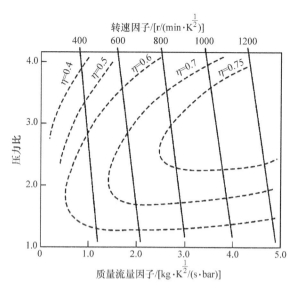

图12.4　所示为典型双螺杆压缩机的性能图表，质量流量因子5对应
于输出功率约为250kW的燃料电池的空气需求

　　因此，图12.4的 x 轴对应于功率约为 $0\sim250$ kW的燃料电池的空气流量要求。类似地，如果转子速度因数为1000，则这将对应于约17300r/min的速度。这些"无量纲"数量的使用是压缩机和涡轮机教科书中的标准做法，但在许多制造商的数据表中却没有。在后一种情况下，将应用标准条件值（$P_1=1.0$ bar，$T=298$ K），将MFF替换为质量流量甚至体积流量，并将转速系数替换为r/min。一般而言，此类图表将提供令人满意的结果，但多级压缩机除外。当气体经过一系列第一阶段的压缩后，其温度和压力显然会发生明显变化，因此即使实际质量流量不变，MFF也会大不相同。

　　典型的离心压缩机的性能如图12.5所示。该图表的形式与螺杆式或Lysholm压缩机的形式不同。需要注意的两点如下：

　　1）压缩机存在高效率区域，但是这些区域往往非常狭窄。对于给定的压力比，在图表上移动时，恒定效率的"轮廓"非常接近。

　　2）透平压缩机有明显的"喘振线"，压缩机的左侧是不稳定区域，不宜使用。如前所述，离心压缩机的工作原理是使气体从装置中心加速出来。如果入口压力太低，则泵送的气体因流动的关系，气体将流回到入口，仅被再次泵送。该种现象将导致压力不稳定，产生"喘振"，气体将被加热。因此，离心压缩机往往不得在"低流量"区域内运行。如果流速必须降低，则同时还必须降低压力比。

　　由于这两个特征，在不影响效率的情况下，很难用离心压缩机维持恒定压力。为了获得最佳性能，应允许压力随着气体流量的增加或减少而上升和下降，以遵循图12.5中所示的最大效率区域。对于离心压缩机的大多数应用（例如，作为内燃

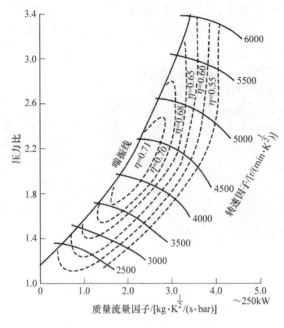

图 12.5 典型离心压缩机的性能图

机的涡轮增压器），可变压力的问题不是问题。质子交换膜燃料电池对压力波动的容忍取决于膜电极，但是在许多燃料电池系统（比如熔融碳酸盐燃料电池）中，燃料电池堆中氧化剂和燃料气体的压力需要紧密匹配，因此离心压缩机不是一个很好的选择。

12.1.1.4 选型

对于 1.4 ~ 3 左右的压力比，最佳选择是采用专为内燃机设计的压缩机。例如，图 12.6 中所示的伊顿增压器是为大型汽油发动机配备生产的，其气流范围为 50 ~ 100L/s。该空气流动速率对应于燃料电池为 50 ~ 150kW 的功率范围[⊖]。

对于需要更高压力比的情况，双螺杆压缩机是提高效率和灵活性的首选，其性能图如图 12.4 所示。小型 Lysholm 双螺杆压缩机（型号 1200 AX）的示例如图 12.7 所示。这个特殊的装置尺寸为 260mm × 176mm × 120mm，重量仅为 5kg，设计用于高达 0.12kg/s 的流量，相当于在 $\lambda = 2$ 的典型燃料电池和一个平均电池电压为 0.6V 的情况下约为 100kW 的电堆的供气量。对于更高功率的系统，燃料电池设计人员可以从经过多年测试的各种商用双螺杆压缩机中进行选择。它们由原始设备制造商和作为汽配产品的多家汽车制造商以较低的成本大量生产。双螺杆压缩机还经常用于替换需要大量高压空气的活塞式压缩机，无论是用于大型工业应用还是用于操作大功率气动工具（例如手提钻）。应该注意的是，大多数汽车泵或增压器是由

⊖ 使用附录 2 中得出的公式（A2.4）计算功率，化学计量的典型值为 $\lambda = 2$，平均电池电压为 0.6V。

发动机曲轴上的带轮驱动的，但在燃料电池系统中，压缩机由电动机驱动。通过控制电动机的速度，可以改变气体流速和压力升程，从而提供另一种根据系统负载或电气需求来优化电堆性能的方法。

图 12.6　伊顿增压器，该装置长约 25cm，
可将压力提高 36 ~ 70kPa

（资料来源：经伊顿公司，Eaton Corporation，
http：//www.enginetechnologyinternational.com/eaton.php）

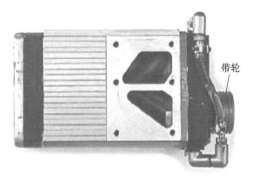

图 12.7　Lysholm 压缩机（1200 AX 型）。空气
入左侧的一个孔（不可见），并通过可见面上的
六个孔排出。右侧的带轮驱动螺柱

带轮

12.1.2　涡轮式空压机

在固体氧化物燃料电池或熔融碳酸盐燃料电池系统的后发电循环中，使用涡轮机来利用热废气中的能量以产生额外的动力。在某些情况下，涡轮机还可带动压缩机以压缩进入的空气或燃气。两种类型的涡轮机可以与燃料电池系统结合使用。第一个是向心或径向涡轮，它本质上是前面讨论的离心压缩机的逆向形式。首先推荐使用此项技术，除非涉及系统的功率大于（约）500kW，那么可考虑使用轴流式涡轮机。这是燃气和蒸汽轮机发电机组中经常采用的常规标准技术。涡轮机的符号与压缩机的符号相反，如图 12.3b 所示。

可以将涡轮机和压缩机并排安装在同一轴上。由于周围的壳体对于两者来说是共同的，因此会使得单元非常紧凑和简单。这种装置通常被称为"涡轮增压器"，因为它的主要应用是使用由废气驱动的涡轮机对发动机进行增压。在相同的假设下，涡轮机的效率与压缩机的效率类似。如果涡轮是等熵的，那么出口温度将从 T_1 下降到 T_2'，而对于压缩机：

$$\frac{T_2'}{T_1} = \left(\frac{P_2}{P_1}\right)^{\frac{\gamma-1}{\gamma}} \tag{12.1}$$

然而实际上，一些能量将不会传递到涡轮轴，而是与气体一起保留，因此出口温度将高于 T_2'。因此，实际完成的功将小于等熵功（请注意：对于压缩机，功则更大）。因此涡轮的等熵效率

$$\eta_c = \frac{\text{实际完成的功}}{\text{等熵功}} \tag{12.14}$$

对理想气体进行与压缩机相同的假设，式（12.14）变为

$$\eta_{c} = \frac{T_1 - T_2}{T_1 - T_2'} = \frac{T_1 - T_2}{T_1 \left[1 - \left(\dfrac{P_2}{P_1} \right)^{\frac{\gamma-1}{\gamma}} \right]} \tag{12.15}$$

通过重新排列式（12.15），温度变化如下：

$$\Delta T = T_2 - T_1 = \eta_{c} \cdot T_1 \left[\left(\frac{P_2}{P_1} \right)^{\frac{\gamma-1}{\gamma}} - 1 \right] \tag{12.16}$$

注意，因为 $P_2 < P_1$，所以 ΔT 将始终为负。该表达式使得能够推导涡轮机可用功率的公式。采用与第 12.4.2 节中相同的推理并简化假设，得出：

$$P_{功率} = C_{p} \times \Delta T \times \dot{m} = C_{p} \eta_{c} T_1 \left[\left(\frac{P_2}{P_1} \right)^{\frac{\gamma-1}{\gamma}} - 1 \right] \times \dot{m} \tag{12.17}$$

为了获得可用于驱动外部负载的功率，应将功率乘以机械效率（对于压缩机，应为 0.98 或更高）。涡轮机性能可以使用与压缩机完全相同的图表方式表示。除了在涡轮机的情况下，垂直轴变为 P_1/P_2 而不是 P_2/P_1，并且恒转速系数线的方向完全不同。图 12.8 给出了一个径向涡轮机的图表示例。对于任何给定的涡轮速度，

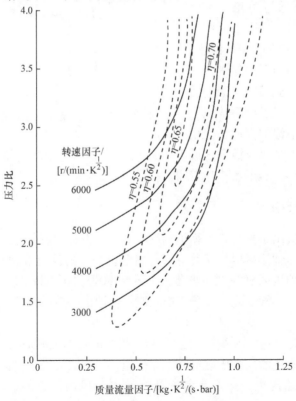

图 12.8　典型的小型径向涡轮机性能图

质量流率都随压力下降而增加，这是可以预期的，但趋于达到最大值，即"扼流极限"。扼流极限值在很大程度上取决于涡轮机壳体的直径。压缩机和涡轮计算的工作示例在附录3中给出。

12.1.3　引射器循环器

引射器是所有类型泵中最简单的，因为没有运动部件。在以高压存储气态燃料的燃料电池中，引射器利用气流引入的机械能使给定燃料产生循环效果。该设备被广泛选择用于在氢燃料电池系统和某些固体氧化物燃料电池中，实现燃料循环功能。

一个简单的引射器示意图如图12.9所示。气体或液体通过细管 A 进入文氏管 B。在 B 处获得较高的速度，因此在管 C 中产生吸力。通过 A 的流体因此将流体从 C 夹带并在 D 处排出。来自 A 的压力必须高于 C、B 或 D 中的压力，而不必与 C、B 或 D 中的压力相同。在蒸汽系统中经常会出现引射器，蒸汽是流体通过窄管 A。还可以使用引射器来泵送空气，在蒸汽轮机的冷凝器中保持真空或将水泵入锅炉。

在氢燃料电池系统中，引射器使燃料气体循环通过电堆。在 A 处以高压供应氢气，而引射器中膨胀气体的能量在 C 处从阳极废气中吸入气体，并与新鲜的氢气一起通过 D 输送到阳极入口。产生的压差足以驱动气体通过电解池以及质子交换膜燃料电池的任何加湿设

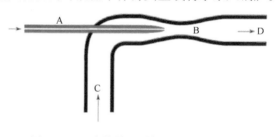

图 12.9　一个简单的引射器循环泵示意图

备。管道 A、C 和 D 以及混合区域 B 的内径（适合压力差和与所需工作量相关的流量）可以从化学工程参考书中获得。

12.1.4　风扇与鼓风机

风扇或鼓风机用于从台式计算机到汽车的各种设备中提供直接的空气冷却。用于冷却电子设备的轴流风扇是移动空气的出色设备，但压力升幅很小。以 0.1kg/s 额定流量的小型轴流风机为例，当背压上升到 50Pa（0.5cm 水压）时，其流量可能降至接近于零。尽管如此，质子交换膜燃料电池的一些开放式设计中也包括了轴流风扇。

相比之下，为某些空调系统吹送空气的离心式鼓风机能提供更大的压力提升。这种风扇与前面所述的离心压缩机并不太相似，不同之处在于它以低得多的速度运行，叶片更长，结构更开放。有各种类型的离心风扇，它们的叶片设计和方向不同。

通常使用鼓风机和风扇来帮助从气流中除去热量（冷却），而不是增加气体的

动能。在冷却系统中，效率不仅取决于风扇或鼓风机消耗的功率，还取决于用来冷却气体的热交换器的设计。在这种情况下，将效率定义为

$$冷却系统效率 = \frac{散热速率(kW \cdot h/h)}{电功率(kW)} \tag{12.18}$$

例如，考虑一个直径为 120mm 的小型轴流风扇，该风扇通常用于冷却电气设备。这样的风扇可能以 0.084kg/s 的流量供应空气并消耗 15W 的电能。如果吹出的空气温度升高 10℃，那么散热速率将由下式得出：

$$P_{功率} = C_P \times DT \times \dot{m} = 1004 \times 10 \times 0.084 = 843W \tag{12.19}$$

也就是说，仅 15W 的电能就消除了 843W 的热量，因此冷却系统的效率为 843/15 = 56。在冷却系统中，空气流量和所消耗的电能之间始终存在平衡或权衡。较高的流速可改善热传递，但会以风扇消耗更多的功率为代价。

12.1.5　泵

较早考虑的鼓风机和风扇最适合于具有很小压力升压的高流量气体。对于 200W ~ 2kW 的中小型质子交换膜燃料电池堆，空气和燃料的背压对于鼓风机和风扇来说都太高了。另一方面，对于前面讨论的任何商用压缩机，压力和流速都将太低。对于小型质子交换膜燃料电池系统，需要另一种类型的泵，其主要特征应包括以下方面：

1）低成本。

2）噪声小，工作安静。

3）可靠，耐久。

4）可配置性。可用的尺寸范围也将适用于小型燃料电池系统，例如，气体流速从 $2.5 \times 10^{-4} \sim 2.5 \times 10^{-3}$kg/s，即 12 ~ 120SLM$^{\ominus}$。

5）高效，低功耗。

满足这些要求的最合适的泵是小叶片或隔膜泵。通常在鱼缸中使用的隔膜泵就可以满足大多数早期小型燃料电池的要求。设计上有很多变化，但是基本工作原理可以从图 12.10 中得到展示。隔膜通过电动机上下移动，以显著的机械方式通过两个阀门

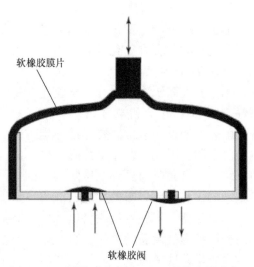

软橡胶膜片

软橡胶阀

图 12.10　隔膜泵示意图——一种具有低成本、安静运行和耐久可靠性的优点的设备

$\ominus$　每分钟标准升（SLM）是校正为"标准"温度和压力条件下的气体体积流量的单位，在不同的科学域和工程域之间可能会有很大差异。

使空气通过系统。膜片由软橡胶制成，尽管压力升幅限制在 10 ~ 20kPa，但仍可长时间保持安静运行。通过调节施加的力可以很容易地控制流量。例如，据报道 300W 功率的质子交换膜燃料电池使用隔膜泵来提供所需的 10 ~ 20SLM 的反应气流。该流量在 110 ~ 115kPa 的压力下输送，电动机与泵的组合消耗 14 ~ 19W。因此，由于气泵造成的寄生系统功率损失约为 6%，对于这种情况，这是可以接受的。

12.2　功率电子器件

通常需要对燃料电池组的电输出进行调节，以匹配特定应用的需求。有些操作需要恒定或接近恒定的电压，而另一些操作则需要将直流输出转换为交流。通过添加功率电子组件来满足这些要求。稳压器用于稳定 DC（直流）电压，逆变器用于将 DC 转换为 AC（交流）。以下各小节将介绍这些功率电子产品。

12.2.1　直流变换器及电子开关器件

如第 3 章中的图 3.1 和图 3.2 所示，燃料电池的电压随电流密度的增加而下降。举例来说，图 12.11 给出了为公交车供电的 250kW 质子交换膜燃料电池系统的数据[○]。堆电压在操作范围从大约 400 V 到超过 750 V 不等，并且在相同电流下具有不同的值。

电压之所以产生变化，是因为电压以及电流之间存在电化学和传质方面的许多其他因素，例如膜电极性能、工作温度和压力。这种电压变化特性与大多数电子和电气设备不兼容，因为电子设备通常需要保持恒定电压的电源。因此，在大多数燃料电池系统中，有必要通过将电压降到燃料电池的工作范围以下的固定值或将其升至固定值，来稳定从燃料电池电池组提供给电气设备的电压。直流电压的变化是通过使用"开关"或"斩波"电路实现的，如下文所述。这些

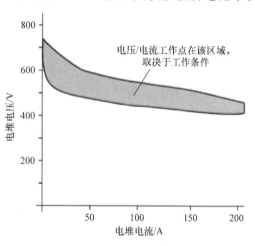

图 12.11　来自设计为公交车供电的 250kW 燃料电池系统的数据

（资料来源：Derived from data in Spiegel, RJ, Gilchrist, T and House, DE, 1999, Fuel cell bus operation at high altitude, Proceedings of the Institution of Mechanical Engineers, Part A, vol. 213, pp. 57 – 68）

○　Spiegel, RJ, Gilchrist, T and House, DE, 1999, Fuel cell bus operation at high altitude, Proceedings of the Institution of Mechanical Engineers, Part A, vol. 213, pp. 57 – 68.

电路以及第 12.2.4.2 节中讨论的逆变器均通过电子开关工作。尽管我们有时候并不关注电子开关的类型及其特性，但如表 12.1 所示，最常用的电子开关的主要特性，并讨论它们各自的优缺点对电压变换器的设计很有用。

金属氧化物半导体场效应晶体管（MOSFET）是固态开关，通过向通常在表 12.1 中显示的符号 "g" 施加 5~10V 的电压来接通。在 "on" 或 "closed" 状态下，漏极 "d" 与源极 "s" 之间的电阻非常低。由于栅极电流低，所以确保极低电阻所需的功率很小。但是，栅极确实具有相当大的电容，因此通常需要特殊的驱动电路。电流导通的行为就像一个电阻，在 "导通" 状态下，晶体管的内置电阻 R_{DS} 处于一定的范围内。在稳压电路中，MOSFET 的 $R_{DS, on}$ 值可低至 0.01Ω。如此低的值仅适用于可在低至 50 V 的范围内切换低压的设备。可以切换较高电压的设备的 R_{DS} 导通值约为 0.1Ω，这会导致更高的功率损耗。因此，MOSFET 通常用于小于约 1kW 的低压电力电子系统中。

集成栅极双极晶体管（IGBT）本质上是一个三端集成电路，将传统的双极晶体管和 MOSFET 结合在一起，因此，它兼有两者的优点。栅极上施加的电流只需要忽略不计的低电压，将其切换到 "导通" 状态。如表 12.1 中的符号所示，主要电流从集电极 "c" 流向发射极 "e"，并且该路径具有 pn 结的特性。结果是，在器件额定范围内的所有电流下，电压都不会增加到高于 0.6 V。此功能使 IGBT 在电流大于 50 A 的系统中成为首选。IGBT 也可以承受更高的电压。如表 12.1 所示，与 MOSFET 相比，更长的开关时间在低功率系统中是不利的。尽管如此，IGBT 现在几乎是从 1kW 到几百 kW 的系统中普遍选择的电子开关，随着技术的不断改进，"上限" 每年都在增加。

表 12.1　用于电力电子设备的主要电子开关的主要数据

类型	晶闸管	场效应晶体管	IGBT
符号			
最大电压/V	4500	1000	1700
最大电流/A	4000	50	600
开关时间/μs	0.5~10	0.3~0.5	1~4

晶闸管一直是小型电力电子设备中最常用的电子开关，例如电灯的调光开关。与 MOSFET 和 IGBT 不同，晶闸管只能用作电子开关——没有其他用途。从 "关断" 状态到 "导通" 状态的转换是由进入栅极的电流脉冲触发的。然后，该设备将保持 "开启" 或导通状态，直到流过它的电流降至零为止。该特性使得晶闸管在专用于交流整流的电路中特别有用。通过在栅极上施加负电流脉冲，即使在电流流动时，也可以关闭各种类型的晶闸管，尤其是栅极截止（GTO）版本。尽管仅

通过电流脉冲即可实现开关，但晶闸管的开关所需能量要比 MOSFET 或 IGBT 大得多。此外，切换时间明显更长。晶闸管（以各种形式）显示的用于直流切换的唯一优点是可以容纳更高的电流和电压。

开关器件（无论是 MOSFET、IGBT 还是晶闸管）的电路符号通常是"与设备无关"的，如图 12.12 所示。在所有情况下，最重要的是，开关应尽可能快地从导通状态切换到阻断状态，反之亦然。

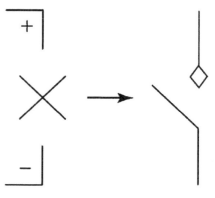

图 12.12　用于电子操作开关的符号

12.2.2　降压稳压器

稳压器中使用的电子开关，如上节所述用于调节器中的，例如开关模式"降压"或"降压"开关调节器（或斩波器），如图 12.13 所示。基本组件是带有相关驱动电路及二极管和电感器的电子开关。当开关打开时，来自燃料电池堆的电流流过电感器和负载，如图 12.13a 中的电路所示。由于线圈内部的感应磁场，电感两端的压降最初会限制流经电路的电流[⊖]。随着电感完全磁化，电流会在短时间内逐渐上升。然后关闭开关，电感器中存储的能量使电流通过二极管保持流过负载，如图 12.13b 所示。图 12.14 显示了该开关周期各部分的不同电流。如有必要，可通过使用电容器进一步平滑负载两端的电压。

如果 V_1 是电源电压，并且电子开关的"接通"和"断开"时间分别为 t_{on} 和 t_{off}，那么可以计算输出电压，即负载两端的电压 V_2 由下式给出：

$$V_2 = \frac{t_{on}}{t_{on} - t_{otff}} \times V_1 \tag{12.20}$$

负载两端电压的规则变化称为纹波，这些变化受开关频率的影响，在较高频率下，纹波较小。但是每次打开和关闭都会损失一些能量，因此打开和关闭频率不应太高，需要控制电路来调节 t_{on} 以获得所需的输出电压。这种电路可以容易地从制造商处获得。降压斩波电路中的主要能量损耗包括如下：

— 电子开关中的开关损耗。

— 开关导通时开关中的功率损耗（对于 IGBT 为 $0.6I$，对于 MOSFET 为 $R_{Ds,on} \times I^2$）。

— 功率因电感器的电阻而损失。

— 二极管的损耗为 $0.6I$，其中 I 是电路中的电流，而 0.6 的值就是二极管上

⊖　这种效应通常被描述为"反向电压"，因为它是"反向推"电流感应产生的电压，反向电压是交流电路中由磁感应引起的电压降。

的电压损耗。

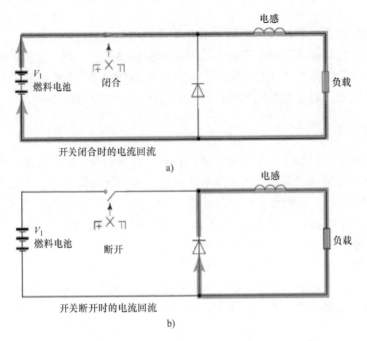

图 12.13　电路图显示了开关模式降压型稳压器的操作

a）开关闭合时的电流路径　b）开关断开时的电流路径

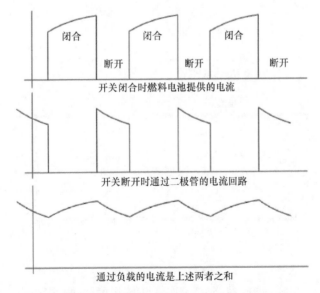

图 12.14　开关模式降压型稳压器电路中的电流变化示意图

实际上，所有这些损失都可以降低到非常低的水平。这种降压斩波电路的效率应至少为90%，并且在电压为100 V或更高的系统中，通常可以达到98%以上的效率。

降压稳压器的一种替代方案是"线性"稳压器电路。在该电路中，采用了在发射极和集电极之间提供可变电阻而不是通断功能的晶体管。调节栅极电压，以使器件电阻处于降低电池电压所需的正确值。线性电路通常用于某些低成本的电子设备中，但效率低下，对于燃料电池系统而言，它不是一个较好的选择。

12.2.3　升压调压器

由于燃料电池原始输出电压通常比设备低，通常需要提高或升高直流电压。使用电子开关电路也可以简单有效地完成此操作。典型开关模式下升压型稳压器的电路如图12.15所示，其操作如下。最初的假设是电容器中有电荷。当开关接通时，电感器中会积聚电流，如图12.15a所示，负载端由电容器负责放电。二极管可防止来自电容器的电荷流回开关。当开关断开时，如图12.15b所示，由于电流下降，电感两端的电压急剧增加。一旦电压上升到电容器的电压之上（二极管增加约0.6V），电流就会流过二极管，给电容器充电并流过负载。只要电感器中仍然有能量，这种情况就会继续。然后，开关再次闭合。

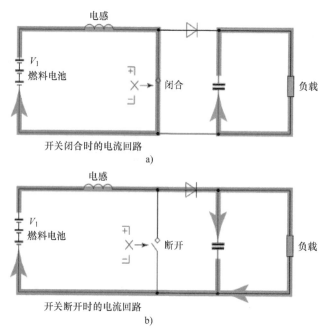

图 12.15　电路图显示了开关模式升压稳压器的操作
a）开关闭合时的电流路径　b）开关断开时的电流路径

通过在比"接通"位置短的时间内关闭开关，可以在负载上实现高电压。对

于无损耗的理想开关模式稳压器,负载两端的电压(V_2)由下式给出:

$$V_2 = \frac{t_{\text{on}} + t_{\text{off}}}{t_{\text{off}}} \times V_1 \qquad (12.21)$$

和以前一样,t_{on} 和 t_{off} 分别为开关打开和关闭的时间。

实际上,由于与降压稳压器类似的原因,输出电压会略低。许多制造商都可提供降压和升压稳压器的控制电路。

升压调节器中的损耗与降压调节器具有相同的原理。但是,由于流经电感器和开关器的电流高于流经负载的电流,因此能量损耗也较高。同样,当所有电荷流过二极管时,都会有与此电流相关的能量损失。尽管升压调节器可以实现95%或更高的效率,但考虑到这些缺点,它的效率通常比降压调节器低。升压和降压开关或斩波电路通常被称为DC-DC变换器,并且现有商用化的产品可轻松满足各种电源和电压要求。

12.2.4　逆变器

为家庭和企业供电的燃料电池系统需要产生交流电。对于小型单户住宅,需要单相交流电,而对于更大型的安装,通常需要三相电源。在某些情况下,燃料电池系统可能需要与常规电源网并行运行;在其他情况下,它可能是独立系统或与电源无关的。近年来,太阳能光伏系统的快速出现,鼓励电力电子公司开发可从太阳能电池板接收直流电压的逆变器,并且市场上有许多不同类型和类别的逆变器。鉴于目前可获得的大量文献,此处仅介绍了逆变器的工作原理。

12.2.4.1　单相型

单相逆变器的基本电路图如图 12.16 所示。有四个电子开关,分别标记为 A、B、C 和 D,它们连接在所谓的 H 桥中。每个开关上都有一个二极管。电阻器和电感器代表要驱动交流电的负载。该电路如下操作。首先,开关 A 和 D 接通(B 和

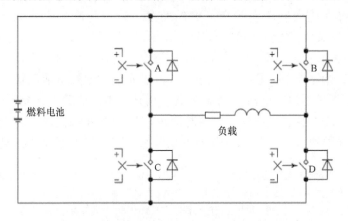

图 12.16　用于产生单相交流电的 H 桥逆变器电路

C 断开），并且电流通过负载流向右侧；然后将这两个开关断开，并且将开关 B 和
C 接通，从而使电流沿相反的方向流过负载，即从右到左。四个开关上的二极管为
开关关闭时的任何电荷耗散提供了安全泄放的路径。产生的电流波形如图 12.17 所
示。在某些情况下该波形已足够。当前，大多数家庭和企业都获得电力，电力是通
过旋转设备在火力发电厂中产生的，该旋转设备以 50 或 60 Hz 的基本频率产生几
乎完美的正弦波形式的变化电压的交流电[⊖]。

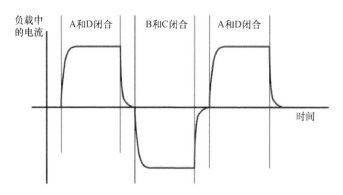

图 12.17　方波开关模式单相逆变器的电流与时间关系图

　　相比之下，图 12.16 的简单电路提供的方波波形与分布式电力及其供电的设备
不兼容。之所以出现不兼容，是因为方波电压波形除了基本频率外还由许多不同的
频率或谐波组成。较高频率的谐波会对连接到电网的其他设备以及电缆、变压器和
开关设备产生有害影响。谐波会导致电动机效率低下，并损坏计算机和其他电子设
备。现在，这种不良行为存在的可能性要求网络对可能连接到电网的任何交流电源
的波形"纯度"施加严格的规定。不同国家/地区的标准不尽相同，逆变器制造商
必须确保交流输出尽可能接近纯正弦波，并具有最小的谐波或"谐波失真"。

　　为了获得由逆变器产生的交流电的纯度，采用脉冲宽度调制（Pulse Width
Modulation，PWM）来控制 IGBT 或其他采用的电子开关。最近，采用了"公差带"
技术。PWM 的原理如图 12.18 所示，并且与图 12.16 所示的电路相关。在正周期
中，仅开关 D 始终处于接通状态，而开关 A 仅间歇性地处于活动状态（即，脉冲
式通断）。当 A 接通时，电流开始流过负载和开关 D。负载电感会产生反向电压，
从而确保电流最初很小，并在很短的时间内增加。当 A 关闭时，由于通过开关 D
和与开关 C 并联的"续流"二极管的负载电感，积聚的电流继续在电路的右下环

⊖　分布式电源的频率由 19 世纪末的蒸汽发电机旋转决定。在电气化的早期，使用了太多频率，以至于
　　没有一个值占主导地位（1918 年的伦敦有 10 个不同的频率）。频率的增长源于 1880—1900 年电机的
　　快速发展。在白炽灯早期，单相交流电很普遍，典型的发电机是 8 极电机，转速为 2000r/min，每秒
　　可产生 133 个循环的频率。随着配电网络的发展，有必要对频率进行标准化。在欧洲，发电机制造
　　商选择 50Hz，而美国的制造商在大多数情况下采用 60Hz 标准。

路周围流动。

　　在负周期中会发生类似的过程，只不过开关 B 一直保持打开状态，而开关 C 处于"脉冲"状态。当 C 接通时，电流在负载中累积，而 C 断开时，电流继续流过（尽管下降）通过电路中的上回路以及与开关 A 并联的二极管。开关 A 和 C 的控制是由电子电路执行的，该电路根据预定的顺序调制通断时间（即脉冲宽度），以生成最接近正弦波的变化电压。负载上产生的电压波形的精确形状将取决于负载的性质（电阻、电感和电容）以及开关 A 和 C 的脉冲，但典型的半周期如图 12.19 所示。该波形仍然不是正弦波，但比图 12.17 的波形更接近。显然，每个周期中存在的脉冲越多，该波就越接近纯正弦波，而谐波越弱。通用标准是每个周期 12 个脉冲。这要求开关能够以正常的 50Hz 电源的 12 倍频工作，即至少 600Hz。

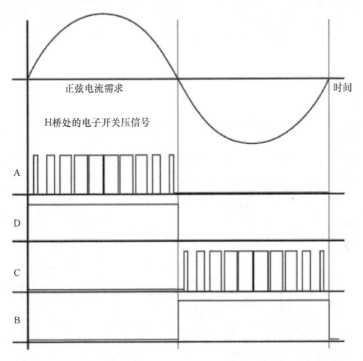

图 12.18　用于从图 12.17 的电路产生近似正弦交流电的脉冲宽度调制开关序列

　　PWM 的问题之一是要改善正弦波输出，即限制谐波，这需要用到高频开关。高频开关会给电子器件造成压力，并导致逆变器效率低下。在现代的逆变器中，开关脉冲是由微处理器电路产生的，并且已经开发了一些非常复杂的方法，这些方法超出了本书的范围。一个示例是上述的公差带脉冲方法，其中控制开关的动作使得在任何电压上限和下限的公差带内，输出电压在任何时候都能反映由微处理器电路生成的波形的电压。该方法如图 12.20 所示，连续检测输出电压，并将其与内部"上限"和"下限"进行比较，这是时间的正弦函数。在正周期中，开关 D（图

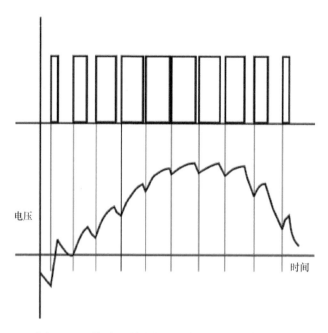

图 12.19   脉冲调制逆变器的典型电压与时间波形

12.16 中）始终打开；开关 A 接通，流过负载的电流上升；当达到上限时，A 会关闭，并且电流会下降，但仍流过与 C 并联的二极管，就像以前一样；当达到下限时，开关 A 再次接通，电流再次开始累积。不断重复此过程，电压在容差范围内上升和下降。

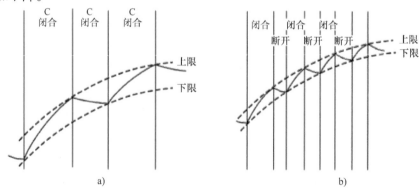

图 12.20   图表汇总了用于给公交车供电的实际 250kW 燃料电池系统的一些数据
a）宽公差带   b）窄公差带
（资料来源：RJ, Gilchrist, T and House, DE, 1999, Fuel cell bus operation
at high altitude, Proceedings of the Institution of Mechanical Engineers, Part A, 213, 57–58)

在图 12.20 中，开/关周期在图 12.20a 中显示为宽容限范围，在图 12.20b 中显示为窄容限范围。应当理解，负载的电阻和电感也会影响波形，从而影响发生开关的频率。因此，该方法是一种自适应系统，始终保持与正弦波相同的偏差，从而将有害谐波限制在固定水平以下。公差带方法用于旨在将交流电压提高到高水平的多级逆变器中，以便在网络上进行配电。

12.2.4.2　三相型

在世界几乎所有地区，交流电都是通过三个并联电路产生和分配的，每个并联电路的电压与另一个并联的电压相差 120°。虽然大多数民用只有一个相位，但大多数工业机构都可以使用全部三个相位。例如，对于工业热电联产（Combined Heat and Power，CHP）系统，需要将燃料电池的直流电转换为三相交流电。逆变器仅比单相设备复杂一点，基本电路如图 12.21a 所示。

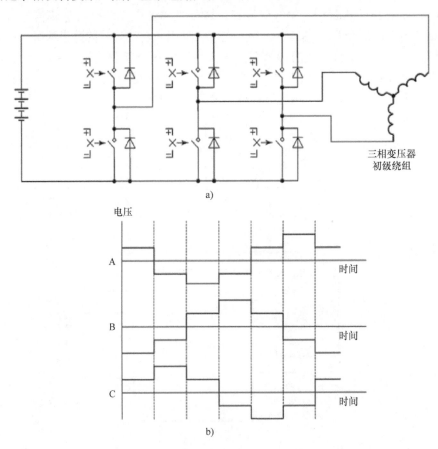

图 12.21　a）一个简单的三相 DC – AC 变换器的电路图和 b）假设纯电阻负载的逆变器电流与时间的关系图。每个阶段显示一个完整的周期，从公共点流出的电流为正

如图所示，逆变器的输出已连接至三相变压器的初级绕组。六个带有续流二极管的开关连接到右侧的三相变压器的一次绕组，该变压器代表负载。同样，负载可以是三相电动机，例如可以在工业泵或压缩机上找到的三相电动机，每个电动机可

以是兆瓦级燃料电池系统中的辅助系统组件。开关采用与图 12.17 所示的单相电路所述相同的原理，因此能够生成三个相似但异相的电压波形。每个循环可分为 6 个步骤。图 12.21b 中的图形显示了通过采用这种简单的布置，三相中每相的电流如何随时间变化。与前面介绍的单相逆变器一样，通过脉宽调制或公差带方法修改了三相逆变器中的开关顺序，以实现使电流和电压波形接近正弦波所需的频率。

现代的三相"通用"逆变器是按照类似的线路构建的，无论是用于大功率还是低功率，以及是否是"线路换向"（即定时信号均来自与其相连的电网）或"自换向"（即独立于电网）。实际上，无论调制方法如何，都使用相同的基本电路。特别是随着太阳能光伏发电的增长，单相和三相逆变器都已成为商品。该电路如图 12.21a 所示。接通和断开开关的信号来自微处理器。电压和电流感测信号可以取自三相、输入、每个开关或其他位置，也可以采用来自传感器的数字信号，并且指令和信息都可以发送到系统的各个部分或从系统的各个部分接收。在所有情况下，硬件本质上都是相同的，如图 12.22 所示。因此，逆变器单元已变得与许多其他电子系统一样，可以对各种应用进行编程，成为标准的硬件。

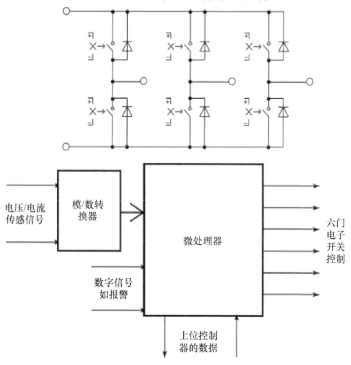

图 12.22 "通用"三相逆变器原理图

12.2.5 燃料电池电力接口及与电网连接问题

整本书都指出，通过电压和电流测量获得的燃料电池堆的功率输出取决于各种

运行参数，例如燃料和氧化剂的流量、压力和温度。电堆的输出反过来影响
DC－DC变换器，也可能影响逆变器。与光伏阵列或风力涡轮机等发电系统中的逆
变器不同，燃料电池系统中逆变器的性能实际上会影响燃料电池堆。主要问题在
于，逆变器中的 PWM 故障可能会引起过多的纹波电流，从而导致燃料电池催化剂
的性能下降。因此，如果纹波电流过高，就必须采取措施检测此类电流并发出
警报。

当设计用于固定应用的燃料电池系统时，例如从几千瓦到几兆瓦的热电联产系
统，在将设施连接到配电网之前，所产生的电力必须满足一定的质量标准。同样重
要的问题是在电力电子电路中产生的谐波水平。此外还必须安装相应的设备以保护
燃料电池、逆变器和电网免受短路、电涌和雷击等故障的影响。此类故障并非仅针
对燃料电池系统，可能会在任何发电设备（例如，私有太阳能或风力涡轮机）中
产生。任何并网逆变器还必须产生与电网上现有功率相匹配的交流功率。特别是，
并网逆变器必须匹配与其连接的电源线的电压、频率和相位。对这种跟踪的准确性
有许多技术要求。

安装了太阳能光伏阵列的家庭和企业所有者，当发电量超过家庭或企业负荷的
需求时，可以将多余的电力从系统中出售回电网。对于光伏系统，这种情况可能会
在一天中的太阳入射最高时发生。公用事业公司制定了上网电价，以鼓励此类电回
流电网。在适当的情况下，从分布式发电系统（例如燃料电池系统）返回电网的
电能可以减少升级本地电网的需求。尽管燃料电池的尺寸可以满足家庭或企业的负
荷，但有时将本地产生的多余电力输出到电网变得有利可图。并网系统还可以从以
下方面受益：如果发电设备故障，则网络可以提供紧急备份。但是，如果电网发生
故障，例如由于高压输电系统某处的雷击，则可能会出现由发电设备继续为配电系
统的一部分供电的情况。该事件被称为"电力孤岛"，对公用事业工人来说可能是
危险的，他们可能没有意识到电路仍在通电。当孤岛式燃料电池重新连接到电网
时，逆变器必须将其交流电压波形的相位锁定为电网的相位。

12.2.6　功率因子及其修正

交流电路的电压和电流本质上是正弦的（见图12.23），即交流电路的电流和
电压的振幅随时间不断变化。在纯阻性交流电路中，电压和电流波形是同步（或
同相）的，因此在每个周期的同一时刻改变极性。进入负载的所有功率都被消耗
（或消散）。这种功率被定义为"真正的功率"，也称为"主动功率""真实功率"
或"有功功率"。这种理想情况在实际中很少得到满足，因为负载并不总是纯阻性
的，即它们有诸如电容器或电感之类的元件存在，从而在电流和电压波形之间产生
相位差。在交流电压的每一个周期中，除了负载中消耗的任何能量外，额外的能量
被临时存储在负载中，然后在随后的周期的部分时间内返回电网。额外的能量称为
"无功功率"。无功功率和有功功率的组合给出了"视在功率"，在交流电路中，视

在功率是所有在负载中消散并吸收或返回电网的功率的总和。当电路为纯电阻时，视在功率等于有功功率，但在电感或电容电路中，视在功率大于有功功率。因此，交流电路中会遇到以下情况：

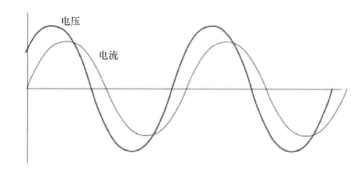

图 12.23　电压和电流异相，无功功率可以由诸如燃料电池的分配系统本地产生

－ 有功功率，单位为瓦（W）。
－ 无功功率，通常用无功伏安（VA）表示。
－ 视在功率，通常用伏安（VA）表示。

　　为了帮助读者理解有功功率和无功功率之间的关系，这两个参数显示为直角三角形的两侧，如图 12.24 所示。角度 ϕ 描述了电压和电流之间的相移。相角越大，系统产生的无功功率越大。三角形的斜边是视在功率，即有功功率和无功功率的矢量和。有功功率和视在功率之间的比率称为"功率因数"（Power Factor，PF），是 ϕ 的余弦。

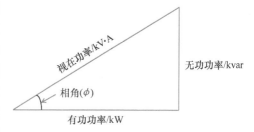

图 12.24　有功功率、视在功率及无功功率

　　功率因数是介于 -1 和 1 之间的无量纲数。当 PF = 0 时，能量流完全是无功的，并且负载中存储的能量在每个周期都返回到电源。当功率因数为 1 时，电源提供的所有能量都被负载消耗（即负载表现为纯电阻，没有电容或电感）。将功率返回到电网可能会导致功率因数为 -1，例如，在装有太阳能电池板的建筑物中，当它们的功率没有得到充分利用且多余的能量会反馈到供电网络时。功率因数通常表示为"超前"或"滞后"以显示相角的符号。电容性负载超前（电流超前电压），电感性负载滞后（电流滞后电压）。

　　通过在靠近负载的地方安装功率因数校正（Power Factor Correction）单元，可以将低功率因数（网络运营商可能会对用户造成惩罚）提高到可接受的水平（通常高于0.9）。功率因数校正单元中使用最广泛的是无源单元，它包括一系列电容器，这些电容器通过接触器逐渐增加，这些接触器随着负载的变化而接合。如前所述，还可以通过采用逆变器技术的有源电力电子系统来实现功率因数校正。用户可以对逆变器电路中的脉冲切换进行编程，并且在大多数现代逆变器中，可以在安装逆变器时调整相角。此功能对燃料电池系统特别有利，因为与其他分布式发电系统（例如大型太阳能或风电场）不同，它们通常可以靠近负载安装。

12.3　燃料电池 + 蓄电池混合系统

如果所有类型的燃料电池堆均在恒定负载下运行，则它们的性能最佳。较大的波动电池电压会加速阳极和阴极催化剂的降解，从而缩短电池堆寿命。将可再充电电池或超级电容器$^\ominus$与燃料电池结合在一起，即可形成一个混合动力系统，该系统可以适应运行期间出现的负载变化。当混合动力系统的总功率需求较低时，多余的电能将存储在可充电电池或电容器中。相反，当功率需求超过燃料电池的可用功率时，能量将从电池或电容器中获取。本质上，混合动力系统使用燃料电池作为电池充电器。

可以考虑两种极端类型的混合动力车。这些设施之一与电力需求以可预测的方式发生变化的情况有关，因此，混合动力系统主要在相当长的一段时间内处于"待机"模式，燃料电池用于为电池充电。要求电池在"发射"或峰值期间提供大部分功率，而燃料电池则在提供平均功率以给电池充电时或多或少地连续运行。反过来，电池必须提供足够的功率，为常规负载和频繁负载保持足够的能量，并且必须在这两个周期之间进行充电。在某些数据记录设备、电信系统和陆基或浮标导航设备中可以找到这组要求的示例。混合动力车的另一种极端类型是针对如下情况设计的：在这种情况下，例如在移动电话中，电力需求可能非常不规则且不可预测。在大多数情况下，与尺寸能够满足最高需求的燃料电池系统相比，电池和燃料电池的组合具有成本更低的额外优势。

图 12.25 示意性地描述了采用燃料电池和动力电池的混合动力系统概念。除了所示的组件外，还需要一个控制器来防止电池过度充电。如第 12.2.3 节所述，可能需要一个 DC - DC 变换器，以使燃料电池组的输出电压与电池/负载的输出电压相匹配。这样的系统对于直接甲醇燃料电池或使用液体燃料运行的其他电池的应用具有吸引力，所有这些燃料电池的平均功率都非常低。全混合动力布置（也称为"硬混合动力"）是指那些可能需要的峰值功率远大于燃料电池可提供的平均功率的布置，因此可以充分利用存储在其中的动力电池。相比之下，轻度（或"软"）混合动力系统是一种与燃料电池提供的动力相比，电池动力和能量存储非常低的动

　　$\ominus$　电容器的优点是充放电循环更有效、更快，缺点是在给定的空间中电容器存储的能量要少得多，同样容量下要贵得多。

力系统。例如，在峰值功率和平均功率需求之间几乎没有差异的车辆和船上可以找到这样的系统。图12.26a 给出了一个轻度混合动力车系统功率随时间变化的例子。在大多数情况下，燃料电池的功率就足够了，但是电池可以"削平"或"削峰"降低功率要求，从而大大降低了所需的燃料电池容量。当燃料电池的功率超过功率需求时，电池将被充电。图12.26a 所示的线廓是城市电动汽车的典型特征，其峰值对应于诸如从交通信号灯加速的情况，但是在大多数情况下，汽车将缓慢而稳定地行驶，否则它将保持静止。图12.26b 的电源时间图中显示了一个附加选项。此处，电动汽车使用电机作为制动器。电机用作发电机以将运动能转换成电能。能量既可以通过电阻传递，也可以作为热量散发（称为"动态制动"），也可以传递到可充电电池，以便存储起来之后用于电机。后一种方法称为"再生制动"，从系统效率的角度来看显然是更好的选择，但它以带有可充电电池的混合动力系统为前提。

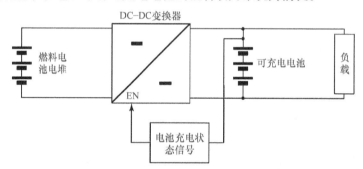

图 12.25　一个简要的燃料电池 – 动力电池混合系统

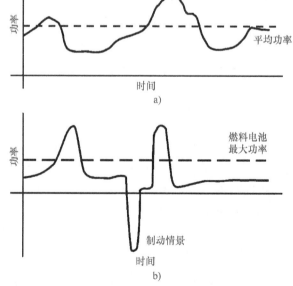

图 12.26　混合动力系统中功率随时间变化规划

a）不带制动能量回收　b）带制动能量回收

当车辆中采用再生制动时，需要一种具有快速响应式的燃料电池复杂控制系统。动力电池需要工作在部分充电状态下运行，以便可以吸收制动过程中电机提供的电能。从燃料电池到电池的动力流必须适当控制，因为车辆的占空比比没有再生制动的占空比变化大。即燃料电池需要快速响应，这取决于是否需要提供少量电能以使电池充满电，还是由于电池处于低电量状态且电池是否处于低电量状态而需要能量爆发。车辆需要加速，电机控制器也必须是完整的"四象限"全控制类型[⊖]。最终的混合动力系统如图 12.27 所示。电池的充电状态必须测量，而不仅仅是"充满电"的指示，能量流入和流出系统的不同组件可能非常复杂。

鉴于刚才讨论的混合动力系统中的电池正在提供相当短的功率峰值，并且还会从再生制动中吸收功率，因此电荷进出电池的速率很可能会造成操作问题。在这里引入"超级电容器"有望带来特别的好处。这种设备的比能量（$W \cdot h/kg$）远小于可充电电池的比能量，但功率密度却大得多——通常为 2.5kW/kg。超级电容器还可以维持至少 50 万次充放电循环。

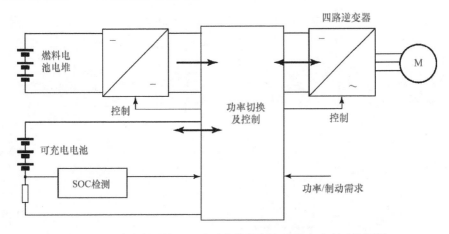

图 12.27　具有制动能量回收功能的燃料电池混合动力系统框图。
实线箭头代表能量流，一个串联的电阻用于测量充放电电流

澳大利亚联邦科学与工业研究组织（Commonwealth Scientific and Industrial Research Organisation，CSIRO）发明的超级电池（UltraBattery™）[⊖]，是第一个把可充电铅酸电池和一个超级电容器整合到一个高效的低成本的能源储备装置中的应用案例。这种技术最初是用来满足最新的混合动力汽车高倍率放电的要求，但随后被用到了很多地方，比如说动力工具、叉车、货车、大功率不间断电源、远程电力供应，以及电网功率调配。这项技术已经被日本 Furukawa 电池及美国东宾夕法尼亚制造等多家公

⊖　四个象限指的是四种可能的行驶模式，即前进加速、前进时制动、后退加速和后退时制动。

⊖　Lam，LT，Haigh，NP，Phyland，CG and Rand，DAJ，2005，High performance energy storage devices，International Patent WO/2005/027255.

司购买，并且开始进入到批量生产。超级电池器技术正在被许多跨国汽车制造商进行技术评估，拟用于本田 Odyssey Absolute 以及本田 StepWGN 混合动力汽车。

在最近的几年中，混合动力汽车增长非常迅速，这主要是得益于节省燃料以及排放的需求。当燃料电池在混合动力汽车中被采用的时候，就可以采用图 12.28 中所示的这两种配置。

对燃料电池加动力电池的混合结构而言，其实还有很多种地方可以使用燃料电池。其中一个例子就是太阳能光伏阵列加燃料电池再加动力电池。人们已经开发了这样的系统，并使用在路边信号收发机上，也可以使用在远程电力供应上。因为在许多应用场合中，燃料电池可以弥补自然太阳能在某些方面的不足。

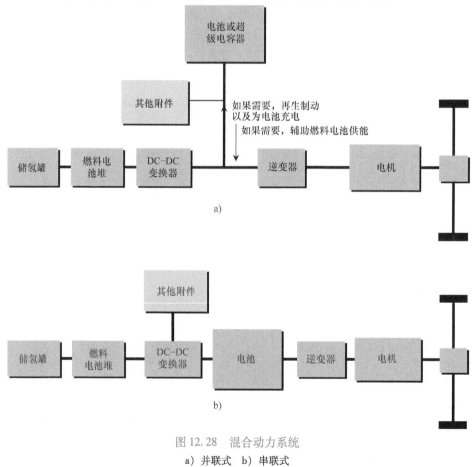

图 12.28　混合动力系统
a）并联式　b）串联式

12.4　燃料电池系统分析

在本书中，一直强调要构建完整的燃料电池系统需要许多不同的组件。尽管电堆技术的选择将受到应用的影响，但燃料的可用性将决定可能需要进行的任何燃料处理的程度。该应用还将规定操作整个系统所需的电力电子设备的级别。除了系统设计和构造问题之外，材料和制造成本是燃料电池系统成功商业化的关键。尽管就与其他技术相比对环境的影响和性能而言，它们具有所有优势，但大多数燃料电池系统还是有竞争者的。此外，这些替代技术中有许多在成熟市场中已经建立。例如，在交通运输部门，正是内燃机———一种高度设计的技术，与燃料电池系统相比，其成本相对较低。在固定电力市场上，基于燃气轮机或蒸汽轮机的大型发电机具有较低的资本成本，其发电成本比大多数燃料电池系统便宜。这种竞争性技术设定了成本目标。如果燃料电池系统要在商业上可行，则必须实现这些目标。

可以采用各种方法来分析燃料电池不同设计的竞争力。尽管经济学建模不在本书的讨论范围之内，但以下方法需要简要介绍，因为它们可以帮助将燃料电池置于替代技术的更广泛范围内：

- 从油井到车轮（Well to Wheel，WTW）的全面效率分析。
- 动力总成或传动总成分析。
- 系统生命周期评估（Life – Cycle Assessment，LCA）。
- 流程图或流程建模。

12.4.1　油井到车轮的效率分析

燃料电池汽车产生、分配和存储氢所需的基础设施对于其商业成功至关重要。第 10 章研究了许多不同的制氢途径。

- 在大型集中式工厂中，通过天然气的蒸汽重整产生的氢气，然后以液态氢的形式通过挂车输送到加氢站。
- 大型集中式工厂中天然气的蒸汽重整产生的氢气，然后作为压缩气体通过管道输送到加氢站。
- 副产的氢气，例如从炼油厂和工业氨生产厂产生的氢气。
- 使用管道天然气的小型蒸汽重整器在加氢站产生的氢气。
- 电解槽在加氢站产生的氢气。

美国几项研究的共识认为，在短期内，小型的局部重整器中天然气蒸汽重整产生的氢气是最佳选择。在没有天然气供应的地方，电解产生的氢气可能是首选的替代方法（尤其是在使用可再生电力时）。随着将来制氢基础设施的兴起，可能会出现集中生产经济的时代，它具有能够收集和隔离重整器产生的二氧化碳的额外好处。为了考虑道路运输应用的各种情况，可以进油井到车轮分析，以量化生成氢气（从油井中），将其转化为车辆上的电能以及将动力转化为机械能驱动车轮的能量。因此，WTW 分析确定了将（油井中的）能量转换为车辆车轮所需能量的能效。

由通用汽车、阿贡国家实验室和其他⊖在北美市场进行的有据可查的 WTW 分析中，对 15 种不同的车辆进行了调查。这些包括具有火花点火和压缩点火发动机的常规车辆和混合动力汽车，以及带有和不带有车载燃料处理器的混合动力和非混合动力燃料电池汽车。所有 15 辆车的配置均满足相同的性能要求。详细考虑了从 75 种不同的加油选择或途径中选择的 13 种燃料。其中包括低硫汽油、低硫柴油、基于原油的石脑油、费-托（FT）石脑油、10 种液态或压缩气态氢（基于五种不同的生产途径）、压缩天然气、甲醇和净汽油、混合（E85）乙醇。研究中进行的 WTW 分析的 75 种不同途径⊖如图 12.29 所示。

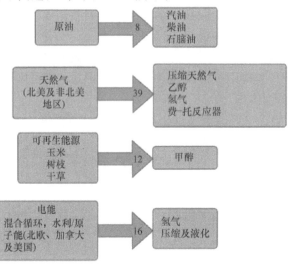

图 12.29　由通用汽车、ANL、不列颠能源、埃克森美孚、壳牌等公司联合研究的北美 75 种不同途径的油井到车轮效率

北美研究的一些关键发现值得在这里进行研究，因为它们可能影响许多寻求采用氢能汽车的国家的基础设施发展。这些发现如下：

1）总能源消耗。对于输送到汽车油箱的相同能量，石油基燃料和压缩天然气从油井到储罐（WTT）的能量损失最低。FT 石脑油、FT 柴油、天然气中的气态氢、甲醇和玉米基乙醇都遭受中等程度的 WTT 能量损失。相比之下，来自天然气的液态氢、来自电解的氢（气态和液态）、发电和纤维素生物乙醇遭受大量的 WTT 能量损失。

2）温室气体（GHG）排放。液态氢（在中央工厂和加氢站中均产生）和通过

⊖ 通用汽车、阿贡国家实验室、BP 石油、埃克森美孚和壳牌等公司均使用先进燃料/车辆系统的 WTW 能源使用和温室气体排放分析方法。来源：http：//www.ipd.anl.gov/anlpubs/2001/04/39097.pdf（2017 年 09 月 28 日）。

⊖ 费-托工艺用于人工制造燃料。基本上使用第 10 章所述的方法对诸如生物质或甚至天然气之类的燃料进行蒸汽重整。然后，所产生的氢气和二氧化碳产物在 Fischer-Tropsch（费-托）开发的催化剂上进行反应，以生产液体燃料，例如辛烷（C_8H_{18}）、壬烷（C_9H_{20}）和癸烷（$C_{10}H_{22}$）。

电解获得的压缩气态氢均可能会导致能源效率低下，并导致大量温室气体排放。乙醇（源自可再生纤维素来源，例如玉米）可显著减少温室气体排放。其他燃料具有中等的能源效率和温室气体排放。

3）油箱到车轮（TTW）效率。燃料电池系统比传统的动力总成消耗更少的能量，这是因为电池组固有的高效率。直接使用液态或压缩气态氢运行的燃料电池汽车比采用车载燃料处理器的燃料汽车具有更高的燃油经济性。

4）全面提高效率。混合动力系统始终比传统车辆提供更高的燃油经济性。

在通用汽车等进行的较早调查之后的几年中，对北美车队进行了许多 WTW 分析。关于燃料电池汽车，调查结果没有重大变化。在欧洲国家、日本和其他地方进行的小轮驱动研究通常得出类似的结论⊖。也就是说，当风能、太阳能或生物质能等可再生能源用于生产氢时，可获得最佳结果。相对于混合动力汽车，天然气汽车在较小程度上提供了改进，并且在工程方面与采用氢驱动的常规发动机相比，在工程上的问题较少。

在车辆效率的背景下，值得注意的是，添加少量的氢气可以增强汽油和柴油发动机中液体燃料的燃烧。尽管尚未在领先的汽车制造商中推广，但多项研究表明，通过向燃料中注入氢气，可以稍微提高发动机效率并减少排放。研究发现可以利用废气中的热量来重整船上携带的某些液体燃料，正在研究如何产生这种处理所需的氢气。

12.4.2　传动系统分析

在常规的汽油车或柴油车中，来自燃料的能量通过机械动力传动系统从发动机传递到车轮。在燃料电池汽车中，动力总成是电力 – 燃料产生的能量被转换为直流电（可以转换为交流电）以为电动机供电。在混合动力汽车中，动力传动系统可能涉及电能和机械能转换的组合。动力总成或动力总成分析只是量化车辆中从燃料到车轮的能量传递——这是 WTW 路径的最后阶段。该分析可以帮助定义特定需求所需组件的相对大小。例如，城市送货车辆可能会采用串联混合动力系统（参见图 12.28b），其中电池需要很大，因为它提供了大部分用于停车和起步（短途行驶）的动力，因此燃料电池单元可以很小。在这样的系统中，燃料电池主要充当充电器以保持电池充满。相比之下，在并联混合动力传动系统中（参见图 12.28a），大部分功率可以由燃料电池产生，这也可以在需要快速加速的情况下使电池保持充电状态。因此，对于远程车辆，并联混合动力可能是更好的选择。在动力总成分析中，还可能考虑其他问题。例如，是否要使用一个电机，其动力是通过传统的轴差速器机械地传递到车轮上的，还是使用专用的轮毂电机为每个车轮提

⊖　Grube, T, Hohlein, B, Stiller, C and Weindorf, W, 2010, Systems analysis and well – to – wheels studies, in Stolten, D (Ed.), Hydrogen and Fuel Cells, Wiley – VCH Verlag GmbH, Weinheim, pp. 831 – 852.

供动力，从而减少了机械能的损失。

12.4.3　生命周期评估

WTW 和动力总成分析是"生命周期评估"（也称为"生命周期分析"和"从摇篮到坟墓"分析）的特定示例。该技术从摇篮到坟墓，即从原材料提取到材料加工、制造、分销、使用、维修和保养以及寿命结束时的处置或回收，评估与产品生命周期的各个阶段相关的环境影响。生命周期评估被广泛用于：

— 编制有关能源和材料投入以及对环境的排放的清单。

— 评估与确定的过程或产品的输入和输出相关的潜在后果。

从生命周期评估研究获得的信息可用于改进流程、支持政策并为例如技术开发等方面的明智决策提供可靠的基础。燃料电池系统是生命周期评估的候选者，因为它们在整个使用寿命期间都会在环境［输入（燃料）和输出（排放）］方面对环境产生影响，并且由于结构材料的使用寿命结束时需要进行提取、组装和处置，因此其成本较高。例如，在质子交换膜燃料电池系统的生命周期评估中，必须考虑催化剂所需的铂的开采和提取的总成本，以及在电堆寿命结束时回收金属所产生的总成本，计入系统的生命周期成本。必须对系统的燃料处理阶段中使用的其他催化剂给予同样的考虑。在这方面，例如，熔融碳酸盐燃料电池中的材料在使用后的提取和回收成本将比质子交换膜燃料电池或磷酸燃料电池所需的成本更低。此外，熔融碳酸盐燃料电池的每千克催化剂可产生的功率可能比质子交换膜燃料电池的多得多，因此熔融碳酸盐燃料电池的生命周期成本可能低于质子交换膜燃料电池。在任何燃料电池系统的完整生命周期评估中都必须考虑这些问题，并可能有助于确定系统开发的最佳途径。

在生命周期评估中执行的程序在 ISO 14040：2006 和 ISO 14044：2006 中进行了描述，这些程序包含在国际标准化组织制定的 ISO 14000 环境管理标准系列中。这些标准区分了生命周期评估的四个阶段：

1）目标定义和范围。

— 定义活动的目的。

— 定义边界条件。

— 定义产品、过程或活动的生命周期。

— 识别生命周期中的一般物料流。

— 确定所有有助于生命周期并落在系统边界内的操作，包括时间和空间边界。

2）库存。

— 量化所有阶段的能源、原材料和环境排放的生命周期。

— 通过收集数据和运行计算机模型来定义范围和边界。

— 分析结果并得出结论。

3）影响评估。

— 表征所确定的资源需求和环境负荷的影响。

— 解决对生态和人类健康的影响。

4）改善评估。

– 评估在整个生命周期中减少环境负担的需求和机会。

由于完整的生命周期评估是一项既昂贵又耗时的工作，所以只有预算充足且信誉良好的大型组织才能进行可持续性研究。通常，进行 WTW 或过程研究是将一种燃料电池系统与另一种燃料电池系统进行比较的一种方法。

12.4.4　处理模型

固定市场的燃料电池发电厂大致可分为两类：纯电力系统和热电联产系统。前者包括在氢气上运行的备用或不间断电源系统，以及可能用替代燃料（例如氨或甲醇）提供燃料的各种利基系统。仅电力系统的示例可以在电信塔和类似的远程应用中运行。相比之下，热电联产系统产生有用的热量（或冷却）以及电力，因此更加复杂。用于消费电子产品的系统的便携式版本提出了自己的独特问题，这些问题涉及燃料处理的小型化以及电堆和控制系统的紧密集成，这些问题已在第 4 ~ 6 章中进行了讨论。

在过程建模中，设计人员从工艺流程图开始，并对工厂的稳态运行进行分析。完成此操作后，将考虑如何启动和关闭电堆，电堆如何响应操作期间的负载变化以及随着单元降级而发生什么。所有这些功能都可以使用 Hysis™，MATLAB®，Simulink®，Cycle – Tempo（代尔夫特技术大学）和 Aspentech™ 等计算机程序进行建模。最后提到的程序将对稳态过程以及动态变化进行建模。TRNSYS 是用于热能系统动态建模的有用平台，可以显示燃料电池将如何与其他能量生成器（例如 PV 电池、风力涡轮机和电解槽）集成。一旦完成燃料电池系统建模，就将了解燃料电池堆和辅助系统的每个零部件的基本要求，从而可以为工厂起草规格书并开始详细设计。

为了说明系统建立中涉及的问题，在下文中考虑了固定质子交换膜燃料电池系统的设计，该系统的应用规模约为 100kW。工艺流程图如图 12.30 所示。各种假设如下：

— 燃料以 1 kmol/h 的输入流量进料的天然气，即大约相当于 100kW 的供应量。为简单起见，以下将针对纯甲烷对系统进行建模。

— 蒸汽重整将作为转换手段，初始蒸汽/碳比例为 3。该比例高于热力学上防止碳沉积的最低要求（请参见第 10.4.4 节）。重整器的出口温度为 750℃，可最大限度地提高氢气的产生量。

— 所有反应均在没有动力学限制的情况下进行建模，即反应达到热力学平衡状态。

— 天然气的脱硫是通过吸收器在大气压力和温度下进行的，因此在此示例系

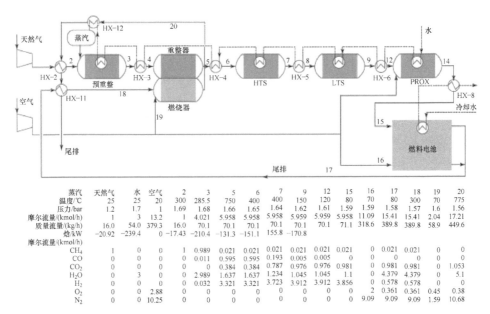

	蒸汽	天然气	水	空气	2	5	6	7	9	12	15	16	17	18	19	20
温度/℃	25	25	20	300	285.5	750	400	400	400	120	80	70	80	300	70	775
压力/bar	1.2	1.7	1	1.69	1.68	1.66	1.65	1.64	1.62	1.61	1.59	1.59	1.58	1.57	1.6	1.56
质量流量/(kg/h)	16.0	54.0	379.3	0	70.1	70.1	70.1	70.1	70.1	70.1	70.1	71.1	318.6	389.8	389.8	58.9	449.6
焓/kW	−20.92	−239.4	0	−17.43	−210.4	−131.3	−151.1				155.8	−170.8				
摩尔流量/(kmol/h)	1	3	13.2	1	4.021	5.958	5.958	5.958	5.959	5.959	5.958	11.09	15.41	15.41	2.04	17.21
CH_4	1	0	0	1	0.989	0.021	0.021	0.021	0.021	0.021	0.021	0	0.021	0.021	0	0
CO	0	0	0	0	0.011	0.595	0.595	0.193	0.005	0.005	0	0	0	0	0	0
CO_2	0	0	0	0	0.384	0.384	0.787	0.976	0.976	0.981	0	0.981	0.981	0	1.053
H_2O	0	3	0	2.989	1.637	1.637	1.234	1.045	1.045	1.1	0	4.379	4.379	0	5.1
H_2	0	0	0	0.032	3.321	3.321	3.723	3.912	3.912	3.856	0	0.578	0.578	0	0
O_2	0	0	2.88		0.361	0.361	0.45	0.38		2					
N_2	0	0	10.25		9.09	9.09	9.09	1.59	10.68						

图 12.30　一个用于固定电站的 100kW 功率等级的燃料电系统
（请注意，为了表达清楚，表中的一些流动参数被省略了）

HX—热交换器　HTS—高温转换器　LTS—低温转换器

统中未考虑。

—预重整反应是在 250~300℃ 的绝热反应器中进行的，以降低进入主重整反应器的进料气中高分子量烃的浓度。

—天然气的进料压力设置为 170kPa，以允许通过每个燃料处理器元件的压降。

—转换分为两个阶段：①带有氧化铁催化剂的高温反应器，其入口温度为 400℃；②在 200℃ 下的低温反应器，包含质量分数分别为 30% 的 CuO、33% 的 ZnO 和 30% 的氧化铝催化剂。

—通过两个化学计量反应器，在 Aspentech 流程代码中对优先氧化（PROX）单元进行了建模，一个用于执行一氧化碳的 PROX，另一个用于通过与氢气反应除去残留的氧气。这些已在图 12.30 所示的流程图中删除，PROX 反应器显示为单个单元，这在实践中会遇到。

—用于重整反应的热量是通过燃烧来自燃料电池阳极的废气提供的，并根据需要补充新鲜的天然气。

通过使用 Aspentech 软件模拟整个过程获得了物料的物料平衡，并总结在工艺流程图（图 12.30）下方显示的流数据中。夹点分析法[⊖]用于优化热交换器的布局和连接。知道通过每个处理单元的气体的流速以及所采用的各个催化剂，就可以计

⊖　夹点分析法在 7.2.3 节中介绍过。

算出反应器的大小并制定初步的机械设计。同样，一旦知道流量和热负荷，就可以从以下系统中找到系统效率：

$$效率 = \mu = \frac{系统输出功率}{燃料电池输出功率} = \frac{燃料总热值 \times (电堆效率 \times 逆变器效率) - 寄生功率}{燃料总热值}$$

氢气以 3856 kmol/h 的速率（物流 15）供应到电堆。相对于较低的发热量（LHV）241.83kJ/mol，这相当于 259kW。如果假设燃料电池堆中的燃料利用率为 85%，并且选择了 0.65V 的工作电压，则可式（2.28）中找到燃料电池堆的效率，如下所示：

$$\mu = \mu_f \frac{V_c}{1.25} = 0.85 \frac{0.65}{1.25} = 0.442 = 44.2\% \quad (LHV) \tag{12.22}$$

因此，电池组的电输出功率为 $0.442 \times 259 = 114.5 \text{kW}$。以逆变器的95%的典型效率为例，电堆产生的总功率将为 $114.5 \times 0.95 = 108.8 \text{kW}$。假设压缩机和泵的寄生功率需求为 5.89kW，则系统输送的净交流功率因此可以预期为 $108.8 - 5.89 = 102.9 \text{kW}$。假设供应给系统的 1kg mol/h 的甲烷具有 802.6kJ/mol（LHV）的燃烧焓，则整个系统的净效率为

$$\mu = \frac{102.9 \times 3600}{802.6 \times 1000} = 0.462 = 46.2\% \quad (LHV) \tag{12.23}$$

可以如下估算所需的电堆大小，电堆必须提供的总电流 I 由下式给出：

$$I = \frac{P_{DC}}{V_c} = \frac{114.5 \times 1000}{0.65} = 176154 \text{A} \tag{12.24}$$

式中，P_{DC} 是电池组的直流电功率输出；V_c 是电池组的工作电压。参考第3章的图 3.1，该图给出了良好质子交换膜燃料电池的预期性能，如果电池电压为 0.65V，则电流密度预计约为 600mA/cm^2。构成电堆单片的总面积将为

$$A = \frac{电流}{电流密度} = \frac{176154}{0.6} = 293590 \text{cm}^2 \tag{12.25}$$

这似乎是一个很大的面积区域，但是如果电堆是由大小合理的单元格（例如 $50 \text{cm} \times 50 \text{cm}$）构建的，则每个单元格的面积将为 2500cm^2，所需的单元格总数为 293590/2500，即大约 120 个单元。在实践中，这样的系统可能由两个并行连接的电堆组成，每个电堆包含 60 个单元。将单个电池堆中的电池数量限制为 60 个左右，也可以将电池堆电压保持在安全水平——在这种情况下，为 $60 \times 0.65 = 39 \text{V}$。一旦建立了稳态系统，燃料电池的设计人员将需要集中精力解决以下问题：

—是否需要额外的热量来将某些反应器（例如，重整器）的温度提高到启动时的工作点？

—在启动之前是否需要提供氢气以活化重整催化剂？

—系统在部分负载或变化负载下的性能如何？可能需要一些动态建模。

—当电池堆关闭或处于热备用状态时，是否需要吹扫气体？

—需要哪些控制元件（例如，控制阀、热电偶和其他传感器）？

— 需要哪种类型的控制系统？

解决了此类问题后，可以制作详细的机械和电气图纸。通常，特别是对于大型设备，还将进行危害识别和/或危害和可操作性⊖研究或类似的安全风险评估和分析。

12.4.5　发展趋势

本书采用的方法是一种比较务实的方法，已描述的燃料电池系统使用的是20世纪以来出现的技术，并且各章节专门讨论了特定类型的燃料电池。当然，所有燃料电池技术在电池组件（催化剂层、电极、电解质）以及这些组件之间的界面发生的化学和物理反应方面都有共同的特征。可以通过使用数学模型来表征燃料电池内发生的过程。例如，就质量传输而言，可以对以下行为进行建模：①燃料电池通道内的流速；②气体扩散层和催化剂层中的质量传输；③质子和水在膜中的运输。此外，还可以描述在膜和电极层内的热传递。

一维（1D）模型是燃料电池数学表示的最简单类型。例如，它忽略了由于进料通道中的反应物传输造成的损失，并且在给定Nernst方程和第2章、第3章中讨论的理论的情况下，使用Excel电子表格相对容易推导出来。简单的一维模型假设电池是等温的非常准确地预测开路电池以氢气运行的电路电压。考虑到燃料电池运行过程中发生的电压损耗，二维或三维模型是一个更复杂的命题，如第3章所述。在模型的开发中可以采用两种方法来解决这些损耗：

1) 只需使用通过实验获得的数据来设计电压和电流之间的经验关系（取决于其他工作参数，例如温度和压力）。尽管在文献中被广泛采用，但是该程序无助于理解燃料电池内正在发生的过程。

2) 应用Butler-Volmer（或Tafel）方程式以及对材料特性的了解，通过求和在电极处以及通过电解质的所有单个损耗的总和来估算电池总电压损耗。

质子交换膜燃料电池已采用了方法2)，并取得了一些成功，但是在试图解释水的运输方面出现了特别的困难⊖。对于高温燃料电池，不存在水管理问题，并且阳极超电势实际上可以忽略不计。例如，可以式（3.10）合理准确地确定运行在氢气上的固体氧化物燃料电池的电压。对内部重整固体氧化物燃料电池（或熔融碳酸盐燃料电池）的建模要困难得多。内部重整的机制尚待争论，并且文献中存

⊖ 危害和可操作性（HAZOP）研究是过程工业在世界范围内制定的用于对新系统或现有系统进行初步安全评估的标准危害分析技术。HAZOP研究是由一组专家对系统中的组件进行的详细检查，以确定如果该组件在其正常设计模式之外运行会发生什么情况。每个组件将具有一个或多个与其操作相关的参数，例如压力、流速或电功率。HAZOP研究依次研究了每个参数，并强加了指导词以列出可能的异常行为，例如"更多""更少""高""低""是"或"否"，然后评估这种行为的影响。

⊖ Berning, T., Lu, D. M. and Djilali, N., 2002, Three-dimensional computational analysis of transport phenomena in a PEM fuel cell, Journal of Power Sources, vol. 106, pp. 284–294.

在相互矛盾的模型。一种简单的方法是假设蒸汽重整反应快并且在发生任何电化学反应之前在阳极（或在熔融碳酸盐燃料电池的情况下为内部重整催化剂）上达到平衡；然后可以调用方程式（3.10）来计算由整个阳极表面上的重整平衡气体混合物产生的电池电压。不幸的是，这种方法还不成熟，因为在功能性内部重整电池中，燃料气体的组成沿从阳极入口到出口的通道变化，阳极电化学反应会随着氢气的消耗而产生水，这两个过程都会影响重整反应。因此，可以预期，阳极表面上的氢浓度在从电池的入口移动到出口时会降低。尽管可以测量阳极废气的成分，但是实际上不可能测量沿着固体氧化物燃料电池或熔融碳酸盐燃料电池阳极通道的阳极气体的成分。当然，关于燃料电池核心的基本过程，还有更多的知识要学习。

12.5 商业现实

12.5.1 回到基本盘

在她的《燃料电池——当今的技术调整及未来研究的需求》（Elsevier，2012）这本书里，Noriko Behling 指出：

"该技术的困难源于燃料电池工作原理的复杂性，其中涉及原子级的多种化学和物理相互作用。也许当今市场上没有其他先进的技术，包括飞机，计算机甚至核反应堆，都不需要燃料电池技术所需的程度、规模和范围的科学、物理和工程知识。"

为什么燃料电池总是与商业化相距"数年"？为什么尽管为研究和开发投入了大量资金，但燃料电池似乎从未完全超过示范阶段——除了少数高价值的利基市场？显而易见的事实是，燃料电池系统非常复杂，因此需要来自科学、工程和技术领域的许多专业知识的投入。特别是，事实证明，通常很难汇集必要的技能来关注可能导致所需成本降低的基本问题。造成这种情况的原因很多，例如，长期没有明显的市场吸引力，长期缺乏足够的资金，并且开发商不愿将产品推向市场。

本书的各个章节共同评估了各种类型的燃料电池系统的设计、组件、操作模式和性能。尽管开发人员在系统工程方面了解很多，但仍然需要更多的知识来了解单个燃料电池中原子和分子级发生的过程。例如，控制催化剂材料交换电流密度的物理和化学原理是什么？与其他金属相比，为什么铂是这样一种氢氧化活性催化剂？在燃料电池的早期，到 19 世纪，电化学才刚刚兴起，当时已知的物理和化学方法无法解决这些问题。近年来，随着诸如 X 射线光电子能谱（XPS）之类的强大技术的出现——该技术能够识别催化剂材料上的表面物质，大大增强了人们对燃料电池内部过程的了解。例如，已将 XPS 应用于阐明非铂基催化剂如何作用于质子交换膜燃料电池。进入 21 世纪，科学家可以使用的一种新工具是进行复杂数学计算所需的计算能力。例如，该设施可通过应用量子力学方法（例如密度泛函理论在原子和分子水平上对化学和物理过程进行建模。没有这样详尽的基础研究，人们担心无论将多少金钱和时间投入到产品开发中，进步都是偶然的，最终的成功将是可疑的。因此，实用且负担得起的燃料电池将永远保持"几年之久"。

12.5.2　商业化进程

　　燃料电池系统的高效率、低排放、静音运行的特性被其开创性支持者吹捧为独特功能，但不足以使该技术成为替代其他形式发电的技术。20 世纪 90 年代，磷酸燃料电池取得了突破，当时另一个有益的特性即可靠性变得显而易见。由于银行和其他金融机构要求"5 个 9"的可靠性，即 99.999%，以避免昂贵的停电，因此磷酸燃料电池（或者最好是两个并行运行以提供一些冗余）可以轻松实现此目标。与金融机构即使停电几秒钟所造成的损失相比，磷酸燃料电池系统的高资本成本也很小。因此可以提出安装系统的商业案例。最近，已经证明，具有储存氢的质子交换膜燃料电池可在远低于 0℃ 的温度下运行，这对于在冷藏仓库中使用燃料电池为叉车提供动力的方案非常有说服力。这些高质量的功率和材料处理应用程序都是小众市场，在这些市场中，燃料电池已经获得了一定的商业地位。在许多其他情况下，尤其是在公路车辆上，尚需取得类似的成功。

　　1998 年，戴姆勒 – 奔驰（Daimler – Benz）宣布到 2004 年将生产 4 万 ~10 万辆燃料电池汽车[⊖]。这是在与巴拉德动力系统公司（Ballard Power Systems）和其他各方达成商业化协议后不久。当时，巴拉德（Ballard）专注于演示其在公共汽车上的燃料电池系统。进展远比预期的要慢得多——就公共交通而言，到 2015 年底，全球运营的燃料电池公交车少于 200 辆，小巴少于 50 辆。与此同时，全球范围内只有不到 3000 辆燃料电池汽车在行驶，OEM 厂商在日本、美国（尤其是加利福尼亚州）和欧盟（而不是按国家/地区）逐城市推广汽车[⊖]。增加燃料电池客车的产量可能是一个很好的例子，如果以目前的速度继续发展，则有望将成本降低到竞争地位。汽车制造商认识到，尽管很重要，但电动汽车并不能满足私人驾驶者的所有需求。因此，大多数主要汽车制造商对燃料电池汽车有了新的承诺，并且人们越来越乐观地认为，一旦解决了燃料问题，这类汽车将具有成本效益。铁路运输中的燃料电池系统也是一个示例。例如，2015 年 5 月，Hydrogenics 公司签署了为期 10 年的协议，向法国的火车制造商阿尔斯通交通运输公司提供质子交换膜燃料电池系统。因此，2016 年 9 月，阿尔斯通 Coradia iLINT（氢燃料多单元）揭幕，参见图12.31。截至 2018 年 1 月，阿尔斯通将在下萨克森州建造 14 列火车，从 2021 年 12 月开始部署。

　　通过与其他改变游戏规则或颠覆性技术进行比较，应将燃料电池转化为商业产

⊖　All, J., 1998, Auto makers race to sell cars powered by fuel cells, Wall Street Journal, 15 March 1998.

⊖　该信息由 Kerry – Ann Adamson 于 2015 年在第四次能源浪潮论坛上提供。

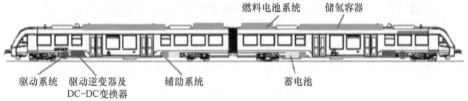

图 12.31　阿尔斯通 Coradia iLINT 零排放燃料电池列车

品所花费的时间长远考虑在内。最具说服力的例子之一可能是光伏电池的发展。有趣的是，就在 1839 年（同年，格鲁夫组装了第一台燃料电池），一位 19 岁的法国人埃德蒙·贝克勒尔（Edmond Becquerel）发现可以直接从阳光中产生电能。他测量了一个电压，当阳光照射该溶液时，可以在浸入氯化银酸性溶液中的两个铂电极之间汲取电流。1873 年，英国工程师威洛比·史密斯（Willoughby Smith）遵循了这一发现，他证明硒具有光电导性。10 年后，美国发明家查尔斯·弗里茨（Charles Fritts）生产了第一批硒光电池，并一直用作光传感器，直到 20 世纪 60 年代。同时，更实用的 PV 电池的出现等待着戈登·蒂尔（Gordon Teal）和约翰·利特尔（JohnLittle）于 20 世纪 50 年代初期在美国贝尔电话实验室（昵称"贝尔实验室"）进行的研究[⊖]。这两位化学家是最早发现单晶锗的化学家，后来又发现单晶硅。他们的工作预示着晶体管和其他半导体的世界。

　　贝尔实验室（BellLabs）在 1954 年展出了首个大功率硅光伏电池。1958 年发射了第一颗使用太阳能的卫星，即美国先锋 1 号；它采用了 $100cm^2$ 的太阳能电池板，可提供 0.1W 的功率。此后，太阳能电池技术在提高效率、提高制造能力、降低故障率、延长使用寿命以及（最重要的是）降低资本成本方面取得了进步。日

⊖　Teal，GK andLittle，JB，1950，Growth of germanium single crystals，Physical Review，vol. 78，p. 647.

本京瓷公司是世界上第一家批量生产多晶硅太阳能电池的制造商，该多晶硅太阳能电池是根据当今行业标准的铸造方法制成的。随着现在商用太阳能系统在电力市场中的渗透率显著提高，很容易忽略这项技术的漫长发展期，而忘记了大约1978年的第一个利基市场是为袖珍计算器供电。同样重要的是认识到，与不同类型的燃料电池一样，也存在几种不同类型的硅PV电池，例如晶体、多晶和非晶。每种版本的硅太阳能电池都有自己的发展路线，一种技术的逐步发展影响了另一种技术。自1990年以来的研究表明，随着科学和制造能力的提高，硅电池的成本已从1977年的76美元/W降低到2017年的0.2美元/W，令人印象深刻。也许这对燃料电池的开发者是一个教训。

12.6 未来展望：水晶球中仍然有疑云

本书的开篇章节给出了19世纪和20世纪初燃料电池的简短历史。该技术的大部分发展都发生在欧洲，然后在美国。这项工作以为20世纪60年代美国太空计划开发的燃料电池达到高潮。联合技术公司（United Technology Corporation，UTC）由位于美国的Pratt and Whitney公司于1958年成立，目的是开发由弗朗西斯·培根（Francis Bacon）在英国率先发明的碱性燃料电池。1966年，该公司向美国国家航空航天局提供了燃料电池，用于阿波罗计划，后来一直用于航天飞机的飞行任务，直到2010年为止。

UTC燃料电池团队在20世纪70年代和80年代初期开发了磷酸燃料电池，之后便专注于技术业务，并于1985年成立了一家全资贸易子公司，名称为International Fuel Cells（IFC）。该企业随后在2001年更名为UTC燃料电池，并最终更名为UTCPower。UTC燃料电池的活动主要针对固定系统，并推动了200kW和后来的400kW封装系统PC25的销售。该公司后来扩大了兴趣，将质子交换膜燃料电池用于运输。因此，UTC Power的历史可以追溯到培根的开创性工作，但是到21世纪初，很明显，该公司生产的磷酸燃料电池在其设计的大多数应用中在经济上都不可行（即热电联产），仅在某些利基市场（例如，数据中心和银行的高质量电源）中，才能产生出可靠的业务案例。

创新者布雷特·文森特（Brett Vinsant）于2003年成立了一家崭新的合资企业，即Quantum Leap Technology（量子飞跃技术）公司，他在俄勒冈州希尔斯伯勒市的车库中开发了质子交换膜燃料电池。2005年8月，Quantum Leap更名为ClearEdge Power，并致力于开发使用半导体技术构建的新型质子交换膜燃料电池系统。该公司经历了几轮种子和风险投资，因此，在2007年5月，它已经发展到拥有20名员工，并筹集了1000万美元的风险投资。2008年初，ClearEdge出售并安装了其首个燃料电池系统，并于2009年1月又筹集了1100万美元的风险投资。在不到12个月的时间内，其员工人数增加了1倍，在2010年又获得了5kW备用发电厂的订单，进一步成功地进行了融资。2010 年 6 月，ClearEdge 与韩国 LS 集团的子公司 LS 工业系统公司签署了一项价值 4000 万美元的协议，在 3 年内为其提供 800 个燃料电池系统。为了完成这项任务，他们筹集了更多的风险投资（超过 7 000 万美元）。

ClearEdge 公司将自己定位为快速发展的清洁技术初创企业。在燃料电池行业还可以找到其他一些例子，其中一些例子更为成功。但是，公司不能继续无限期地获得风险投资的支持。渴望扩张的 ClearEdge 于 2013 年 2 月收购了 UTC Power 的部分资产。在所有此类交易中都有赢家和输家，在这种情况下，正是 UTC Power 于 2014 年最终申请了破产保护。2014 年 7 月，ClearEdge 被韩国企业斗山集团收购。

将 UTC Power 和 ClearEdge Power 的命运联系起来的目的并不是要突出特定的公司，而是要表明燃料电池行业还远远没有成熟。这是一个脆弱的行业，因为很少有公司拥有确定的订单和可交付量产产品的基础设施。目前正在交易的少数公司专注于燃料电池系统已有 25 年以上的历史，例如劳斯莱斯燃料电池、燃料电池能源和 Ballard Power Systems。还有更多的公司还很年轻，它们是从声称有特殊突破的研究小组中分离出来的，或者是由寻求利用该技术在碳受限的世界中实现新的商业模式的企业家创立的。燃料电池技术——甚至是先进的磷酸燃料电池和质子交换膜燃料电池系统——都发现尽管有一些明显的优势，但很难与替代的固定式发电技术（例如，燃气微型涡轮机）在市场上竞争。读者可以探索其他燃料电池公司的命运，例如各种固体氧化物燃料电池开发公司（例如，西门子公司西屋公司、Sulzer Hexis）和熔融碳酸盐燃料电池开发公司（MC–Power 和 MTU–Onsite）。

多年来，尤其是在 20 世纪末，燃料电池系统被热心的工程师超卖了。炒作导致了商业系统的前景，而未实现的期望导致政府和其他资助机构（甚至在一定程度上）及公众失望。在该领域保持活跃的公司和研究组织继续与竞争技术作斗争（例如，燃料电池车与纯电动汽车$^{\ominus}$，或固定式天然气燃料电池系统与燃气轮机）。同时，人们意识到，随着对科学和技术的了解不断增长，燃料电池将能取得广泛的商业成功。

当本书的第 1 版出版时（2000 年），质子交换膜燃料电池电堆的预期寿命约为 2000h。随着人们对细胞降解机制的了解越来越多，已证明的寿命也得到了延长——在固定式储能应用中，现在可以超过 20 000 甚至 100 000 h。同时，改进的材料和制造方法有助于降低成本。因此，鼓励汽车工业引入诸如 Nexo 之类的 FCV，其续驶里程达 600km，由现代汽车于 2018 年 1 月上旬发布。因此，我们希望该书第 3 版能够及时说明燃料电池系统的基础科学技术，以及对它们的挑战和前景的了解。

$\ominus$　电池电动汽车和燃料电池汽车的支持者之间存在某种虚假的争论。两者都是电动汽车，有很多共同点，并有望满足不同的市场领域。鉴于所需的电池重量和充电速率的限制，电池电动汽车可能在短途旅行中具有商业可行性。相比之下，氢燃料电池汽车可以快速充电，并且有望行驶更长时间。

扩 展 阅 读

Bagotsky, VS, 2012, *Fuel Cells: Problems and Solutions*, 2nd ed., John Wiley & Sons, Inc., Hoboken, NJ.

Behling, N, 2012, *Fuel Cells: Current Technology and Future Research Needs*, Elsevier, Burlington, MA.

Dell, RM and Rand, DAJ, 2004, *Clean Energy*, The Royal Society of Chemistry, Cambridge.

Dell, RM, Moseley, PT and Rand, DAJ, 2014, *Towards Sustainable Road Transport*, Elsevier, Amsterdam.

Evers, AA, 2010, *The Hydrogen Society...More Than Just a Vision?* Hydrogeit Verlag, Oberkraemer.

Kulikovsky, AA, 2010, *Analytical Modelling of Fuel Cells*, Elsevier BV, Amsterdam.

Rand, DAJ and Dell, RM, 2008, *Hydrogen Energy: Challenges and Prospects*, The Royal Society of Chemistry, Cambridge.

Romm, JJ, 2005, *The Hype about Hydrogen: Fact and Fiction in the Race to Save the Climate*, Island Press, Washington, DC.

Schewe, PF, 2007, *The Grid: A Journey Through the Heart of Our Electrified World*, Joseph Henry Press, Washington, DC.

Scott, DS, 2007, *Smelling Land: The Hydrogen Defense Against Climate Catastrophe*, Canadian Hydrogen Association, Vancouver, BC.

Sigfusson, TI, 2008, *Planet Hydrogen — The Taming of the Proton*, Coxmoor Publishing Company, Oxford.

Sperling, D and Cannon, JS, 1994, *The Hydrogen Energy Transition: Cutting Carbon from Transportation*, Elsevier Academic Press Pt Inc., San Diego, CA.

Topler, J and Jochen, L, 2016, *Hydrogen and Fuel Cell: Technologies and Market Perspectives*, Springer, Berlin. ISBN: 978-3662449714.

Weiss, MA, Heywood, JB, Drake, EM, Schafer, A and Yeung, AFF, 2000, *On the Road on 2020 A Life-Cycle Analysis of New Automobile Technologies*, Energy Laboratory Report # MIT EL 00-003, Energy Laboratory, Massachusetts Institute of Technology, Cambridge, MA, 02139–04307.

附　　录

附录1　摩尔吉布斯自由能变化的计算

A1.1　氢燃料电池

本附录显示了如何计算该反应的摩尔吉布斯自由能的变化：

$$H_2 + \frac{1}{2}O_2 \rightarrow H_2O \qquad (A1.1)$$

系统的吉布斯自由能（G）（也称为吉布斯能量或吉布斯函数）根据以下关系式以焓（H）、温度（T）和熵（S）定义：

$$G = H - TS \qquad (A1.2)$$

类似地，摩尔吉布斯自由形成能（$\bar{g}_f$）、摩尔形成焓（$\bar{h}_f$）和摩尔熵（$\bar{s}$）$^{\ominus}$ 通过以下公式关联：

$$\bar{g}_f = \bar{h}_f - T\bar{s} \qquad (A1.3)$$

氢气氧化反应（A1.1）的情况下重要的是能量变化，即反应物（氢和氧）与产物（水或蒸汽）之间的能量差。同样，在燃料电池中，温度可以取恒定值$^{\ominus}$，因此，以下条件成立：

$$\Delta\bar{g}_f = \Delta\bar{h}_f - T\Delta\bar{s} \qquad (A1.4)$$

$\Delta\bar{h}_f$的值是产物的$\bar{h}_f$与反应物的$\bar{h}_f$之差。

因此，对于氢氧化反应有：

$$\Delta\bar{h}_f = (\bar{h}_f)_{H_2O} - (\bar{h}_f)_{H_2} - \frac{1}{2}(\bar{h}_f)_{O_2} \qquad (A1.5)$$

类似地，$\Delta\bar{s}$ 是产物的 $\bar{s}$ 与反应物的 $\bar{s}$ 之间的差。

因此，对于该反应有：

$\ominus$　因为熵可以作为绝对值来衡量，也就是说不是相对于元素在其参考状态下的值，所以不需要使用"形成熵"，只需对产物和反应物使用绝对熵。

$\ominus$　如果不是通过内部重整或多种方法通过阴极空气对电池进行冷却，燃料电池产生的热量会引起温度升高，故必须进行足够的冷却以确保不存在较大的温度梯度，因为温度梯度会引起应力并因此导致电池材料降解。在给定这些要求下，可以近似地认为电池处于恒定温度。

$$\Delta \bar{s} = (\bar{s})_{H_2O} - (\bar{s})_{H_2} - \frac{1}{2}(\bar{s})_{O_2} \tag{A1.6}$$

$\bar{h}_f$ 和 $\bar{s}$ 根据式（A1.7）和式（A1.8）随温度变化。这些标准方程式是使用热力学理论推导的，其证明可以在工程热力学教科书中找到[⊖]。$\bar{h}$ 和 $\bar{s}$ 的下标是温度，$\bar{c}_P$ 是恒压下的摩尔热容，标准温度为298.15K。

温度 T 下的摩尔形成焓由下式给出：

$$\bar{h}_T = \bar{h}_{298.15} + \int_{298.15}^{T} \bar{c}_P dT \tag{A1.7}$$

摩尔熵由下式给出：

$$\bar{s}_T = \bar{s}_{298.15} + \int_{298.15}^{T} \frac{1}{T}\bar{c}_P dT \tag{A1.8}$$

可以从热力学表中获得在298.15K时的摩尔形成焓和摩尔熵值。表 A1.1[⊖]给出了标准压力下的数据。

摩尔热容随温度变化，因此，要使用式（A1.7）和式（A1.8），必须知道在一定温度范围内恒压下的 $\bar{c}_P$ 值。许多热力学文章中都提供了关于 $\bar{c}_P$ 对温度的经验公式[⊖]。以下三个公式给出的结果在300~3500K范围内可精确到0.6%以内。

表 A1.1 298.15K下氢燃料电池反应（A1.1）中 $\bar{h}_f$ 和 $\bar{s}$ 的值

	$\bar{h}_f / (J/mol)$	$\bar{s}/(J/mol \cdot K)$
H_2O （液）	−285838	70.05
H_2O （蒸汽）	−241827	188.83
H_2	0	130.59
O_2	0	205.14

对于水蒸气：
$$\bar{c}_P = 143.05 - 58.040T^{0.25} + 8.2751T^{0.5} - 0.036989T \tag{A1.9}$$
对于氢气：
$$\bar{c}_P = 56.505 - 22222.6T^{-0.75} + 116500T^{-1} - 560700T^{-1.5} \tag{A1.10}$$
对于氧气：
$$\bar{c}_P = 37.432 + 2.0102 \times 10^{-5}T^{1.5} - 178570T^{-1.5} + 2368800T^{-2} \tag{A1.11}$$
所有方程式的 $\bar{c}_P$ 单位都为 J/mol·K。可以将这些值代入式（A1.7）和式

⊖ 例如：Balmer, RT, 2011, Modern Engineering Thermodynamics, Academic Press, New York; Smith, JM, Van Ness, HC and Abbott, MN, 2005, Introduction to Chemical Engineering Thermodynamics, 7th edition, McGraw Hill Higher Education, Boston, MA.

⊖ 来源：Keenan, JH and Kaye, J, 1948, Gas Tables, John Wiley & Sons, Inc., New York.

⊖ 例如：Van Wylen, GJ and Sonntag, RE, 1986, Fundamentals of Classical Thermodynamics, 3rd edition, John Wiley & Sons, Inc., New York, p. 688.

（A1.8），以得到易于积分的函数，并可在任何温度 T 下进行评估。采用该数学公式可得出水蒸气、氢气和氧气的 $\Delta \bar{h}_+$ 和 $\Delta \bar{s}$ 值。然后，将这些值代入式（A1.5）和式（A1.6）给出 $\Delta \bar{h}_f$ 和 $\Delta \bar{s}$ 的值，最后将其代入式（A1.4）以计算摩尔吉布斯形成能的变化 $\Delta \bar{g}_f$。示例值在表 A1.2 中已给出。

表 A1.2　反应（A1.2）中 $\Delta \bar{h}_f$、$\Delta \bar{g}_f$ 和 $\Delta \bar{s}$ 的值

温度/℃	$\Delta \bar{h}_f/(J/mol)$	$\Delta \bar{g}_f/(J/mol)$	$\Delta \bar{s}/[J/(mol \cdot K)]$
100	-242.6	-0.0466	-225.2
300	-244.5	-0.0507	-215.4
500	-246.2	-0.0533	-205.0
700	-247.6	-0.0549	-194.2
900	-248.8	-0.0561	-183.1

对于液态水，$\bar{h}_f$ 和 $\bar{s}$ 的标准值取表 A1.1 中的值。为了得到在 80℃ 时的 $\bar{h}_f$ 和 $\bar{s}$，可再次使用式（A1.7）和式（A1.8），但是由于温度范围（25 ~ 80℃）小，因此可以假定 $\bar{c}_P$ 为常数。

A1.2　一氧化碳燃料电池

在第 6 章介绍的高温燃料电池中，由燃料（例如甲烷）蒸汽重整产生的一氧化碳可被直接氧化，其反应是：

$$CO + \frac{1}{2}O_2 \rightarrow CO_2 \tag{A1.12}$$

计算摩尔吉布斯自由能变化的方法和理论与氢燃料电池完全相同，除了对方程式进行了更改以适应新反应。如式（A1.11）所示，一氧化碳和二氧化碳的摩尔热容值由下式给出：

对于一氧化碳：

$$\bar{c}_P = 69.145 - 0.022282T^{0.75} - 2007.7T^{-0.5} + 5589.64T^{-0.75} \tag{A1.13}$$

对于二氧化碳：

$$\bar{c}_P = -3.7357 + 3.0529T^{0.5} - 0.041034T + 2.4198 \times 10^{-6}T^2 \tag{A1.14}$$

这些方程式与表 A1.3 中的值、方程式（A1.7）和（A1.8）一起使用从而确定三种气体的摩尔焓和摩尔熵。

然后分别从以下两个方程式确定摩尔焓和摩尔熵的变化：

$$\Delta \bar{h}_f = (\bar{h}_f)_{CO_2} - (\bar{h}_f)_{CO} - \frac{1}{2}(\bar{h}_f)_{O_2} \tag{A1.15}$$

$$\Delta \bar{s} = (\bar{s})_{CO_2} - (\bar{s})_{CO} - \frac{1}{2}(\bar{s})_{O_2} \tag{A1.16}$$

对于氢燃料电池，通过式（A1.4）计算摩尔吉布斯自由形成能的变化。表A1.4 中给出了一些结果。

表 A1.3　反应（A1.12）中 $\bar{h}_f$ 和 $\bar{s}$ 在 298.15K 时的值

	$\bar{h}_f/(J/mol)$	$\bar{s}/(J/mol \cdot K)$
O_2	0	205.14
CO	−110529	197.65
CO_2	−393522	213.80

表 A1.4　一氧化碳燃料电池反应（A1.12）中 $\Delta\bar{h}_f$、$\Delta\bar{g}_f$ 和 $\Delta\bar{s}$ 的值

温度/℃	$\Delta\bar{h}_f/(J/mol)$	$\Delta\bar{g}_f/(J/mol)$	$\Delta\bar{s}/[J/(mol \cdot K)]$
100	−283.4	−250.7	−0.0877
300	−283.7	−232.7	−0.0888
500	−283.4	−214.6	−0.0890
700	−281.8	−196.5	−0.0877
900	−281.0	−178.5	−0.0822

附录2　可用燃料电池方程式

A2.1　简介

本附录介绍了与以下燃料电池参数有关的有用方程式的推导：

- 氧气和空气使用率。
- 进气量。
- 出风量。
- 氢的使用量和其能量含量。
- 产水率。
- 发热。

随后的讨论中会涉及"化学计量"这一术语，其含义可以定义为"恰到好处的量"。例如，简单的燃料电池反应：

$$H_2 + \frac{1}{2}O_2 \rightarrow H_2O \tag{A2.1}$$

对于 1mol 的氧气，恰好会提供 2mol 的氢。由于 1mol 氢气转移 2mol 电子，因此这将产生确切的 4F 电荷。氢气、氧气的供给通常会大于化学计量速率。如果氧气以空气形式供应，则更是如此，否则，离开电池的空气里将完全没有氧气。还应

注意，反应物的供应量不能低于化学计量比。

通常，化学计量可以表示为符号 λ 表示的变量。因此，如果化学物质在反应中的使用速率为 $\dot{n}\,mol/s$，则供应速率为 $\lambda\dot{n}\,mol/s$。

为了提高以下推导方程式的实用性，已根据整个燃料电池堆的电功率 P_e 和堆中每个电池的平均电压 V_c 来表示。电功率是有关燃料电池系统的最基本和最重要的信息。如果未给出 V_c，则可以假定其在 $0.6\sim0.7V$ 之间——大多数燃料电池在该区域工作（参见图 3.1 和图 3.2）。如果知道效率，可以使用式（2.5）计算 V_c 的值，否则，将 V_c 设为 $0.65V$ 是一个很好的近似值。但是，如果燃料电池受压，则应采用更高的估算值。

A2.2　氧气和空气用量

在氢燃料电池的基本原理中，1mol 氧气传递四个电子，参阅第 1 章的式（1.3）。因此，对于单个电池：

$$转移的量 = 4F \times O_2\ 的量 \tag{A2.2}$$

代入时间计算可得出：

$$氧气使用量 = \frac{I}{4F}\ mol/s \tag{A2.3}$$

式中，I 为当前电流。

对于 n 个电池的电堆：

$$氧气使用量 = \frac{In}{4F}\ mol/s \tag{A2.4}$$

但是，公式单位为 kg/s 会更有用，这样就不必知道单电池的数量以及功率而不是电流。如果电池组中每个电池的电压为 V_c，则：

$$P_e = V_c In \tag{A2.5}$$

因此，电流为

$$I = \frac{P_e}{V_c n} \tag{A2.6}$$

将该表达式代入式（A2.4）可得出：

$$氧气使用量 = \frac{P_e}{4V_c F}\ mol/s \tag{A2.7}$$

将 mol/s 变为 kg/s：

$$氧气使用量 = \frac{32 \times 10^{-3} P_e}{4 \times V_c \times F} = \frac{8.29 \times 10^{-8} \times P_e}{V_c}\ kg/s \tag{A2.8}$$

该公式可以确定给定功率下的任何燃料电池系统的耗氧量。当 V_c 未知时，可以根据效率进行计算，并且如前所述，如果未知此参数，则可以使用 $0.65V$ 作为近似值。

氧气通常以空气形式供应，因此有必要使式（A2.7）适用于空气使用量。氧气的空气摩尔比为 0.21，空气的摩尔质量为 28.97×10^{-3} kg/mol。因此，式（A2.7）变为

$$空气使用量 = \frac{28.97 \times 10^{-3} \times P_e}{0.21 \times 4 \times V_c \times F} = \frac{3.58 \times 10^{-7} \times P_e}{V_c} \text{ kg/s} \qquad (A2.9)$$

如果以这种速率供应空气，那么当它离开电池时将会完全没有氧气，这是不切实际的，因此将气流设置为远高于该值：

$$空气使用量 = \frac{3.58 \times 10^{-7} \times \lambda \times P_e}{V_c} \text{ kg/s} \qquad (A2.10)$$

实际上，kg/s 不是质量流量的常用单位。标准条件下，将质量流量单位转换为体积流量单位更为有用。此时式（A2.10）的质量流率应乘以：

- 3050，以单位标准 m^3/h 给出流量。
- 1795，以单位 ft^3/min 给出流量，缩写为 SCFM（即标准立方英尺/分钟）。
- 5.1×10^4，以单位标准 L/min 给出流量。
- 847，以单位标准 L/s 给出流量。

A2.3 出风量

有时比较重要的是要区分式（A2.10）给出的空气进气流速和排气流速，这在计算湿度时尤其重要，其在某些类型的燃料电池更是一个问题——特别是质子交换膜燃料电池（PEMFC）。其差异正是由氧气消耗引起的。通常在出口空气中会有更多的水蒸气，但是在此阶段的讨论中使用"干燥空气"，稍后会在 A2.5 节中核查产水量。

显然：

$$空气排出量 = 入口流量 - 氧气使用量 \qquad (A2.11)$$

使用式（A2.10）和式（A2.8），式（A2.11）变为

$$空气排出量 = 3.5 \times 10^{-7} \times \lambda \times \frac{P_e}{V_c} - 8.29 \times 10^{-8} \times \frac{P_e}{V_c} \text{ kg/s} \qquad (A2.12)$$

A2.4 氢气用量

氢的使用速率以与氧气相似的方式得出，不同之处在于每摩尔氢中都有两个电子。因此，式（A2.4）和式（A2.7）分别变为

$$氢气使用量 = \frac{In}{2F} \text{ mol/s} \qquad (A2.13)$$

$$氢气使用量 = \frac{P_e}{2V_c F} \text{ mol/s} \qquad (A2.14)$$

氢的摩尔质量为 2.02×10^{-3} kg/mol，因此式（A2.14）在化学计量条件下变为

$$氢气使用量 = \frac{2.02 \times 10^{-3} P_e}{2V_c F} = 1.05 \times 10^{-8} \frac{P_e}{V_c} \text{ kg/s} \quad (A2.15)$$

显然，该公式仅适用于氢燃料电池，在重整烃衍生的一氧化碳和氢气混合物的情况下将有所不同，并取决于一氧化碳的比例。通过使用氢的密度可以将结果转换为体积率，氢的密度在常温常压下（NTP，293.15K 和 1atm）为 0.084kg/m³。

除了消耗氢的速率之外，了解给定质量或体积的氢气可能产生的电能通常也很重要。表 A2.1 中以 kW·h 为单位给出了能量，而不是以 J 为单位，因为该度量通常用于电力系统。除了使用每千克和标准升的"原始"能量外，还有一种"有效"能量表述，其考虑了电池的效率，并以 V_c（每个电池的平均电压）表示。如果必须考虑氢燃料电池的效率，则可以使用第 2.5 节中得出的效率公式，即：

$$效率 = \frac{V_c}{1.48} \quad (A2.16)$$

注意，在式（A2.16）中，不包括燃料利用率，因为大多数纯氢燃料电池被假定为以 100% 燃料利用率运行。

表 A2.1　以不同形式表示的氢燃料的能量含量

形式	能量含量
比焓（HHV）	1.43×10^8 J/kg
比焓（HHV）	39.7kW·h/kg
有效比电能	$26.8 \times V_c$ kW·h/kg
STP 的能量密度（HHV）	3.20kW·h/m³ = 3.20W·h/SL
STP 的能量密度（HHV）	3.29kW·h/m³ = 3.29W·h/SL

注：1. SL 为标准升。

　　2. 低热值（LHV）在高热值（HHV）基础上乘以 0.846。

A2.5　产水率

以氢为燃料的燃料电池中，每两个电子以一摩尔的速度产生水（参见第 1 章第 1.1 节），并且可以通过调整式（A2.17）来表示：

$$水的生成速率 = \frac{P_e}{2V_c F} \text{ mol/s}^1 \quad (A2.17)$$

水的分子量为 18.02×10^{-3} kg/mol¹，因此：

$$水的生成速率 = \frac{9.34 \times 10^{-8} \times P_e}{V_c} \text{ kg/s} \quad (A2.18)$$

在氢燃料电池中，水的生产速率基本是基于化学计量的。但是，如果燃料是一氧化碳与氢气的混合物，则水的产量会更少，即与混合物中一氧化碳的含量成比例。对于内部重整的碳氢燃料，某些产物水将用于重整过程。例如，在第 9 章中表明，如果对甲烷进行内部重整，则重整过程中将使用一半的产物水，从而使燃料电池中水的排出速率减半。

例如，假设一个 1kW 的燃料电池在 0.7V 的电池电压下工作 1h，如式（A2.16）所示，此时的性能相当于实现 47% 的效率（相对于 HHV），将该值代入式（A2.17）可得出：

$$水的生成速率 = \frac{9.34 \times 10^{-8} \times 1000}{0.7} = 1.33 \times 10^{-4} kg/s \qquad (A2.19)$$

因此，在 1h 内产生的水量为 $1.33 \times 10^{-4} \times 60 \times 60 = 0.48kg$。由于水的密度为 $1.0g/cm^3$，因此该质量相当于 $480cm^3$。因此，作为一个粗略的估算，一个 1kW 的燃料电池每小时将产生约 0.5L 水。

A2.6 发热量

燃料电池工作时会产生热量。在第 2.4 节中指出，如果氢燃料电池的所有反应焓都转换为电能，那么如果产物水为液态或水蒸气形式，则输出电压分别将为 1.48V 或 1.25V。显然，可以得出结论，实际电池电压与这两个电压中的任何一个之间的差值代表未转化为电能的能量，即转化为热量的能量。

由于在大多数情况下，水不是以液态形式产生的，因此以下分析假定产品水为气相，并且未考虑水蒸发的冷却效果。这也意味着能量以三种形式离开燃料电池，即电能、普通的"显热"和水的汽化热（潜热），对于电流为 I 的 n 个电池堆，产生的热量（W）为：

$$热量生成速率 = nI(1.25 - V_c) \qquad (A2.20)$$

以电功率（W）为单位：

$$热量生成速率 = P_e\left(\frac{1.25}{V_c} - 1\right) \qquad (A2.21)$$

附录3 燃料电池排气中空压机所需功率和涡轮机可回收功率的计算

A3.1 空压机所需的功率

以下示例中的压缩机功率表征是将 100kW 燃料电池堆加压至 300kPa（3bar）。使用 Lysholm 压缩机将空气送入电堆，如第 12 章图 12.4 所示。压缩机的进气口压力为 100kPa（1 bar），温度为 20℃。燃料电池以 2.0 的空气化学计量比运行，平均电池电压为 0.65V，相当于 52% 的效率（LHV）。第 12 章的图 12.4 用于确定以下参数的值：

- 空压机的所需转速。
- 压缩机的效率。

- 空气离开压缩机时的温度。

- 驱动压缩机所需的电动机功率。

首先，使用式（A2.9）得到电池将消耗的空气质量流量：

$$空气质量流量 = \frac{3.58 \times 10^{-7} \times 2 \times 100000}{0.65} = 0.11 \text{kg/s} \tag{A3.1}$$

然后将该值转换为质量流量因子：

$$质量流量因子 = \frac{0.11 \times \sqrt{293}}{1.0} = 1.9 \text{kg} \cdot \text{K}^{\frac{1}{2}}/(\text{s} \cdot \text{bar}) \tag{A3.2}$$

注意，压力单位为 bar，即与图 12.4 给出的相同。该图可用于确定压缩机的速度和效率，即可通过压力比为 3 的水平线与垂直于 x 轴的质量流量因子为 1.9 的垂直线得到，其结果非常接近 600 转子速度因数线和 0.7 的"效率等值线"。因此，转子速度可以认为是：

$$600 \times \sqrt{293} = 10300 \text{r/min} \tag{A3.3}$$

压缩机的效率和质量流量用于确定温度升高和压缩机功率，前者是从第 12 章的式（12.6）中获得的，即：

$$\Delta T = \frac{293}{0.7} \times (3^{0.286} - 1) = 155 \text{K} \tag{A3.4}$$

由于入口温度为 20℃，因此出口温度为 175℃。注意，如果系统是 PEMFC，则需要冷却。如果它是 PAFC，则压缩机可使燃料气体能够被预热。

压缩机所需的功率可根据第 12 章的式（12.10）确定：

$$P_{功率} = 1004 \times \frac{293}{0.7} \times (3^{0.286} - 1) \times 0.11 = 17.1 \text{kW} \tag{A3.5}$$

这是压缩机的功率，不考虑轴承和传动轴的任何机械损耗。电动机的效率也不是 100%——合理估算其功率约为 20kW。重要的是要注意以下几点：

- 20kW 的电力必须要用 100kW 燃料电池提供，即消耗其输出的 20%。当在有压力下运行系统时，寄生负载会是一个主要问题。第 4.7.2 节讨论了其对 PEMFC 的重要性。

- 在此示例中，假设空气未加湿，即水含量低。如第 4.4 节所指出，PEMFC 的入口有时会被加湿。该作用会改变比热容 γ，并会影响压缩机的性能。如果需要，通常在压缩后进行加湿，因为在此阶段空气更热。

A3.2　涡轮从燃料电池废气中回收功率

从 100kW 燃料电池的出口气体中获得的可通过使用涡轮机回收的功率如下所示。

电池中存在水会增加阴极出口气体的质量，但是由于这是用 $2H_2O$ 代替 O_2 的结果，因此质量的变化将不明显，因为氢质量非常小，因此质量流量仍为

0.11kg/s。对于典型 PEMFC，出口温度估计为 90℃，入口压力为 300kPa（3 bar）。出口压力必须略小于此压力，并且假设它为 280kPa，则质量流量因子可以计算：

$$质量流量因子 = \frac{0.11 \times \sqrt{363}}{2.8} = 0.75 \text{kg} \cdot \text{K}^{\frac{1}{2}} \ (\text{s} \cdot \text{bar}) \tag{A3.6}$$

涡轮的速度和效率可以从第 12 章中图 12.8 中给出的性能图表中确定。图表中 x 轴上的 0.75 与压力比轴上的 2.8 之间的截距接近于转子速度因子线 5000，效率为 0.7 或 70%。因此，预计所需的转子速度为

$$5000 \times \sqrt{363} \approx 95000 \text{r/min} \tag{A3.7}$$

这种非常高的速度适用于直接驱动同一轴上的离心压缩机，但不适用于螺杆压缩机。可从第 12 章的式（12.10）获得涡轮机可用的功率，即：

$$P_{压缩机功率} = C_p \times \frac{T_1}{\eta_c} \left[\left(\frac{P_2}{P_1} \right)^{\frac{\gamma-1}{\gamma}} - 1 \right] \times \dot{m} \tag{12.10}$$

出口气体不是普通空气，它的氧气更少，比热容发生了变化。对于发动机，C_p 的标准值为 1150J/kg·K，γ 的标准值为 1.33。在燃料电池的情况下，气体成分的变化不是很大，C_p 的值为 1100J/kg·K，γ 的值为 1.33。因此常数（$\gamma - 1/\gamma$）为 0.275。温度 T_1 为 363K，因此式（12.10）变为

$$可用功率 = 100 \times 0.7 \times 363 \left(\frac{1^{0.275}}{2.8} - 1 \right) \times 0.11 \approx -7.6 \text{kW} \tag{A3.8}$$

负号表示涡轮机提供动力。此功率是燃料电池 100kW 电气输出的有用补充，但要注意它提供的功率不到驱动压缩机所需功率的一半。

此外，此示例是最理想的结果——涡轮机效率通常会略低于此处假定的 0.7。从第 12 章的图 12.9 的涡轮机性能图中可以看出，在许多工作区域效率会大大降低。

专业术语

AB$_5$ 一系列能够进行可逆氢吸收–解吸反应的金属合金（例如 LaNi$_5$）。

吸收 将液体或气体吸入固体材料的可渗透孔中的过程。参见：**吸附；化学吸附；物理吸收**。

活化能 引发化学反应所需的能量，也称为"阿仑尼乌斯能量"。

活化过电势 由于电解质界面上电荷转移的动力学所施加的限制而产生的。

活度 衡量反应系统中物质"有效浓度"的量度。按照惯例，它是无量纲的。凝聚态（液体或固体）中纯净物质的活性被视为一。活性主要取决于系统的温度、压力和组成。在涉及实际气体和混合物的反应中，组成气体的有效分压通常称为"烟度"。参见：**逸度**。

绝热过程 在没有热量进入或离开系统的情况下进行的过程（例如，气体膨胀）。在可逆绝热膨胀中，当气体冷却时，其内部能量会因气体对环境的作用而减少。

吸附物 一种已被或可以被吸附的材料。

吸附剂 具有吸附另一种物质的能力或趋势的材料。

吸附 气体、溶解的物质或液体分子与它们接触的固体或液体表面的粘附力；与吸收不同，其是一种物质实际上渗透到另一种物质的内部结构的过程，因此为吸附和吸附剂。参见：**化学吸附；物理吸收**。

铝氢化物 碱金属或碱土金属的氢化铝，例如 LiAlH$_4$、NaAlH$_4$、Mg(AlH$_4$)$_2$。

交流电 在一个方向上流过一个时间间隔（半周期），然后在相反方向上流过同一时间的电流；正常波形为正弦波。交流电比直流电更容易长距离传输，并且交流电是大多数家庭和企业使用的电能形式。参阅：**直流电**。

胺类 氮为关键原子的有机化合物。该化合物的结构类似于氨，其中一个或多个氢原子被有机基团取代，并具有广泛的性能应用。胺洗涤在商业上可用于从天然气中去除二氧化碳。

非晶体材料 一种固态材料，其中原子位置没有长距离顺序。

厌氧 在没有空气或氧气的情况下发生的任何过程（通常是化学过程或生物过程）。

阳极 发生氧化过程，即电子损失的电极。在燃料电池中，阳极是消耗氢的负极。在电解过程中，阳极是放出氧气的正电极。在二次电池中，阳极是充电时的正电极和放电时的负电极。

无烟煤 最高等级的、碳质量分数为85%～95%、具有光泽、黑色外观的煤。它主要用于住宅和商业空间供暖，也称为"硬煤"。参见：**烟煤；褐煤；泥炭；亚烟煤**。

人为排放 直接或间接地由人类活动引起的排放。由于使用化石燃料而导致的二氧化硫排放是直接排放的一个例子，与肥料施用有关的农田氮氧化物的排放是间接排放的一个例子。

面积比电阻 样品的电阻乘以其几何面积。

奥氏体钢 基于奥氏体铁（γ相铁）的钢合金。奥氏体不锈钢含有最多0.15%（质量分数）的碳，最少16%（质量分数）的铬及足够的镍或锰，即使在低温下也能保持其塑性。

自动热重整 一种节能的重整过程，它将烃类原料（甲烷或液体燃料）部分氧化和催化蒸汽重整相结合产生的热量，这可以大大减少二氧化碳的排放。参见：**部分氧化；蒸汽重整**。

电气平衡 燃料电池的主电源模块（堆叠连接的单个燃料电池）中附加并与之集成的那些组件的总和，以构成整个操作系统。这些组件可以包括燃料处理器或燃料重整器、功率调节设备（例如逆变器和电压控制）、电动机、压缩机、鼓风机和风扇、阀门和管道、燃料存储介质，甚至是与燃料电池堆互补的常规电池。

桶 量度原油（石油）的单位，约 $159dm^3$。

基本负载 典型发电系统上的最小电力需求。

电池 多个化学性质相同的电化学电池，串联或并联连接并容纳在单个容器中（注意，该术语通常用于表示单个电池，特别是在主系统的情况下）。

比表面积（BET） 单位质量的样品总表面积，通常以 m^2/g 表示，通过将布鲁诺·埃默特·泰勒模型应用于气体吸附等温线。孔体积和孔径分布也可以通过该方法获得。

黏合剂 一种添加到电极活性材料中以增强机械强度的物质。

生物电化学燃料电池 一种利用生物物种作为催化剂促进发电的燃料电池。主要分为两类："酶促"燃料电池和"微生物"燃料电池。前者使用酶为催化剂，而后者利用微生物将生物燃料的化学能（例如葡萄糖，其他糖，醇）转化为电能或氢。也称为"生物燃料电池"。

生物燃料 源自生物来源的气态、液态或固态燃料。

生物燃料 可以为天然形式（例如木材，泥煤）或商业化形式（例如甘蔗渣中的乙醇，废植物油中的柴油）。

沼气 一种中等能量含量的气体燃料，由甲烷（通常体积分数为50%～60%）

和二氧化碳组成，是由废料的厌氧分解产生的，也称为"厌氧消化池气体"。参见：**厌氧**。

生物质 一个总称，用来描述生命周期结束时可以转化为固体燃料、可再生液体燃料（"生物燃料"）或气态燃料（"沼气"，例如甲烷或氢气）的所有生物生产物质。生物质可来自森林和工厂残留物、农作物和废物（例如玉米秸秆、苜蓿茎、过期的种子玉米、壳和坚果壳、甘蔗纤维、稻米和小麦的秸秆）、木材和木材废物（木屑、伐木厂的废料）、动物废物、牲畜残余物、水生植物、速生树木和植物以及市政和工业废物。参见：**生物燃料；沼气**。

生物光解 由光合作用的第一阶段产生的电子的存储和使用，然后可用于产生自由氢。

双极板 一种密集电子（但不是离子）导体，可将一个电池中的正极与相邻电池中的负极电连接。电池串联因此可以建立电压。双极板还用作将燃料或空气分配到电极、去除反应产物和传递热量。根据电化学电池的类型，该板可以由碳、金属或导电聚合物（可以是填充碳的复合材料）制成。参见：**端板；流场**。

烟煤 一种稠密的煤（碳质量分数为 45% ~ 85%），黑色，但有时为深棕色，通常具有明晰而暗淡的材料带。它主要用作发电中的燃料，大量用于制造过程中的热能和电力应用，以及制造焦炭或炼焦煤，这是炼钢的重要成分。参见：**无烟煤；褐煤；泥炭；亚烟煤**。

巴特勒－沃尔默方程 流过电极的电流与穿过电解质溶液界面的电势之间的关系。在低过电势下，可以通过线性关系很好地近似，而在高过电势下，可以通过塔菲尔方程近似。参阅：**塔菲尔方程式**。

煅烧 对固体进行热处理的过程，以诱导热分解或相变或消除挥发性成分。

电容 存储在电容器中的电荷，单位法拉。

电容器 暂时存储电荷的设备。

炭黑 一种无定形形式的碳，通过碳氢化合物的热或氧化分解而商业生产。它具有高的表面积/体积比，尽管与活性炭相比该比率较低。常用于支撑电催化剂。

卡诺循环 可逆热机的最有效（理想）运转循环。它与四冲程内燃机一样，由四个连续的可逆操作组成，即等温膨胀和从高温储集层开始向系统的热传递、绝热膨胀、等温压缩以及从系统到低温储集层的热传递以及绝热压缩将系统恢复到原始状态。参见：**传热**。

卡诺效率 通过流过温度梯度的热能产生的热力学功的最大效率。

催化剂 一种能增加化学反应速率但本身不会永久改变的物质。

阴极 发生还原过程（即电子增益）的电极。在燃料电池中，阴极是消耗氧气的正电极。在电解过程中，阴极是放出氢的负极。在二次电池中，阴极充电时是负极，放电时是正极。

电池电压 电化学电池的正负极之间电压的代数差。电池电压通常是在非平衡条件下产生的，即电流流过电池时。"电压"通常用于使用电化学电池的情况，而"电位"通常用于使用电极的情况。但这两个术语有时可以互换使用。

金属陶瓷　由陶瓷和金属成分组成的复合材料。金属陶瓷的设计是要兼具陶瓷的最佳性能，例如耐高温性和硬度，以及金属的最佳性能，例如具有塑性变形的能力。它通常用作固体氧化物燃料电池中的负极（阳极）。

硫属化合物　一种由至少一个硫族离子和至少一种正电元素组成的化合物。尽管元素周期表中所有第16组元素都被定义为硫族元素，但该术语通常保留给硫化物、硒化物和碲化物，而不是氧化物。

电荷转移系数　巴特勒-沃尔默方程中一个重要参数，用于电化学反应的动力学处理。该参数表示有助于降低电化学反应的自由能垒的电解质溶液界面处的界面电位分数。参阅：**巴特勒-沃尔默方程；吉布斯自由能**。

螯合物　一种无机配合物，其中配体在两个或多个位置与金属离子配位。

化学势　一种在化学反应或相变过程中可以吸收或释放的势能形式。对于混合物中的给定组分，在温度、压力和其他组分的量恒定的情况下，吉布斯自由能随组分量的变化而变化。参阅：**吉布斯自由能**。

化学气相沉积　一种化学过程，用于生产高纯度固体材料，通常为薄沉积物。缩写为"CVD"。

化学吸附　一种通过共价键将吸附物质的原子或分子（气体或液体）保持在固体材料表面的过程。参见：**吸附；物理吸收**。

笼合物　一种物质，其中一种化合物的分子被封装在另一种化合物的格子或笼状结构中。例如在低温和高压下，某些气体（例如二氧化碳、硫化氢、甲烷）和水之间会形成结晶。

气候变化　气候上具有统计意义的重大变化，它直接或间接地归因于人类活动，它改变了全球大气的构成，并且是在可比较的时间段内观察到的自然气候变化之外。注意，气候通常被定义为"平均天气"，这意味着要使用统计数据来描述一段时间内平均的天气（温度、降水和风）。世界气象组织使用的周期为30年，但是也可以短至几个月或长达数万年。参阅：**温室效应；温室气体**。

煤气　一种燃气，通常富含甲烷，是在没有空气的情况下加热煤（所谓的破坏性蒸馏）或热解时产生的。它是焦炭和煤焦油制备过程中的副产品。煤气是19世纪末和20世纪初的主要能源，也被称为"城市煤气"。随着天然气可用性的增加，这种气体的使用量下降了。参阅：**热解**。

热电联产　参见：**热电联产系统**。

联合循环　一种技术，可提高天然气作为燃料的电站的热效率。气体首先在燃气轮机中燃烧，该燃气轮机驱动发电机产生电能。然后，将废气中包含的废热回收并用于产生高压蒸汽，该蒸汽通过蒸汽轮机膨胀以驱动另一台发电机以产生更多的功率。联合循环系统以更高效、更环保的方式发电。参阅：**热效率**。

热电联产系统　在单个过程中同时产生电力（电气或机械）和有用热量（例如过程蒸汽）的装置。也称为"热电联产"。

复合材料　组合的最佳性能来自一个组件中的两种或更多种不同的材料。例如，在聚合物电解质燃料电池中，双极板中可以使用碳纤维 – 环氧树脂的聚合物复合材料。在固体氧化物燃料电池中，板和膜是陶瓷的，而互连结构可能是金属的（组成最终的复合结构燃料电池堆）。

复合膜　一种离子导电膜，通常以两种或多种材料制成的膜的形式构造，用于某些类型的电池和燃料电池。

浓度过电势　由本体溶液和电极表面之间的电荷载流子浓度差异引起的电势差。当电化学反应足够迅速以将电荷载体的表面浓度降低到本体溶液的表面浓度以下时，就会发生这种情况。反应速率取决于电荷载流子到达电极表面的能力（"质量转移"），也称为"质量传输过电势"，或者较不常见的是"扩散过电势"。

反电极　电化学系统中的一种电极，仅用于与电解质溶液进行电连接，以便可以将电流施加到工作电极上。电极上发生的过程并不重要，通常由惰性材料（贵金属或者碳/石墨）制成，以避免其溶解，也称为"辅助电极"。参阅：**工作电极**。

原油　一种碳氢化合物的混合物，存在于天然地下储层中，呈液相状态，经过地面分离设备后在大气压下保持液态。它有多种形式，以比重、碳氢化合物的浓度、挥发性、热值和含硫量为特征。诸如汽油、柴油燃料和喷气燃料之类的燃料以及各种称为石化产品的材料均来自原油。

低温　术语，适用于低温物质和设备，通常是指温度范围低于77K。

电流密度　在电化学电池中，每单位电极面积流动的电流。

循环伏安法　参阅：**伏安法**。

末端燃料电池　没有燃料或氧化剂出口的单元燃料电池或燃料电池堆。其工作时所有进料到电池或电池堆的反应物都被消耗掉了。但是，必须要允许从电池/电池堆中连续除去反应产物。当一种或两种反应物以该模式供应时，通常会有性能损失。这是由于流量分配不理想以及污染物或惰性气体的积聚所致。

密度泛函理论　一种在物理和化学领域中用于研究多体系统（特别是原子、分子和凝聚相）的电子结构的量子力学理论。

解吸　与吸附相反，分子与固体表面分离。参阅：**吸附**。

电介质　一种不导电的物质（固体、液体或气体）（即绝缘体）。电介质中的电场不会产生净电流。施加的电场使物质内的电子移位，从而在物质的表面上产生电荷。这种现象在电容器中用于存储电荷。参阅：**电容器**。

柴油燃料　一种石油的可燃馏出物，用作柴油发动机（压缩点火）的燃料。通常是煤油后蒸馏的原油馏分。参见：**原油**。

扩散　流体（气体或液体）中分子、颗粒或离子从其高浓度区域到较低浓度区域的自发和随机运动，直到整个过程达到均匀浓度。两个这样的区域之间的浓度差异称为"浓度梯度"。

扩散系数　物质通量与其浓度梯度之间的比例系数。

二极管　一种仅允许电流沿一个方向流动的固态电子设备。

直流电　仅在一个方向上流动的电流，尽管其幅值可能会有明显的脉动。它是电化学电池产生的电的形式。参阅：**交流电**。

直接内部重整　单元燃料电池或燃料电池堆中所需的（例如氢气），由烃类燃料（例如柴油、甲醇、天然气）供给到电池或燃料堆中而生成的产物。参阅：**外部重整；间接内部重整**。

歧化反应　一种化学反应，其中单一物质同时充当氧化剂和还原剂以产生异种物质。例如一氧化碳可以在催化剂上分解，形成固体碳和二氧化碳。这种特殊的歧化现象称为鲍多尔德反应。

解离、解离常数　在化学和生物化学中，是一种通常以可逆方式将离子化合物（复合物、分子或盐）分离或分裂为较小分子、离子或自由基的过程。可逆离解的平衡常数称为"离解常数"。它是解离的物质浓度与未解离的化合物浓度的乘积之比。

分布式能源　一种发电、存储和计量/控制系统的网络，允许以分布式和小规模的方式使用和管理电力，从而使电源靠近负载，而不是大型集中式发电厂，是为了最大限度地减少电力传输并利用余热。也称为"分布式发电"或"嵌入式发电"。

传动系　推进系统的要素（包括发动机、变速器、传动轴和差速器），它们从动力源传递机械能来驱动给定车辆的车轮。

染料敏化太阳能电池　一种光电化学电池，它使用染料浸渍的二氧化钛层通过光能而不是大多数光伏电池中使用的半导体材料来产生电压。参见：**光伏电池**。

电气双层　电极与附近的电解质溶液之间的界面处离子环境（电荷积累）的模型。一般而言，该结构由邻近电极表面的致密带电层和延伸到电解质溶液中的电荷扩散区组成。注意，液体界面有几种理论处理。也简称为"双层"。

电动汽车　仅由电化学电源（例如电池或燃料电池）供电的车辆。超级电容器也可以提供动力辅助。

电催化剂　一种可加速电化学（电极）反应速率但本身不会永久改变的物质。

电化学电容器　一种电容器，以吸附在高表面积材料上的离子（而非电子）形式存储电荷。离子在充电和放电过程中会发生氧化还原反应。该设备也称为"电化学双层电容器"或"超级电容器"。

电化学（AC）阻抗光谱学　一种研究技术，用于检查电极表面发生的过程。将一个小幅度并覆盖宽频率范围的交流（正弦）激励信号（电势或电流）应用于系统，并记录响应（电流或电压或其他信号）。在激励信号幅度较小的情况下，可以获得数据，而不会显著干扰系统的正常运行。通过在很宽的频率范围内进行测量，通常可以分离并评估一系列复杂的耦合过程，例如电子转移、质量传输和电化学反应。该技术通常用于研究电极动力学和反应机理，以及表征电池、燃料电池和腐蚀现象。缩写为"EIS"。参阅：**阻抗**。

电极　一种电子导体，充当参与电化学反应的电子的源或宿。

电极电位　由单个电极（正或负）产生的电压。通常与氢电极的标准电位（设置为0V）有关。国际纯粹与应用化学联合会将电极电势定义为电池的电压，其中左侧的电极为标准氢电极，右侧的电极为相关电极。参见：**标准氢电极**。

电解　电流通过离子物质（一种溶解在适当溶剂中或熔融的电解质）的通道，导致电极上的化学反应和材料分离。注意，目前正在研究高温电解（也称为蒸汽电解）从水中生产氢气，该工艺使用的是用氧化钇稳定的氧化锆固体电解质。参阅：**电解槽**。

电解质　一种化学化合物，当溶解或熔化时会离子化，产生导电介质，也是由于离子在其晶格结构中通过空洞或空的晶体学位置的运动而可用的固体材料，例如主要用于固体氧化物燃料电池的用氧化钇稳定的氧化锆。注意，对于溶解的材料，将"电解质溶液"称为"电解质"根本上来说是不正确的。尽管如此，用以前的术语已成为普遍现象。

电解槽　一种旨在影响电解过程的电化学装置。

电子　具有 1.602×10^{-19} C 负电荷和 9.109×10^{-31} kg 质量的基本粒子。

电子显微镜　显微镜的一种形式，它使用电子束而不是光束（例如在光学显微镜中）形成极小的物体的大图像。

电渗阻力　在某些类型的燃料电池中，由于水对质子的吸引，水的通量通过电解质介质从负电极（阳极）传输到正电极（阴极）。电流由电极之间的电场驱动。

吸热反应　一种化学反应，会随着环境中能量（热量）的吸收而发生。参见：**焓**；**放热反应**。

端板　燃料电池堆两端的一块平坦的金属板，可以用拉紧螺栓压缩堆中的电池和冷却板，从而使整体成为连续的电子导体。端板或拉杆必须电绝缘，如果是后者，则端板可能是电流的输出点。否则，可以在电池堆的每个端板侧使用单独的出口。参阅：**双极板**。

能量　工作或产生热量的能力（以 J 为单位）。

能量密度　电化学电池每单位体积可用的存储能量，通常表示为 W·h/L 或 W·h/dm^3（大型存储设施为 MJ/m^3 或 kW·h/m^3）。参阅：**理论能量密度**。

能源效率　设备输出的能量与能量输入的比值，通常以百分比表示。

焓　热力学量（H），等于系统在恒定压力下的总能量含量。当系统在恒定压力下反应时，其能量的获得或损失由焓的变化表示，由 ΔH 表示。当所有的能量变化都表现为热量（Q）时，焓的变化等于恒定压力下的反应热，即 $\Delta H = Q$。ΔH 和 Q 对于放热反应（系统产生的热量）为负，对于吸热反应（系统吸收的热量）

为正。

熵 热力学量，表示不再可用于做有用功的系统中的能量。当封闭系统发生可逆变化时，熵变化（ΔS）等于通过热量（Q）从系统损失或传递给系统的能量除以该绝对温度（T），即 $\Delta S = Q/T$。在恒定压力下，热量（Q）等于焓变（ΔH）。

当量 在化学反应中将与 1 g 氢（或 8 g 氧）结合或置换的物质的重量。对于元素，它是相对原子质量除以化合价。对于化合物，取决于反应。

共晶混合物 一种固溶体，由两种或多种物质组成，并且其在这些成分的任何可能的混合物中具有最低的凝固点。最低凝固点称为"共晶点"。低熔点合金通常是低共熔混合物。

交换电流密度 当电极反应达到平衡时，向前和向后均等流动的每单位面积的电流。

可用能 热力学性质，代表热能和化学能可用于做有用的功，即它表示能量的质量。具体而言，其是某个过程状态（即压力、温度和组成）与参考状态（通常为大气条件）之间的能量差的量度。可用能效率可以衡量熵，因此其代表与化学和热过程相关的不可逆损失。

放热反应 向环境释放能量（热量）的情况下发生的化学反应。参见：**吸热反应**；**焓**。

外部重整 在进入单元燃料电池或燃料电池堆之前，由碳氢化合物燃料（例如，甲醇、天然气、丙烷）生产氢。参阅：**直接内部重整**；**间接内部重整**。

发酵 将复杂物质（尤其是碳水化合物）化学分解为较简单的化学产物，通常在无氧条件下通过酶、细菌、酵母或霉菌的作用而产生。可以是自然过程，也可以是得到促进或增强的过程，以生产所需的最终产品（例如玉米产品）生产乙醇。

费-托法 催化化学反应，其中合成气（一氧化碳和氢气的混合物）转化为各种形式的液态烃。也称为"费-托合成"。参见：**合成气**。

液流电池 可再充电电池的一种形式，其中两个电极极性的电活性材料（通常是氧化还原电对）都溶解在溶剂（通常是水）中以形成电解液，这些电解液在外部存储并在运行期间泵送到电池中。可以通过更换电解液来快速为"液流电池"充电，同时可回收（"重新通电"）用过的物料重新进入电池。也称为"氧化还原电池"。

流场 某些类型燃料电池的双极板/隔板中的通道结构，可将反应物分布在燃料电池膜-电极催化组件的整个表面上，还可以去除电化学反应的产物和过量的反应物（包括惰性气体、反应物入口物流的组分，例如氮气）。当流场仅在一侧时，该板为"隔板"或"集电器"，不为双极性的，例如燃料电池堆中的端板或没有集成到电堆中的单个电池的两个端板。流场的最常见设计有"平行"（一系列平行通道）、"蛇形"（气体通道不是笔直的，而是弯曲的）和"交指"（梳状排列的不连续的所谓的死角通道，交错的通道分别连接到气体的入口和出口）。通道可以机械加工或模制在金属、陶瓷、石墨或复合材料制成的平板中。参见：**双极板；端板；膜－电极组件**。

化石燃料 碳素沉积物（固态、液态或气态），是由于地质时期内植物物质的腐烂而产生的。

燃料电池汽车 一种电动汽车，它从燃料电池系统获取电动机的动力。

逸度 一种热力学函数，可以有效替代压力，从而适用于理想气体的相同方程来描述实际气体系统。参阅：**活性**。

气体扩散层 一种燃料电池组件，具有两个主要功能：它允许气体通过，并且必须具有足够的导电性以允许电子传输。该层还为催化剂提供了支撑，其结构促进生成水的去除，因为生成水可能会阻止（"溢流"）电化学反应。该层非常薄，通常厚度为 $0.25 \sim 0.40\text{mm}$，孔径为 $4 \sim 50\mu\text{m}$。它通常由碳布、碳纸或东丽纸（高强度碳－碳复合纸）制成。

气化 特殊类型的热解，在少量空气或氧气的存在下发生热分解。参见：**煤气；热解**。

吉布斯自由能 在恒定压力和恒定温度下，可逆过程中释放或吸收的能量。换句话说，它是驱动化学反应所需的最小热力学功（在恒定压力下）（如果为负数，则是该反应可完成的最大功）。因此，吉布斯自由能是可用于确定反应是否自发的热力学量。化学反应中的自由能变化 ΔG 由 $\Delta G = \Delta H - T\Delta S$ 给出，其中 ΔH 是焓的变化，而 ΔS 是熵的变化。这就是所谓的"吉布斯方程"。参见：**焓；熵**。

晶界 固体的两个具有不同晶体取向的区域之间的界面。

温室效应 温室气体收集的热量可以使入射的太阳辐射穿过地球的大气层，但阻止了一部分来自地面和低层大气的红外辐射逸出到外层空间。这个过程使地球的大气温度比以前高了约 33℃。它是自然发生的，但也可以通过某些人类活动（例如燃烧化石燃料）来加剧。参阅：**温室气体**。

温室气体 大气中任何一种自然和人为的气体成分都会吸收并重新发射地球表面、大气层和云层的红外辐射光谱内特定波长的辐射。温室气体包括水蒸气、二氧化碳、甲烷、一氧化二氮、卤代碳氟化合物、臭氧、全氟化碳和氢氟碳化合物。参阅：**温室效应**。

半电池反应 电极上的电化学反应。

热交换器 一种装置，其中热量从一种流体传递到另一种流体而没有混合。当温差较大时，热交换器的运行效率最高。

较高的燃料热值（HHV） 通过将单位体积或重量的燃料完全燃烧（最初在 25℃时）完全燃烧释放的热量，并且所有产品均恢复到原始温度。因此，其考虑了由燃烧形成的水的汽化潜热的回收，并在计算实际反应产物冷凝的燃料的热值时有用（例如，在用于空间加热的燃气锅炉中）。也称为"总发热量"或"总能量"。参阅：**较低的燃料热值**。

空穴　电子通常以固体形式存在的空位。空穴是带有正电荷的电荷载体，其数量与电子相等，但极性相反。空穴和电子是半导体材料中的两种电荷载流子。通过向基质晶体中添加少量的受体掺杂剂，将空穴引入半导体。在电场的作用下，空穴沿与电子相反的方向移动，从而产生电流。参见：**半导体**。

混合动力电动汽车　一种车辆，其一部分动力来自内燃机，一部分动力来自电动机，或者使用内燃机为发电机提供动力为电池充电，从而为一个或多个电动机供电。参见：**并联混合动力电动汽车；插电式混合动力汽车；串联混合动力电动汽车**。

氢经济　能源系统的概念，主要基于使用氢作为能量载体和燃料，特别是用于运输车辆和分布式发电。参阅：**分布式能源**。

氢脆化　一种过程，金属暴露在氢中会变脆。脆化是由于：①形成与非水合金属具有不同晶格参数的金属氢化物相，从而在金属晶格内产生应力；②原子氢重组为金属内缺陷中的分子氢。

亲水　对水具有亲和力。

疏水性　对水缺乏亲和力。

阻抗　应用于交流电时的模拟电阻。它是电路对电流阻碍的作用的度量。在许多情况下，由于导电液体或固体的特性，阻抗随所施加电势的频率的变化而变化。在电化学中，电极的阻抗也取决于频率。

因科镍　专为高温应用而设计的奥氏体镍基合金。主要由镍、铬、铁和钼组成。参见：**奥氏体钢**。

间接内部重整　重整器单元是分开的，但与燃料电池负极（阳极）相邻。这种安排利用了燃料电池放热反应产生紧密耦合的热效应来支持吸热重整反应。参阅：**外部重整；直接内部重整**。

电感　电路中的组件（电感器），例如线圈，以磁场形式存储能量的能力的大小。当通过 $1A/s$ 的电流变化感应出 $1V$ 时，会产生 $1H$ 的电感。

绝缘栅双极晶体管　一种三端功率半导体器件，以高效率和快速开关而著称。它可以在许多现代电器中切换电源，例如燃料电池、电动汽车、变频冰箱和空调。缩写为"IGBT"。

互连　在固态氧化物燃料电池中，互连的是金属或陶瓷材料，通常位于每个单独的电池之间，以允许将电池串联连接，并允许燃料和空气通过负极（阳极）和正极（阴极）。

内部电阻　由电化学或光电化学电池内的各种电子和离子电阻引起的电流反向流动。

内部短路　与短路相同。

逆变器　一种将低压直流电转换为高压交流电的电子设备。

离子　失去或获得一个或多个轨道电子从而带电的原子。

　　离子交换膜　由离子交换树脂形成的塑料膜。这种膜的实用性是基于它们仅对正离子（阳离子交换膜）或负离子（阴离子交换膜）具有优先渗透性。

　　离子液体　一种基本上只包含离子的液体。在广义上，该术语包括所有熔融盐。但是如今，术语"离子液体"通常用于熔点低于100℃的盐。室温下呈液态的盐称为"室温离子液体"或" RTIL"。

　　电离　原子、分子或离子获得或失去电子的任何过程。

　　离聚物　离聚物是包含电中性重复单元和部分电离单元的重复单元的聚合物。离子基团导致聚合物具有新颖的物理性能，例如电导率和等黏度（随温度升高，离聚物溶液黏度增加）。

　　kVAR　无功功率单位。参见：**VAR**。

　　潜热　当物质在恒定温度和压力下改变状态（例如，从固体变为液体，反之亦然）时吸收或释放的热量。**比潜热**是指物质在状态改变过程中每单位质量吸收或释放的热量。

　　生命周期分析　一种评估"产品的整个寿命"的方法。也就是说涉及所有阶段，例如原材料采购、制造、分销和零售、使用和再利用与维护、回收和废物管理以创造对环境有害的产品。该过程包括三个部分：库存分析（选择要进行评估和定量分析的项目）、影响分析（对生态系统的影响评估）和改进分析（减少环境负荷的措施评估）。根据该主要目标，也称为"从摇篮到坟墓的分析""从尘土到尘土的能源成本""生态平衡"和"从油井到车轮的分析"。

　　褐煤　最低等级的煤炭（碳质量分数为25% ~35%），几乎全部用作发电燃料。也称为"褐煤"。参见：**无烟煤；烟煤；泥炭；亚烟煤**。

　　液化石油气　各种石油气，主要是丙烷和丁烷，特定压力下以液体形式存储。缩写为"LPG"。

　　负载　电池、燃料电池或超级电容器等电源上的总电力需求。

　　负载跟踪（燃料电池）　一种操作燃料电池系统以产生变化功率的方法，具体取决于所需的负载。由于基本负载的变化与支持燃料电池运行的外围平衡组件设备之间的响应间存在固有滞后时间，因此可以使用电池或超级电容器等缓冲器来增强负载跟踪。参阅：**电气平衡；基本负荷**。

　　较低的燃料热值（LHV）　假设所有产品均保持气态，单位体积或重量的燃料完全燃烧释放的热量。因此，没有考虑由燃烧形成的水的汽化潜热。该值可用于比较燃烧产物不易凝结或低于150℃无法使用热量的燃料。也称为"净热值"。参阅：**较高的燃料热值**。

　　鲁金毛细管　一种盐桥，一端具有细的毛细管尖端，用于连接三电极电池的工作电极室和参比电极室。毛细管尖端的位置非常靠近工作电极的表面，为参比电极定义了清晰的感应点，用于最大限度地减小溶液的 IR 降。也称为" 鲁金尖"" 鲁金探头"或" 鲁金 – 哈勃毛细管"。

传质 在电极过程中消耗或形成的材料与电极表面之间的转移。物质传输的机制可能包括扩散、对流和电迁移。

膜 一层材料，可充当两相之间的选择性屏障，并且在受到驱动力作用时仍无法渗透特定的颗粒、分子或物质。膜允许某些组分进入渗透物流，而其他组分则被膜保留并积聚在渗余物流中。在燃料电池中，该膜充当电解质（离子交换剂）以及隔离正电极（阴极）和负电极（阳极）中气体的阻挡膜。参阅：**离子交换膜**。

膜电极组件 质子交换膜燃料电池结构的核心组成部分，由涂有催化剂 - 碳 - 黏合剂层（"电极"）的聚合物电解质膜组成，并被两个微孔导电层夹在中间，起扩散层和集电器作用。该组件放置在双极板之间，以形成燃料电池堆的基本单元。当分别向组件的负极（阳极）和正极（阴极）侧施加燃料（例如氢气）和氧化剂（例如氧气）时，会发生电化学反应。参见：**双极电池；气体扩散层**。

微生物燃料电池 一种生物电化学系统，利用活的微生物作为催化剂来促进发电，也称为"生物燃料电池"或"生物电化学燃料电池"，缩写为"MFC"。

微电系统 通过微加工技术将机械元件、传感器、执行器和电子设备集成在一个普通的硅基板上。缩写为"MEMS"。

微型燃料电池 大小适合于小型便携式设备（例如手机、相机和膝上型计算机）的燃料电池。

混合电位 在同一电极表面上发生两个电极反应时的电极电位。混合电位的值介于两个电极反应的平衡电势之间。这是一种稳态现象。

摩尔 术语，表示每摩尔一种物质都具有广泛的物理性质（一个广泛的变量与系统的大小成正比，例如体积、质量、能量）。

摩尔浓度 溶液的浓度表示为每单位体积溶剂中溶解的物质的摩尔数，通常表示为 mol/dm^3。

摩尔 在 0.012kg 碳同位素 12C 中包含与原子数（6.02×10^{23}）一样多的基本单元的物质（以 g 为单位）的量。基本单元可以是原子、分子、离子或电子。

摩尔分数 在混合成分的系统中，给定体积中单个成分的摩尔数与该体积中所有成分的摩尔总数之比。

单体 一种化合物，其简单分子可以连接在一起（聚合）以形成巨大的聚合物分子。

单极性 单电池的常规电池构造方法，其中的组成单元是离散的，并在外部相互连接。

市政固体废物 家庭固体废物。

Nafion™ 杜邦公司使用的商标名称，用于一系列氟化磺酸共聚物，这是第一种合成的离子聚合物。该材料具有抗化学击穿性，因此可用于质子交换膜燃料电池中的膜。

能斯特方程 一个热力学方程，表明在电化学电池中产生的电压取决于反应物活度、反应温度和整个反应的标准自由能变化。参阅：**吉布斯自由能**。

n 型半导体 一种半导体，其导电主要是由于电子的运动。

奈奎斯特形或奈奎斯特图 从电化学阻抗谱中获得的数据图形。参阅：**电化学（AC）阻抗谱；阻抗**。

欧姆损耗 由于电流流经内部电阻而导致的燃料电池（或电池）电压降低。

油页岩 富含有机物质（干酪根）的岩石，可通过干馏从中回收石油。

开路电压 没有净电流流过时电源的电压，例如电池、燃料电池或光伏电池。

原始设备制造商 一个具有两个含义的混淆术语。最初，原始设备制造商是一家向其他公司提供设备的公司，以使用各自经销商的品牌名称转售或合并到其他产品中。设备供应商和设备经销商等许多公司仍然使用此含义。最近，该术语用于指购买产品或组件并将其重新使用或合并到具有自己品牌名称的新产品中的公司。缩写为"OEM"。

过电势 由于电流流动、电极的电位从其平衡值开始的偏移量。

过电压 电池电压（有电流流动）与开路电压之间的差。过电压表示使电池反应以所需速率进行时所需的额外能量（能量损失以热量的形式出现）。因此，电化学电池（例如，放电期间的可充电电池）的电池电压始终小于开路电压，而电解电池（例如，充电期间的可充电电池）的电池电压始终大于开路电压。过电压是电池两个电极的过电势与电池欧姆损耗之和。但是，术语"过电压"和"过电势"有时可以互换使用。此外，过电压也称为电池的"极化"，而过电势也称为电极的极化。这是一个定义不清具有误导性的术语，在词典中可以找到许多不同的定义。参阅：**开路电压**。

并联连接 电池或电池相似端子的连接，以形成容量更大但电压相同的系统。

并联混合动力汽车 混合动力汽车的一种类型，其中替代的动力单元能够产生原动力，并与动力总成机械相连。参阅：**动力总成；串联混合动力电动汽车**。

寄生负载 运行燃料电池系统所需的电气平衡设备消耗的功率。参阅：**电气平衡；自放电**。

部分氧化 一种燃烧过程，其中仅提供足够的氧气将烃类燃料氧化为一氧化碳和氢气，而不是完全氧化为二氧化碳和水。这是通过在重整器之前向空气中注入燃料流来实现的。与燃料的蒸汽重整相比，部分氧化的优势在于它是放热反应而不是吸热反应，因此会产生自身的热量。然后可以将富氢气态产物进一步使用，例如，在某些类型的燃料电池中使用。

泥炭 煤炭的前体，在爱尔兰和芬兰等一些国家或地区，作为燃料具有重要的工业价值。

渗透率 气体或液体通过多孔材料扩散的速率。薄材料，表示为单位面积的比率；厚材料，表示为单位厚度的单位面积的比率。

钙钛矿 具有与钙钛氧化物（$CaTiO_3$）相同类型的晶体结构的材料。钙钛矿化合物的一般化学式为 ABX_3，其中 A 和 B 是两个大小相异的阳离子，X 是与两个阳离子键合的阴离子。A 原子大于 B 原子。钙钛矿化合物被广泛用作固体氧化物燃料电池中的正电极（阴极）。

汽油（Petrol） 在英国使用的术语，是指通过精炼石油而获得的轻烃液态燃料，大多数火花点火内燃机都使用该燃料。此类燃料的其他术语是 "gas" "gasoline" 和 "motor spirit"。参见：**原油**。

石油 天然气、天然气液体和其他相关产品（碳氢化合物和非碳氢化合物）的总称。它通常在地球表面以下的沉积物中，并被认为是源自过去的动植物遗骸。参见：**原油**。

pH 值 溶液酸度/碱度（碱性）的量度。pH 值范围从 0 扩展到 14（在室温下的水溶液中）。pH 值为 7 表示中性溶液。pH 值小于 7 表示酸性溶液。酸度随着 pH 值的降低而增加。pH 值大于 7 表示碱性溶液。pH 值越高，碱性或碱度越高。

光生物制氢 由光合细菌、蓝细菌和绿藻这三类生物产生氢。这些生物利用其光合特性吸收阳光并将其转换为化学能。

光电电池 太阳能电池，从包括可见光在内的光中提取电能。每个单元由浸在电解质溶液中的光敏电极和导电对电极组成。一些光电化学电池仅产生直流电，而其他一些则以类似于常规电解水的过程释放氢。

光解 由曝光引起的化学反应（通常是分解）。

光伏 有关或指定吸收太阳辐射并将其直接转化为电能的设备。

光伏电池 一种将光能转换为低压直流电的半导体器件。

物理吸附 气体在固体表面上的吸附，从而通过弱分子间（范德华力）吸引而不是通过化学键合来进行键合。参见：**吸附；化学吸附**。

铂族金属 紧接银、金前的第二和第三过渡系列的各 3 种金属，即钌、铑、钯和锇、铱、铂。

插电式混合动力汽车 带有电池的混合动力汽车，可以通过将插头连接到电源为电池充电。因此，通过电动机和内燃机，它具有传统混合动力电动汽车和纯电动汽车的特征。参见：**电动汽车；混合动力汽车**。

极化 用于过电势和过电压的不确定性和误导性术语。参阅：**过电压**。

孔隙率 多孔体可及体积与总体积之比，通常以百分比表示。诸如整体开孔率、孔隙形状、尺寸和尺寸分布之类的孔隙度特征，是电池和燃料电池电极的关键特性，它们会严重影响电池性能。

恒电位仪 电子硬件，控制一个三电极电池并运行大多数电分析实验。该系统通过调节辅助电极上的电流，使工作电极相对于参考电极的电位保持恒定，从而发挥作用。参见：**参比电极；工作电极**。

功率调节器 子系统，将来自燃料电池堆子系统的直流电转换为应用程序所需的直流电或交流电。

功率密度 电化学电池每单位体积的功率输出，通常表示为 W/L 或 W/dm³。

功率因数 总有功功率（单位 W 或 kW）与总可视功率（均方根电压和均方根电流的乘积）之间的比率，以 VA 或 kVA 为单位），以小数部分或百分比表示。

动力总成 车辆推进系统的元素，包括所有动力总成组件、电力逆变器或控制器，但不包括电池或燃料电池系统。参阅：**传动系**。

优先氧化 一种优先使催化剂上的气体氧化的反应。例如，使用置于陶瓷载体上非均相催化剂将一氧化碳氧化为二氧化碳，在燃料电池设计中引起了相当大的讨论，也称为"选择性氧化"。缩写为"PROX"。

变压吸附 一种根据给定气体的分子特性及其对吸附材料的亲和力在一定压力下从混合物中分离出某些气体的技术。该过程在接近室温的温度下运行。

一次电池 一种电池，在制造时包含固定的存储能量，并且在取出能量后无法充电。

炉煤气 通过使空气流过非常热的碳而生成的一氧化碳和氮气的混合物。在某些工业过程中，该气体被用作燃料。

质子 一种稳定的基本粒子，其正电荷的量等于电子的负电荷，质量为 1.672×10^{-27} kg（即约为电子的 1836 倍），同样是普通氢原子或轻氢原子的核。质子是所有原子核的组成部分。

质子交换膜 质子交换膜燃料电池中的聚合物基成分，充当电解质，质子而不是电子可以通过（沿着电极移动并产生电流），还可以形成阻挡膜以将电池正电极（阴极）隔室中的富氢燃料与富氧负电极（阳极）分开。质子交换膜还用于某些电解池中。也称为"聚合物电解质膜"或"固体聚合物膜"。

热解 在没有空气或氧气的情况下，在高温下物质的热分解。

量子效率 对于光电池，是入射到电池上的每个光子产生的电子的分数或发生的光子诱导反应的数量与入射光子总数的比值。

可充电电池 参阅：**二次电池**。

氧化还原电池 将化学能以溶解氧化还原试剂存储的电池。电极包含在通常由离子交换膜隔开的隔室中。参阅：**液流电池**。

参比电极 具有可重复建立良好电势的电极，可以据此测量其他电极的电势。

重整产物 烃重整过程的产物。参阅：**蒸汽重整**。

再生制动 在车辆制动过程中通常以热的形式散发的一部分能量的回收，然后将其返回电池或其他能量存储设备。车辆减速的过程涉及将动能吸收到电机中使其充当发电机，从而在车轮上施加旋转阻力。大多数混合动力电动汽车采用再生制动。

再生燃料电池 一种燃料电池，其中化学反应物会发生可逆反应，因此如果需要，可以用单独的电源为电池充电。例如，可以通过水电解以生产的氢气对氢氧燃料电池进行充电，也称为"可逆燃料电池"。缩写为"RFC"。参阅：**单元式可再**

生燃料电池。

相对湿度 在同一温度下，空气中实际水分含量与饱和所需水分含量之比。

可再生能源 地球生物圈中可无限期供人类使用的能源形式（例如地热、水力、阳光、潮汐能、波浪能、风能和有机物质），但前提是其物质基础不能被破坏。也称为"可再生能源"。

可逆电势 当没有净电流流过电池时电极的电位。

可逆电压 组成电池的两个电极的可逆电位之差。参阅：**可逆电势**。

往返效率 与能源效率相同。

饱和甘汞电极 一种参比电极，基于元素汞与氯化汞（Hg_2Cl_2，"甘汞"）之间的反应。与汞和氯化汞（I）接触的水相是氯化钾在水中的饱和溶液。电极通常通过多孔玻璃料（"盐桥"）连接到浸入溶液中的另一电极。等效电极电位是内部电解质溶液中氯化物浓度的函数。在25℃下，相对于标准氢电极，饱和甘汞电极的电势为 + 241.2mV。

二次电池 能够重复充电和放电的电池（或电池）。也称为"可充电电池"。

选择性氧化 参阅：**优先氧化**。

半导体 固态晶体材料，其电阻率介于金属和绝缘体之间。可以通过添加很少量的称为"掺杂剂"的外来元素来控制半导体的导电性。电导率不仅可通过带负电的电子得到促进，而且可通过带正电的空穴得到促进，并且它对温度、光照和磁场敏感。参阅：**空穴**。

显热 物质吸收的热量，导致该物质的温度升高。参阅：**潜热**。

分离器 一种非导电但可渗透离子的电子材料，可防止极性相反的电极接触。

固碳 从混合气体流中捕获二氧化碳并无限期储存。也称为"碳捕集与封存"。

串联式混合动力汽车 混合动力汽车的一种类型，像纯电动汽车一样依靠电池动力运行，直到电池放电到设定水平时，备用电源打开，为电池充电。参见：**并联混合动力汽车**。

短路 电池内部或外部的正极和负极直接连接。

短路电流 流过没有负载或电阻的外部电路的电流，最大可能电流。

烧结 一种通过粉末加热材料（低于其熔点——固态烧结）直至其颗粒彼此粘附而由粉末制成固体的方法。烧结用于制造固体氧化物燃料电池的膜。

溶胶 – 凝胶合成 一种在低温下制备单一或混合氧化物的方法，该方法涉及溶胶（胶体悬浮液或前体溶液）的形成，以及在干燥形成干凝胶之前将其转化为凝胶（具有连续间隙液相的氧化物的连续连接网络）。参见：**干凝胶**。

固体电解质 一种固态离子导体，其导电性归因于离子（阳离子或阴离子）通过晶格结构中的空隙或间隙空间。也称为"快速离子导体"或"超离子导体"。

比能 电化学电池每单位质量的可用的存储能量，表示为 MJ/kg、W·hkg 或

kW·h/kg。参阅：**理论比能**。

比热 单位质量物质将其温度升高1K所需的热量，表示为J/kg·K。

比功率 单位重量电化学电池的功率输出，通常表示为W/kg。

比表面积 材料的总表面积除以材料的质量，通常表示为m^2/g。参阅：**BET比表面积**。

溅射 一种将一种材料的薄层沉积到基板上的方法。靶材被带电粒子（通常是氩气）轰击，带电粒子将原子从靶材料上去除并沉积在基板上。该技术是物理气相沉积的一种形式。

标准温度和压力 用于实验测量的标准条件，以允许在不同数据之间进行比较。国际纯粹与应用化学联合会（IUPAC）建立了两个标准：①标准温度和压力，缩写为"STP"，规定温度为273.15K，绝对压力为100kPa（1bar）；②标准环境温度和压力（缩写为"SATP"）指定温度为298.15K，绝对压力为100kPa（1bar）。相比之下，美国国家科学技术研究院（NIST）制定的标准温度为293.15K，绝对压力为101.325kPa（1atm），缩写为"NTP"。

标准电极电位 所有活性材料处于标准状态的电极的可逆电位。电化学人员通常采用的标准状态规定气体以及单位活度的元素，固体和$1mol/dm^3$溶液的绝对压力为101.325kPa（1atm），温度为298.15K。参阅：**可逆电势**。

标准氢电极 一种标准参比电极，通常由涂有铂黑的铂电极组成，该铂电极浸有氢气气泡流中并浸入氢离子溶液中（通常是硫酸）。当所有物质的活度统一时，在所有温度下其电位都为0V。由于无法测量单个电极的电势，因此需要零点——仅可测量两个电极电势的差。所有电极电位均以"氢标度"表示。实际上，使用的是氢离子的单位浓度（而不是单位活度）和氢气的单位压力（而不是单位逸度）。通常使用其他参比电极（例如，甘汞或氯化银），但是可以将测得的电极电位转换为氢标度。参阅：**活度**；**逸度**；**饱和甘汞电极**。

蒸汽重整 化石燃料与高温蒸汽的反应，生成氢气和一氧化碳（"合成气"）的混合物。它是工业制氢的主要方法，其基础是使甲烷（天然气）与水反应。二氧化碳是副产物。参见：**合成气**。

蒸汽/碳比例 重整产物或燃料流中每摩尔碳的水摩尔数。当将蒸汽注入重整产物流进行水煤气变换反应或注入燃料进行蒸汽重整时，使用该术语。参阅：**格式化**；**蒸汽重整**；**水煤气变换反应**。

化学计量比 反应的理想氧化剂与燃料比，以使所有氧化剂与所有燃料正好完全反应。

化学计量学 化学的一个分支，与化学化合物中元素或产生化合物的反应物的确切或相对的固定比例有关。例如，在二氧化碳中，碳原子与氧的化学计量比为1:2。化学计量满足平衡的化学反应，而没有过量的反应物或产物。

亚烟煤 一种中等软煤（碳质量分数为35%~45%），性质在褐煤到烟煤间。

它主要用作发电的燃料，并且是化学合成工业中轻质芳烃的重要来源。参见：**无烟煤；烟煤；褐煤；泥炭**。

　　替代天然气　与天然气相似性质的燃料气体，可以由化石燃料（例如褐煤）或生物燃料生产。只要满足严格的净供气标准，它就可以在天然气供给网络中。缩写为"SNG"。

　　合成气　含有不同数量一氧化碳和氢气的混合气体。生产方法包括天然气或液态碳氢化合物的蒸汽重整、煤炭或生物质的气化以及某些废物转化为能源的气化过程。也称为"合成气"。参阅：蒸汽重整。

　　合成天然气　一氧化碳与氢气或煤与氢气反应，由一氧化碳与氢气催化反应制得。

　　塔菲尔方程　电流与电极的超电势之间的关系。电极电位与电流密度的对数的关系图称为"塔菲尔图"，而产生的直线称为"塔菲尔线"。斜率提供了有关电化学反应机理的信息，电流轴上的截距（横坐标）提供了有关反应速率常数（和交换电流密度）的信息。参见：**巴特勒－沃尔默方程；交换电流密度**。

　　流延铸造　一种生产薄的扁平陶瓷的方法。陶瓷粉末与液体和黏合剂混合（称为"滑移"），然后沉积在移动的平坦表面上，该平坦表面通过平坦刀片下方时形成连续的带。对该带进行热处理以去除液相和黏合剂，再烧结以促进陶瓷颗粒之间的粘结。

　　理论能量密度　电化学电池能量输出，仅指活性材料的体积和其100%利用率，表示为 $W \cdot h/L^1$ 或 $W \cdot h/dm^3$。

　　理论比能　电化学电池能量输出，仅指活性材料的质量和其100%利用率，表示为 $W \cdot h/kg$。

　　热效率　对于热力发动机，是指在给定时间间隔内发动机完成的有用功与在相同时间间隔内蒸汽或燃料中提供热能的机械当量之比。

　　热膨胀系数　用于表示给定固体材料对给定单位温度变化的尺寸响应的参数，具体来说是温度每升高1K，尺寸变化量与原始尺寸的比率。

　　热化学（氢）循环　一个多步骤的化学反应，总计为通过水分解产生氢（和氧）。最高温度下进行的卡诺效率对这种循环的总制氢效率有理论上的限制。参阅：**卡诺效率**。

　　三相边界　形成在燃料电池电极中的电解质界面，使得电解质与反应气体，离子导体（电解质）和电子导体同时接触。电化学反应同时在这些接触的点发生。也称为"三相边界"。

　　曲折度　分子或离子穿过物质膜必须行进的距离除以物质的厚度。

　　城市煤气　参阅：煤气。

　　变压器　升高或降低电压的电气设备。变压器仅在交流电下工作。

　　传输数　电解质相中流过的总电流的一部分，由特定离子携带。也称为"转移数"。

三物边界 参阅：三相边界。

单元式可再生燃料电池 一种基于质子交换膜的单元式可再生燃料电池，它可以以再生方式进行水的电解，并通过其他方式将氧气和氢气重新结合以产生电能。缩写为"URFC"。参见：**再生燃料电池**。

价 表示一个原子与另一个原子的结合能力，即它可以与之结合的其他原子的数目。

VAR（无功伏安） 承载正弦电流的电路中的无功功率单位。当电压（V）的均方根值乘以电流（A）的均方根值，再乘以电压与电流之间的相角正弦之积等于 1 时，VAR 等于电路中的无功功率。

黏度 流体对剪切力的阻力，即流动的阻力。

电压 电池的两个电极或电池的两端之间的电位差。

伏安法 一种电化学测量技术，用于电化学分析，以确定电极反应的动力学和机理及进行腐蚀研究。"伏安法"是一系列技术，其共同特征是可控制工作电极的电势（通常使用恒电位仪），并测量流过电极的电流。"线性扫描伏安法"涉及即时线性扫描电势（该图称为"伏安图"）。"循环伏安法"是线性扫描伏安法，即在第一次扫描结束时以相反的方向继续扫描，此循环可以重复多次。在交流（AC）伏安法中，交流电压叠加在直流电压上。

水煤气 一种主要由氢和一氧化碳组成的混合物，通过使蒸汽流经由无烟煤或焦炭得到的白炽碳制成。该反应是强吸热的，但是可以与放热反应结合以产生煤气。常用于照明（主要在 19 世纪至 20 世纪初）和用作燃料（一直到 20 世纪）。参阅：**炉煤气；蒸汽重整；水煤气变换反应**。

水煤气变换反应 水煤气与蒸汽反应生成氢气和二氧化碳。

油井到车轮分析 参阅：**生命周期分析**。

工作电极 在电化学系统中发生反应的电极。可用以研究反应的动力学和机理，或者可以将在工作电极上发生的反应用于电解质溶液的电化学分析。根据所施加的极性，电极可以用作正极或负极。参阅：**反电极**。

干凝胶 由凝胶干燥无收缩形成的固体。干凝胶通常有高孔隙率（25%）和高表面积（$150 \sim 900 \mathrm{m}^2/\mathrm{g}$），以及非常小的孔径（$1 \sim 10 \mathrm{nm}$）。

X 射线光电子能谱法 一种定量技术，用于确定材料表面上元素的组成、经验公式、化学态和电子态。分析是在超高真空条件下进行的。光谱是通过用 X 射线束照射标本同时测量从被研究材料顶部 $1 \sim 10 \mathrm{nm}$ 逸出的动能和电子数量而获得的。也称为"化学分析电子光谱"（ESCA）。缩写为"XPS"。

沸石 一种具有笼状分子结构的含水硅酸铝矿物中的任何一种。主要用作分子过滤器、离子交换剂和催化剂（直接用于石油精炼厂或用于其他化学反应的催化剂）。